Flash
动画设计案例教程

吴乃群 史耀军◎编著

清华大学出版社
北 京

内 容 简 介

本书系统地介绍了Flash的实用功能和用法，以实例为引导，循序渐进地讲解了如何在Flash中创建基本动画元素、引入素材、建立和使用元件，以及如何制作动画造型、动画场景、创建动画。详细介绍了Flash动画从剧本、分镜、动画绘制到后期制作的实际知识，强调软件的实用特殊技巧和创作理念的巧妙结合，重点在于创作理念和方法的介绍，使读者循序渐进地学会创作二维电脑动画的各要素及完整过程，并在艺术鉴赏、审美水平上提高，从而具备设计Flash商业性动画的能力。

本书定位于技术与艺术相结合，重方法引导和思维创意，贯彻案例式教学理念，内容全面，实例丰富，图文并茂，注重理论联系实际，服务于 Flash 动画创作实际。通过阅读此书，可以掌握综合运用软件实现Flash动画创作任务的思路。

本书适合作为高等院校Flash动画相关课程的专业教材，也可作为动画制作人员、Flash动画爱好者的参考书。

图书在版编目（CIP）数据

Flash动画设计案例教程/吴乃群，史耀军编著. —北京：清华大学出版社，2010.4（2017.1重印）
（高等学校艺术设计案例教程）

ISBN 978-7-302-22235-4

I. ①F… II. ①吴… ②史… III. ①动画-设计-图形软件，Flash-高等学校-教材 IV. ① TP391.41

中国版本图书馆CIP数据核字（2010）第032365号

责任编辑：杜长清　朱　俊
封面设计：刘　超
版式设计：文森时代
责任校对：张彩凤
责任印制：李红英

出版发行：清华大学出版社
　网　　址：http://www.tup.com.cn，http://www.wqbook.com
　地　　址：北京清华大学学研大厦A座　　**邮　　编**：100084
　社 总 机：010-62770175　　**邮　　购**：010-62786544
　投稿与读者服务：010-62776969，c-service@tup.tsinghua.edu.cn
　质 量 反 馈：010-62772015，zhiliang@tup.tsinghua.edu.cn
印 刷 者：北京鑫丰华彩印有限公司
装 订 者：北京市密云县京文制本装订厂
经　　销：全国新华书店
开　　本：185mm×260mm　　**印　张**：21.25　　**字　　数**：485千字
版　　次：2010年4月第1版　　**印　　次**：2017年1月第5次印刷
印　　数：8501～9000
定　　价：45.00元

产品编号：036756-01

前　言

Introduction

动画作为一种艺术文化类型，是文化信息的大众传播媒介；动画片作为电影电视片种之一，是集美术、电影于一体的独特影片形式。动画既是艺术创作，又是商品生产；既是艺术的把握，又是技术的实现；既是集体的作品，又有个人的创造；既是一个产业，又是一种文化。

无纸动画就是在电脑上完成全程制作的动画作品，它采用“数位板（压感笔）＋电脑＋ CG 应用软件”的全新工作流程。各电视台热门栏目的片头动画也出现了许多无纸动画作品。无纸动画已经占据了栏目包装、广告片等新型动画需求市场，而且逐步吞噬着传统动画的电视动画长片市场。

在任何一个行业，眼光能够超前几年都是步入成功的一个重要因素。

今天的 Flash 动画早已不是一部影片的简单概念，它已涉及到影视、信息、科技、娱乐、旅游等众多领域，几乎涵盖了社会生活的所有方面，打破了“动画”概念的传统界定。网络、动漫和多媒体技术的发展使音乐、动漫和文学的互相穿插成为一种发展趋势，Flash 是这几种技术综合运用的一个载体。

动画是一门结合创意与技术，介于艺术和商业之间的学科。动画作为现代社会的主流文化形式，必将会产生深远影响。多媒体时代的到来、设计程序的数字化、设计理念的数字化、设计对象及媒介的数字化、设计者本身的数字化能力增长，都将促进动画的迅猛发展，其影响前所未有。

感谢哈尔滨理工大学艺术学院、黑龙江东方学院艺术学部的领导、清华大学出版社的编辑杜长清老师以及相关工作人员在本书写作过程中给予的帮助。本书由吴乃群、史耀军编著，参与本书部分章节编写的还有张妍、张立杨、李存强、于佳、朱小薇、于昆、邵光曦、高贺然、范文超、姜艳和王涵锐。

世界动画的发展日新月异，书中存在的不足和纰漏，恳请各位动画专家、同行及读者批评和指正。

编　者

2010 年 1 月

导读

Introduction

读者对象

- ◎ 动画、数字媒体及相关专业院校师生。
- ◎ 动画行业设计人员。
- ◎ 网络动画设计和创作人员。
- ◎ 多媒体设计人员。
- ◎ Flash 卡通漫画设计人员。
- ◎ Flash 动画爱好者。

学习提示

Flash 是由美国 Adobe 公司推出的一款优秀的矢量图形编辑和交互式动画创作工具，可以将音乐、视频和动画以富有创意的布局融合在一起，制作出高品质的二维动画。随着 Flash 软件的不断完善，Flash 动画的应用领域也在不断扩大，被广泛应用于网页设计和互动多媒体创作等领域，典型的应用有网页及网络动画设计、电视动画片、多媒体开发、Flash MV 制作和交互游戏制作等。

很多打算或者刚刚进入动画领域的朋友都会感到迷茫，觉得无从下手，难以快速提高，导致这些问题的主要原因是他们对动画的表现形式不够了解，不知道怎样去刻画动画人物的神态动作，不知道怎样用恰当的场景氛围去渲染动画情节。本书旨在让读者快速理解动画是怎么回事，需要用什么设计技巧和方法并结合 Flash 软件来表达自己的创作思想。

全书从动画理念到动画艺术创作再到数字动画应用，全面而详细地讲解了 Flash 动画设计的实用知识。

本书特点

本书以实用为主，采用案例式教学，在设计实例中详细介绍了为实现设计构思而涉及到的软件工具以及实用技巧。通过阅读此书，可以掌握综合运用软件实现设计任务的能力，以便在其他应用领域中触类旁通。通过大量的设计作品，启迪开阔思路、明确设计方向、提高创意能力。通过本书的学习，读者可以轻松掌握 Flash 动画的设计和制作。

编　者

2010 年 1 月

Flash
动画设计案例教程

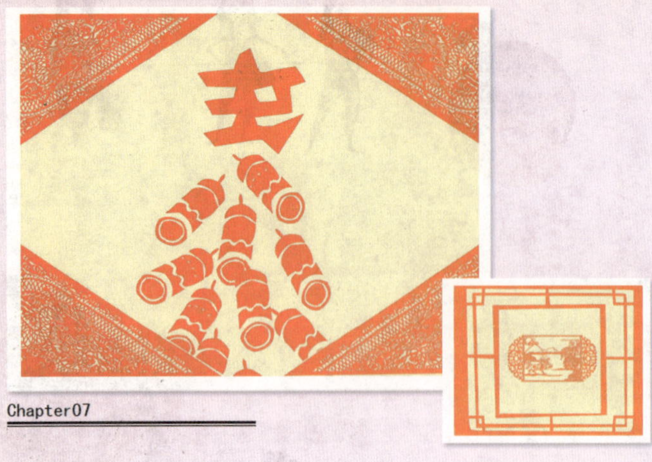

Chapter07

Chapter07

Chapter07

Chapter07

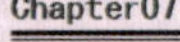

Chapter07

Chapter07

Chapter07

Chapter07

Chapter07

Chapter07

Chapter07

Chapter07

Flash
动画设计案例教程
月照七夕

Contents

目　录

第 1 章　Flash 动画概述

第 2 章　Flash 动画基础

第 3 章 Flash 动画前期设计

第 4 章 Flash 动画造型设计

第 5 章 Flash 动画场景设计

第 6 章 Flash 动画的创建

第 7 章 Flash 动画实战

第 1 章

Flash 动画概述

CARTOON

本章内容

Animation

DESIGN

动画及动画产业

1.1.1 动画的概念

一、动画的定义

动画是一门综合性学科，它有着文学的内涵、造型艺术的形象、戏剧的叙事、电影的语言结构和音乐的灵魂，而且表现形式极为自由，充满着个性与创意。它的高度假定性，加之题材繁多、情节离奇、人物夸张、充满幽默和具有漫画意味的视听艺术特性，改写、扩展和延伸了常规电影语言各个构成元素的功能。

“动画”的英文为Animation，顾名思义，是活动的图画，意为赋予……以生命，即赋予图画以生命。由此可知，从字面上说，动画是一种活动的、被赋予生命的图画。

动画是基于人的视觉原理创建一系列静止图像，然后在一定时间内，连续快速地观看这一系列相关联的静止画面，由于视觉暂留而形成连续动作的画面，组成动画的每个单幅静止画面被称为帧。

人行走时的连续动作

人奔跑时的连续动作

动物奔跑时的连续动作

二、动画的原理

动画作为一种艺术文化类型，是文化信息的大众传播媒介；动画片作为电影电视片种之一，是集美术、电影于一体的独特影片形式。动画既是艺术创作，又是商品生产；既是艺术的把握，又是技术的实现；既是集体的作品，又有个人的创造。

由于动画片是将一幅幅有顺序的图画，通过逐格拍摄、连续放映的方法使形象活动起来的，因此，它不但能使一切生物，包括人物、动物、植物按照画家的意志活动，也可以赋予非生物以生命，使桌椅板凳、锅碗瓢盆乃至各种固定的建筑物都按照画家的意愿活动起来。它能非常鲜明、生动、富有想象力地表现某些自然现象，如风、雪、雨、雷、水、火、烟、云等；还可以通过叠化等技巧，直接使一种形象变化为另一种形象，如《大闹天宫》中孙悟空的“七十二变”等。总之，动画片除了能表现真人片能表现的种种之外，还能表现真人片所无法表现的一切情境，特别是一些夸张的、幻想的、虚构的题材，更能发挥动画片的优势。动画片善于把幻想与现实紧紧地交织在一起，把原先只能存在于想象中的东西落实为具体的形象，并因此而生出独特的感染力和出人意料的银幕效果，从而为人类的想象力提供了更广阔的驰骋天地。

动画的原理为：把一系列相关的静态图片以 24 张 / 秒的速度串连在一起，利用人眼的“视觉暂留”现象，使这些图片在快速闪现时产生活动影像，从而构成动画。

动画的基本原理与电影、电视一样，都是视觉原理。医学已证明，人眼具有“视觉暂留”的特性，就是说人的眼睛看到一幅画或一个物体后，在 1/24 秒内不会消失。利用这一原理，在一幅画面还没消失前播放出下一幅画，就会给人眼造成一种流畅的视觉变化效果。

萤火虫

电影采用每秒 24 幅画面的速度拍摄播放，电视采用每秒 25 幅（PAL 制）画面的速度拍摄播放。如果以每秒低于 24 幅画面的速度拍摄播放，画面就会出现停顿现象。

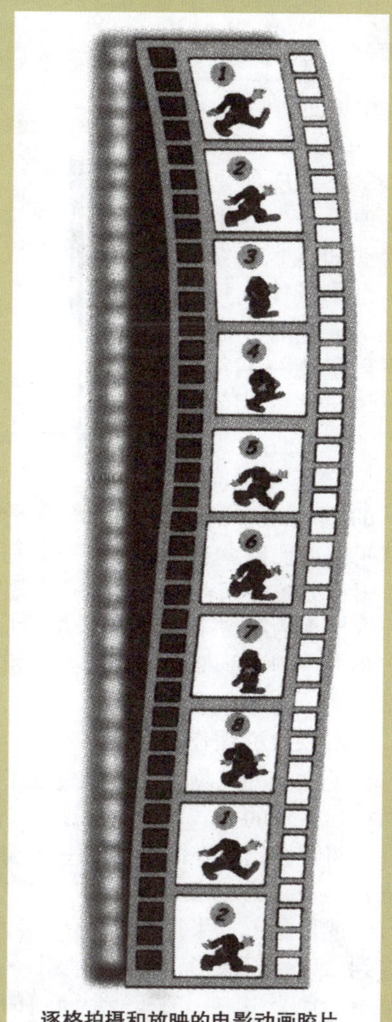

逐格拍摄和放映的电影动画胶片

1. 视觉生理作用

动画的实现首先基于对人眼的认识与理解。从比利时科学家普拉托对人眼视觉暂留现象所进行的研究以及后来人们所做的各种实验，都离不开眼睛的视觉生理作用。

（1）视觉暂留

视觉暂留是人眼的一种生理现象。人眼在观察物体时，如果物体突然消失，这个物体的影像仍会在人眼的视网膜上保留 1/10 秒左右的时间，在这个短暂的时间里，如果紧接着又出现第二个影像，这两个影像就会连接起来，融为一体，构成一个连续的影像，这种现象就称为“视觉暂留”。如雨点下落形成雨丝、光点旋转变成圆环等，都是由于视觉暂留的作用，说明影像在视网膜中的重叠现象。

根据视觉暂留原理，人们掌握了把静止的影像转化为活动画面的秘密。

（2）似动现象

似动现象是视觉生理另一特殊形式的运动知觉。如右图所示，在屏幕先呈现一竖线，然后在它的旁边再呈现一横线，若两线出现的相隔时间短于 0.2 秒，则可似乎见到竖线向横线倒下的过程，这种现象就叫似动现象。这是由于第一个刺激（竖线）消失后，它所引起的神经兴奋还能持继一个短暂的时间，在这短暂时间内出现的第二个刺激（横线）所引起的神经兴奋，就会与第一个刺激所引起的持续兴奋相连，而使人感到竖线在做倒下运动。

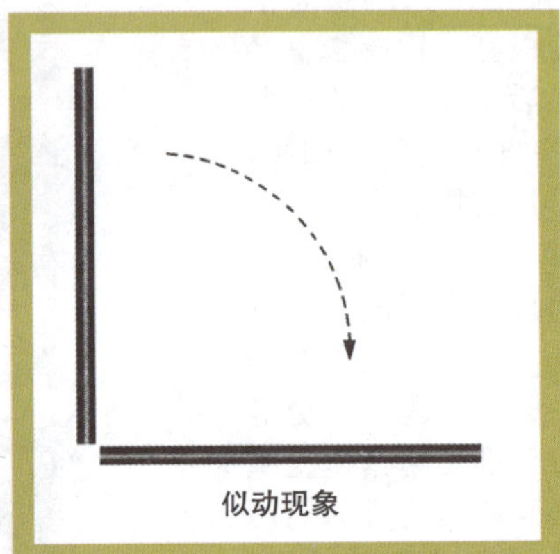

似动现象

2. 视觉心理作用

处在高处的物体，一旦失去了依托，必然会下落到地面；步行着的人，迈了左脚以后，还会迈出右脚。这些经验能将连续出现在眼前的某一运动的各个阶段的静止画面很自然地联系起来，形成动感。可以通过这样的实验来证实上述形象：如果把下图所示的两张画面交替播放，就会看到黑球延着弧形轨道来回滚动。因为经验告诉我们，黑球由于地心引力作用和弧形轨道的限制，必然会沿着弧形轨道来回运动。这个实验使我们意识到了黑球的运动过程，看到了实际上没有见到的现象。

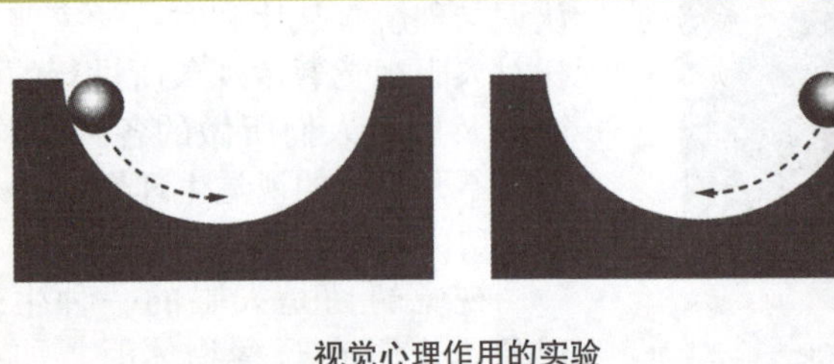

视觉心理作用的实验

三、关于动画的各种理解

动画只有获得生命力与性格时，它才能为观众认同，并为之感动。

——［美国］迪斯尼

动画片是以画在平面上的图画或立体的玩偶以及物品为拍摄对象的电影。

——［法国］萨杜尔

动画不是会动的画的艺术，而是创造运动的艺术。

——［加拿大］麦克拉伦

动画是娱乐。

——［日本］宫崎骏

卡通漫画“是一种超越一般规则定律的创造性的美术图形”。

——［中国台湾］黄木村

动画是艺术同时也是技术，它是一种方法，其中包含了漫画家、画家、剧作家、音乐家、摄影师、电影导演，艺术家的综合技能，这些综合的技能构成一种新型的艺术家——动画家。

——［美国］普雷斯顿·布莱尔

漫画本来是一种不受任何工具材料和技法限制的绘画形式。但有一点是必须紧紧抓住的，那就是它的思维方式和表现手法不同于一般绘画，讽刺和幽默是它最突出的艺术特点，也是漫画所特有的艺术功能。

——中国漫画史

重点提示 Importance

提示：动画的主要特点是夸张，夸大物体在力的作用下所呈现的趋向和特征。不论是有生命的还是没生命的物体，动画创作者都可以根据力学原理进行艺术夸张。其中有形状夸张、内容夸张、速度夸张、重力夸张、行为夸张、情绪夸张和方向夸张等方面。

我们所说的传统动画片是一种产生了一个多世纪的艺术形式，用最简单的话说就是会“动”的画。和电影一样，它是利用人类眼睛的“视觉暂留”现象，而使一幅幅静止的画面连续播放，看起来像是在动。它应该归类于电影艺术，但与通常意义上的电影的不同之处在于：它的拍摄对象不是真实的演员，而是由动画师画出的动画形象。

一个死气沉沉的、稳定的图画世界被赋予运动的神秘，这是送给这个死寂世界以生命。但这个生命是很暧昧的生命，是魔术师的诡计，是建立在视觉暂留这样的视网膜附属特性上的一个诡异的幻像。整个电影的大厦及整个巨大的欺骗游戏就建立在这个虚弱的论据之上。

动画卡通则远比这种被称为现实的（真人表演）电影诚实。卡通沉浸在自己的自然幻想之中，为它追求不可能的真实而欢欣，将这种建立在不可能基础上的真实作为自己最高的理想，否定实际的真实，这就是动画的深远意义。

——［美国］史蒂文·密尔豪森

“好莱坞应该以和真人表演电影的差别来界定动画。”大多数对动画的定义也是坚持这样的表述，即真人表演“不是动画”，动画“不是真人表演”。动画是作者根据自己的意图让没有生命的东西动起来，从而变得有生命。

——［美国］克里斯汀·汤普森

运动是动画的本质。

——［英国］约翰·哈拉斯

动漫有多方面的属性，不同的人总是从不同的方面对动漫进行解释。我们可以通过对前人的各种见解进行梳理、揣度，既要把各种见解放在历史环境中去理解，也要站在当下的语境中重新思考，从而洞悉动漫的真谛。

过去人们并不清楚漫画属不属于绘画研究的范围，漫画是否具有与绘画一样的语言基础。因此，漫画的研究、教学、创作传播和社会价值处于较为尴尬的境地。动画也有同样的遭遇。动画应该属于电影学还是美术学是个问题。我们国家将其设定为美术电影，跨越美术和电影两个学科体系。这自然就造成了在电影学体系和美术学体系中动画和漫画边缘化的情况。美术学院和电影学院分别有其本质性的学科方向，既不可能也没有必要将主要精力放在动漫上，其他类型的学院更不可能，如设计学院、传媒学院以及软件学院。人们只是看到动漫与绘画、影像技术、电脑技术有关，而没有看到动漫中无论是绘画还是影像技术和电脑技术都不是决定性因素。动漫有动漫的目标，动漫将一切人为的东西作为目标，不管是唯美的还是恶俗的，不管是叙事的还是非叙事的。动漫打破美丑的界限，打破高雅与低俗的界限，打破精心设计和无意识涂鸦的界限，打破现实和想象的界限。动漫将一切不可能变为可能，从一切可能性出发，将无趣变为有趣是动漫所着力追求的。

如果将绘画和电影划为严肃的艺术，动漫则应该是“笑”的艺术，而不是板起面孔让人们沉思的艺术。所以有人说动漫是亚文化、次时代的文化。

动漫这个概念的使用反映了特定的历史时期人们的主要追求目标。今天人们讲的动漫应当放在知识经济、创意经济时代这个背景上去阐释。

动画是“画出来的、运动的艺术”，是关于想象力和创意能力的艺术。从创意性角度上来看，动画中又是没有绝对的运动规律的，在这里，任何自然界的规律都可以打破，但也不是无规律可循。纵观动画的发展史，不同潮流的动画艺术家各自建立了不同的动画运动规律表现风格。

其中，20 世纪 30 年代沃特·迪斯尼公司的动画大师们的动画 12 条原理影响非常广泛。世界各地大多数的动画教学都把这些原理作为重要的教学内容。

重点提示 Importance

这 12 条原理是：压缩与拉伸、预备动作、动作调度、顺序动画与原画——动画制作方式、追随和交搭动作、慢入与慢出、动作弧线、次要动作、时间掌握、夸张、立体造型和吸引力。

米老鼠和唐老鸭

卡通造型设计

古埃及壁画中多条腿的奔马

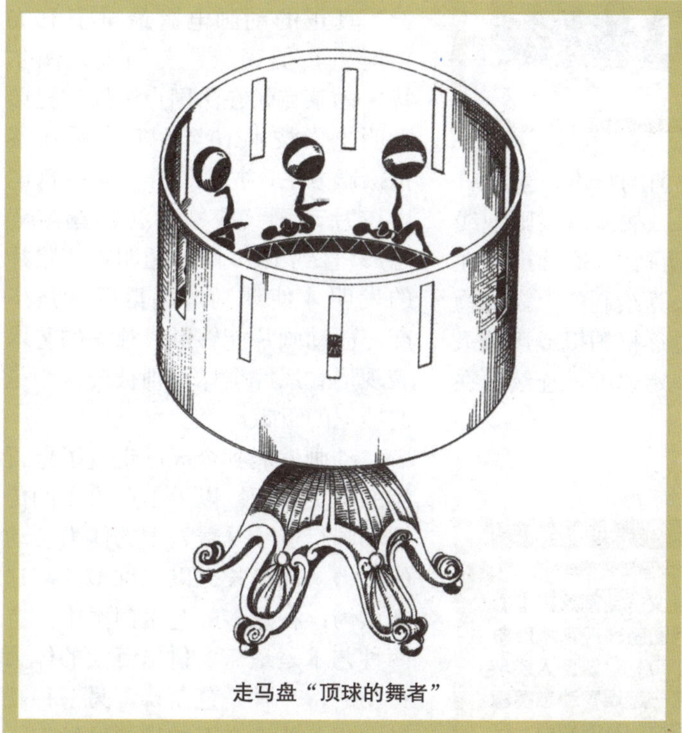
走马盘“顶球的舞者”

1.1.2 动画的起源

纵观历史，动画现象在古代就已经有了，只是我们没有发现。古代人很早就有使静止画面活动起来的愿望。例如，在古代的岩画和绘画中，常常发现奔跑的鹿有 8 条腿、野猪有 6 条腿、飞翔的燕子有 6 只翅膀、跳舞的人有 4 条腿和 4 只胳膊；再如以前的手翻书、回转器、皮影戏等。从远古时代开始，人类就试图记录自己的一举一动，探索着怎样让静止的画动起来，如将 4 腿动物画成 8 条腿来表示运动，然后逐渐地在器皿和建筑上画人物或动物的一系列连续动作，以表现一个完整的运动过程，不过，动的效果却没有真正产生。直到电影的问世，动画片的原理才被人们发现并掌握。

在古埃及神庙，工匠们在不同的巨大石柱上，依次画上做出欢迎状的连续动作的神像，当法老乘坐的马车从神庙石柱前奔跑而过时，石柱上的这些神像就会在人眼视点的移动状态下，显示出欢迎法老的连续动作。与此有着异曲同工之妙的是，在希腊古陶瓶上绘有人物奔跑的侧面连续动作图案。如观看时将视线停留在其中一个人物上，然后转动陶瓶，就会形成连续运动的画面，栩栩如生。这一创造，比古

古埃及壁画中的猎手

埃及的神庙石柱画又进了一步，它是借助瓶子的旋转使画面产生运动的。

古埃及神庙石柱

“动画”一词源于第二次世界大战前的日本，当时日本把用线条描绘的漫画称为“动画”。二战以后，则把线绘、木偶等形式制作的影片统称为“动画”。这种出现在电影和后来电视中的活动图画，是把人为绘制的、表现物体运动过程的一幅幅静止的图画，通过逐格拍摄或逐帧录制的方法记录到胶片或磁带上，再以一定速度，连续地在屏幕上呈现，使其活动起来的。

重点提示　Importance

动画的产生虽然早于电影，但真正意义的动画是在电影摄影机出现以后才发展起来的。因此，用图画表现艺术形象的动画影片出现在电影之后。1877 年 8 月 30 日，法国人埃米尔·雷诺发明的可视屏幕上放映、供多人一起观看动态图画的光学影戏机获得专利，具备了现代动画片的基本特点，这一天被法国电影史学界视为动画片的生日，埃米尔·雷诺则被认为是动画片的先驱。

为了让静止的画动起来，人类的实践和探索一直未曾间断：从 1640 年阿塔纳斯珂雪的“魔术幻灯”到 1867 年的“走马灯”，从 1868 年的“翻页书”到 1897 年埃米尔·科尔的第一部动画片“黑纸白纸”，从 1928 年沃特·迪斯尼的首部米老鼠同声动画片《汽船威利》到 1932 年沃特·迪斯尼的首部全新动画片《花与树》，人类才算比较系统和全面地掌握了让静止的画运动起来的方法，于是出现了

古埃及壁画

一个又一个动画的“黄金时代”。

真正的动画电影最早于 1906 年诞生在美国，是美国人斯图尔特·勃莱克顿在法国卢米埃尔兄弟发明电影技术 10 年以后，采用逐格摄影方法，拍摄制作的第一部电影胶片动画《滑稽面孔的幽默姿态》。直到 1914 年，透明赛璐珞片的发明才使动画电影得以大量生产。而动画片能够形成独立的艺术表现形式风靡全球，则被公认为是迪斯尼的贡献。

动画发展到今天已走过了近百年的历史路程。以手工业为主的传统动画行业承受着繁重的体力劳动的压力，以至长久以来许多人都这样认为：在众多的艺术门类中，有两种艺术是最需要付出巨大的体力劳动的，一种是芭蕾舞，另一种就是动画。然而今天的动画已发生了极大的变化。从 20 世纪 80 年代开始，以电脑技术为标志的高新技术大规模地应用在动画、影视以及多媒体的制作上，原有的传统动画艺术行业因此受到了巨大的冲击，动画片的创作和加工更是出现了未曾见过的变革。

动漫作为一种独特的文化形态或文化现象，在整个人类文化大系统中占有极其重要的地位。动漫的

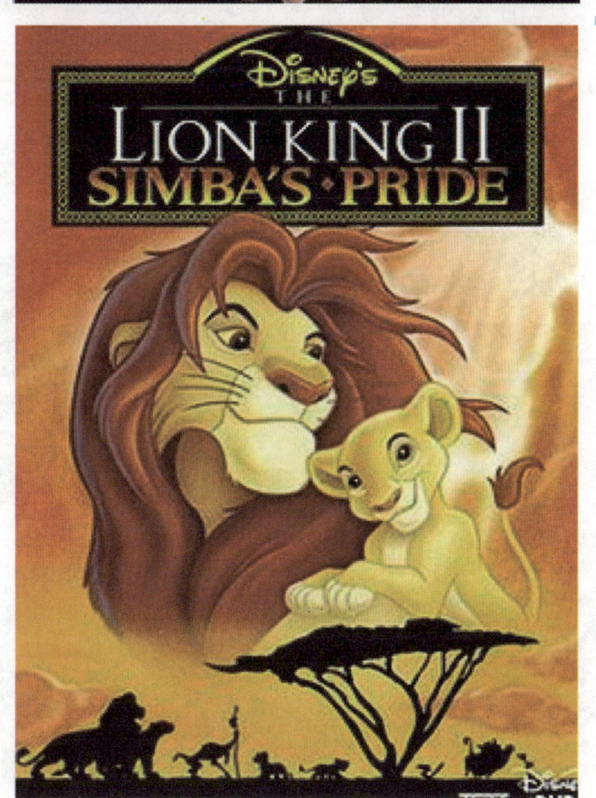

哪吒闹海与狮子王

起源可以说同人类文化的起源一样古老，从那时起，动漫作为文化的独特组成部分，就始终参与和推动着人类文化的历史发展进程，体现和反映出人类文化的各个历史发展阶段。作为文化的独特组成部分，从另一方面来讲，动漫又必然受到文化大系统的制约。动漫作为文化大系统中的一个子系统，它只是整个文化的一个有机组成部分，是一种独特的社会文化范畴。文化系统的整体性决定了它所属的子系统，必然从属和依附于文化大系统。对于动漫来说，社会文化大系统作为一种总的文化氛围或文化条件，直接制约着作家、动漫家、读者、观众、听众等每一个人文化心理结构的形成，从而间接对动漫的合作与欣赏产生巨大的影响。

人类文化大系统从文化结构来看，物质文化是基础，制度文化是中介，精神文化是核心。物质文化和制度文化决定和制约精神文化。所以，经济、政治对于包括动漫在内的精神文化有着十分重要的作用。仅仅从精神文化内部来看，动漫与哲学、宗教、道德、科学之间也是相互关联、彼此作用的。

1．以和为中心的中国动漫

以儒家中和思想为核心的中华文化是一种真诚的和平文化。这些在国产动画片中通过各种形式所表现。文化精神是一个民族的文化基因。

中国人有一笑泯恩仇的传统，也许这是成龙的幽默式动作片受西人欣赏的一个原因。中国文化里充满和平的精神，长期中为本、和为贵的价值取向，造就了中华民族“万邦谐和”、“里仁为美”的博大胸怀与忠恕心理。

2．以武士为中心日本动漫

在大部分日本动漫里，几乎都

可感受到一种冷酷无情的战斗状态。日本人将武术发展成为武士道精神，并将其渲染到极致。同样是战斗，日本人一定要拼个你死我活。这是造成日本文化中充满争斗偏执的重要原因之一。由于这种偏执，使日本在20世纪逐渐发展成为军国主义国家。

3. 艳情与英雄式的美国动漫

美国的动漫中有美国霸权文化意识的体现。迪斯尼动画《风中奇缘》讲的是11岁的印第安公主追寻恋爱的故事，而她的原型、历史上真正的印第安公主却是一个聪明绝顶的小女孩，是酋长的得力助手。她学习外语，充当外交使节，目的是想使欧洲人了解他们的文化，令大家和平共处。迪斯尼对表现主题的转换，某种程度上是大美国主义篡改历史的做法。美国动漫中还隐含着阶级种族歧视，动画中的好人、主角代表着中上阶层，操纯正口音；而奸角则语音不纯，即使被翻译成外语也会用某种口音表现出来，例如，译成粤语时，奸角、配角的对白会用新移民的口音演绎；好人多是白皮肤的，坏人多是黑皮肤的等。

弗莱休兄弟的作品《水手波贝》又是一个典型。波贝这个力大无穷的水手原型由西格尔所创造，最初用在菠菜罐头广告上。影片根据原剧本改编，讲波贝受一个满面胡须的流氓布鲁托的欺负，最初被打败，可是当他把一罐菠菜吞下肚以后，立刻就变成了一个无敌的大力士，像葛拉克男爵那样，把周围一切敌人打得落花流水。从此以后，波贝就成为美国人脑海中英雄主义的化身了。

1.1.3 动画的特点和分类

一、动画的特点

1. 创造性

前面我们已经提到，动画是赋予生命的艺术，它是通

美国皮克斯动画

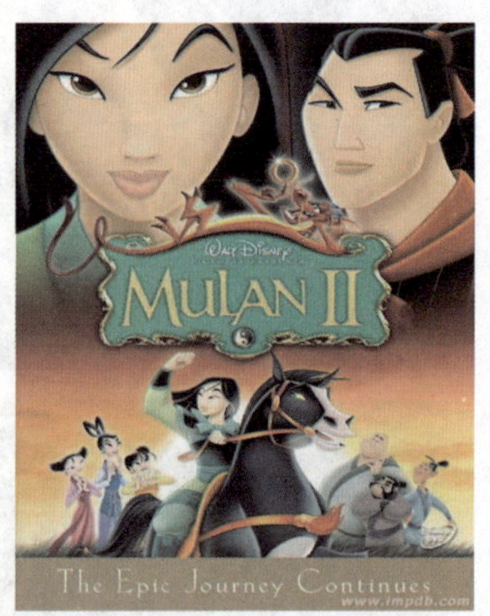

迪斯尼动画经典案例

过在对现实世界的观察和整理的基础上加以提炼和概括，创造出一个新的虚拟世界。动画艺术是对现实世界的重新定义，将许许多多无生命的物体赋予生命和个性，使之具有了具体的形态、语言、生活经历和外表特征。文学童话具备了这一特点，但与动画艺术相比则更为抽象，只能局限于文字的描写，而动画则可以使这些内容更为具体化，使其中的角色和故事活生生地呈现在观众面前。在动画艺术中，创造力使一切都成为可能，奇幻多变的故事情节、个性夸张的角色性格、多种多样的服饰组合、时空交错的空间世界等都有机地组合在一起，将观众带入了一个幻想中的新世界。在这个世界里，雨滴也可以说话、茶杯也可以翩翩起舞、鱼儿可以在天空飞翔、精灵也可以成为伙伴。动画艺术的创造性是现实生活集中而又典型化的艺术反映，是现实形象的重新组合，是浪漫主义与现实主义相结合的艺术表现手法。

2. 夸张性

动画艺术为我们带来了一个虚拟世界，在这个世界中的一切元素都经过了艺术家的夸张和变形处理，在具备现实世界构成元素特点的同时进行了更深层次的提炼和组合。夸张是动画艺术中的精髓所在，这里包含了情节内容的夸张和角色动作的夸张。夸张使动画艺术在观众的思想上和视觉上产生了巨大的冲击力和震撼力。

动画中的夸张

在动画的制作过程中，无论是角色的语言方式和运动规律，还是云、火等自然现象的运行方式，艺术家都要进行认真地观察和写生，从而在动画制作中力求呈现真实的动态效果。但这并不是单纯的模仿或临摹，艺术家同时要对这些元素进行夸张变形处理，使场景和角色的个性特点更加突出、更加典型化。我们在动画片中所看到角色的坐、卧、跑、跳等动作，都加入了艺术家对角色的形体运动方式的夸张处理，使角色本身的个性特征得以彰显，更具有动感的表现力，这比真人表演的动作更具有艺术感染力。这也就是许多动画作品被拍摄成真人版电影，真人演出时很难体现出原动画角色的精髓的原因所在。动画中电影镜头式的运用使观众更具有真实感，夸张的情节和动作表情使观众仿佛置身于这个新奇世界中而产生更加强烈的共鸣。

另外，应从造型的角度强调必然变形、变色、变质，具体可理解为：改变整体与局部体量的大小、数量的多少，改变结构的空间位置、比例、朝向、紧松等，改变对象的表面肌理关系、色彩关系、明度关系。艺术的强调一般是依据生活的感受，也有个人的审美趣味。

不同艺术家的强调有各自的趣味样式，但都会采用对比手段，只是对比的强度不一样。对比有两个方向：一是内容的对比，二是形式的对比。在内容对比中，又分正对比和反对比。所谓正对比，一般是指顺向对比。如一组正反二面的对比角色，正面角色高大，反面角色矮小。所谓反对比，一般是指逆向对比。如一组刚柔对比的角色，在发展过程中是柔克刚。

动画是时间性绘画，在展示形象的变化过程中反规律，造成因果关系异常，从而达到幽默的目的。造型中的反规律同样要采用夸张变形、对比、强调的手段，其不同之处是在一幅幅画面的连续过程中显示出来的。

3. 幽默

艺术是一种情感的交流样式，动画艺术在与人交流情感的过程中，用幽默开启人的心灵，把意义与幽默“搅拌”在一起，让人在开心与欢笑中感悟人生的道理。动画中的幽默如右图所示。

生活中人会碰到各种困难，会遭遇失败，也会得到成功、胜利，种种的得到与失去及得而复失与失而又得的变化启发了人，得失是一个矛盾的统一体。用积极的态度看待人生，并把生活中得失的矛盾与统一的种种内容通过提炼加工——夸张变形异化为幽默的艺术。动画艺术是幽默艺术的一个类别。

幽默是动画艺术的灵魂，幽默在动画中具体表现为：通过有趣的内容设计和滑稽的形象塑造来完成一个有意义的故事或笑话的讲述。幽默的形成要素为：

- 对象的变化与一般规律不相同、出乎人的预料。
- 对象的变化与另一对象似乎有联系，如与形象、功能、行为等近似。
- 对象的变化吻合人的灰色心态。

总之，变化的结果能让人产生兴味。

滑稽也是人的心理反应，它的形成要素为：

- 自相矛盾。
- 没有因果关系，想当然、无理地把幻想当现实。
- 有意或无意地与人的理想、审美观唱反调。

这些要素也是幽默艺术处理手段。

动画艺术属造型艺术，它的幽默感是通过形象来展示的。形象产生幽默必定使形象与生活中相对应的形象拉大距离，也必定与生活中相对应的形象的变化规律不相吻

动画中的幽默

韩国动画

重点提示 Importance

幽默艺术通过幽默的处理让观众开心而笑，笑成为检测是否幽默的一种标准。笑是人类身心健康的表现，奸笑、冷笑、假笑不属笑的范围，是一种声音近似笑的另外的心情表现。激发观众笑是幽默艺术的任务，设计笑的机制不是一般的搞笑，笑中藏有意义才是目的。由此，优秀的动画一定是寓教于乐的，让人在书的幽默氛围中去享受开心的欢乐，去感悟人生的道理。

卡通插画

合。造成距离的因素是艺术家有意地实施了夸张变形。所谓夸张，是指造型中的一种强调手段，强调必然过头，过头就会突破原有的框框，从而产生变化。

二、动画的分类

随着动画的发展，表现手法和形式的越来越多样，如今所谓的“动画片”实际上也早已不仅仅是指画出来的影片，还包括剪纸、木偶等所有以平面或立体美术形式所制作的影片，故在我国又统称为“美术片”。

动画的分类没有统一的标准。从制作技术和手段上看，可分为以手工绘制为主的传统动画和以计算机为主的计算机动画；按动作的表现形式来区分，大致可分为接近自然动作的“完善动画”（电视动画）和采用简化、夸张手法的“局限动画”（幻灯片动画）；如果从空间的视觉效果上看，又可分为二维动画和三维动画；从播放效果上看，又可以分为顺序动画（连续动作）和交互式动画（反复动作）；从每秒播放的幅数来讲，还有全动画（每秒 24 帧）和半动画（每秒 8 或 12 帧）之分；根据不同的制作材料和呈现方式又可分为木偶动画、剪纸动画、沙子动画、铁丝动画、泥塑动画、卡通动画、合成动画和电脑动画，还有绘画要求较强的水墨动画，这些制作方式的表现比较自由，可以充分发挥个人的联想和感觉；根据播放渠道和传播媒体分类，又可分为影院动画、电视动画和网络动画；根据风格特点分类，又可分为写实类、写意类和抽象类。

1. 日本的动漫画按读者群分类

- 儿童漫画：以 6 ～ 11 岁的儿童为主要的读者对象的漫画，内容简单易懂，成功的儿童漫画也有成人读者，如《多啦 A 梦》、《樱桃小丸子》等。
- 少年漫画：以 6 ～ 18 岁的少年为主要读者对象的漫画，很大一部分青年人和少女也是少年漫画的忠实读者。
- 少女漫画：以 6 ～ 18 岁的少女为主要读者对象的漫画，绝大部分的少女漫画家均为女性。
- BL 漫画：即 Boys'Love 漫画，又称耽美漫画。指由女性漫画家创作给女性读者看的“少年爱”漫画，BL 漫画是作为少女漫画中另类的一只发展起来的。“耽美”的日文原意是“唯美主义”。
- 女性漫画：以超过 20 岁的女性，尤其是家庭主妇和 Office Lady 为主要的读者对象的漫画。
- 青年漫画：以 18 ～ 25 岁的青年男子为主要读者对象的漫画。与少年漫画相比，青年漫画中夸张和超现实的成分相对减少，有更多成人方向的元素，内容多表现上班族和大学生生活。
- 成人漫画：封面上有特定的标志表明并且有塑封，多在专门的商店销售，不得出售给未成年人。

中国传统动画：梁山伯与祝英台

中国传统动画：老鼠嫁女

2. 日本动画按传播方式分类

- TV 动画：在电视上进行连续播映的动画作品，即 TV 版。由于日本 TV 的动画多为一边制作一边播映，因此大部分作品平均以一周一集，每集 30 分钟的方式定时播映。
- OVA 动画：OVA 是 Original Video Animation 的缩写，是一录像带或 DVD 长度不超 20 分钟的短片，通常在学术研讨会或电影节上展示。制作者既有专业的动画制作人员也有非专业人士，他们大多以对动画的爱好和热情为动力，在作品中尝试新的制作方式、技巧或展示自我风格，或强调艺术性表现，从形式和内涵两方面对动画进行探索。
- 剧场动画：在影院放映的动画作品，即剧场版，我国又称电影版，通常片长为 90 分钟。制作成本一般高于 OVA 及 TV 动画。不论在人物动作的流畅感，还是使用的分色数，甚至每秒的帧数上，都比前两者有明显的提升，因此画面精度是三者中最高的。一般 TV 动画大受欢迎后都会推出相应的剧场版，但为了与前者有所分别，会在情节和角色上做一定的改动。也有一部分剧场版只是将版中的情节经过重新剪接，串联起来形成一部新作品。此外，原创的独立剧场动画作品在剧场动画中也占有很大比重。
- 实验动画：也称艺术性动画，通常是以非商业性目的制作的动画作品，多为长画，更为广义，实验动画并不仅限于小众化的短片形式，还有 TV、剧场类型的实验动画直接面向大众。如日本的实验动画是直接发售的动画作品。在此之前没有在影院或电视上放映过。一般来说画面精度高于 TV 版，对表现内容的限制也较普通 TV 动画更加宽松。
- 平面动画：即通常意义上的动画。画面中的人物及景物多是由单线平涂构成的平面图形。这种动画类型适合产业化生产规模，具有极强的可操作性和艺术性，因此是最传统、最常见的。
- 立体动画：又称偶动画，画面的人物或景物都有立体感。如木偶动画、胶泥动画和折纸动画等，这种动画能够产生较强烈的感染力，但制作与拍摄较费时。
- 电脑动画：由电脑生成虚拟画面制作的动画。有 2D 和

中国经典动画：牧笛

中国经典动画：三个和尚

中国经典动画：山水情

中国经典动画：小破孩

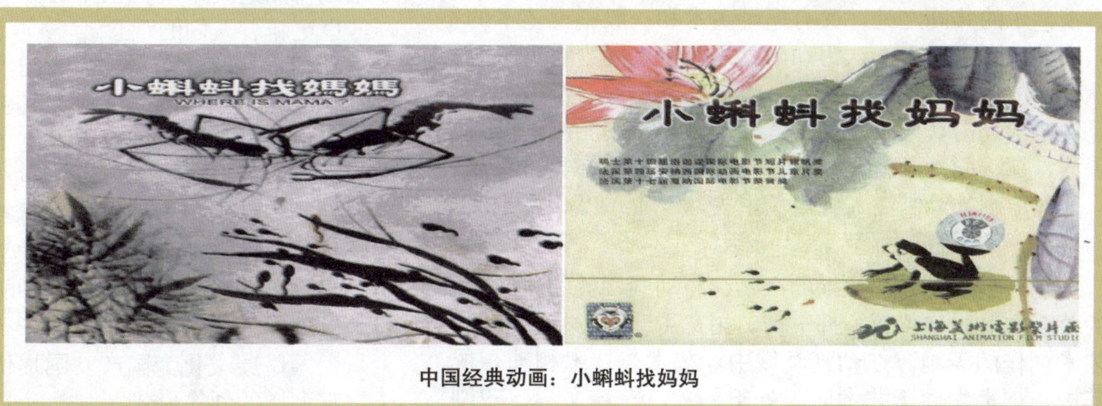

中国经典动画：小蝌蚪找妈妈

3D结合、全3D之分，是现代科技的产物，视觉效果十分逼真，但在艺术功能方面尚有争论。

3. **一些典型的动画类型**

- 剪纸动画：是在传统的动画手段中历史较长，并具有独特韵味的一种动画片形式。剪纸动画早期是剪纸艺术的动态表现，西方的刻纸、中国的剪纸和皮影等都是它的雏形。
- 水墨动画：是十分独特的、具有中国艺术特色的一种动画片形式。水墨动画是由上海美术电影制片厂的艺术家们在中国传统水墨画的启示下发明出来的，并且在由水墨绘画到动画的过程中解决了许多技术难题。
- 油画动画：就是用油画的艺术手段绘制完成的绘画作品。艺术家们利用油画材料不会短时间内变干的特点，把油彩绘制在玻璃上，然后每画一笔都用摄像机拍成一格，最后连续播放出来。缺点：油画动画虽然风格独特，但也不易掌握，制作周期较长。
- 玩偶动画：是雕塑艺术在动画中的活动表演。制作方法为：通过活动的立体玩偶形象在摄影机分格拍摄后连续放映所展现给观众的动画片形式。玩偶一般用一副金属骨架外包便于活动的材料和布料等制成。
- 粘土动画：也是玩偶动画的一种，类似小泥人的制作方法。艺术家们利用了粘土不会马上变干、变硬的特性，加上逐格拍摄的方式来完成。
- 沙土动画：是用沙土制作出来的动画片。制作方法为：把沙子平铺在一个灯箱的上面，遮住光线，然后用手等工具来绘制图形，这样画过的地方光线就透了过来，每画一次就用摄像机拍摄一次，最后把拍摄的图像处理、合成、编辑并播放出来。

三、动画艺术

动画艺术是美术与影视艺术的集合，既有与美术和影视艺术的共同之处，又有超越美术和一般影视艺术的不同之处。有专业人士认为动画就是电影。因为它具备电影学科中的一切特性，如镜头、表演和构思等，唯一不同的是，电影是由真人来表演的，而动画是运用绘画的形式来表演，那么原动画就是演员，他的所有的性格、情感都可以通过原画的绘制注入到角色里去。

四、动画技术

动画是现代科学技术的产物。与动画相关的科学技术的每一次发明和革新，都丰富、拓宽了动画的表现手段和艺术创作的天地。在动画领域中，艺术与技术相辅相成，其中，技术先导于艺术而服务于艺术。它与文学、戏剧、音乐、绘画等其他艺术相比，任何一次相关的科技革新都会对它产生重大的影响。从动画片产生和发展的历程中可以明显地看到，科技在动画前进中所留下的脚印：科学家对人眼视觉暂留现象的发现，使人们掌握了动画的原理；活动视盘的发明，奠定了电影发展的基础；照相机和感光胶片的发明，为电影的诞生迈出了具有决定意义的一步；透明赛璐珞化学片的发明，为动画片的大量生产提供了可能；电视的普及，向动画提出了巨大的需求，也促使了电视动画的发展；计算机图形技术的出现，更是大大提高了动画制作的效率和视觉的艺术效果。高新技术不仅为动画的制作提供了全新的工具，还使动画艺术给人们带来了全新的视觉感受，许多动画作品达到了现代艺术的新高峰，也更新着人们的观念。

动画正是这样逐步成为一门集美术、电影于一体的新学科。其生产、科学研究与艺术创作都发生了深刻的变革。

动画与越来越多的其他学科有着密切的关系。动画离不开多种学科的支撑，同时，动画又在多种学科中得到广泛的应用。

中国民族文化为国产动画提供了丰富多样的创作形式。

重点提示 Importance

动画电影《大闹天宫》，就是从中国传统艺术形式中探寻合适的艺术语汇，广泛吸收了中国传统艺术中民间木刻、剪纸、京剧艺术以及古人绘画中的装饰风格，形成独具特色的、带有浓重装饰韵味的风格。整部作品着力表现建立在民族风格基础上的意境美和装饰美，气脉相通、意蕴融合，形成了极具民族韵味的风格。

招财童子

武林外传

例如，《骄傲的将军》中将军的造型取材于戏曲脸谱中的大花脸，《大闹天宫》中孙悟空的形象借鉴了戏曲脸谱、民间版画的孙悟空造型，《牧笛》中的牧童、水牛运用了中国的水墨画，这些作品都洋溢着浓郁的民族风格。此外，背景设计、音乐效果、色彩运用和场景处理等方方面面都可以从民族文化中汲取养分，使国产动画片精彩纷呈。

重点提示 Importance

"中国学派"是经过老一辈动画家近 60 年来探索的典范。其文化内涵和艺术特色是中国动画的精髓，作为一个现代的动画设计师，要沿着以中华民族文化为脉络的道路去继承、去创新、去发扬。

1.1.4 世界动画发展概况

一、中国动画发展概况

中国动画的创作生产，从 20 世纪 20 年代万氏兄弟摄制第一部动画片算起，已有 80 多年的历史，在世界上起步不算太晚。中国动画发展的过程是一个学习外来经验、探索本土发展的过程。

1926 年，万氏兄弟借鉴了西方的技术，在上海苦心钻研，白手起家拍摄了中国第一部动画片《大闹画室》，开创了中国本土动画的先河。接着，又在 1941 年拍摄了中国第一部、世界第二部（继美国《白雪公主》之后）的影院动画长片《铁扇公主》。中国动画事业创始人万籁鸣曾经总结过："动画片一在中国出现，从题材上就与西方分道扬镳了。"

在苦难的中国，为了让同胞迅速觉醒起来，中国人根本没有时间开玩笑，因而形成了中国美术片与外国动画片迥然不同的特色，为了明确的教化作用而强调鲜明的创意，在某种程度上忽略了应有的含蓄性、幽默性与娱乐性。这是优势，但客观上对我们后来的发展形成一定局限。大师一语道破了当代中国动画片在创作上久久不能突破的瓶颈，中国动画片的症结是没有随着飞速变化的时代共同前进，而观众却早已经大踏步地向前了。

重点提示 Importance

在一些大师们的眼里，看动画片是一种最有成效的学习。因为它是对一个艺术家全面的检验。在短短的几分钟或十几分钟内，把艺术家的立场观点、审美情趣，艺术技巧和技术技能等来一个大检阅，难怪业内人士都流传这样一句口头禅"动画片是智力大赛、艺术大赛、实力大赛。"如果不能理解和欣赏从前的那些动画片，电脑动画师创作的作品也只能是毫无生气。只有那些潜心钻研这一流派、认真理解如何创作运动幻影的人们，才能在制造现代经典作品的今天继续生存下去。

万籁鸣先生生于1900年，江苏南京人。万氏四兄弟是中国动画事业的开拓者，他们四人爱好一致，意志坚定，人们曾给予他们一个风趣的称号——万氏卡通。

万氏兄弟动画创作历程分为以下几个阶段：

（1）1922年，万氏兄弟制成动画广告《舒振东华文打字机》，此片是中国美术片的雏形。

（2）1926年，受迪斯尼动画《墨水瓶人》启发，万氏兄弟制作了首部具有民族特色的动画片《大闹画室》。

（3）1935年，万氏兄弟在明星影片公司的配合下制作出中国第一部有声动画片《骆驼献舞》。

（4）解放后，万氏兄弟先后返回上海加盟美影。1961—1964年，万籁鸣导演了动画巨片《大闹天宫》，终于一偿夙愿，创造出其一生最高成就，也是中国动画史至今难以逾越的经典作品。

从20世纪60年代开始，一批才华横溢的中国动画艺术家们开始尝试将中国传统绘画技法移到动画的制作之中，中国画中最具特点的水墨画法成了突破点，在此后的若干年内，被后来称为水墨动画的动画片破茧而出，《小蝌蚪找妈妈》、《山水情》等一批水墨动画艺术短片令人耳目一新，《骄傲的将军》、《大闹天宫》、《牧笛》、《哪吒闹海》、《三个和尚》等一批独具中国文化特色和艺术风格的影片脱颖而出，被国际动画界誉为“中国学派”。

中国的本土动画经历了风风雨雨，有过沉寂也有过辉煌。但是，几代动画人对中国民族动画的探索却始终没有停止过。20世纪的50年代至80年代，中国本土动画造就了一大批经典影片。《阿凡提》在场景色彩和人物色彩上大量运用了新疆地区少数民族的色彩特色，明快、活泼、色彩艳丽。如果说水墨动画片在色彩的运用上是“惜色如金”的话，那么在诸如《渔童》、《金色的海螺》、《猎人与狼》等剪纸动画中，对色彩的运用就是“挥彩如土”了。在剪纸动画片《渔童》、《金色的海螺》和《猎人与狼》等片中，设计者大量借鉴了中国传统民间色彩的艳丽、丰富、夸张和强烈的补色对比，将场景色彩和人物色彩设计得极其丰富、多变，传达给观众一种强烈的色彩感受。我国著名动画片《大闹天宫》、《哪吒闹海》和《天书传奇》更是把鲜明的民族艺术风格融入到作品中。

二、外国动画发展概况

发展中国本土动画必须要借鉴和学习先进国家的市场运作经验及产业链发展机制，并且要学习他们在动画文化积淀、大胆想象等动画艺术本体方面的创造力。动画产业链的源头就是创造性，这是一个基本原则，缺乏就会失去动画发展的动力。通过对大量优秀的国外影视动画片的引进和学习，使中国动画创作者在选材、编剧、人物造型、艺术风格、叙事方法和个性塑造等动画元素的运用方面开拓了视野，使创作理念也有了质的飞跃。同时，在运用先进技术和高科技手段等方面也有了长足的进步。创作者力求与市场接轨，与观众沟通。

1. 美国动画

美国动画所包含的天真的视觉效果、清晰易懂的玩笑幽默以及条理分明的技术表现，构成了强烈自主的动画风格。他们极少批判人类的失败、社会状况或心理的纠葛，把有关世界的大事件留给政治家和作家去处理。这些动画只要跟着大众流行走，形式和内容无须太复杂，电影中的道德观很单纯，善良必战胜邪恶。

二战后的美国动画界，迪斯尼公司的霸主地位无人能敌。在20世纪50年代，迪斯尼公司先后推出了《仙履奇缘》、《爱丽丝梦游仙境》和《小飞侠》等童话题材作品，不但延续了迪斯尼动画的口碑，而且取得了良好的票房业绩。不过，迪斯尼并没有为成功而陶醉，反而不断摸索创新。他们先后推出了以现实社会作为动画场景的《小姐与流氓》、以动物角色为主角的《101斑点狗》及改编自历史传奇的《石中剑》等。

迪斯尼继续推出新的动画明星，如胆小、憨厚、敏感的普鲁托，土里土气、反应迟钝、毛手毛脚又自以为聪明的高飞狗和那只以坏脾气著称的唐老鸭都成为享誉全球的超级明星。

这些动画明星们不仅为迪斯尼带来了荣誉，更为其带来了巨大的利润，因为这些形象已不仅仅在银幕上活动，按它们的形象开发的商品也为人们尤其是儿童所喜爱。这些商品从玩具、文具、服装到家庭用品，几乎应有尽有。

20世纪30年代最显著的特色是从文化和知识的伪装下解放，一切的目标都为追求快乐，发展个人在视觉表现上的禀赋才能。

无疑，这段时间最著名的动

迪斯尼动画案例

画片厂是沃尔特•迪斯尼（Walter Disney）的片厂。迪斯尼片厂崛起成为国际知名的卡通动画中心，同时也意味着它即将成为未来许多年轻有潜能艺术家的摇篮。

从 1929 年到 1939 年，迪斯尼共拍了 60 多部动画短片，几乎包揽了这 10 年里的所有奥斯卡最佳动画短片奖，其中，1932 年的《花与树》首次获奥斯卡最佳动画短片奖；其他如 1933 年的《三只小猪》的插曲“谁怕那只大恶狼”，为饱受经济危机折磨的美国人带来了生活的勇气；1934 年的《龟兔赛跑》、1935 年的《三只小猫咪》、1936 年的《乡下表亲》、1937 年的《老磨坊》（首次采用多层摄影机来营造视觉深度）、1938 年的《斗牛费迪南》和 1939 年的《丑小鸭》等，都获得了奥斯卡奖的动画短片。

正是由于迪斯尼在动画艺术、技术上的不断探索，现代动画片制作过程中所使用的每一项技术几乎都烙上了迪斯尼的名字，例如，1928 年推出第一部有声动画片的《威利号汽船》；1930 年成立专门剧本故事部，发明了分镜表；1932 年创作第一部彩色动画片《花与树》；1939 年完成第一部彩色动画长片，放映时间达 74 分钟的《白雪公主》等。

《白雪公主》的巨大成功使长片的生产成为迪斯尼公司的主攻方向。从 1939 年到 1966 年迪斯尼去世，该公司基本上保持着一年一部长片的速度，并且直到现在依然延续着这个传统。其中，著名影片《木偶奇遇记》（1940 年）、《幻想曲》（1941 年）、《小鹿斑比》（1942 年）、《南方之歌》（1946 年）、《仙履奇缘》（1950 年）、《爱丽丝梦游仙境》（1951 年）、《小飞侠》（1953 年）、《101 忠狗》（1961 年）和《石中剑》（1963 年）是迪斯尼亲自领导创作的，还有《森林王子》（1967

美国动画案例

年）是迪斯尼本人生前创作的最后一部影片，在他去世之后才公映。

1966 年 12 月，一代动画大师沃尔特•迪斯尼离开了人间，然而，他开创的迪斯尼王国并未因他的去世而停止运转，而是在后来的不同时代有着不同的杰出表现。70 年代，它推出长片《罗宾汉》（1973 年）和《救难小英雄》（1977 年），后者在欧洲创下空前的票房记录，竟超过同时期的好莱坞大片《星球大战》。80 年代，《谁害了兔子罗杰》是一部真人与动画结合的狂想式的影片，场面华丽，每个动画角色都有出色的表演，真人与动画结合完美。90 年代，在动画电影市场群雄争霸的美国，迪斯尼公司仍以不断探索的进取精神独占鳌头。改编自莎士比亚作品《汉姆雷特》的《狮子王》（1994 年）和改编自雨果《巴黎圣母院》的《钟楼怪人》（1996 年），展现了人性深处的善恶斗争，深化了动画片的思想内涵。老片翻新的《泰山》（1999 年）则以其完美的动作设计风靡世界。《花木兰》（1998 年）本是中国一个古老的民间故事，被迪斯尼的动画高手们演绎成一个集武打、言情为一体的精彩的爱情故事，不仅横扫欧美，也使故事原产国的中国观众为之倾倒。

电脑技术的介入为迪斯尼公司的讲故事高手们提供了新的武器。1995 年，他们推出第一部三维动画片《玩具总动员》，使动画进入一个新纪元，展示了人类几乎无所不能的创造力。而 1999 年出品的三维动画大片《恐龙》将这种创造力推向极致，那些细致入微、无可挑剔的仿真形象的表演，使这部影片毫不逊色于任何一部好莱坞大牌明星的影片，甚至有人看过片子后还不知道这是用电脑创造出来的动画片，完全被虚拟的真实迷惑了。

就在像迪斯尼这样的老牌动画

企业坚持传统动画理念的同时，以 UPA 为代表的小型动画企业则开始尝试“有限动画”的制作理念。他们不再追求类似迪斯尼动画片的那种高成本、大制作的华丽场景，转而采用低成本的制作策略，并通过故事情节的精心设计和音响效果来弥补视觉上的不足。

在美国商业动画领域，华纳电影公司动画部、美国著名导演斯皮尔伯格主持的梦工厂也都生产了不同于迪斯尼公司风格的动画作品，使得美国动画片的风格丰富多彩。

“鸡蛋头”是华纳公司第一个动画明星。但遗憾的是，并没有因为他“资格老”而成为“当红小生”，“鸡蛋头”永远只能作为被“兔巴哥”捉弄的配角出现，毕竟在动画片的世界里动物比人受欢迎。

虽然“极速鼠”这只操着墨西哥口音的小老鼠出演的动画片并不多，但是其影响力却不可低估。以至于当该动画片停播后，墨西哥政府出面与美国交涉，建议重播该剧集。他们认为“极速鼠”是墨、美两国和平与文化交流的象征。因为从没有过一个美国动画角色有着这样明显的墨西哥文化背景。

“火星人马丁”与“大嘴怪”是超级龙套演员，它们属于永远占不到一丁点便宜，总是属于被捉弄、折腾的“吃苦受累型”龙套。做人要厚道，但是绝不能做“火星人马丁”与“大嘴怪”这样的人。

华纳曾经在 90 年代启动了大规模的 Looney Tunes 动画重新修复与绘制工程，开始还是按照一格一格来进行的，后来数字化的启用使修复工作更加系统化，成本得以降低。华纳对卡通群像细致的晶牌管理使很多年轻观众以为这些动画片就是去年或者前年制作的。时间在华纳经典动画片中永远停止了。

1996 年华纳动画群星与篮球巨星麦克尔•乔丹合作演出了影院动画长片《空中大灌蓝》。这部投资 8000 万美元的大制作动画片全球票房为 2.5 亿美元。

进入 21 世纪，昔日华纳动画明星们又卷土重来，再次震撼影坛。2003 年推出的《华纳巨星总动员》（Looney Back In Action）又是一部真人与动画结合的大片。几乎所有的华纳经典动画明星都出场，并以当年特有的方式演绎故事。

随后，2005 年华纳公司推出了备受争议的概念性电视动画片《Loonatics》。在这部电视动画里面，华纳的全部卡通形象更加流行化、黑暗化，符合新一代的审美观念，如“激光锁”、“心灵运输”和“电磁炮”等超能力。

到了 20 世纪末，随着计算机多媒体技术的兴起，动画片的生产和制作面临新的革命。

迪斯尼公司再次充当了新技术的弄潮儿，推出了一系列大制作的动画巨片，包括取材于安徒生童话的《小美人鱼》（1990）、根据阿拉伯古典名著改编的《阿拉丁》（1992）、根据莎翁名著改编的《狮子王》（1994）、反映早期北美殖民生活的《风中奇缘》（1995）以及改编自中国流传于民间的故事《花木兰》等。这些动画大片的推出不但体现了迪斯尼驾驭新技术的能力，而且还引发了“剧场传统”的回归，人们不再守着家里的电视机而是买票到影院里去观看动画片。这是电视取代电影成为最重要的动画媒体之后从没有过的现象。另一方面，以“梦工厂”为代表的业界新锐也在与迪斯尼的竞争中逐渐崛起，不断为世界各国的卡通迷们奉上精美的“动画大餐”。

2. 日本动画

大约在 19 世纪初，日本涌现出今井吉郎和村田安等一批动画艺术家，但日本动画风格真正形成应该说是从日本动画祖师手冢治虫开始的。日本动画大师手冢治虫从迪斯尼动画中学习借鉴，汲取灵感，创造出日本特有的动画风格，他被视为“日本动漫之父”，代表作有《铁臂阿童木》和《森林大帝》，最有名的卡通形象是铁臂阿童木。之后在以宫崎骏为代表的一批艺术家的不断努力下，日本动画艺术不断发展成长，形成我们今天所了解的日本动画艺术。

日本动画的风格不同于美国，特别是在宫崎骏的动画电影《风之谷》推出后，为当时整个动画界带

重点提示 Importance

日本动画片无论故事情节还是细微的动作都竭力做到最精致。在日本动画观念里，影片更重视的是故事情节和故事的文学性，让故事有深度和内涵，强调人物的心理活动。在动作设计上则会尽量写实，接近自然真实的动作。其中，动画片艺术与商业的结合更是值得我们好好学习和借鉴。

日本动画案例

来了清新的和风。影片不但吸引了儿童观众，更让许多成年观众为之深深地感动。1984年，改编自宫崎骏的同名长篇漫画的《风之谷》是其的第一部影院动画片。影片以精美的画面、壮观的场景和动人的音乐，给人以美好的艺术享受，引起了轰动。由于该片以损害自然就是损害人类自身的警示震撼着观众，所以由世界野生物基金会推荐，被第14届巴黎国际科幻电影节评为最佳作品，并再次获得该年的日本大藤奖。

在宫崎骏众多作品中，1985年的《天空之城》讲述了如果一旦高度发达的科技被邪恶势力掌握将会给人类带来毁灭性的灾难；1997年的《幽灵公主》与他以前的《风之谷》环保主题类似，但其精彩的故事、宏大的气势和细腻的人物刻画更为成熟。

宫崎骏的作品以人类、科技文明和大自然为核心，关怀的是人类的前途、命运。通过这些有着深刻主题思想的动画作品，使动画片具有了与其他电影“大片”一样的魅力，从而提高了动画片在人们心目中的地位。因此，如果说大川博是日本动画的开创者，手冢治虫是弘扬者，而宫崎骏则是日本动画品格的提升者。在他的手中，原本被认为是“小儿科”的动画，具有了史诗般的恢宏气势和震撼人心的魅力。宫崎骏创作的《龙猫》和《红猪》为日本奠定了动画大国的地位，也开创了新的动画视觉领域，再后来，日本出现了新生代的动画导演，其中最具代表性的有大友克洋和押井守。大友克洋主要代表作《阿基拉》曾创下当年电影票房的记录。在今天，日本动画已成为日本文化不可分割的一部分。

3. 欧洲动画

欧洲的动画给人的感觉是比较重视艺术化，有追求试验艺术的特点。每年在法国的安纳西动画节，总会看到欧洲先锋派的动画作品。作为现代艺术的发源地，在19世纪初，法国的动画片已开始用许多先锋的方式制作动画，直到今天看来还是很前卫。如1934年贝索尔的动画片《思想》。

在20世纪20年代战后的欧洲，各种思潮风起云涌。电影创作者关心的是如何重塑电影的形式。他们尝试引进新的美学观念，更甚至技术的开发，抽象艺术运动的旋风，写实主义电影和印象主义电影分道扬镳，蒙太奇理论的发展，重叠、溶接的运用以及对于非平衡式构图的驱向，对视觉艺术造成了很大的影响，包括动画电影的制作。

这个运动也受包豪斯设计学院理念的影响，其主旨在改变和统一艺术的规则，包括设计、建筑、戏剧和电影。非具象、抽象的前卫动画在此运动下相应而生。这次运动的前锋分子包括芬兰的舍唯吉、瑞典的维京·伊格林及德国的奥斯卡·费辛杰（Oscar Fischinger）、汉斯·瑞希特、沃尔特·鲁特曼（WalterRutUnan）等，都是运用动画追求艺术形式的画家。如瑞希特的动画中重复出现的几何建筑图形，在不同节奏下进行角度及大小远近的变化，观者有如亲身体验观赏建筑物，沉浸在其发展的动作逻辑、美和连续性中。

同步声音的发明带给欧洲和美国的动画发展显著的区别。在美国，声音主要用来改进角色的特征和个性。而在欧洲，声音却是用来作为实验的原始素材，影片中的音乐、动作的影像和音效之间的关系被推敲到极致。如奥斯卡·费辛杰以布拉姆斯的《匈牙利舞曲》（Hungarian Dances，1931）为主旋律表现的抽象动态图案，和音乐中的特定元素产生同步对位的效果。

还有前捷克斯洛伐克的动画片《鼹鼠的故事》，其民族特有的图案

欧洲动画案例

被巧妙地运用到了动画中，作品充满了童真和想象力。

受人文主义的影响，欧洲的动画片非常重视动画风格的多样性，尝试不同的艺术手段，如用油画的风格、素描的风格和泥土动画等，以欧洲特有的人文特质，给观众带来不一样的感受。

4. 俄罗斯动画

俄罗斯是目前世界上动画产业比较发达的国家之一。俄罗斯独特的文化为动画的创作提供了很好的基础。如 20 世纪，俄罗斯的动画家尤里·诺斯坦制作的动画影片《科尔吉内特战役》，采用了教堂彩拼画和装饰风格，给人一种历史的宏伟感。俄国的社会变迁虽然刺激了真人实物拍摄的电影，进入电影主流的地位，但同样的环境并没有惠及卡通动画。再说俄国的电影工业也是从 20 世纪 20 年代中期才开始的，这时也才出现了一些动画工作者以及表现优异的作品，包括亚历山大·巴斯克金、亚历山大·伊凡诺夫、布拉姆帕格姊妹和伊凡诺夫瓦。俄国的动画家很快就发现他们国家丰富的文化遗产，包括寓言、神话和传统偶剧，这些都是非常宝贵的创作素材，特别是以此创作的儿童娱乐作品。

5. 韩国动画

韩国动画 1995 年之后的崛起，再次证明任何单纯意义上的模仿都不是职业艺术的真正出路。韩国电影商业化的成功，仍旧保持着浓厚的民族气息和较高的艺术品味。他们之所以会被世界认可，就是在推动影片商业化的同时，不忘保存民族风格，根据自己国情，不盲目降低艺术水准。

韩国过去虽然有着丰富的动画制作经验，并参与了许多全球性的动画制作项目，但由于本国国内的市场太小，仅仅依靠自己的市场是不足以收回制作成本的，因而仍把

俄罗斯动画案例

大部分的精力放在海外加工片的生产制作上。但近年来，在政府扶植和本土从业人员自身的努力下，韩国电影和动画得到了迅猛发展，不仅电影得以迅速复苏和大力发展，动画和网络游戏的势头也非常强劲。目前，全国动画制作企业有240家，动画从业人员1万余人。有120多所大学设立动画专业，每年毕业学生2000多名，适合从事动画、漫画、游戏和多媒体等领域工作。另有动画专业学院数十所，可培养5000多名三维动画人才。年生产电视系列片4680分钟，剧场版长篇动画2～3篇，制作Flash动画数百集，独立短片100多部。已从承接外来动画加工转向原创，并从以二维动画制作为中心迅速发展为三维动画制作或二维与三维的结合。一些大的动画公司开始在逐步完善市场的运作机制，开发国际市场，通过与主要动画国家合作，其动画产业与产品已进入美、日、中、加、法和欧洲等国家与地区。

韩国近年来积极参加国际动画节，也取得了较好的成绩。《美丽密语》是韩国历史上耗资最大的动画片，获得世界知名的法国第26届昂西国际动画节长篇大奖。这部作品讲述的是爱情变成童话的故事，影片用色细腻，选择了韩国大自然中常见的含蓄颜色，柔和地表现出醉人的海天景色，片中人物及背景设计在以往动画中前所未见，可以说是由成千上万幅水彩画组成的电影，极具诗意。

韩国还于2003年建成动画博物馆，通过发掘、收集、保管、展览和研究有关动画的资料，展出了动画的起源、诞生与发展，动画的种类、制作方法与过程，相关设备的发展，韩国的动画以及朝鲜、美国、日本、欧洲、亚洲等世界动画的历史，还拥有各种体验设施，成

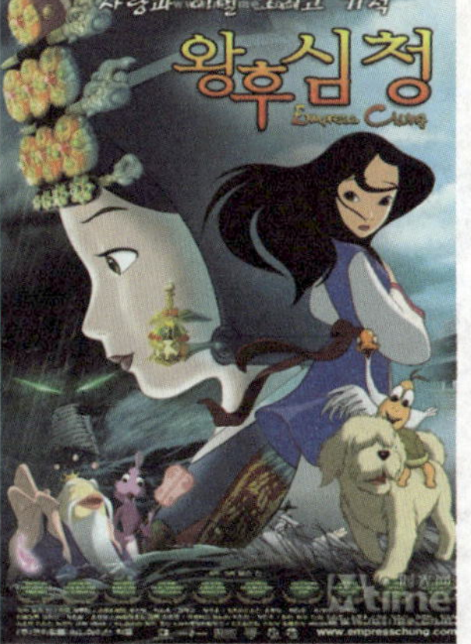

韩国动画海报

韩国动画案例

为启发人们认识、珍视动画和国民精神文化的生动教育场所，不仅对青少年，甚至对动画从业人员也有所裨益。

重点提示 Importance

动画经历了100年的风雨，迎来了全球化的时代，回忆动画历史的长河，我们将永远记住那些为动画真谛而奋斗的前辈们：诺曼·麦克拉伦（加拿大）、特伦卡（捷克）、沃尔特·迪斯尼（美国）、万氏兄弟（中国）、伊万诺夫（俄罗斯）、保罗·格莱蒙（法国）、约翰·哈拉斯（英国）、手冢治虫（日本）……借鉴和学习别国的先进技术和优秀文化才能在民族文化的基础上创造出具有现代意识的本土动画作品。在动画全球化的大环境下作为一个动画设计师，必须了解本土的文化和世界的文化，向世界动画大师学习、理解动画的真谛，真正享受动画的快乐！

1.1.5 动画的产业化

一、动画产业

动画是一门艺术，因为它风趣幽默、直观易懂，已成为一种世界文化，为各国人民普遍喜爱和欢迎。动画更是一种最有吸引力和渗透力的娱乐，它可以影响一代人，在精神文明建设中起着不可低估的作用。动画又是一个产业，而且是一个能够为国家创造很大产值的大产业，已经受到许多国家政府和企业家们的重视，成为发展经济的一个新的增长点。因此，动画同样受到我国政府和社会各界的极大关注。动画已作为一种现代产业，由影视片出品，延伸到书刊画册、录像带、VCD 等音像制品，进而发展到以动画人物、形象为依托的文具、玩具、服装、工艺等其他衍生

大冒险动画人物

的产品，甚至扩大到与此相关的公园、游乐园等，从而大大超越了其原有的含义。

另外，职业的周边产品的开发更使商业潜力无限。外国电视版职业的大量引进，极大的促进了这一领域的发展，这使我国小至家家户户的电视节目，大到书店、报亭、玩具、礼品店，无不充斥着外国职业的周边产品，如漫画、宣传品、装饰品、服装鞋帽、日用品和玩具等。不仅获得了巨额的利润，而且又极大地促进了下一部影片的成功推出。机器猫、米老鼠、皮卡丘、蝙蝠侠和史努比等大批卡通明星已深入人心。

目前，众多的无线内容服务商在极力争夺动画内容市场，但移动媒体上所适需的动画和我们当前的动画内容在技术和艺术上都有差异。

当今，在美、日等许多国家，动画已作为一种现代产业，动画产业指以“创意”为核心，以动画、漫画为表现形式，包含动漫图书、报刊、电影、电视、音像制品、电子出版物、舞台剧、动漫主题公园和基于现代信息传播技术手段的动漫新品种等动漫直接产品的开发、生产、出版、播出、演出和销售，以及与动漫形象有关的服装、玩具、电子游戏等衍生产品的生产和经营的产业。”随着信息技术的发展，动画还扩大应用到其他不同行业及领域，如手机游戏、Flash 网页、互动多媒体、影视广告、电视节目制作、科技成果演示、教学课件、模型玩具、虚拟漫游、医疗造像、军事、制造业等，并过渡到商业化阶段。很多人喜欢从卡通漫画和游戏的角度来理解动画，这就说明动画边缘产业也很发达，在游戏、漫画书、绘画、网络和广告中都有动漫的存在，游戏公司也有专门的动画机构。可见，动画既有很高的艺术性，又有很强的商业性。这就要求我们动画人不单单要有扎实的绘画功夫，还要具备电影、音乐、表演和文学等多方面的艺术修养，同时还要有商业的意识。

二、动漫产品

“动漫产品”是一个越来越被广泛使用的词语，但它的概念与界限还很难界定。这里“动漫产品”是一个广义的概念，包括动画音像产品、漫画出版物以及动漫衍生产品。动漫出版物包括漫画杂志、漫画单行本、连环画册、画集和绘本等；动漫影视产品包括影院动画、电视动画、光盘音像制品、网络 Flash 动画产品等；动漫衍生产品包括公仔、玩具、文具、生活日用品和电子游戏等。

三、产业化环节

产业化环节包括以下4个方面。

- 市场定位策划。
- 形象策划。
- 文化产品：卡通电影、电视片、多媒体出版物，图书、游戏和网络移动通信媒体等。
- 商业产品：玩具、文具、日用品、服装和主题公园等。

事实上，我们今天的动画艺术也正在经历一个媒体革命的重要时期，如同从电影动画到电视动画的革命一样，动画目前进入到互联网和移动媒体领域，这将给动画从形式到内容到产量带来翻天覆地的变化。此外，动画也从一门艺术形式向一个数字内容产业转变。动画产业和相关行业的发展也将改变目前动画的就业状况。这就是我们的“泛动画”领域，它是包括网络、移动性新媒体动画、多媒体技术应用、游戏、教育软件、智力玩具和电子出版等一切需要或可以利用动画技术的领域。我们有理由乐观地预见，随着数字文化产业的迅猛发展，“泛动画”领域的人才需求将远远超过目前的教育规模。由于真人演出的电影制作费越来越高，动画在成本制作上也越见优势，特别是电视广告项目，加上世界各地新建的制片厂，从广告片到剧情片，结合电脑和传统动画设备，使之更趋精致。未来动画的前途无可限量，动画的下一个“黄金时代”指日可待。

动画片产生以来，就沿着艺术和商业两个方向发展。美国是商业动画大国，从一开始，美国的动画人和投资者就看到了动画片喜人的发展前景，动画产业因它所带来的滚滚财源而得到迅速发展。如今，包括电影产业在内的美国文化产业是仅次于航空业的第二大产业。在日本，动漫业则更是由于它所具有的商业性，已成为继相扑、艺妓和茶道之后的第四大产业。

动画作为人们特别是儿童喜闻乐见的艺术形式，现今，无论从内容、形式、品位到观念，都有了很大变化，新时代动画片的受众越来越广，优秀的动画片在影院中一样很卖座，有着良好的票房，例如，美国动画片《玩具总动员》创下了 20 世纪 90 年代末期影片票房收入新高。国产动画片《宝莲灯》，1999 年 7 月初在全国 28 个省市全面上映，8 月底票房即突破 2200 万，成为该年度票房过 2000 万的第五部片子。影片的延伸产品，如实用背包、文具、服饰、精美的装饰品等，至少已收获 500 多万。影片上映一个月即收回投资并开始盈利。此外，《宝莲灯》还发行了粤语版，并在台湾地区和日、韩、新、马、泰等国家上映，赢得了很好的声誉，不仅取得了很好的社会效益，也得到了很好的经济回报。

动画系列片则更是各大电视频道必不可少的节目内容，二维和三维动画商业广告可说是铺天盖地，比比皆是，动画的延伸商品亦是处处可见。动画片制作已是目前国内外大力发展的行业。

中国是全球最大的动画市场，也是潜在的最大的产业生产基地。我国文化产业比例很小，完全有可能成为当前经济新的增长点。中国动画片市场的潜力是巨大的。全国不仅有数以亿计的电视机及其观众，而且有 3 亿多儿童，

既是动画片巨大的观众层，也是动画片相关产品的庞大消费群体。走产业化之路发展动画片，并对后期动画产品进行开发，已逐渐被我国动画生产厂家重视。一部动画片不仅可以通过影院、电视台放映，音像制品公司以录像带和影碟发行，还可以其动画形象制作的一系列玩具、文教用具、书报刊物、服装、物品包装和娱乐场所的广告宣传等获得可观的利润。

动画片以演绎时空变幻、无尽畅想、轻松进入超现实而独具魅力，是跨越文化界走俏全球、跨越年龄层俘获人心的理想娱乐产品。经过大半个世纪的世界动画产业的发展，在市场成熟的国家里，动画产业已成为文化产业中异常活跃的一个门类，所涉及的领域包括视觉艺术的图书、制片、发行、播放媒体、印刷、音像、漫画、服装、玩具、食品、文具、包袋、饰品、网络游戏、娱乐或教育软件、展览、日用品、广告和主题公园等，其宽泛性和丰富性在文化产业里独占鳌头，其商机和效益也十分可观。

振兴我国动画业，也日益进入党和国家重要的议事日程，动画随着民族文化产业的发展被上升成为综合国力的重要指标。从 10 年前江泽民鼓励美影厂的来信，到现任

小知识　Knowledge

现今，产业化运作意识增强，产业结构不断完善。目前，许多国产动画项目从一开始运作就以市场为导向，详细做出了市场前景分析、项目利润分析、行业竞争分析和风险分析等，并通过品牌授权开发一系列衍生产品。例如，《三毛流浪记》尚未制作完成，图书版权已销售 800 万元，文具版权销售 200 万元，玩具和服装版权销售 700 万元，26 集的音像版权销售 400 万元。中央财政将设立扶持动漫产业发展专项资金，主要用于支持优秀原创动漫作品的创作生产、动漫素材库的建设和动漫公共服务体系的建立等我国动漫产业发展的关键环节。

生肖传说卡通形象

卡丁车宠物卡通形象

领导人对未成年人成长高度的关切和任务部署；从李长春明确要求发展我国动画产业的题词，到广电部最新出台的举措，都体现了举国上下振兴国产动画的空前决心。

中央电视台少儿频道已经在 31 个省，296 个省辖市落地，收视率稳居中央电视台 15 个频道的前 5 位。2005 年北京、上海、湖南电视台动画上星频道开播一年来，收视情况喜人，运营效果良好。此外，28 个少儿频道也取得了不俗的业绩，同时，全国各级电视台都新增了众多的动画栏目，庞大的国产动画片播出平台已初步建立。动画播出平台的扩大，有效地拉动了动画播出价格的提升，改变了过去动画片播出价格每分钟三、五元，甚至无偿播放的局面。

国家动画产业已引起各级政府的高度关注和积极支持。目前，北京、上海、杭州、大连、南京、苏州、无锡、常州、武汉、长沙、广州、深圳甚至西南的重庆、成都、昆明等地都已经出台或正在研究制定发展本地区动画产业的优惠政策。

同时我们也要看到，泛动画的知识结构和我们目前基于电影、电视的动画艺术教育有着很大的差别，也需要我们深入研究。我们的教育方向和教学内容一定要根据“泛动画”的发展方向和知识需求进行调整。人才需求将取决于人才的质量。根据人才市场的走向，调整知识结构。从目前单纯动画的艺术教育，转向动画的应用教育。数字内容产业是媒体技术和艺术的结合，未来动画技术中，媒体技术不可或缺。而面向相关行业就业方向的培养，更需要交叉行业的专业知识。

随着动画艺术的发展，动画人对影视艺术的思维、语言和特性在动画中的运用越来越被重视。动画影片作为电影的一种特殊类型，和其他类型电影的最大不同在于：拍摄对象本身不是生命体，而是造型艺术手段制作的假想性形象。这也注定了动画片是一门综合性很强的艺术门类。

针对动画媒体的发展走向，培养新媒体动画人才。如前所述，动画在媒体革命中经历了电影、电视和互联网，目前刚刚开始向移动媒体方向发展。每一次媒体革命给动画从产量、内容、形式到行业规模、人才需求都带来巨大的变化。这一点从电影时代到电视时代，动画无论在中国还是在全球的产量规模上都可以验证。

重点提示 Importance

从动画造型到产业化有两种途径：一是要先有角色形象，有商业故事片，再和企业联系起来、和某种产品联系起来，把它做成产业化；二是根据企业的 CI 策划，把企业的吉祥物变成商业故事片的主角围绕吉祥物组织故事，形成系列动画片。

走产业化道路，树立产业化意识。以卡通形象为品牌龙头以动画文化为底蕴以电视、网络出版印刷、多媒体为媒介，带动教育、服装、食品、玩具、游戏和轻工等相关产业链的形成与发展。

成千上万的动漫连环画爱好者是动漫连环画发展的基础，是动漫商品消费的主体。分析、了解不同动漫连环画受众的口味、心态，前期有针对性地进行动漫连环画创作才能保证后期动漫连环画市场的兴旺。不同的动漫连环画受众之间的个性是相对的，可以依据年龄、文化程度、工作与生活环境来划分。年龄和文化程度可以细分为学龄前的幼儿、一年级到四年级的儿童、五六年级到初三的男生与女生、高一到高三的男生与女生、大学的男生与女生、工作阶段的白领与蓝领青年、中年知识分子与国家干部。不同的年龄段有着各自的喜好，如幼儿与低龄儿童喜欢动物、鬼怪类题材，少年男生喜欢探险、侦探、科技类题材，少年女生、青年女大学生喜欢幻想类、恋爱类题材，青年男大学生、蓝领、白领喜欢体育

动漫衍生产品

动漫衍生产品

和武打类题材等。工作与生活环境可分为校园、工厂、农村、部队、机关、公司、商场、家庭和研究所等。不同的环境也会影响到人的爱好，如在军营里士兵们就喜欢战争、体育和武打类题材。当然，这样的划分不是绝对的。因此，要做好调查研究，了解动漫连环画爱好者对同类型的爱好倾向及变化的动态。另外，还要了解不同的动漫连环画爱好者对风格、手段的偏爱，在风格上是卡通型、随意型或传统型，在手段上是线描类、黑白类还是色彩类等。从不同动漫爱好者的人群数量来看，少年儿童占的比例较大，他们除了看动漫连环画外，对动漫连环画的后续产品的关注、喜爱、消费是很大一块市场。因此，还必须了解不同对象对动漫连环画后续产品的不同爱好，如女孩喜欢毛绒玩具、男孩喜欢电动玩具或启智类的动能玩具等。

PUCCA中国娃娃

重点提示 Importance

掌握了动漫连环画市场的信息动态，才能进行设计定位，确定你的动漫作品是给谁看的，然后明确用相应的题材内容、形式手段及保证与后续产品的加工工艺相吻合。如不同的玩具有不同的加工工艺，为此又要有了解不同工艺对动画形象设计的限制。

四、产业开发案例

1. 网络动漫开发案例

网络这一新兴的传媒形式给动漫的发展带来了全新的平台和机遇，使动漫产品更有效且更普遍地得到了流动和传播，有很多动漫作品就是借助这种新的媒体传播方式，与观众接触并快速传播的。

（1）PUCCA（中国娃娃）的推广

中国娃娃 PUCCA（又叫炸酱面小妹）是 Flash 作品中跟流氓兔齐名的漫画人物，其恶搞风格比流氓兔有过之而无不及，特别是当一系列的搞笑事件通过一个小女孩来完成时，更显示出它的特别之处。

PUCCA 是根据真实故事衍生

出来的动画作品，是来自韩国的中国餐馆老板的千金，在餐馆中，PUCCA 最爱的是炸酱面，但是自从搬来一户新邻居之后，也多了一位叫 Garu 的小男生。因为两人都是 12 岁，所以 PUCCA 产生了单恋，炸酱面对她而言已经不是最爱的东西，现在她的最爱是 Garu。她的故事在当地造成了小小的轰动，这些故事由漫画家将真人真事改编为更有趣的电脑动画，带来了全亚洲的流行。

PUCCA 在形象的设计上采用了简单可爱的造型，并且给每一个形象赋予了独特的个性，其知名度甚高，并且在韩国连续 3 年被评为最受欢迎的卡通人物。

网络的火爆带来了周边市场的繁荣，韩国 VOOZ 公司于 2001 年进行开发 PUCCA 的卡通形象商品化的工作，将 PUCCA 的网络火爆成功引到现实中，2002 年以亚洲为基础，PUCCA 成为一个世界性品牌。在中国、法国、英国、美国和日本等 72 个国家开发销售多达 3000 多种周边产品，涉及品牌专卖、电视动画、移动通信市场、网络游戏、出版和书籍等多个领域。

（2）小破孩

小破孩是诞生在网络、发展于网络的 Flash 动画，这个卡通形象在互联网的各个空间角落无处不在，可以说是个家喻户晓的人物。动画片主角是小破孩和小丫两个胖乎乎的中国婴儿，造型简洁流畅，着装及习惯也具有典型的中国风格。影片的取材和表现也融入了很多中国元素，如有的片集取材了中国传统故事、传说等，许多背景音乐使用了民族乐器。整体美术风格是不同于欧、美、日本的中国形式，主题思想也传达了中国人的观念，故事是具有中国特色的现代动画片。在国外动画大局入侵中国时，小破孩典型的中国特色给人带来了清新的感受。

小破孩发展之路如下：

①建立大型小破孩主题网站，丰富网站功能。建立小破孩社区，建立小破孩游戏频道和小破孩交友、聊天系统。以此来吸引更多的长期受众群体。

②制作系统的小破孩 Flash 动画、网络游戏、手机游戏，部分内容采用收费方式。

③制作更加丰富的小破孩网络应用、手机无线增值服务、新媒体内容，如 QQ 秀、mms、3G 等。

④在传统领域内投放小破孩电视动画、图书和音像等产品，吸引更多的受众。

⑤开发小破孩衍生产品和形象授权业务，如玩具、服饰和文具等。

⑥制作小破孩影院版动画片，把小破孩的影响力提高到更高的层次。

（3）招财童子——中国第一吉祥符

沈阳治图文化传媒有限公司致力打造本土原创动漫超级巨星——招财童子，中国第一吉祥符。业务包括互联

PUCCA中国娃娃

招财童子系列

小破孩系列

网、手机增值（手机动画、手机游戏、彩信、待机彩图、彩铃 QQ 表情、MSN 动漫传情等下载）、动漫剧集（《招财童子》系列剧集、100 集手机动漫《吉祥手机》、500 集大型国学经典剧集等）、游戏、广告、教育、音像、产品代言和产品授权等领域。

2.《玩具总动员》制作中与其他相关产业的协作

《玩具总动员》影片在整体商业策划中做足了文章，在影片中大为活跃的众多玩具可不是等闲角色，而都是美国非常有名的经典玩具，像弹簧狗、蛋头先生和玩具兵队等。迪斯尼在拍摄本片前，都一一与这些玩具的原制造公司取得授权允许，这些玩具才能出现在银幕上，当本片票房长红之际，这些玩具顿时又成为玩具市场的抢手货。这种动画制作公司与玩具生产商之间的合作模式，与迪斯尼其他动画片的相关玩具开发模式有所不同，它不是仅仅以动画片的形象作为玩具生产商的素材，而是根据它特有的题材，在动画片的制作过程中就采用了现有的比较成功的玩具形象，这也有利于动画片的市场推广。

由上述案例可见，《玩具总动员》这部影片依赖自己独有的技术优势和强大的制作队伍，取得了令世人瞩目的成就，并且为迪斯尼换取了巨大的经济利益和市场认可以及品牌形象的巩固和提升。因此，动漫作品的制作对动漫产品的市场推广和产业开发有着重要作用。

3.《蓝猫淘气 3000 问》推广案例

多角度地挖掘动漫作品的自身价值和衍生价值，从而使其价值最大化，同时实现经济效益和社会文化效益。在动漫作品的市场推广和产业开发这一领域，中国动漫产业界发展起步较晚，与迪斯尼这类起步早、经验丰富、资源雄厚的世界知名企业相比还略显单薄。在中国动漫产业开发这一领域，三辰集团《蓝猫淘气 3000 问》这一产品的产业链相对完整，开发模式比较成功，作为中国动漫产业开发的成功案例，是颇具有代表性的。

1999 年在国产动画发展的低谷期，三辰公司投资建设湖南动画制作基地，“以知识卡通”为创作核心概念，制作大型原创科普动画系列《蓝猫淘气 3000 问》，多元延伸，自此开始在动漫产业领域加速快跑。“蓝猫”动画节目逐步在国内电视台大规模播出，并输出海外市场，逐步形成中国最具影响力的原创动画品牌。在此基础上，“蓝猫”开始品牌授权衍生，拓展特许专卖网络，形成产业集群。

动画产品的制作环节有两个盈利点，即节目收入与随片广告收入。但是在中国当时的市场环境下，制作成本为每分钟 6000 ～ 8000 元的动画片卖给电视台的收入仅为 5 ～ 10 元，同时随片广告由于受到电视台的限制，销售难度极大。随着三辰卡通集团蓝猫品牌知名度的提升，

蓝猫卡通形象

“蓝猫”形象走下荧屏。三辰卡通集团开始在衍生产品生产领域进行探索，“蓝猫专卖店”连锁经营体系大规模扩张。

为了解决衍生产品的来源问题，2001 年 10 月，汕头三辰蓝猫产品发展有限公司成为第一家蓝猫卡通衍生产品授权公司，三辰卡通集团开始对产业下游生产资源进行整合。音像、图书、文具、玩具、服装、鞋帽、食品、饮品、日化、保健品、自行车及家用电器等十几个行业、6000 多种儿童消费品在“蓝猫”品牌下涌现，“蓝猫产业群”初具规模，“蓝猫”衍生产品获得市场的高度认同。短期内成立了 14 家专业公司、11 家区域销售公司、2400 多家“蓝猫专卖店”。由三辰卡通集团、代理商、专卖店和生产商结成的商业经济联合体已经形成。

这一成功举措开创了中国卡通产业新的经营模式。三辰卡通集团首创国内第一条“艺术生产流水线”，成功地打造出中国第一条以动画形象为龙头、跨行业的“艺术形象→品牌商标→生产供应→整合营销”的“产业生态链”；以“蓝猫”动画形象作为卡通产业链的起点与源头，拉动“生产供应”、“整合营销”等后续环节；以节目制造

商为基石，以衍生产品生产商与销售渠道商为两翼，实现动画产业一体化发展，截至2003年2月，已经实现销售额6亿元码洋，成绩斐然。三辰集团动画衍生品的开发涉及范围很广，产品具有多样性。下面对蓝猫产业开发不同领域进行介绍。

（1）蓝猫玩具

北京三辰蓝猫玩具有限公司通过“蓝猫教育玩具总汇”认知能力发展、人格塑造、创造力培养、身体运动发展、艺术能力发展、“倍爱”婴儿系列及电子教育类共计7大产品系列的强大宽泛产品阵容，以商场店中店、蓝猫中心店、蓝猫专卖店、连锁超市、社区便利店为主，形成5大网络体系立体化的渠道、全覆盖型态的终端，而成为中国玩具行业目前规模领先的渠道服务商。“蓝猫教育玩具总汇”按照年龄、教育功能规划“终端矩阵式售卖陈列”，与国家教育部“科学教育总课题组”合作开发了“中国儿童成长测评软件”并进行了相关的消费者测试，产品阵容更以科学和市场为法则，以研发改进、兼收并蓄手段推陈出新，并且客户服务全面以“服务创造价值”为理念，对代理商的操作规范给予支持和检测。

（2）蓝猫图书馆

2002年，“蓝猫”VCD攀升至北京音像大厦排行榜。截至2004年年底，三辰影库音像出版社已经推出40多个系列、500余本图书，“蓝猫”图书出版达到400种，音像品达到300种，卡通漫画类图书100种左右。2004年8月，中国少儿读物出版工作委员会（简称“少读工委”）与三辰卡通集团建立“战略联盟”，共享“蓝猫”品牌资源，率先对国内少儿图书出版的优势资源重新整合，在全国范围内建立庞大的少儿图书推广销售系统——“蓝猫快乐书屋”，同时还将建立面向学校和幼儿园的“蓝猫快乐书库”和面向家庭的“蓝猫快乐书架”。该联盟计划到2006年年底，建立起3000家蓝猫快乐书屋、5000个蓝猫快乐书库及10000个蓝猫快乐书架。

（3）日化用品

上海三辰日化以上海市宝山工业区、浦东新区两大生产基地为主。2003年，蓝猫日化用品已包括皂类、护肤品、沐浴、洗发和清洁类等基本产品类。消费目标定位在城乡结合部，以普通消费者可以接受的价格为城乡消费者服务。在外包装设计方面，以蓝猫卡通人物外形加工的三维卡通形象瓶盖与瓶身，构成了完整的卡通形象造型（波浪型、生肖型香皂）。截至2002年12月，上海三辰日化公司已经开发出85个品种，其中82个品种经过市场检验，72个品种产品得到消费者的普遍认可。2003年还将开发30多个品种，预计达到100多个品种。儿童洗涤系列、儿童护肤系列、成人亲子系列和清洁洗涤系列将逐一登场。2003年4月，蓝猫日化用品面向全国招收商场、超市的地区经销商。

（4）蓝猫钟表

深圳蓝猫钟表公司前身是一家以广告礼品表、自有品牌表和OEM为三大支柱业务的综合性钟表生产企业，公司主要致力于设计生产时尚、前卫的流行手表及蓝猫卡通手表，在全国各大城市均有销售网络。2003年初，深圳蓝猫钟表公司提出“手腕饰物”的概念，开发生产出“海洋系列”、“空军系列”等新款产品。2003年春夏之交，蓝猫钟表面向全国进行特许经销商的招商。

从以上资料我们不难看出，三辰集团以《蓝猫淘气3000问》这一动漫产品作为产业链发展的起点以及中心点，多角度地向周围多种产业进行延伸，最后实现完整的产业链条。以动漫产品带动相关产业的发展，以相关产业的发展和渗透更进一步拓展了动漫产品的知名度和影响面，从而形成了产业链的良性循环，进而实现了较好的经济效益和社会效益。三辰卡通公司《蓝猫淘气3000问》动漫产品的产业开发模式是值得我们思考和借鉴的。

第2节 无纸动画

传统动画片的制作依附的是电影、电视技术，而现今动画技术的不断革新，特别是计算机科学与动画的结合和计算机动画的出现，更充分显示了科技给动画带来的变化。科学与艺术的融合形成了 21 世纪动画的发展趋势。

动画既是一门艺术又是一门技术，它的技术性要求比任何一个专业都高。现代动画业的发展既需要技术层面的人才也需要艺术层面的人才，最前端的艺术必须是与科技相结合的。传统的动画全部是靠手工来制作，就是因为缺乏必要的技术手段，生产效率太低。现在的动画全部是用高科技的手段实现的，质量和效率大大提高。所以认为动画只是一门单纯的艺术的想法是不正确的。

无纸动画是近年来随着图形图像（CG）技术发展而逐渐成熟完善的一种新的创作方式。从前期创作到中后期制作，“无纸动画制作工艺”提供了一个数字化的制作平台。岗位分工具体，技术量化指标明确。

无纸动画就是在电脑上完成全程制作的动画作品，它采用“数位板（压感笔）＋电脑＋ CG 应用软件”的全新工作流程，其绘画方式与传统的纸上绘画十分接近，因此能够很容易地从纸上绘画过渡到这一平台，同时它还可以大幅提高效率，易修改并且方便输出，这些特性让这种工作方式快速普及。无纸动画其实就是全程采用电脑制作动画——创作人员将原有的人物设计、原画、动画、背景设计、色指定和特效全部转入电脑中来完成，它具有成本低、易学习、品质高和输出简单等多方面的优势。由于投入少、风险小，因此新兴动画公司已经普遍接受和采用了无纸动画流程。无纸动画是近年来伴随着网络时代的不断发展而发展起来的，逐渐成为 2D 动画的重要部分，相信不久的将来会成为 2D 动画的主导，这是动画行业发展的必然趋势。

1.2.1 无纸动画的优点

下面介绍无纸动画相对于传统纸上动画的优点。

- 无纸动画生产流程不需要拍摄机、赛璐珞胶片和颜料等昂贵的制作设备，只需要电脑、软件等简单设备，低廉的成本当然更容易受到动画公司的青睐。因为无纸动画的全电脑制作流程所见即所得，所以省去了传统动画中扫描、逐格拍摄等步骤，而且简化了中期制作的工序，画面易于修改，上色方便，这样，可以有效地缩短动画制作流程，提高效率。
- 由于无纸动画采用数字存储方式，因此可以轻易地结合 3D 动画、数字后期技术，而且一次制作完成的数字素材可以重复利用。并且，因为无纸动画软件多是矢量绘图，所以可以很灵活地输出不同尺寸格式，理论上可以达到无限高的质量而不失真，这是传统动画所无法比拟的。

- 因为无纸动画不采用传统纸张和颜料等工具，所以十分环保，而且工作环境也相应的要干净整洁。

无纸动画会使用哪些软件进行制作？能达到什么样的效果呢？

目前，国内有多家新锐动画公司已经推出了一些定位于轻松生活题材或者幻想题材的全新动画作品，这些动画创意鲜明、手法新颖独特，而且全部采用无纸动画工艺制作。由于电视等主流媒体的内容限制以及高昂的发布成本，新锐动画多数都采用网络发布的方式进行传播。目前，电视媒体上很多受欢迎的栏目，如央视三套（CCTV-3）《快乐驿站》、北京电视台的《闪天下》等，基本上所有动画内容都是采用无纸工艺制作的，而各电视台热门栏目的片头动画也出现了许多无纸动画作品。无纸动画已经占据了栏目包装、广告片等新型动画需求市场，而且正在逐步吞噬着传统动画一直占据的电视动画长片市场，如前段时间在北京十套热播的《快乐东西》等作品就是采用全无纸工艺制作完成的。

无纸动画软件繁多复杂，除了专门开发的商业软件外，还有制作公司自己开发的独立软件，目前国际上普遍使用的通常有 Flash、Animo、Retas Pro 等，像 Animo 这类的软件，实际上属于半无纸动画软件，因为它依然需要在纸上绘制动画前期以及原画和补帧动画稿，只是让中期制作中如上色这类的工作更方便，而且是面向百人以上大团队的。像 harmony 制作系统和 Retas Pro 制作系统突出了工业化和团队化的特点，数据库管理实际上就是优化整合了制片机制。一般的 Flash 平台、Retas 平台和 harmony 平台都内置自动修线功能，内带的线条柔滑的功能可以自动地矫正每一笔线条的弧度。还常常使用 Painter 来画背景，而 Photoshop 用来做人物设定等。

1.2.2 无纸动画软件介绍

在数字化技术充斥着我们生活的今天，动画片制作中的每一个重要步骤和过程与计算机的联系越来越紧密。在动画创作和制作过程中，软件起到了非常重要的作用。当下各种各样的动画软件繁多而复杂，不仅融入了动画创作领域，也改变了动画片古老的制作方法，在极大地提高工作效率的同时，也更能够充分发挥设计师的想象力。

一、动画前期、中期软件

动画制作的前期和中期阶段是一个需要导演和各主创人员发挥极大创造力的阶段。只有在前期工作人员将自己的创意很好地实现于纸面上后，才能使后面的工作更加轻松和顺畅。较早以前，大多数动画前期工作者认为无纸动画是不可能实现的，因为计算机和软件会极大地限制创作者的思维，使他们受到束缚，无法完全发挥并实现自己的创意。但是现在，无纸动画软件已经今非昔比，它们越来越强大的功能、比在纸上简便得多的操作以及节省的大量成本，使无纸动画广泛使用。越来越多的动画工作者不再使用纸张进行创作和制作，而使用计算机，采用“数位板（压感笔）＋电脑＋ CG 应用软件”的全新工作流程进行动画前期、中期创作。

二、二维绘图软件

动画二维绘制软件包括 Flash、Animo、Tbs、Painter 和 Photoshop 等。其中，Flash 和 Animo 是目前使用范围很广的动画软件。由于 Flash 文件小，可以随意调整缩放而不影响图像质量的特点，在互联网上备受推崇，因此，Flash 是最首要的网络动画形式之一。Animo 是世界上最受欢迎、使用最广泛的二维卡通动画制作系统之一，它强大的扫描识别和快速上色功能极大地提高了二维动画制作过程的效率。

目前，国内的无纸动画制作公司中，90% 以上都是使用 Flash 制作动画，与 Animo 这种半过渡性软件相比，Flash 具有使用简单、直观，采用全矢量平台（可以任意缩放），而且没有大型软件复杂的模块和界面，可以完全实现动画制作的全无纸化，对动画团队的规模要求低，更适合中国国情。

下面分别介绍各个软件。

1. Animo

Animo 是英国 Cambridge Animation 公司开发的运行于 SGI 02 工作站和 Windows NT 平台上的二维卡通动画制作系统，它是世界上最受欢迎、使用最广泛的系统之一。它具有面向动画师设计的工作界

面，扫描后的画稿保持了艺术家原始的线条；它的快速上色工具提供了自动上色和自动线条封闭功能，并与颜色模型编辑器集成在一起，提供了不受数目限制的颜色和调色板，一个颜色模型可设置多个“色指定”；它具有多种特技效果处理，包括灯光、阴影、照相机镜头的推拉、背景虚化和水波等，并可与二维、三维和实拍镜头进行合成。

新版本 Animo 6.0 在实用性和功能方面进行了大量的更新和补充，进而提高了 Animo 用户在系统构造、扫描、处理、上色一直到合成和输出整个制作管线的使用效率。如动画片《小倩》使用了该软件。

2. RETAS

RETAS 是日本 Celsys 株式会社开发的一套应用于普通 PC 和苹果机的专业二维动画制作系统，自 1993 年 10 月 RETAS 1.0 版在日本问世以来，直至现在 RETAS 4.1 Window 95、98 & NT、Mac 版的制作成功，RETAS PRO 多年以来雄踞日本动画软件销售额之冠。

RETAS 的制作过程与传统的动画制作过程十分相近，它主要由 4 大模块组成，替代了传统动画制作中描线、上色、制作摄影表、特效处理和拍摄合成的全部过程。同时，RETAS PRO 不仅可以制作二维动画，而且还可以合成实景以及计算机三维图像。RETAS PRO 可广泛应用于电影、电视、游戏和光盘等多种领域。

RETAS 是用于动画制作中合成环节的工具。该工具可以将分开的素材，如背景和上色完成的动画张等，整合到拍摄舞台中，组成一个镜头。

RETAS 利用律表，将所有素材安排在合适的位置与时间段，并利用多种特效来完成合成工作。CoreRETAS HD 可帮助用户在个人电脑的数字环境下，实现在传统赛璐珞与胶片制作中，镜头的推拉摇移。制作好的成片可在多种媒体上播放，如电视机、DVD、影院、出版物、网络以及移动媒体等。

3. Toon Boom Harmony

加拿大的 ToonBoom 公司在早先是以 USAnimation 专业制作卡通软件著名的公司，USAnimation 软件当时在许多电视长片和电影上被大量使用并深获肯定，尤其是迪斯尼公司及国内的一些公司更是大量使用该软件，大大提高了工作效率，节约了制作成本，制作出最高品质的数字和传统动画片，迪斯尼的《狮子王》、《小飞侠》和《人猿泰山》等都是它参与完成的。Harmony 提供的强大变形工具、反向动力学（IK）方式和粘合特效功能，大大地提高了无纸动画制作效率。Harmony 提供的整体解决方案将改进的无纸动画生产方式、集成式工作流程和资产管理工具无缝地结合在一起，从而有效提升工作室的整体生产效率，进入到一个全新的领域。融合 Toon Boom Storyboard 的 Harmony，将提供更完整、更低成本的前期、中期工作流程给卡通制作。

Toon Boom Harmony 的特点如下：

- 所有工作全部集中在一个流程中，从分镜头本到渲染输出。
- 利用变形工具，自动创建动画中间张。
- 利用 IK 和粘合工具，处理骨骼关节动画。
- 高品质动画片的出品，得益于强大的制作工具。
- 高性能和高效率的资产管理和生产流程。
- 强大的创作工具贯穿整个制作过程。

Harmony 利用扫描仪将动画师所绘的铅笔稿以数字方式输入到计算机中，然后对画稿进行线条处理、检测、拼接背景图、配置调色板、

上色、建立摄影表、上色的画稿与背景合成、增加特殊效果、合成预演以及最终图像生成。利用不同的输出设备将结果输出到录像带、电影胶片、高清晰度电视以及其他视觉媒体上。

Harmony 是一款专业的 2.5D 动画制作软件，它具备了卓越的绘图工具和可大幅节省制作时间的最新同步工具，更配备了可以编排场景的 3D 功能，在格式输出上，随着 Toon Boom Studio 软件版本的升级，已可以导出越来越多的文件格式，如 Flash、QuickTime 和序列帧等。

Harmony 的特点还有 3 点。首先，支持手写板。可以完成最精确、便利的绘图功能，描图纸功能以及强大的着色功能。作为一款矢量二维动画软件，Toon Boom Studio 可帮助动画家完成非常细致的动画局部。其次，摄像机功能。Toon Boom Studio 提供了摄像机界面，在这个界面里，动画家可以自由设置镜头的运动，并可将镜头运动设置为动画。另外，它结合音效和影像自动对口型的功能，可以轻松、快捷地输出复杂的口型动画。

4. Painter、Photoshop

Corel Painter 是一套数码绘画工具软件，它专门为数码艺术家、插画画家、设计师及摄影师而开发，帮助他们使用数码技巧，仿真传统绘画的效果，如水彩、墨、油彩、颜色笔、马克笔、粉笔及彩色粉笔等绘画工具。它强大的无纸绘画功能使得绘画者基本可以完全脱离现实中的纸笔，而是在计算机中完成创作。对动画工作者来说，前期的大量工作，如故事版绘制、角色设定和场景设定等工作都可在 Painter 的平台上轻松完成。当然，Painter 也给动画工作者提供了制作简单动画的功能，可帮助使用者完成一些简单的小动画。

Photoshop 在动画上的功能类似 Painter，都为动画工作者提供了制作简易动画的功能。同时，它在无纸绘画功能上虽不及 Painter 强大，但也非常实用。值得强调的是，Photoshop 是一款平面设计软件，它是一款以图像处理为特色的软件，其最强大的功能也集中于此。因此，在动画前期的复杂工作中，合理结合 Painter 和 Photoshop 的功能，才会更快、更好地实现所需要的效果。

5. 其他无纸动画软件及其发展

现在无纸二维动画软件可谓是种类繁多，各具特色，除了上述几种之外，还有很多深受欢迎的软件，如 Animator pro、Linker Animation Stand、USAnimation 和 Toonz 等，这些软件各具特色，但所有这些无纸动画软件在操作上都较纸上绘制更快捷、更简便。因此，越来越多的二维动画家放弃了纸上绘制，转而用计算机来完成高质量的动画。当然，作为动画师，掌握所有这些无纸动画软件非常困难，也是不必要的，关键在于挑选适合于自己的几款，并结合起来使用。

动画作为一种艺术文化类型，是文化信息的大众传播媒介；动画片作为电影电视片种之一，是集美术、电影于一体的独特影片形式。动画既是艺术创作，又是商品生产；既是艺术的把握，又是技术的实现；既是集体的作品，又有个人的创造。

1.2.3 压感笔的使用

一、简介

压感笔是目前专业的无纸动画输入设备。通过压力感应笔（压感笔）在数字化仪（感应板）上进行操作，可以模拟传统概念中的毛笔、钢笔、蜡笔、油画棒、喷枪等效果，轻松地绘制出国画、油画、蜡笔画和水粉画等，将各种绘画艺术形式淋漓尽致地表现在电脑中。这种电脑美术手法可以很好地运用于动画的绘制。随着技术的不断发展，新型的数字化仪和压感笔让设计更轻松、高效，如采用 1024 级的压力感应技术，用笔力度的每一分变化都清晰体现在用户的画稿上，甚至用压感笔擦时的力度，都决定着擦除的效果，操作得心应手。

压感笔的出现大大地方便了手绘能力较强者，使其不必苦于对鼠标的练习，同时，使用压感笔绘画也能使 Flash 动画作品增添了线条的人性化。

二、压感笔作用及其效果

压感笔对 Flash 动画制作的作用主要表现在绘画上，随着落笔力道的轻重，画出的线条也时宽时细，这为 Flash 动画作品增添不少时尚感。

Flash动画的背景知识

Flash 是美国 Macromedia 公司出品的矢量图形编辑和网络交互动画创作软件，使用 Flash 制作的矢量图和动画被广泛应用在网页和多媒体作品中，是设计人员进行艺术创作和商业制作最实用的工具之一。

Flash 是一种兼有多种功能及简易操作的多媒体创意工具，使用 Flash 制作的作品主要由简单的矢量图形组成，通过这些图形的变化和运动，产生动画电影的效果。Flash 动画不像 GIF 动画那样需要把整个文件下载完了才能播放，而是以流的形式进行播放，即在播放的同时会自动将后面部分文件下载，还能实现多媒体的交互。此外，Flash 能够独立于网络浏览器，只要在浏览器中加入相应的插件就可以观看 Flash 动画。

在任何一个行业，眼光能够超前几年都是步入成功的一个要素。

Flash 将在未来的 2D 动画中扮演不可或缺的角色，已经成为网络动画中坚力量的 Flash，又悄悄地将其势力范围延伸到了影视行业。Flash 制作在如 WarnerBros、ComedyCentral 和 CartoonNetwork 之类的多数制片公司都大行其道。就在 Flash 继续向广播行业渗透时，艺术家和经理们开始为寻找一条兼顾产品质量与预算成本的两全之道而上下求索。通过对适当的资产管理、新业务以及制作模型的利用，Flash 影视动画可以将制作成本压低至传统方法的成本的零头。取得如此低成本的关键来自对如何有效利用图片的真切理解，这种技术预示着汉纳•巴贝拉（Hanna-Barbera）动画时代的重新到来。如果读者以前没赶上这个动画时代，别为此懊恼，因为它正在 Flash 的带动下朝我们走来。

当制片公司大声疾呼要对影视动画的预算进行大幅缩减时，动画行业再一次走到了十字路口。制片公司将依赖于 Flash 这样的软件帮助他们减轻负担。几乎所有的动画节目现在都在向外转包，这在很大程度上使众多制片公司的动画师感到不安。Flash 具备让独立制片卷土重来的潜力，因为它提供了一种更为经济的创作影视动画的有效方法。

科学与艺术的融合形成了 21 世纪动画的发展趋势。

小知识 Knowledge

Flash 和动画艺术家所使用的其他所有东西一样，它只是一种工具。要铭记想象力和才华才是最重要的工具，观察并研究周围的世界，因为那正是你要在屏幕上传达的。要好好利用该软件在讲故事方面的所有长处，以自己的讲述方式，并在所规划的预算和时间之内，好好运用色彩、声音、形态和音乐这些平常的元素，正是这些元素定义和塑造出了角色和他们的情感。如果这方面做好了，那你就能够成功地讲述一个精彩的故事。

近年来，随着高科技的迅猛发展，电脑动画已经进入影视、网络及各个领域，许多繁复的后期合成工作已由电脑来代替。同时，电脑技术的日新月异也大大丰富了动画效果。现代的动画片创作正处在人脑与电脑、传统与现代科技相结合的发展阶段。目前，电影动画片和电视动画片的制作也大量运用了电脑上色合成等技术，使动画片的制作周期及制作成本有了较大的缩短和减少。当然，电脑的介入并没有完全顶替传统的手工制作，尤其是在前期创作中，主要工作还是传统的绘制方法。

近年来，随着经济全球化的到来，动画产业的全球化也悄然而至，从电视到电影、从漫画到广告、从网络到游戏、从玩具到服装……。动画产业和市场的飞速发展使“动画”的外延不断扩大，全球化加速了动画高科技和创新理念的引进。今天的 Flash 动画早已不是一部影片的简单概念，它已涉及到影视、信息、科技、娱乐和旅游等众多领域，几乎涵盖了社会生活的所有方面，打破了“动画”概念的传统界定。“动画片是产业”这个结论在二十多年前的中国是不可想象的，而今天它已成为所有业内人士和政府部门的共识。

网络、动漫和多媒体技术的发展使音乐、动漫和文学的互相穿插成为一种发展趋势，Flash 是这几种技术综合运用的一个载体。

1.3.1 Flash 动画的特点

Flash 是美国的 Adobe 公司推出的一款多媒体动画制作软件。它是一种交互式动画设计工具，用它可以将音乐、声效、动画以及富有新意的界面融合在一起，以制作出高品质的动态效果。你熟悉的动画行业将面临着一场变革。Macromedia Flash 不再满足于只作为网络动画的标准，它正在向影视领域进军。

Flash 代表着未来，它提供了一种创作令人耳目一新的广播动画的有效方法，不仅如此，它还将制作成本降低至传统方式所需成本的零头，这使你拥有了制胜的法宝。

Flash 的前身是 Jonathan 在学生时代编写的绘图程序 SuperPaint，1993 年，Gay 在大学毕业后成立了自己的公司 FutureWave。1995 年，FutureWave 在很多用户的建议下，开始致力于动画软件的开发，并将其绘图软件 SmartSketch 更名为 Future Splash Animator。1995 年 10 月，FutureWave 公司曾试图将他们的软件技术卖给 Adobe 公司，但由于演示速度慢而遭到拒绝。Macromedia 公司慧眼识珠，发觉网络动画的巨大市场潜力，于 1996 年 11 月与 FutureWave 公司洽谈合作事宜，并于 12 月并购了 FutureWave 公司，将 FutureSplash Animator 更名为 Macromedia Flash 1.0。

Flash 的推出获得了巨大的成功，它广泛应用于动画设计和多媒体创作领域中。它可以让网页中不再只有简单的 GIF 动画或 Java 小程序，而是一个完全交互式的多媒体网站。它采用矢量技术制作动画，可以任意缩放尺寸而不影响图形的质量；它采用流式播放技术，可以边下载边播放，降低了对网络带宽的要求，减少了网页浏览的等待时间；它通过使用关键帧和元件使所生成的动画（.swf）文件非常小，几 KB 的动画文件已经可以实现许多令人心动的动画效果，用在网页设计上不仅可以使网页更加生动，而且小巧玲珑、下载迅速，使得动画可以在打开网页很短的时间里就可以播放；把音乐、动画和声效等交互方式融合在一起，创作出了许多令人叹为观止的动画（电影）效果；Flash 强大的动画编辑功能使设计者可以随心所欲地设计出高品质的动画，通过 Action 可以实现交互性，使 Flash 具有更大的设计自由度。

正因为 Flash 具有这么多优点，它已经成为许多网络动画设计师的首选，在电视动画领域也得到广泛的应用。Flash 也在短短的几年内，版本不断升级，从 Flash2.0、Flash3.0、Flash4.0、Flash5.0、Flash MX、Flash MX2004 到现在的 Flash CS4。

在 Flash CS4 中增加了许多新的特性，使 Flash 更好用、更完善。与 Flash MX2004 相比，大型 Flash 动画综合了多种技术与技巧，整合了多种编程语言（包括前台的 html/JavaScript，后台的 Php/Asp/CGI 等），是多种图像处理工具的结晶（包括 3ds max、CorelDraw、Freehand、Photoshop 等）。这种大型的应用由一两个人根本不可能完成，团队制作将在这种复杂的应用中表现出强大的生命力。从这些特性可以看出，未来 Flash 制作的趋势将向 3 个方向发展，一是纯动画短片的制作，二是交互式的商业应用，三是既有动画短片，又有交互内容的综合应用。

总之，Flash 已经慢慢成为数字动画的标准，成为一种新兴的技术发展方向。面对这么不可多得的设计工具，你还等什么，赶快加入 Flash 的行列吧。

一个大型的 Flash 动画可以应用 html、JavaScript、Php、Asp 和 CGI 等技术，结合设计类的 3ds max、CorelDraw、Free-hand 和 Photoshop 等软件共同完成。

Flash 制作的动画具有以下特点：

- 适用范围广。Flash 动画可以应用于游戏、网页制作、动画、情景剧、音乐电视和多媒体课件等领域，还可以将其制作成多媒体光碟。Flash 制作的动画可以同时在网络与电视台播出，实现一片两播。
- 影片文件容量小。由于 Flash 作品中的对象多为矢量图形，可以无限制地放大而不影响其观看质量，而且即使动画内容很丰富，其数据量也非常小。
- 下载时间短：Flash 动画是一种流式动画，采用 MP3 流式音乐和流式 Web 发布，可以边下载边欣赏，而不必等待全部动画下载完毕后才开始播放。
- 交互性强：Flash 具有极强的交互功能，开发人员可以轻松地为动画添加交互式效果。有些动画（如游戏）还可以让用户参与，让欣赏者的动作成为动画的一部分，可以通过点击、选择等动作决定动画的运行过程和结果，以提高用户兴趣。
- 制作成本低：用 Flash 制作动画会大幅度降低制作成本，减少人力、物力资源的消耗。同时，在制作时间上也会大大减少。半小时的节目若用 Flash 技术制作，大约 2 ～ 3 个月就可杀青，若用传统技术通常需用 10 ～ 14 个月。

1.3.2 Flash 动画和传统动画的比较

传统动画片是用画笔画出一张张不动的、但又是逐渐变化着的动态画面，经过摄影机、摄像机或电脑的逐格拍摄或扫描，然后，以每秒 24 帧或 25 帧的速度连续放映。

一、Flash 动画的优点

- Flash 动画操作简单，硬件要求低；修改方便，效率高；操控性强，可以掌控动画片质量；在工作室内的多台计算机之间可以方便地互相调用所需元件，随时监控动画进展，直观地看到动画效果。传统动画制作繁重复杂，绘画的任务艰巨，短短 10 分钟的动画，需要绘制几千幅的画面。
- Flash 动画简化动画制作难度，元件可反复使用。Flash 动画集绘制图形、动画编辑、特效处理和音效处理于一体。传统动画分工复杂，一部完整的传统动画片，无论时间的长短，都是经过编剧、导演、美术设计、设计稿、原画、动画、绘景、描线、上色、校对、摄影、剪辑、作曲、拟音、对白配音、音乐录音、混合录音和洗印等十几道工序的分工合作，密切配合，才可以顺利完成。

二、Flash 动画的缺点

- Flash 动画制作较为复杂的动画特别是逐帧的角色动作动画时很费精力和时间。传统动画可以完成许多复杂的高难度的动画效果，可以想象到的画面几乎都可以通过传统的动画完成。

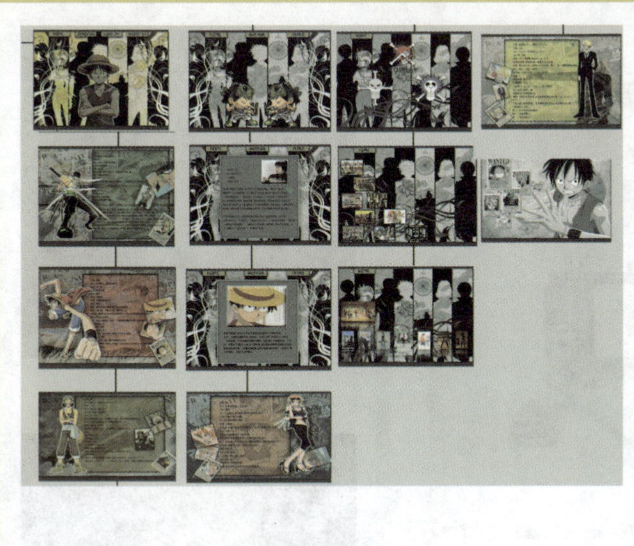

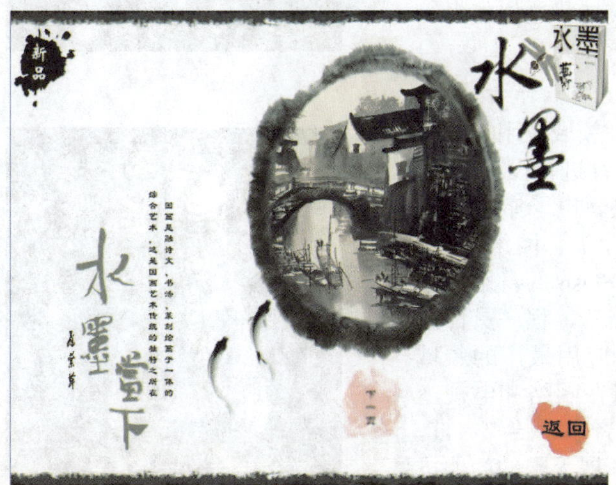

- Flash 动画矢量图的过渡色较生硬，比较难绘制出色彩细腻、柔和的图像，在现代无纸动画公司通常需要配合 Photoshop\Painter 等软件联合创作。传统动画可以制作风格多样的美术风格，特别是大场面、大制作的场景，用传统动画可以塑造出恢弘的画面及其细腻的美术效果。

1.3.3 Flash 应用领域

随着 Flash 功能的不断完善，Flash 的应用领域正不断扩大，其主要应用领域包括以下几个方面。

一、网络动画

Flash 动画具有短小、精悍、表现力强等特点，以流媒体的形式进行播放，是目前最适合网络环境的动画。也正是由于这个原因，Flash 动画才发展得如此迅速。目前，在各类网站上 Flash 的身影随处可见，如网站片头、Logo、MV、电子贺卡、QQ 表情等。

二、网络广告

Internet 特性决定了网页广告必须具有短小、精悍、表现力强等特点，而 Flash 能很好地满足这些要求，因此，Flash 在网络广告的制作中得到广泛应用。

三、动态网页

Flash 具备的交互功能使用户可以配合其他工具软件制作出各种形式的动态网页。使用该软件可以制作出网页互动动画，还可以将一个较大的互动动画作为一个完整的网页。

四、网络电子杂志

多媒体电子杂志作为一种新兴信息承载方式，对人们的阅读方式和信息获得都有巨大的影响和价值功能。网络互动杂志是集合了传统媒体图、文、视频、声音、动画和互动游戏等全部优势的一种新的阅

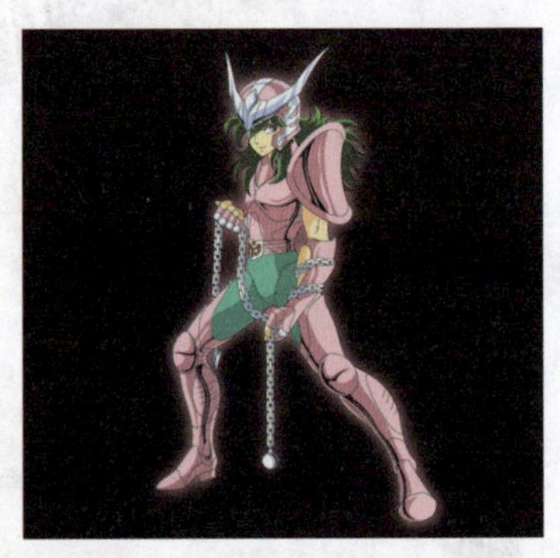

读和媒体形式。Flash 在网络电子杂志的制作中实用又方便。

五、在线游戏

通过 Flash 中集成的动作脚本，可以编制一些游戏程序，配合上 Flash 的交互功能，可以使用户通过网络进行在线游戏。

六、多媒体教学

多媒体教学与传统教学相比具有交互性、兼容性、个性化和协作化等特点和优势。由于 Flash 素材的获取方法多种多样，为多媒体教学提供了一个更易操作的平台，所以被越来越多的教师和学生所采用。

七、互式软件开发、多媒体产品展示等

在 Director 及 Authorware 中，都可以导入 Flash 动画。随着 Flash 的广泛使用，出现了许多完全使用 Flash 格式制作的多媒体作品。由于 Flash 支持交互和数据量小等特性，并且不需要媒体播放器之类软件的支持，这样的多媒体作品取得了很好的效果，应用范围不断扩大。

八、影视节目片头等

电视广告、电视栏目包装和相声动画领域应用这一技术于电视、广告、卡通和 MTV 制作方面，进行设计。

Flash 的应用领域很广泛，互动光盘、电子杂志、贺卡、MV、动画短片、交互游戏、网站片头、网络广告、电视广告、电视情景剧和电视相声都有 Flash 的身影，甚至在电子商务中也应用了 Flash 技术。美工、程序员都能在 Flash 中找到自己的位置。如今 Flash 应用最广的领域是在网络平台上，Flash 创作的动画可以在网络和电视上同时使用。Flash 将作为一个产业渗透到音乐、传媒、IT、广告、房地产和游戏等各个领域，开始拓展无限的商业机会。比起传统的各种形式的广告和公关宣传，通过 Flash

进行产品宣传有着信息传递效率高、受众接受度高、宣传效果好的显著优势。

1.3.4 Flash 动画的制作流程

Flash 动画的制作流程分为前期策划、剧本、分镜头、动画制作、录制声音、后期处理和发布 7 个步骤。

一、前期策划

由于 Flash 本身的限制，Flash 动画制作的前期策划工作相对于传统的动画项目要简单得多。一般来说，相对正规一些的商业制作，通常都会有一个严谨的前期策划，以明确该动画项目的目的和一些具体要求，也便于动画制作人员能顺利开展工作。

二、剧本

完成了前期策划后，根据策划构思，便可创作出文学剧本，同时根据剧本进而对角色形象方面进行构思。

三、分镜头

完成剧本后，就可以按照剧本，将剧情通过镜头语言表达出来。这需要先做好人物造型和场景等的设计，然后运用电影分镜头的方法，将人物放置在场景中，通过不同机位的镜头切换，来表达剧情故事。

重点提示　Importance

主题应该存在于多元文化碰撞的交融点上，例如，人与自然的主题、人与人交流的主题、生命意义的主题、和平的主题及被全人类所接受的“自强不息，厚德载物”的民族主旋律等。这些都是包容意识形态在内的人文大主题。这样说好像有点“空大”的嫌疑，动画片不就是一个娱乐产品吗？但是，好的作品不仅仅以娱乐的形式愉悦大众的眼睛，更应该是深深感动大众的心灵！

四、动画制作

Flash 动画制作阶段是最重要的一个阶段，这个阶段的主要任务是用 Flash 将分镜头的内容做成动画，其具体的操作步骤可细分为录制声音、建立和设置电影文件、输入线稿、上色以及动画编排。

五、录制声音

在 Flash 动画制作中，要估算每一个镜头的长度是很困难的。因此，在制作之前，必须先录制好声音（包括对白和背景音乐），以此来估算镜头的长短，具体方法如下。

（1）建立和设置电影文件：在 Flash 中建立和设置电影文件。

（2）输入线稿：将手绘线稿扫描，并转成矢量图，然后导入 Flash，以便上色。

（3）上色：根据上色方案，对线稿进行上色处理。

（4）动画编排：上色后，完成各镜头的动画，并将各镜头拼接起来。

六、后期处理

后期处理部分要完成的任务是：为动画添加特效、合成并添加音效。

七、发布

发布是 Flash 动画制作特有的步骤。因为目前 Flash 动画主要用于网络，因此有必要对其进行优化，以便减少文件的大小以及优化其运行效率；同时还需要为其制作一个 Loading 并添加结束语。

1.3.5 Flash 动画设计策略

一、主题先行

作为一个动画项目的制片人（或者是导演、编剧）。投资者永远会问你 3 个问题：这是一个什么样的故事？如何把你的故事做出来？什么样的发行途径能让“投资畅通并能得到回报？”

“投资者”关心如下几个方面：

小知识 Knowledge

开掘中国本土文化资源：三千年的文明史为动画创作提供了宝贵的财富。历史、文化、民族、人文以及五十六个民族的文化都是文化的传统。只有大胆地挖掘这些动画原创的宝藏，才能形成中国动画独特的传统风格。要站在更高层次上审视中国的文化，中国文化也就是世界文化的共同财富。“越是民族的就越有世界性”这句话似乎在动画全球化的过程中常常被人遗忘。单一的全球性的主流文化影响了各国文化生态的维持和发展。中国最大的动画受众群体就是青少年，他们与前辈相比往往更具活力、更善于思考，但是，他们缺少对中国传统文化的深入了解和认知，更缺少对世界各国多元文化的理解和沟通。导致多元文化受到边缘冷落和本土文化的水土流失，这是动画全球化过程中最容易被忽视的负面影响。

这是一个什么话题？这个时代有人在谈这个话题吗？谁对这个话题感兴趣？有多少人对这个话题感兴趣？如何展开你的话题？有多少人还在听你展开的话题，以至于流连忘返？

要记住，“投资者”要选择的项目不止你这一个，你如果用一句话说出了你要表达的话题，就节省了双方的宝贵时间，这里的话题就是你要表达的主题。例如，迪斯尼早年说“把欢乐带给全世界”；宫崎骏对我的同行说“表达自然的事物要到自然中去”，他又说“仅仅是娱乐”，观众认为他在表达“人与自然”的主题；《蓝猫淘气3000问》片名就是主题，用动画的形式做科普；而《狐仙传》要表达一个父子交流的主题。

主题也好，讲故事也罢，动画创作能力的提高也是在作品以外。做事先做人，探讨主题，从主题先行，何尝不是我们驾驭故事的航标。主题的寻找又何尝不是动画作者们世界观、人生观的寻找？寻找的途径只能是“在人群中生活”，什么样的人生态度决定什么样的人生品质，什么样的人生品质，决定什么样的创作主题，什么样的创作主题，就产生什么样的受众基础。原创是用“脑”来创作的吗？不是，原创是用心灵来创作的。

二、全力拓宽创新视野

如今的动画市场是多向度开放的，各种产品瞬间穿透时空、超越国界，冲撞人们的眼球。观众眼界开阔，动画鉴赏横贯中西，水平之高往往超出业界的想象。所以当今动画内容创新绝不可陷在小儿科里，每开发一部片子，都应视为一场横贯文学、艺术、技术的、放眼全球市场的硬战。唯有胸襟、学养、逗趣、艺术、想象、内涵和灵气各

小知识 Knowledge

动画艺术家要有依据自己的生活经验进行艺术构想的形象思维能力，要根据剧本刻画的角色文学形象，构想出角色具体的音容笑貌、神情体态，包括外形、声音、性格化的典型动作以及角色经历的种种生活细节等，依靠想象的激发，对剧中假定情境设计出相应的行为动作。积极、活跃的想象可以带来丰富生动的表演。任何想象都是在已有感知材料的基础上产生的。动画艺术家想象力的增强，与丰富的阅历、开阔的视野和细致的观察积累，有着直接的关联。平时阅读电影美术导论、中外电影史、文学概论、音乐赏析、戏剧概论、舞蹈概论和工艺美术史等方面的书籍对提高内涵和思维能力会起到很好的积淀作用。

概念设计其实可以牵涉到一个动画学派、一种民族动画风格、一个动画生产单位的总体定位设计，但这里只把讨论范围限定在一部动画作品的概念设计上。

大胆的创意、新颖的选题和考虑缜密的构思是动画制作的前提条件，所以概念设计成为动画作品设计的第一任务。写给投资人和管理机构审批的选题报告的文案，成为作品概念的载体。要求用精炼的语言、概括的表现手法对未来作品的大概面貌、基本构思、作品特点、制作的工艺技术、目的、手段以及未来成片后将会带来的商业效应做一个完整的概述，必要时，还可以再附带 1~2 分钟的演示样片，这样就会增加作品的可信度。

个方面有大的突破，才能杜绝粗劣、杜绝过度模仿，才能打造出一流的、原创的动画明星。

三、好剧本至关重要

剧本为王。新意、妙趣来自剧本。这对剧作者的学识和水平是一极大的挑战：既应从博大精深的民族文化宝库里汲取养料，又能从国内外文学、艺术、哲学、历史、政治、军事题材中寻找灵感。有了令人叫绝的故事，才有精彩的演绎，才有播出的盛况和收益，才有全线、长效的开发，最终才有经济和社会效益。

动画片一般都是要讲一个有趣或感人的故事，这个故事往往就是从文学作品中改编而来的。动画片故事内容、情节、对话和结构的安排等都往往与文学有关，当然，并不是说文学家或写文字剧本的编剧就一定是动画片的编导或原创人，但不可否认的是，从古到今，动画片的制作都与文学有着十分密切的关系。从国外的《白雪公主》到中国的《大闹天宫》，许多著名的动画影片都是从文学名著改编而来的。中国传统文化中经年历久的寓言故事、成语典故和民间传说都是很好的故事源泉。

四、寓教于乐要懂心理学

观众其实对富有寓意的动画片并不反感，关键是他们要看到自然合理的演绎，愿意自己去领会其中的美好，而非被“直接告诉应该怎么做”。当代青少年的心理需求不可忽视，国产片也应该富有人性，合理更要合情，说理也要让人们看到过程，用更多的娱乐元素和艺术独创来引起心灵的震动和共鸣，更能够达成理解与平等交流。

“以文载道”是文艺作品与生俱来的产物，没有这个“道”，何以触动观众的心灵？关键是这个“道”是个什么样的文化立场？得“道”多助，失“道”寡助！一些个人宣泄、不重社会效益的主题，很难想象有其大众“多助”的可能。

五、做好动画品牌推荐工作

“品牌”真正的含义是什么？我们说我们在打造一个品牌，不仅仅是电视节目一个品牌，在很多方面都具有生命力，包括电视节目到音像制品、电影、授权产品、玩具、交互式游戏以及网络。

Disney 和 Nickelodeon 都证明了它们是创造品牌的大师。今天，一个品牌应该拥有多种不同的收入模式，最有代表性的是授权商品、玩具、音乐、交互式游戏和家庭音像制品等。

在品牌经营的第一阶段，奈尔瓦纳公司发展创造性的想象力并生产电视系列动画和电影，可能需要两年时间以及超过 500 万美元的启动资金，来使其第一集得以播出或者通过 DVD 进入零售市场。

不同形式的节目都需要或多或少的一段时间来建立观众群，以期达到一种广泛的认知，使其销售市场能得以展开。少年动作类动画如《陀螺之战》和《口袋妖怪》能够快速占领零售市场，而其他大部分的品牌，如学龄前或喜剧类，在其销售战役打响之前，还要多花额外的两年左右的时间进行宣传。

在节目播出一年以后，家庭音像制品开始发售，品牌开始通过打包商品和快餐饭店等的促销方式得到宣传。

在节目播出两年后，主人公玩具和交互式游戏等产品将被投入零售市场。最后在节目播出 3 年以后，二级授权将会填满所有产品目录，如服装、床上用品和其他家用产品等。

“动漫产品”是一个越来越被广泛使用的词语，但它的概念与界限还很难界定的。这里“动漫产品”是一个广义的概念，包括动画音像产品、漫画出版物以及动漫衍生产品。动漫出版物包括漫画杂志、漫画单行本、连环画册、画集和绘本等；动漫影视产品包括影院动画、电视动画、光盘音像等制品、网络 Flash 动画产品；动漫衍生产品包括公仔、玩具、文具、生活日用品和电子游戏等。

如香港动画业，在动画前期工作阶段，就严谨地从产业化的需求出发定位，动画片的成功概率就大。例如，“目标确立”是制作动画片创意阶段第一道程序，而在这第一道程序中，他们就考虑到了产品的开发，甚至什么产品，如玩具是哪类玩具，都在他们调研的范围内。再如“题材的市场定位”也很细，假设他们搞了一个校园题材的，走什么路线？是喜剧的还是轻松搞笑的？受众面是小学生，还是中学生？是男生居多，还是女生居多？资金投入的测算也是相当精确的，精确到零点几元。至于前期创作、台本分镜图、设计稿和线拍等可操作性强，那就更严谨了。

1.3.6 Flash 动画的发展前景

一、Flash 动画的发展基础

巨大市场需求和本土化趋势提供了发展空间。据不完全统计，目前我国 18 岁以下青少年达到 3.67 亿人；影视动画节目观众在 1 亿人以上。动画片消费潜力巨大，市场需求旺盛。据不完全统计，到 2005 年年底，全国有 47 个省市少儿频道和 3 个卡通卫视频道开播，动画节目需求量一年将达到 100 万分钟。日本、美国卡通业近年来将大量动画制作外包给中国和韩国。中国广播电视总局最近的统计表明，我国现有 3175 个电视播出机构，随着各地数字频道的开办，节目需求总量在大幅度增长。国家广电部计划到 2010 年在全国建立 100 家数字电视频道。我国宽带网络用户数和移动手机用户数分别居全球第二位和第一位，网站及相关产业发展市场空间巨大。

二、Flash 的市场前景

Flash 的市场前景可以用以下几组数据来表示：

目前在我国，每天至少有 15 万人下载各种 Flash 动画，并将它们广泛传播，这个数字每天还在不断增长。现在已经有不少电视节目中也使用了 Flash 制作的动画，另一方面，业界也开始进行将 Flash 更多地应用到传统媒体的尝试。

在国内，自 1999 年 Flash 大规模登陆国内市场以来，至今已有上万人投入到这一行列。人们似乎不再崇拜黑客的网络技术，许多新新人类现在仰慕的是“闪客”，也就是制作 Flash 的人。

在国外，Macromedia 公司宣布：由 NPD Online Research 公司最近做出的一项调查表明，世界上超过 83% 的浏览器用户安装了 Flash 播放器，从而令使用者可以直接浏览带有 Flash 内容的网页而不需要下载和安装插件。Flash 是用来制作以矢量图形为基础，提供动画、声音和交互性图形的 Web 标准。

Macromedia 产品拥有庞大的用户群。现在全球有超过三亿六千三百万的在线用户安装 Flash Player，他们可以即时观看 Flash 内容。

根据 NPD 在线最近公布的一组数字，美国 96% 的计算机用户使用 Flash 软件来观看动态网络内容。Flash 软件已经成为了网上活力的标志，有了这样的市场份额，我们认为 Flash 将超越游戏和卡通的范畴，进入到像电子商务、主机应用界面和广告等一样的真正的商业应用中。

应用这一技术于电视、广告、卡通、MTV 制作等方面，进行商业推广，以把 Flash 从个人爱好变成一项朝阳产业。这样，Flash 将作为一个产业渗透到音乐、传媒、IT、广告、房地产和游戏等各个领

域，开始拓展无限的商业机会。

年轻人都将是当前最有潜力的消费群体，而 Flash 正是很多年轻人所喜欢的载体，也是他们所乐于采用的沟通渠道。作为一种深受广大青年人喜爱的文化传播形式，Flash 动画能够紧紧抓住青年人追求新鲜事物并愿与好朋友分享快乐的心理，调动大家下载。用作商业宣传，可以通过目的性极强的一对一、一对多、多对多的传递，将产品信息随 Flash 不知不觉地传递给目标受众，对目标受众的影响潜移默化，不容易引起反感和拒绝，传播到达率几乎能够达到 100%。比起传统的各种形式的广告和公关宣传，通过 Flash 进行产品宣传有着信息传递效率高、受

众接受度高、宣传效果好的显著优势。

作为一种传播媒体，与电视、报纸不同，Flash 具有非常高的自由度与互动特性，这更使得人们乐于接受。再从商业角度看，Flash 动画的不可预测性使它优于其他的广告手段。通过其特有的互动性，每个人都可以选择不同的结尾，这样非常容易吸引广告受众继续看下去。

将 Flash 用于电视或网络的广告，今后将很有利于商业公司的发展，是帮助其取得成功的有利途径。而且现在 Flash 发展最快的是北京、广州、上海和深圳，这些地区本来就具有非常好的商业环境。

过去只能吸引“眼球”的 Flash 现在被开发出了商业价值。SONY 公司录制了一张 Flash 音乐专辑，微软公司 WIN CE 新版发布会的演示动画采用了 Flash 高手老蒋制作的《新长征路上的摇滚》，江苏电视台等电视机构已经为商业 Flash 动画开出了 200 ～ 600 元 / 秒的价格。

一些 IT 公司以 Flash 的形式在网上发布其产品，更为 Flash 的商业应用开启了全新的视野和广阔的发展前景，动画网站也将带来新的营利模式，企业可以利用动画将广告情境化、虚拟化，网友在轻松娱乐的气氛中，无形中也加深对商品印象。

Flash 在网络中的应用无疑是最直接的获利。现在任意打开一个知名网站，都会看到 Flash 广告或动画，而网络用户也很快接受了这种新兴的广告方式，因为他们都是被 Flash 的趣味设计所吸引，并不会厌烦这种带有广告性质的 Flash 动画。相比之下，带有商业性质的 Flash 动画制作更加精致，画面设计、背景音乐更加考究。将 Flash 的技术与商业完美结合的网络动画给 Flash 的学习者提供了一个发展方向。

Flash动画设计师的素质和能力

动画是集文学、电影、摄影、音乐、绘画为一体的一门综合艺术。动画设计的主要目的是用良好的空间概念及创意思维，合理地处理角色关系，恰如其分地渲染场景，创作出优秀的动画形象和故事。动画设计师应该保持一个开放的思想和不断探索的精神，这样才能使创作出来的动画有新意，受到观众的欢迎。

具有扎实的二维动画绘画基础非常重要。由于动画学科的专业性和特殊性，这里所指的二维动画绘画基础和纯粹的绘画是有区别的。动画要体现时间和空间的转换，因此要求学生具有较强的空间造型能力，应明白体积、透视和空间等方面的知识，掌握物体是在三维的空间里运动这一基本原理。

随着科技和时代的发展，如今，在观念上同时汲取高雅艺术及通俗文化两极特性，以电影视觉思维方式为基础内容、以美术造型规律为手段营造情境，借助日新月异高速发展的现代科学技术，使具有时代精神和极具幻想而幽默的动画艺术，走得越来越有活力，影响越来越深远。动画工作已成为一项发展迅速、吸引和云集更多身怀不同技艺人才的专门职业，因而也对每一个动画工作者提出了更高的要求。在动画制作中，知识面广、既精通艺术又精通技术的高层次的复合型专家和具有合作性精神的动画专门工作人员，形成一个和谐而又有鲜明技术专长的工作群体，对于动画艺术行业是必不可少的。作为动画工作者，对动画艺术进行深层次的理解，研究动画片的语言及其艺术的表现力，也是非常必要的。尤其对于动画主创人员，除了需要掌握美术、动画基础知识和技能以外，还需具备丰富的想象和创新能力、动画形象造型能力、视听艺术语言的把握和电影思维能力，以及热爱生活、有幽默感等较高、较全面的素质和专长，才能成为一名符合新时代要求的、出色的动画工作者。

小知识 Knowledge

正如电影学院院长孙立军所说，"让我们来看看迪斯尼职业人物造型的方法：造型设计师在对剧本有了深入了解后，在现实生活中找与职业人物性格相近的模特，对其写生。在把握了对象的性格特征后，再来进行抽象和提炼。这样创作出的造型才生动，才能打动人。"

我们的动画教育不光培养会画画、会做动画的人才，还要培养学生的人文素质和理论素质，培养他们要宽口径、厚基础，同时注重科学与艺术的结合；不光要懂动画制作，还要懂电影语言和视听语言，甚至要有一点表演的能力。

一部动画片的完成要通过导演、美术设计师、原画师和动画师等工作人员，在各自不同要求的分工中，充分发挥他们的作用才能得以实现。动画家或许貌不出众，可是一旦拿起笔，就成了创造之神，随着他们的想象所刻画出来的角色和场景，就会神采奕奕、生动感人。动画艺术的精髓往往就体现在这些操纵画笔人员所具有的素质和功力。因此，根据动画艺术的特点和需要，作为一名现代优秀的动画工

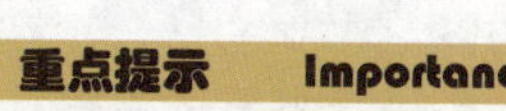

作者，应具备哪些基本素质和技能，对于正在学习和已经从事动画的人员来说，是既充满魅力又必须解决的问题。

重点提示 Importance

一名动画编导和动画家能够取得成功有很多方面的因素，但以上的几个方面的知识和修养是非常重要和必备的。知识和修养也不全是在学校里和书本上才可以得到的，往往是在平时的生活和学习中通过一点一滴的积累而得到的，因此，要靠多实践、多学习、多总结来补充，这样才会不断进步。

1.4.1 动画工作者的基本素质和能力

一、动画艺术家的基本素质

1. 自身素养

素养是指平时在理论、知识、艺术、思想等方面的修养，一个人的素养能影响到他待人处事的态度。通过一部动画片能看出动画艺术家自身的基本素养。

2. 气质

动画艺术家所具有的个性心理特征是其进行角色塑造的材料之一。动画艺术家要在生活实践和艺术实践中，不断丰富生活，积累和提高修养，增强自身气质的可塑性；同时又要不断陶冶自身的情操。动画艺术家个人的气质在艺术创作中往往会形成独特的创作气质，进而形成个人独特的创作个性和设计风格。

3. 激情

动画艺术家在体验和体现角色时表现出强烈情感。

动画艺术家对于所设计的角色怀有很大的创作热情，唤起一种强烈的创作欲望和冲动，能全身心地关注角色的命运，并充分运用内心，体验产生符合角色性格和规定情境的情感，赋予角色以感人的生命力。

指动画艺术家设计情戏时，将故事高潮推向极致的情感，如极度的恐惧、悲痛、愤怒、绝望等。

4. 持久的创作热情和耐心

一部动画片的制作周期往往很长，不仅绘制工作量巨大，质量要求高，而且工作细致精确、环节繁多。由于动画创作与工艺的这些特殊性，没有持久的创作热情和耐心是难以胜任这项工作的。动画行业的这种特有素质和敬业精神，是基于动画工作者对本职的热爱。持久和耐心是在动画的学习和实际工作中锻炼和积累的，它是动画工作者所特有的品质，也是动画工作者成长、成熟所必须的。

5. 团队合作意识

动画影片是一种集体创造的艺术，不同于一般绘画作品，可以由个人独立完成。尤其是现今的动画片，设计细致、科技含量高，无论从编剧、台本、设计到动画或是从建模到渲染，都会涉及到许多工作人员与多项专门技术。所有参与制作的部门环环相扣，都要严格按照导演要求、设计稿本和工作流程行事，人员和工作之间需要绝对协调。动画是一种特殊的流水线式的艺术创作，合作精神尤为重要，设计者既要生动的表现角色，又要按照指定要求来把握表演。所有工作人员，在制作的各环节中，不允许有任何不协调和不合作的情况发生。步调一致和严谨的合作，是在最短的时间周期内共同创作出精美动画影片的保证。动画艺术一直被视为是艺术上的团体项目，英文称为 Teamwork。因为即使是制作一部动画短片，单靠一个人的能力往往是不够的。动画电影和动画电视连续片所需要的人员少则几十，多则上百，因此，具有团队合作的精神和经过团队工作方式的训练也是一个动画艺术家所必备的基本素养。动画家队伍一般是由一些有某些专业艺术特长的艺术家们所组成的，他们既是个体的和独立的艺术家，同时也是动画制作团队中的一员。因此，要摆好自己的位置并有机地融入动画制作团队是许多动画艺术家们所面临的考验，一个动画艺术家对此必须加以深思。

6. 电影知识的修养

动画在艺术分类上一向就属于电影的范畴。原因很简单，就是动画与电影都具有相同的载体和工作方式，摄像机、胶片和放映机都是它们的基本工具，电影院的银幕和电视台的银屏都是它们得以表现的舞台。还有一点就是它们都属于时间的艺术，与绘画等静态艺术形式是有所不同的。在制作手段和内容上，动画影片都与一般电影制作极为相似。因此，电影的知识和修养是动画家们的必修课程，对电影语言和电影手段的了解是动画家们必备的基本功。如果不懂电影语言或对此了解甚少，动画片编导创作一部成功的动画片是不可能的。

7. 音乐鉴赏的修养

动画在其发展过程中一直都与音乐关系密切，尤其在现代媒体中，完全没有音效的动画片是非常少见的。我们可以明显地感受到动画中的音乐一直是动画影片吸引观众的重要因素之一。对于动画艺术家和编导来说，作品中音乐的合理安排和精心处理是动画制作的重要组成部分。动画制作人员对于音乐的认识和理解对动画片中音乐部分的动画设计和绘制也是有很大帮助的。有许多动画片都是以歌舞片的形式出现，而与歌舞相应的动画处理，也往往是一部动画片中动画形象设计十分精彩和抒情的部分。因此，音乐的鉴赏能力和音乐修养对动画家们来说也是十分重要的。

8. 电脑技术的修养

电脑已经成为现代动画制作不可缺少的重要工具。动画家在动画片的制作过程中都不可避免的会遇到对软件的了解和使用电脑的问题。动画编导如果不懂电脑，不会正确使用软件，他对动画的制作过程和制作效果就很难想象和控制。动画制作人员不懂电脑，从线拍机的使用到动画的检验、上色和合成等工作都无法完成。因此，熟练掌握电脑技术是成为一个合格的现代动画家不可或缺的基本条件。动画是一个整体概念，重要的是文化内涵和精神怡养，技术固然必不可少，但仅仅是一种手段。

9. 注重商业性

注重商业性是指培养这种观念，培养在这种观念指导下的艺术创作才能。这种能力具体表现为：过硬的视听语言表达能力，扎实的绘画功底，善于讲故事构思剧情的创意能力，与人协作能力，整体的卡通意识及对新鲜事物的把握能力。

二、动画工作者的基本能力

动画艺术家在进行设计时将自己的创造力、表现力和理解力通过笔下的角色展现出来，从另一个角度来说，动画艺术家是用自己的灵魂构造了一个虚构的空间世界。

1. 善于观察

生活是艺术的源泉，再富于创造的人，其灵感也是来自对生活的观察、提炼和发挥。动画片中的角色无论怎样奇特，景色多么光怪离奇，事件多么奇妙，都依然离不开人类的生活，只是在动画世界中，自然的或物理的一切，无不作为创作元素，被创作者随心而又恰当运用，从而使观众对影片中的世界产生超脱现实却胜似现实的体验。在动画世界里，包含着真实的、虚幻的太多内容，动画工作者除了要在平时生活中仔细观察包括人物一颦一笑的情绪、飞禽走兽甚至爬虫、微生物的习性以及山川与气候等周围事物外，还应学会分析自然界各种力与力的关系等物理现象和规律（如车的重量对推车人动态的影响、抛出的物体受空气阻力和地球引力作用、运动路线与速度的变化等）。动画片中角色的喜怒哀乐，让你感到自然贴切，就是因为它们的一切举动都是源于其创造者的“观察”。动画创作人员养成善于对生活中的人、事、环境进行仔

小知识 Knowledge

从电影角度研究，动画片作为电影电视片种之一，随着动画艺术的发展，动画人对影视艺术的思维、语言和特性在动画中的运用越来越重视。日本动画的成功，在很大程度上就得益于电影艺术和技法在动画片中的作用。从他们的动画片中，经常可以看到很多电影表现手法（如镜头的切换与组接等技巧）娴熟自如的运用，从而大大增强了影片的艺术效果，形成了日本动画的风格和特色。

细入微的观察习惯，达到信手拈来的程度，就能把生活的元素自如地运用于动画创作之中。观察生活是长期的，关键在于能够坚持，使它如影随形，成为动画工作者的职业习惯。

2. 美术、造型能力和技能

动画是建立在美术基础上的特殊动态艺术形式，动画工作者的能力涉及到美术基础、造型能力和动画技能的结合，缺一不可。动画行业工作的人士都清楚，动画影片中绘画的成分占有很大的比例，动画家是否具有一定的绘画水平对于动画制作是很重要的一件事情。一个人如果有一定的绘画和造型基础，那么他在动画行业的工作范围就要宽广很多，在工作层次上也处于较高的层面，可发展的空间也会广阔一些。有时动画艺术家的角色既是导演，又是演员，在“导”的时候要多动脑想，在“演”的时候要多动手画，因为动画片中的演员和他的任何表演都是动画家画出来的。因此动画艺术家有较好的绘画能力是十分重要的。

3. 创造力

动画艺术家创造力的强弱既取决于先天禀赋，又在于通过对生活的敏锐观察、刻苦的专业训练和不断的艺术实践得到提高。

那么什么是创造力？怎么判断自己有没有创造力呢？研究发现，具备创造力的人，通常具有下列几种特质。

- 敏感：由不同的角度去观察，注意到别人所没有注意的人和事。敏感是机警过人、观察入微、旁敲侧击。
- 流畅：能想出多项可能性或答案的能力。流畅是思路通畅、洋洋洒洒、旁征博引。
- 变通：能发现方法，改变观念、事物与习惯来适应现实情况。变通是触类旁通、举一反三、随机应变。
- 独创：有新颖的想法，有出人意料的答案或反应。独创是独特新颖、与众不同、推陈出新。
- 精密：能周密考虑各种事情，花心思添加新的装饰，将原来事情做得更好。精密是深思熟虑、周密详尽、精益求精。
- 冒险：有猜测、尝试并面对批判的勇气，敢坚持己见，并能应付未知的状况。冒险

重点提示 Importance

创造力培养的步骤：

创造力和智力一样，虽然有一定的先天因素，但一般说来，它主要是后天形成的。正如肌肉需要锻炼一样，创造力的增强也要靠不断地训练和开发。创造力是一个连续谱，不同的人，只要是正常的，就必定存在创造力，只是对于不同的人，创造力的强弱有所差别。对于如何提高创造力，美国的 R.J. 布朗尼科夫斯基认为应遵循如下 7 个步骤：

第一步，首先要树立创造的自信心。从探讨一个问题开始就要确信你一定能用某种方法解决它，不要让自我怀疑遏制自己的想象力。

第二步，打开想象力的大门，做个好奇和好疑的人，凡事多问“为什么”，寻找意外的相似性和不寻常的解决方法能开启想象力的大门并使之永远开放。

第三步，要持之以恒。所谓持久性是指即一时新的想法很少，也不要灰心，而要有韧性地为得到答案而不断工作。

第四步，保持虚心，虚心能使人容纳来自各方面的思想，不管它是权威专家的思想，还是普遍人的启发。

第五步，把批判暂时悬搁起来，即在产生“妙主意”时，不要马上做出“是”、“否”、“对”、“错”、“行”、“不行”的判断和评价，这在解决问题的开始阶段显得更重要。

第六步，确定问题的范围，排列问题“清单”，这样做可使创造力更加集中，并保持必要的压力。

第七步，发掘下意识，就是要使工作有张有弛。在紧张之后适当使精神放松，有利于下意识闪现思想火花，这往往是开启创造之门的前奏。

上述各步骤并不一定必须机械地按顺序进行，但如果在处理每一个问题时能自觉地体现这些步骤，将有利于创造性地解决问题。心理学家认为，不能企望在创造性培养方面有什么捷径或“点金术”。创造性的提高是知识、技能和策略几方面同时发展的结果。

小知识 Knowledge

1. 尽可能多地对着现实生活和照片画一些写生。

2. 搜集你所喜欢的讽刺画画家的作品，分析他们的绘画风格。记住，每个画家都有自己的诀窍，想方设法使作品风格统一，使画面令人愉悦。应该从这些具有代表性的作品中汲取经验和养分。

3. 练习画肖像速写。在尽可能短的时间内记住一张脸，然后凭借记忆把它画下来。

4. 仔细观察参考资料之后，把它放到一边，然后在速写的基础上绘画。或者，最好能在想象的基础上绘画。

5. 无论脑海中涌现的想法多么激进或离奇，都要敢于尝试——可能会有意想不到的效果。

6. 综合表现人物多方面的特征：如耳朵，效果可能会很好。

7. 一旦发现自己画某些物体（如膝关节和拇指）有困难，就应该多花些时间进行专门的练习，直至凭想象和记忆就能自如地完成任务。

8. 工作要尽量快速、自由，并且目的明确。如果作品不称心如意，就应该及时把它扔掉。一旦认识到作品不可能有所进展，就不要浪费时间了。

9. 除非已经最后定稿，否则不要在拷贝箱上进行拷贝，因为我们必须尽量保持画面的生动活力和轻松自如。有时候，杂乱潦草的铅笔稿能更好地表现物体的质感和形状，细节也会更加丰富。

10. 最后，记住要保持画面的简洁。

是勇于尝试、大胆假设、勇往直前。

- 挑战：能从混乱中整理出头绪，并寻求出解决问题的方法。挑战是抽丝剥茧、锲而不舍、自强不息。
- 好奇：对事物会产生疑惑，并努力探询、调查、寻找解答。好奇是追根究底、打破砂锅问到底、探究真相。
- 想象：能将脑中意像构思出来，甚至具体化，想象使人超越现实制度。想象是超越现实、异想天开、海阔天空。
- 分析：会检查事物的每一部分，并探讨、了解彼此的关系。分析是分门别类、相互比较、依序排列。
- 综合：会把事物的细节组合起来，成为一个整体。综合是组合构建、包罗万象、综合归纳。

- 评鉴：能根据客观的标准评估出事物的好坏优劣。评鉴是分析判断、评估完善。

4. 灵感思维

创造者对某一既定目标久攻不克之时，偶然受到某种启示而顿开茅塞，从而找到解开关键性问题症结的新思路，使既定目标最终实现，这种思维就是灵感思维。有的人将灵感说得很神秘，仿佛灵感是天生的，是不能培养的。其实，灵感并不是天上掉下来的，也不是头脑中固有的，而是后天刻苦钻研、勤奋思考的结果，偶然之中存在着必然。正如周恩来同志所说的那样，“灵感式”的科学发现是“长期积累，偶然得之”。

灵感思维能力要求如下：

- 要求学生刻苦学习，奠定坚实的基础，广泛涉猎，蓄势待发，厚积薄发。
- 要求学生学会观察，兴趣要广泛，好奇心要强烈。
- 要求学生多思、勤思、善思、巧思。
- 要求学生善于联想，要有丰富的想象力。
- 要增强敏感性，要以有准备的头脑去观察周围的事物，思考感兴趣的问题，要善于抓住某些奇异现象，努力寻找事物间的相似之处，一旦灵感触发要马上抓住，不失时机地解决长期困惑的问题。

此外，还要为培养学生的创造能力提供一些有利条件，要多组织问题讨论、集思广益，教师要多用问题教学法、发现教学法等，要让学生既会在讨论中发现问题、受到启发，又会单独思考，还会在休息、轻松时抓住思想火花，掌握灵感思维方法。

5. 理解力

动画艺术家要对生活、剧本和角色进行理性的综合、分析，因此，理解力对于动画艺术家创造角色具有重要作用。只有理解得正确，才能表现得准确。为了提高理解力，需要增强政治、艺术修养，开阔眼界，不断更新和丰富掌握的知识。

6. 丰富的想象和表演能力

动画是一种极富幻想的艺术形式，在假定的虚拟世界中，以各种形式演绎人们的内心思想和外在活动。它要求动画创作者们在动画创作与制作过程中，不但要把丰富的想象力始终贯穿于从编剧、造型、场景设计到台本制作、原画设计、合成特效、音乐、配音等各个工作环节，还要充当电影、电视中演员的角色，以自己的思想和双手完成各种现实生活中往往不存在而又千奇百怪的卡通表演。这些对于动画设计者来说，无疑是一种极具创造和挑战性的工作。由此可见，想象力和表演才能是设计者运用动画这一艺术形式，通过形象、形体准确生动塑造和赋予虚拟角色以生命所必不可少的。

7. 模仿力

动画艺术家要具备根据客观物象的某些特点予以模仿和再现的能力。对于所观察到的人物、动物乃至花草树木，都能摄取其神态特点，形象逼真地通过动画设计表现出来。要做到不仅外形上酷似，更要在神态上相似，既形似又神似。培养训练模仿能力，有助于加强动画艺术家的想象力和表现力，提高塑造角色形象的能力。

8. 感受力

动画艺术家往往在日常生活中对周围事物具有敏锐的察觉、感受和反应的能力。感受力取决于后天生活阅历的深浅，对人情世故的洞察程度和情绪记忆的积累多寡。感受力越强，动画角色的刻画才能越发生动。

综上所述，培养具备以上能力的从业人员，才能够真正适应新形势的需求，才能凝聚更多人（社会团体）的智慧和力量，共同创作完成艺术作品，最终实现商业利润的最大化及社会效益的最大化。

1.4.2 动画工作者职责及技能

1. 策划与导演

策划是做一部动画片前的准备工作，包括举行策划会议和制作方案会议。

策划会议就是把动画片的投资人和动画公司的决策人、导演以及将来负责要把这部片子卖出去的发行公司，甚至玩具制作商等相关的人员召集在一起，讨论要怎么样做这部片子、要怎么样发行这部片子、有没有周边的商品可以开发等，当然最好的结果就是把片子做得又好看、又赚钱。这样需要有不同专长的人在一起进行规划，片子才能做成功。

导演是一部动画片从开始制作到最后完成的整个过程中最关键的人物，如同部队的司令员，他们的工作是确保整个影片能够依照创意定位和要求顺利完成。导演的思维特点和创造，直接关系着整个动画片的质量、艺术水平和作品的成败，导演的个性还往往会影响影片的精彩程度以及故事发展的节奏感和风格。作为一名导演，首先应该对动画艺术的特性、语言构成元素及其功能、各个工作环节、生产流程以及管理等方面非常熟悉并全面了解，而且必须具有很高的文学、影视、美术和音乐等艺术素养。在影片制作中，动画导演要对影片的选题、剧本、总体规划和美术设计等作出决定和提出指导意见，并常参与设计角色造型、场景图和影片故事板等工作。他必须非常精通动画片制作中各环节的工作内容，能有的放矢地把握各环节的制作周期和制作质量。同时，导演还应具备丰富的想象力、创造力及表演与分析力，用其丰富的经验、信心和责任心统筹领导整个动画片或长篇动画连续剧的制作工作。因此，导演从企划草案开始，应参与各项工作环节，对分镜头剧本需烂熟于心，对角色设计等一系列工作都应亲自参与和监督。例如，要制作一部需在两年左右完成的 52 集、每集 22 分钟的动画系列片，从策划到片子制作成产品，参与制作的工作人员可能达上百人，导演必须安排好工作进度和人员调配，并要调动各环节工作人员的积极性，使创作集体在有序的制作状态下顺利运转。

在一些系列片制作中，总导演往往会有若干名执行导演作为助手。执行导演在总导演的领导下，按要求对其所执导的那集影片各环节的工作进行细致安排、监督和调整。对每个镜头中角色的造型和表演，包括对设计稿、原画、背景等都必须亲自审阅修改，对各部门间的衔接工作也要严格把关。

2. 文字剧本

剧本不论是自己创作的故事，或将别人写过的故事拿来加以改编都可以，最好是适合用动画表现的故事。有一些趣味、有一些理想化或超现实的现象元素以及有一些令人感动的情节，那么这个故事就会受到大家的欢迎。

文字剧本通常围绕场景、动作和对白等交待故事内容。最后，根据制作会议决定的方案，银幕作家开始编写分镜头文字剧本。分镜头剧本需要对每一场戏从不同角度与距离描述一个或几个重点，对人物出场方式、环境和状况的交代都要自然、流畅、合情合理。一个场景可以用一个镜头来表现，也可以用若干镜头表现，主要根据叙事的需要而不是别的。对白要准确地体现角色个性，与角色的外部特征相符，要尽量提供形象化的文字描写给故事板绘制者。若是历史剧，要考察服装、道具、建筑及自然物的特征后尽量将形状特点写出来。

3. 故事板

故事板就是画面分镜头剧本，由画面与文字组成。画面代表视点变化的景观，文字内容包括时间、动作描述、对白、声音及镜头转换方式等。这个脚本图板可以让后面的工作者明白整个故事的情形，一部动画片的故事板拆开交由若干部门的多位画家分工绘制，所以这个故事图板画得越详细就越不会出差错。

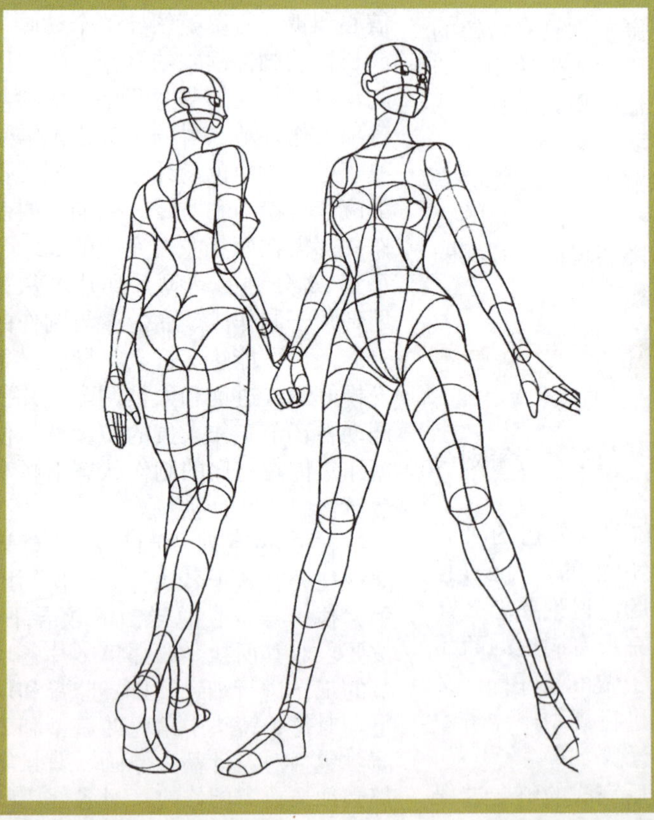

镜头画面包括背景、活动主体及动作提示，构图的要点是透视关系和影像结构层次的布局。注明镜头变化的处理方式和特效（如下方打光、叠化）要求。绘制故事板的最佳人选是该动画片的导演，导演要对电影知识了解得十分透彻，才能准确地体现他的构思与艺术追求。分镜头剧本要经历不断完善与更改的过程，意想不到的效果和珍贵的经验常常是在不断深入工作的进程中产生的。

4. 造型与美术设计

造型设计就是将故事中的角色按照一定规范与要求画出来，并进行形式方面的归纳与组织。如果故事中有若干个角色，除了将每个角色设计成多种视图之外，还要画出他们之间的高矮比例、各种角度的特征说明、脸部的表情及他们使用的道具等。

美术设计就是影像视觉风格设计，包括角色服饰、道具造型、影像色调、明暗对比和场景气氛等全部的视觉元素构成一部片子的美术风格。

美术设定需要考证故事的时代背景与地域环境，才能设计出相应的风格特点。服饰的造型与色彩要和人物个性吻合，还需要与环境光源及四季变化协调，要将人物造型与服饰放在背景环境里配色（背景加活动形象），然后进行色彩指定和编号。

美术设计在动画创作中担负着从宏观上把握动画片风格与效果以及把剧本文字描写的抽象形象转化为视觉形象的重任。美术设计师的工作包括角色造型设计、场景、道具设计和镜头画面设计，是基于剧本文字内容的再创造。因此，一名合格的美术设计师应具有较高的文化素质、深厚的美术功底和很强的造型能力。

动画中的角色造型设计相当于在影视剧中挑选演员，这对于影片是非常重要的。角色的设定，首先必须要根据剧情，确定设计哪些角色以及什么样的角色。对于每一个角色，要从各个角度设计他们的外形、动态、表情和服饰等，要能准确体现出角色的形体特点和精神面貌。造型设计关系到影片制作过程中角色形象的一致性，对于准确塑造性格、合理描绘动作具有指导作用。

场景和道具设计包括天然形成的宇宙万物和人造世界的景色物件，可分为室外和室内场景。根据剧情设计的场景和道具，要能充分表现出特定的时间、地点，并营造和渲染出与角色情绪相协调、与剧情气氛相符合、与影片整体风格相统一的背景环境。影视片都是以镜头为单位组成的。镜头画面设计是对动画片每个镜头建构框架和画面效果。其中包括画面构图和空间关系，为背景绘制和原画师设计动作提供思维线索与依据，以及画面规格、镜号、角色与背景关系、活动主体运动起止位置、方向和轨迹等，是动画片制作中一系列工艺和拍摄的工作蓝图。

我国经典动画片《大闹天宫》和《哪吒闹海》等的美术设计，都特聘了著名美术家参加工作，可见其举足轻重的作用。

5. 设计稿

设计稿也叫镜头画面设计，是画面分镜头剧本上的每个小画面的放大描绘，是用彩色铅笔描绘出不同的背景层次和动作提示。设计稿就是未来影片的影像构成基础，也是一部动画片进入正式加工的第一环节。前面设计好的造型、场景和画面分镜头剧本，要交给设计稿绘制人员做画面影像造型的设计。要根据画面分镜头剧本的指示和说明来画出详细的施工蓝图，包括人物起止位置、运动轨迹和基本动态等。构图的要点是落实镜头的角度和景别及镜头如何变化，也就是将来我们在成片中看到的影像造型。

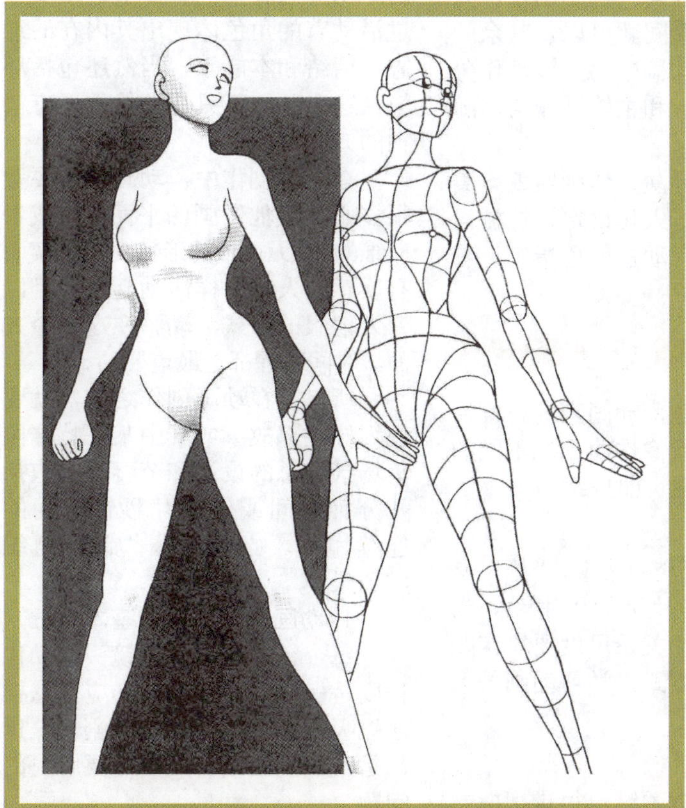

通常请一位有经验的动画家担任执行导演来统筹流水作业与质量监督。他要将画面剧本上的表演内容详细告诉设计稿绘制人员，并发给他们故事板、造型板及场景设计等资料，要求他们画出符合画面分镜头视觉角度的背景和人物的姿态，并依照导演意图画出运动轨迹和关键动作瞬间。如果有进出镜头画面的动作，要给出进出的位置、角度及进出场方式等。画背景图要有机位意识，机位就是视点，视点产生构图。让角色可以自由地在假定的视窗空间中运动，而不是在有限的画框内活动。白天或夜晚一定要注明色调。家具、饰物、地板、墙壁和天花板等结构都要画出透视线和结构线。使用多大的规格框，镜头推拉摇移的范围等也要按实际拍摄范围大小的需要画出。

设计稿完成后需经导演检查，符合要求之后，将完成的镜头画面、画面剧本和造型资料分段发给原画师设计原画，并指示原画师表演的重点、动作方向、速度和透视变化等，背景部分交给绘景艺术家来完成彩色的背景画面，背景艺术家根据美术设定的风格和要求来画。

如果是运动镜头，导演还要根据设计稿的移动范围计算推拉摇移的速度及轨迹。

6. 摄影表

摄影表是影像记录的依据，在其中除了要填写原动画号码与背景号码外，上面还有导演标注的各种提示与要求，如淡入、淡出、叠化、推拉和平移背景等。

7. 原画

设计稿中的角色部分由原画根据构图上所示的人物姿势、表情和位置等要求与提示进行原画动作设计。值得强调的是影像画面设计稿内的两部分内容（背景与活动主体）要分开制作，背景铅笔稿要交给绘景艺术家画成彩色稿；而活动角色部分则由原画师设计动作，原画就是一个完整动作过程的若干关键瞬间，要将动画角色的性格特点表现出来，但原画不需要把每一张过程动画都画出来，只需画出能够描述动作过程特征的关键瞬间就可以，其余的工作交给动画师去画。原画首先把设计稿中的关键动作分离出来，包括动作的起止和动作的转折和主体动作与追随动作的先后关系。

常见动画分工还有原作、脚本、导演、作画监督、美术监督、摄影监督、音响监督、演出、人物设定、机械设定、构图、原画、作监、背景、动画、动检、色指定、着色、总检、拍摄、编集和配音等。

1.4.3 动画家的思维特点

动画学习首先要解决思维认识问题，动画家的思维特点在于系统地组织塑造动态的形象，就像作曲家把不同的音符按照一定的音乐原理系统地组织在一曲乐章中。

一、动态思维观念

在动画的王国里，“动”是吸引观众的法宝，“静”是短暂的，是相对的。静的太多会使影片沉闷不生动。当然，动与静是相对的，掌握好动与静的关系尺度要靠实践的积累。学习美术的人善于形象思维方式，学习动画的人要善于动态形象思维。

二、把时间掌握好

时间掌握在动画创作中是一个非常关键也很难把握的内容，在很多人眼里是个只可意会不可言传的东西。因为时间对动画师而言是可塑的，既可压缩也可扩张，极度的自由也就意味着难以把握。

那么怎样才算把时间掌握好了呢？

时间掌握是动画工作中的重要组成部分，它赋予动作以“意义”或者“内容”。动作不难完成，只要为同一物像画出两个不同的位置并在两者之间插入若干中间画即可生成。但这还不算是动画。在自然界，物体并不是仅仅在动。牛顿运动定律第一条说过“物体自身不会移动，除非有一个力加在物体上”。所以，在动画工作中，动作本身的重要性只是第二位的，更重要的是要表达出促使物体运动的内因。对于无生命的物体而言，这些原因可能是自然界的力，而对于有生命的物体来说，包括外部力量和自身肌肉运动等内容。但更重要的是要通过活动着的角色体现出其内在的意志、情绪和本能等，当然还包括环境（这个环境不只是自然的还有精神的）。

在动画创作中，动画师需要费很多心思使他所画的平面的（或者三维的）、无重量的形象，像坚实而有质感的人物一样活动起来并且以令人信服的方式活动。在这两个方面，时间掌握都是最重要的。

所以，在动画创作之前，就要规划好全部故事或其中某一特殊段落场景的总的设计和节奏。这包括几分钟时间或仅仅几秒钟时间的连续镜头，必须将这些镜头组织成场景。

1. 动画时间掌握的基本单位

每个镜头有多长？镜头中动作长度是多少？动作的节奏应当怎样才能吸引观众或者表达出剧情？这都是一个动画创作人员需要解决的问题。

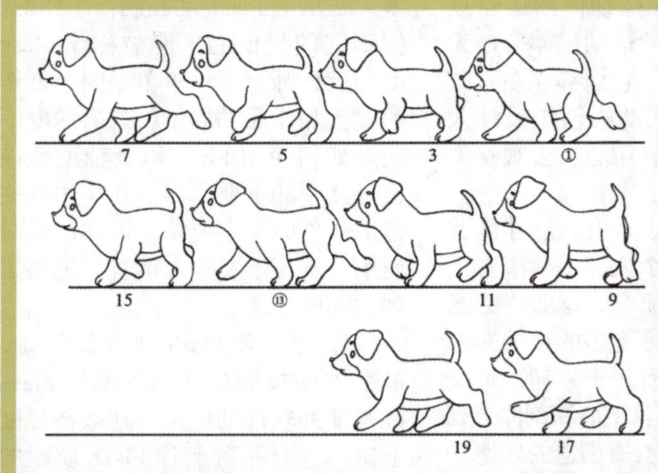

动画时间掌握的基础是固定的放映速度，计每秒钟 24 格，在电视中则是每秒 25 帧，不过，这区别是难以觉察的。如果银幕中一个动作要一秒钟，它占据影片 24 格，半秒钟则占 12 格，以此类推。

银幕上的动作无论是在什么情绪或节奏下，不管它是一个疯狂的追赶场景，还是一个浪漫的爱情场景，都必须根据放映机每秒钟连续走 24 格来计算时间。所以，动画师掌握时间的基本单位就是 1/24 秒，用于电视的片头则是 1/25 秒。动画师必须学习的一个重要技巧，就是如何把握这 1/24（或 1/25）秒在银幕（电视）上的感觉。在实践中也将学会掌握这个单位的倍数和 3 格、8 格、12 格等在银幕上的时间感觉。

2. 在设计表上定时间

导演确定整个片子的长度后，他将继续确定细节的时间，同时将它们记录在特别印制的设计表上。这很像音乐的乐谱纸，有几条平行线，上面记录对话、音响效果、音乐和动作。动画师记录动作时用的是独特的标记方式。设计表的横线上记有格数，并用粗线按 16 格一英尺标出英尺数。把表示动作的线划在表上，可以据此计算出片子的长度。如果音乐和对白是先期录音的话，应事前根据声带规定好的动作标明在设计表的相应位置上。

动画师有他们自己特有的标记。一般来说，一条水平线表示停止，一根曲线表示某种动作，一个环状线表示一个动作前的准备，一个波形线表示一个重要的循环。如果某一个动作必须发生在某一格，可在这一格上划一个十字记号。动作设计同时应用文字记录场景指示、重复动作指示以及其他有关指示。在设计表上规定动画时间是一个高度技术性的工作，导演需要有丰富的经验，在实际绘制未开始前，通过深入思考将整个片子的时间确定下来。当他将他的想法写在设计表上时，他已经是用电影语言来表示故事了——那就是切换镜头，规定动作、时间和节奏。他必须反复思考故事的情节，将它的各个部分用戏剧语言串连起来。同时，他必须不断地判断，这对初次看并只看一次影片的观众来说，会产生什么效果。在开始放映影片时，创作者需要知道下面将发生什么情节，而观众并不知道。因此，在一部片子的开始，节奏要定得慢一点，一直到观众已经了解到影片的场合、角色和基调。假如是短片，在这之后，将走向高潮；如果是长片，则将形成几个高潮。设计表规定了片子的全部镜头顺序，有长度和其他说明指示，用处很多，可作为配音作曲的基本依据，最后，还可供剪辑参考。

三、软与硬（质感）的概念

质感分有形的用笔质感和无形的性格“质感”。有形的与无形的相辅相成。无形的性格“质感”可以理解为各种不同的人物性格，即不同的人物行为方式、语言特征及留给观众的印象与感受。一定的人物性格的表现决定一定的用笔特点，曲、直、粗、细，简练的、复杂的、软的、硬的，任何物体都可极度夸张。软与硬是夸张的两极，不要质感属性模糊不清的物体。

动画设计需要付出巨大的努力，作为一种空间和时间的艺术形式，它表现的是艺术作品，传达的是运动和时间，因此，动画设计师需要具备可视化设计和运动理论的知识。

动画艺术家对所设计角色怀有很大的创作热情，唤起一种强烈的创作欲望和冲动，能全身心地关注角色的命运，并充分运用内心体验产生符合角色性格和规定情境的情感，赋予角色以感人的生命力。

动画艺术家在进行设计时将自己的创造力、表现力、理解力通过笔下的角色去展现出来，从另一个角度来说，动画艺术家是用自己的灵魂构造了一个虚构的空间世界。

动画片的创作需要多方面的知识，像物体的运动规律、人和动物的运动规律以及自然现象的运动规律等，无论在哪一类的动画片创作中都是必需的，它们都存在于我们的现实生活当中。要想成为一名好的动画创作设计人员，就需要我们长存一颗童心，用眼睛、用心灵去观察生活，热爱生活，学会创造生活。

创新是和兴趣密不可分的，简单来说，有兴趣才能够创新，创新是需要兴趣作铺垫的。当一个人对一件事有兴趣，他必然要投入很大的精力对它进行研究、琢磨，必然要做得独特，做得与众不同，必然要学习更多的相关知识用以解决不断出现的问题。所以，创新有赖于兴趣，解决了兴趣问题，创新就不难了，创新之后，就更能深刻体会成功的意义。所以，做自己喜欢的工作，才会有创造的乐趣。

1.4.4 动画设计师与 Flash 的关系

众所周知，Flash 动画设计师的工作是使用 Flash 软件以及一些周边的辅助软件进行 Flash 动画设计创作。有很多人是从事 Flash 动画制作工作的，但不同的是他们不能被称作 Flash 动画设计师，这不单单是因为创作的过程和作品的质量、意义深度不同，如何使用 Flash 以及辅助软件也是其中的重要原因。在使用这些辅助软件时一定要斟酌而用，适时而用，千万不要本末倒置，偏离了创作的中心。

作为一名 Flash 动画设计师，最基本的技能就是熟练掌握 Flash 以及辅助软件的使用，在某种程度上讲，这是一种制作 Flash 动画的技术水准。同时掌握系统的动画造型设计和物体的运动规律，是一个好的 Flash 动画设计师赖以发展的基础。

第 1 章
思考与练习

1. 联系自己看过的美国和日本动画片，举例说出美式和日式动画各自的特点。
2. 回顾本章所讲的内容，说出动画的概念和它的3个基本特点。
3. 谈谈作为一个Flash动画从业者应具备的素质和能力。

作业要求：

1、2、3题各写2000字左右。

第 2 章

CARTOON

Flash 动画基础

本章内容

Flash动画制作基础

2.1.1 Flash 基础

一、Flash CS4 的主要新增功能

1. 全新的用户操作界面

Flash CS4 采用全新的 Adobe Creative Suite 主界面（如图 2-1 所示）：即对工具栏、菜单栏以及操作面板等做了优化，使整个操作界面简洁并易于操作。为了满足不同的用户群体，Flash CS4 内置包括传统布局在内的 6 种可供选择的界面布局（如图 2-2 所示）。

2. 2D 对象的 3D 转换

在 Flash CS4 中，用户可以借助 3D 的平移和转换工具来实现 3D 空间为 2D 对象创作动画。即实现 2D 动画元件在 3D 空间的 X、Y、Z 轴上的旋转和移动，将本地转换和全局转换应用于任何对象（如图 2-3 和图 2-4 所示）。

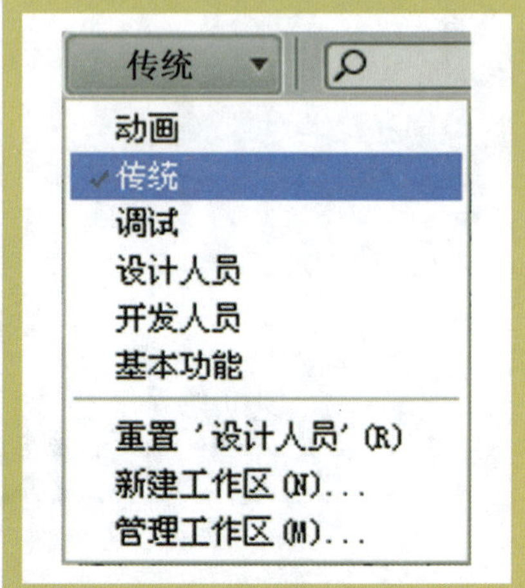

◇图2-2

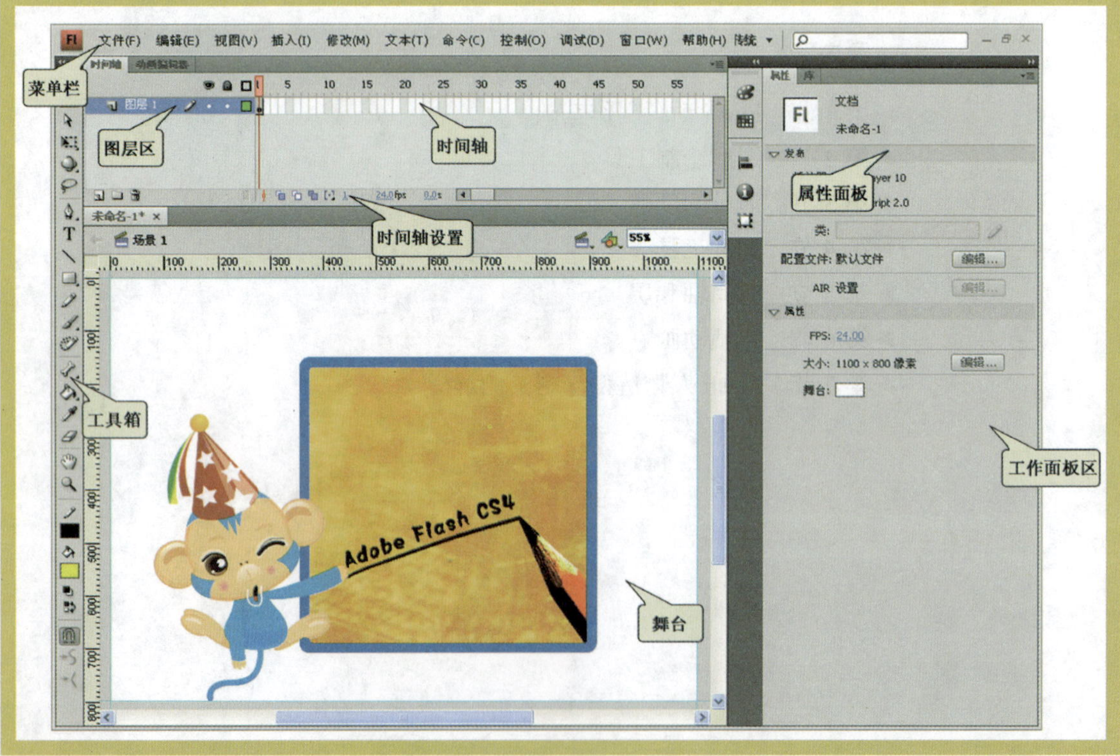

◇图2-1

◇图2-3

◇图2-4

3. 反向运动和骨骼工具

即使用一系列链接对象创建类似于链的动画效果，或使用全新的骨骼工具来控制单个形状的扭曲及变化。用户通过调节属性面板的参数来实现不同的变化效果。

4. 基于对象的动画

在补间动画的基础上，Flash CS4 增加了基于对象的动画形式。它将补间直接作用于对象而不是关键帧。用户通过贝塞尔手柄可以自由更改对象的运动路径（如图 2-5 所示）。

5. Deco 工具（装饰工具）和喷涂刷工具

Deco 工具（装饰工具）和喷涂刷工具可以将任何元件转变为即时设计工具，并以各种方式应用元件。例如，Deco 工具（装饰工具）可以快速创建类似于万花筒的效果并应用填充，或使用喷涂刷在定义区域随机喷涂元件，如图 2-6 所示。

◇图2-5

◇图2-6

二、重要概念解析

在使用 Flash 创作作品之前，有必要先熟悉以下几个重要的概念。

1. 矢量图和位图

根据图形显示原理的不同，可分为位图和矢量图两种类型。

（1）位图：是计算机根据图像中每一点（像素）的信息所生成的，要存储和显示位图就需要对每一个点的信息进行处理。位图的色彩丰富，主要用于对色彩丰富程度或真实感要求比较高的场合，会出现明显的失真（即马赛克现象），如图 2-7 所示。

◇图2-7

（2）矢量图：是计算机根据矢量数据计算后所生成的，它用包含颜色和位置属性的直线或曲线来描述图像。所以，计算机在存储和显示矢量图时只需记录图形的边线位置和边线之间的颜色这两种信息。矢量图的特点是占用的存储空间非常小，而且矢量图无论放大多少倍都不会失真，如图 2-8 所示。

◇图2-8

矢量图形文件的大小与图形的尺寸无关，但是图形的复杂程度直接影响着矢量图文件的大小，图形的显示尺寸可以进行无极限缩放，且缩放不影响图形的显示精度和效果，因此，当图形不是很复杂时，采用矢量图形可以减少文件的大小。

2. 帧

帧的概念是从电影继承过来的，所以使用 Flash 制作的作品也被统称为 Movie（即影片）。它是由许多静态画面构成的，而每一幅静态画面就是一个单独的帧。按时间顺序放映这些连续画面时，就会动起来。在 Flash 中，帧是时间轴上的一个小格，是舞台内容中的一个片断。

3. 影片

Flash 把制作完成的动画文件称为影片。实际上，Flash 中的许多名词都与影片有关，如帧、舞台和场景等。影片放映时是按帧连续播放的，通常为每秒 24 帧，由于视觉暂留的原因，人们看到的影片就是连续动作的。Flash 与影片一样，也需要制作成连续动作的图像，再输出播放就形成了影片。输出的影片可以使用 Flash 专有的影片格式，也可以输出成其他图片格式，如 GIF 动画。

4. 舞台

舞台是编辑影片的窗口，即文件窗口，用于作图、编辑图像以及测试播放影片。

5. 时间轴

Flash 将时间分割成许多同样大小的块，每一块表示一帧。时间轴上的每一小格就表示一帧，帧由左向右按顺序播放就形成了动画影片。时间轴是安排并控制帧的排列及将复杂动作组合起来的窗口。时间轴上最主要的部分是帧、层和播放指针。

6. 关键帧

在影片制作过程中，通常都要制作许多不同的片断，然后将片断连接到一起形成完整的影片。对于摄影或制作的人来说，每一个片断的开头和结尾都要加上一个标记，这样在看到标记时就知道这一段内容是什么。

在 Flash 里，把有标记的帧称为关键帧。除此之外，关键帧还用于 Flash 识别动作开始和结尾的状态。例如，在制作一个动作时，将一个开始动作状态和一个结束动作状态分别用关键帧表示，再告诉 Flash 动作的方式，Flash 就可以做成一个连续动作的动画。对每一个关键帧可以设置特殊的动作，包括物体移动、变形或做透明变化。如果接下来播放新的动作，就再使用新的关键帧作为标记，就像切换动作一样。当然新的动作也可以用场景的方式来切换。

7. 场景

影片需要很多场景，并且每个场景中的人物、时间和布景可能都是不同的。与拍影片一样，Flash 可以将多个场景中的动作组合成一个连贯的影片。要编辑影片，都是在“第一个场景 - 场景 1”中开始的，场景的数量是没有限制的。

8. 层

层可以理解为一张张透明的胶片。用户可以在不同的层上作图，再将其叠放到一起组成一个复杂的图片。每个层本身都是透明的，所以图像叠到一起时仍感觉它像是在同一层上。当图像重叠时，排在时间轴窗口上面层中的图像要覆盖排在下面层中的图像。

2.1.2 Flash CS4 的主界面

在 Flash 开始页的“创建新项目”选项区中选择“Flash 文档”选项，将进入如图 2-1 所示的主界面。该界面主要由菜单栏、主工具栏、工具箱、时间轴、图层区、属性面板、舞台和工作面板区等部分组成。

一、菜单栏

Flash CS4 的菜单栏位于主界面的顶端，与其他的 Windows 应用程序一样，其所有的操作命令都可以从菜单栏中找到，其中包含了如图 2-9 所示的 11 组菜单。

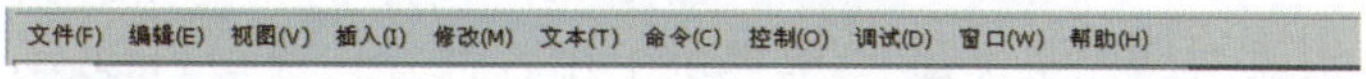

文件(F) 编辑(E) 视图(V) 插入(I) 修改(M) 文本(T) 命令(C) 控制(O) 调试(D) 窗口(W) 帮助(H)

◇图2-9

下面 Flash CS4 菜单栏提供的主要命令。

1. “文件”菜单

如图 2-10 所示的“文件”菜单提供了新建、打开、关闭、保存、导入、导出、发布、页面设置和打印等常用命令，可以向影片中导入对象，也可以进行预览、页面设置和打印输出等操作。下面是这些功能的具体介绍。

- 【新建】：创建一个新的 Flash 文档。
- 【打开】：打开一个已有的 Flash 项目。
- 【从 Bridge 打开】：从已创建的站点中选择一个 Flash 文件并打开。
- 【打开最近的文件】：打开最近使用过的 Flash 文件。
- 【关闭】：关闭当前 Flash 文件。
- 【全部关闭】：关闭所有 Flash 文件。

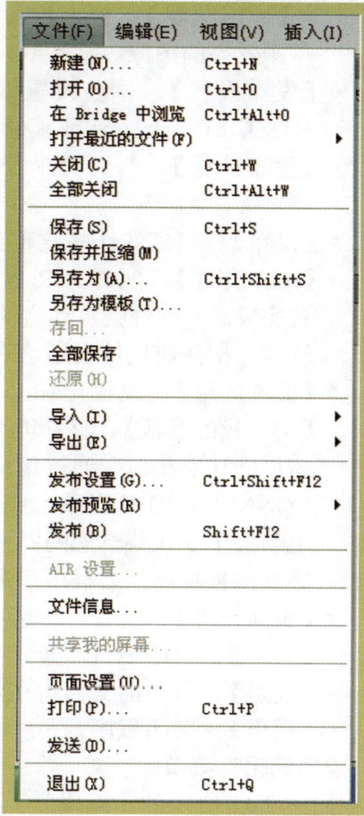

◇图2-10

- 【保存】：保存当前文件。
- 【保存并压缩】：保存当前 Flash 工作并压缩。
- 【另存为】：可命名一个新的文件或者重新命名一个已有的文件。
- 【另存为模板】：将当前 Flash 文件保存为模板。
- 【全部保存】：保存当前打开的所有 Flash 文件。
- 【还原】：还原到上次保存过的文件。
- 【导入】：导入声音、位图、QuickTime 视频和其他文件。
- 【导出】：分为电影和图像导出两种。
    - 【导出影片】：将当前 Flash 项目导出为 Flash 电影、QuickTime 电影、具有动画效果的 GIF 或者其他具有动画效果的片段。

- ■【导出图像】：根据舞台上的内容创建一个无动画效果的图像。
- 【发布设置】：调整设置以便将 Flash 项目发布为 HTML、QuickTime 或其他格式。
- 【发布预览】：打开一个子菜单，可创建一个临时预览文件。
- 【发布】：将您的作品发布出去。
- 【AIR 设置】：配置 AIR 程序文件。在 AIR 程序配置完成后，软件会自动启动 Adobe CONNECTNOW 程序，把注册地址发送给对方。
- 【文件信息】：设置 Flash 文件的元数据。
- 【共享我的屏幕】：该功能与微软发布的 Share 桌面软件的功能相似。通过该命令用户可以启动 Adobe CONNECTNOW 程序，成功登录之后可以在 Web 上与最多 3 人共享您的屏幕，使用音频、聊天、视频和白板功能与远程用户进行协作。
- 【页面设置】：设置打印选项。
- 【打印】：打印项目框架。
- 【发送】：将当前文档附在电子邮件后面。
- 【退出】：关闭程序。

2.“编辑”菜单

如图 2-11 所示的“编辑”菜单提供了对舞台中的元素进行剪切、复制等操作的命令，与其他 Windows 应用程序的“编辑”菜单具有相似的功能。同时，它也可对帧进行复制、剪切操作，以及设置参数及快捷键。

下面是这些功能的具体介绍。

- 【粘贴到中心位置】：将当前剪贴板中的内容粘贴到舞台中心位置。
- 【粘贴到当前位置】：将剪贴板中内容粘贴到当前复制或剪切位置。
- 【选择性粘贴】：设置将剪贴板中的内容插入文档中的方式。
- 【清除】：删除舞台中所选的内容。
- 【直接复制】：创建舞台中所选内容的副本。
- 【全选】：选择舞台中所有内容。
- 【取消全选】：取消对舞台中所选内容的选择。
- 【查找和替换】：对文档中的文本、图形和颜色等对象进行查找和替换操作。
- 【查找下一个】：查找相关的下一个对象。
- 【时间轴】：对帧进行复制、剪切、删除、移动等操作。
- 【编辑元件】：将上次编辑过的元件重新放回元件编辑模式，以便编辑它的舞台和时间轴。
- 【编辑所选项目】：将所选的元件放入元件编辑模式。
- 【全部编辑】：使所有内容可编辑。

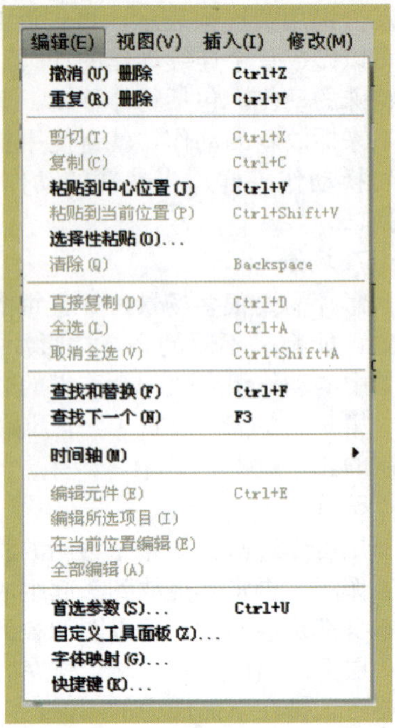

◇图2-11

- 【首选参数】：对操作的环境进行参数选择。
- 【自定义工具面板】：对工具面板的内容进行重新设置。
- 【字体映射】：对字体进行映射操作。
- 【快捷键】：设置常用快捷键。

3.“视图”菜单

如图 2-12 所示的“视图”菜单提供了用各种方式查看 Flash 动画内容的功能选项，包括转到、缩放比率、预览模式、标尺、网格、

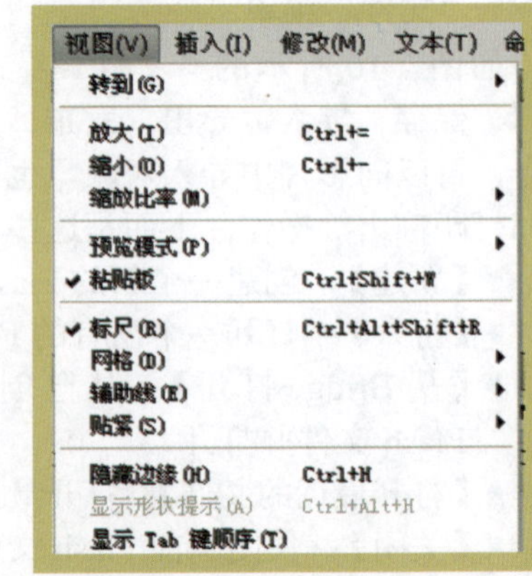

◇图2-12

辅助线和贴紧等命令。下面是这些功能的具体介绍。

- 【转到】：带有一个可导航到电影中的任意帧或舞台的子菜单。
- 【放大】：将舞台进行放大。
- 【缩小】：将舞台进行缩小。
- 【缩放比率】：对舞台进行相应比率缩放。
- 【预览模式】：包括以下几个命令。
  - 【整个】：使舞台和工作区域中的所有对象可见。
  - 【轮廓】：将所有的舞台对象转化为无填充的轮廓以便于快速重绘。
  - 【高速显示】：关闭消锯齿功能便于对象快速重绘。
  - 【消除锯齿】：对除了文本以外的所有对象的边缘进行平滑处理。
  - 【消除文字锯齿】：为包括文本在内的全部舞台对象使用消锯齿功能。
- 【粘贴板】：显示或隐藏工作区域。
- 【标尺】：显示或隐藏水平和垂直标尺。
- 【网格】：显示或隐藏网格。
- 【辅助线】：显示、锁定或编辑辅助线。
- 【贴紧】：将各个元素彼此自动对齐。包括以下几个命令。
  - 【贴紧至对象】：将对象沿着其他对象的边缘直接与它们贴紧。
  - 【贴紧至像素】：在舞台上将对象直接与单独的像素或像素的线条贴紧。
  - 【贴紧至网格】：使用网格精确定位或对齐文档中的对象。
  - 【贴紧至辅助线】：使用辅助线精确定位或对齐文档中的对象。
  - 【贴紧对齐】：可以按照指定的贴紧对齐容差、对象与其他对象之间或对象与舞台边缘之间的预设边界对齐对象。
  - 【编辑贴紧方式】：编辑各种贴紧方式的参数。
- 【隐藏边缘】：显示或隐藏项目边缘。
- 【显示形状提示】：显示对象中的形状提示。
- 【显示 Tab 键顺序】：显示或隐藏各对象的 Tab 键顺序。

4.“插入”菜单

如图 2-13 所示的“插入”菜单提供了在动画制作过程中，对舞台中的元素进行创建的操作，以及在时间轴中进行的相关操作，包括新建元件、时间轴、时间轴特效和场景命令。下面是这些功能的具体介绍。

- 【新建元件】：创建一个新的空白元件。
- 【时间轴】：具体命令如下。

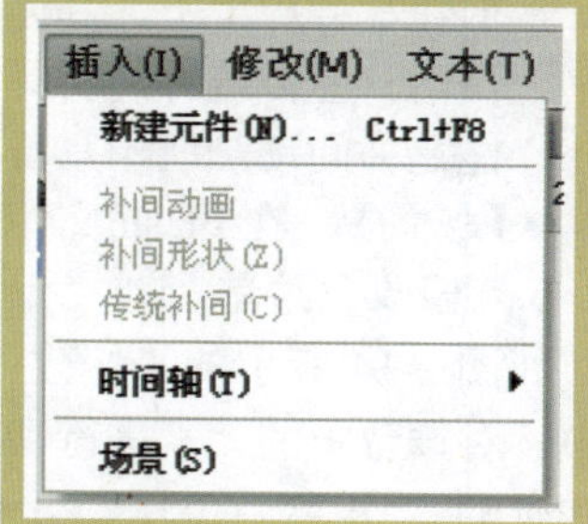

◇图2-13

  - 【图层】：在时间轴的当前层上创建一个新的空白层。
  - 【图层文件夹】：在所选图层的上面创建一个图层文件夹。
  - 【运动引导层】：在当前层上创建一个新的运动引导层。
  - 【帧】：在所选帧的右边创建一个新的空白帧。
  - 【关键帧】：将时间轴上所选的帧转换为关键帧，它包含与该层中的最后一个关键帧相同的内容。
  - 【空白关键帧】：将时间轴上所选帧转换为空白关键帧。
- 【补间动画】：该功能是在 Flash CS4 Professional 中引入的基于对象的动画形式。与传统补间相比，功能强大且易于创建。通过补间动画可对补间的动画进行最大程度的控制。补间动画提供了更多的补间控制，而传统补间提供了一些用户可能希望使用的某些特定功能。
- 【补间形状】：在关键帧之间的帧中创建从一个关键帧到下一个关键帧的外形渐变动画。
- 【传统补间】：该动画形式即 Flash 早期版本中的作用于关键帧的补间动画形式。传统补间与补间动画类似，但在某种程度上，其创建过程更为复杂，也不那么灵活。但传统补间所具有的某些类型的动画控制功能是补间动画所不具备的。

- 【场景】：在 Flash 文件中插入新的舞台场景。

5.“修改”菜单

如图 2-14 所示的“修改”菜单提供了在动画制作过程中，对舞台中的元素进行动画修改处理，包括文档、转换为元件、分离、位图、元件、形状、时间轴、变形、排列、对齐和组合等命令。下面是这些功能的具体介绍。

- 【文档】：打开“文档属性”对话框，在其中配置所选文档的属性。
- 【转换为元件】：将所选择的对象转换成为 Flash 元件。
- 【分离】：将选择的对象打散。
- 【位图】：打开一个位图对话框，在其中调整设置，以便将所选位图转换为一个矢量。
- 【元件】：复制和交换元件。
- 【形状】：修改元件形状。
- 【合并对象】：合并或改变现有对象。
- 【时间轴】：对时间轴上的层属性和帧属性进行设置修改。
- 【变形】：用于改变、编辑和修整所选对象或形状。
- 【排列】：用于改变对象的“叠放顺序”或者锁定和解锁对象。
- 【对齐】：打开 Align 对话框，通过它对齐所选对象。
- 【组合】：将所选择的对象进行组合。
- 【取消组合】：取消对所选对象的组合。

6.“文本”菜单

“文本”菜单提供了对舞台中的文本、图形内容进行设置及修改的命令，包括设置与修改字符图形的字体、大小、样式、对齐、字母间距、检查拼写和拼写设置等。下面是这些功能的具体介绍。

- 【字体】：选择用户所需的字体样式。
- 【大小】：设置文本的大小（以像素点为单位）。
- 【样式】：设置文本的粗细、倾斜等。
- 【检查拼写】：主要用于检查文本的拼写，要应用此选项必须在拼写设置的“文档选项”中选中检查文本字段的内容。
- 【拼写设置】：设置拼写文本。

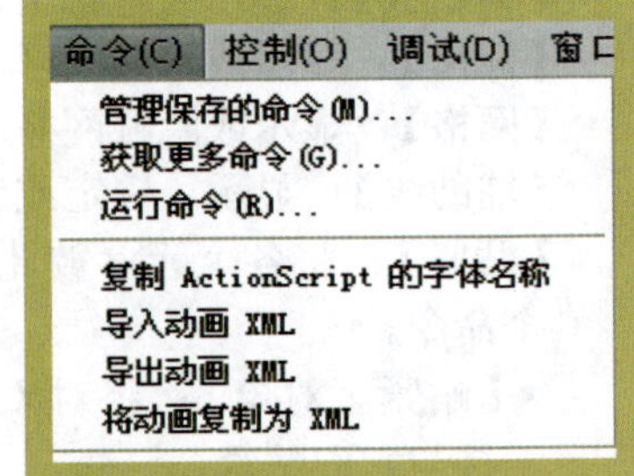

7.“命令”菜单

如图 2-15 所示的“命令”菜单一般与“历史记录”面板结合使用，当在“历史记录”面板中保存某个步骤的操作后，在该菜单下就会显示保存操作的名称，并可进行其他操作。下面是这些功能的具体介绍。

- 【管理保存的命令】：显示已经保存过的所有命令。
- 【获取更多命令】：通过 Internet 读者可以到相关站点下载到更多的命令。
- 【运行命令】：执行一个已保存的命令。
- 【导入动画 XML】：导入被转换为 XML 文件的时间轴动画。
- 【导出动画 XML】：导出被转换为 XML 文件的时间轴动画。
- 【将动画复制为 XML】：将定义时间轴中某个补间动画的属性复制为 ActionScript 3.0，并将该动画应用于其他元件。

修改(M)
文本(T)
命令(C)
文档(D)... Ctrl+J
转换为元件(C)... F8
分离(K) Ctrl+B
位图(B)
元件(S)
形状(P)
合并对象(O)
时间轴(M)
变形(T)
排列(A)
对齐(N)
组合(G) Ctrl+G
取消组合(U) Ctrl+Shift+G

◇图2-14

命令(C)
控制(O)
调试(D)
管理保存的命令(M)...
获取更多命令(G)...
运行命令(R)...
复制 ActionScript 的字体名称
导入动画 XML
导出动画 XML
将动画复制为 XML

◇图2-15

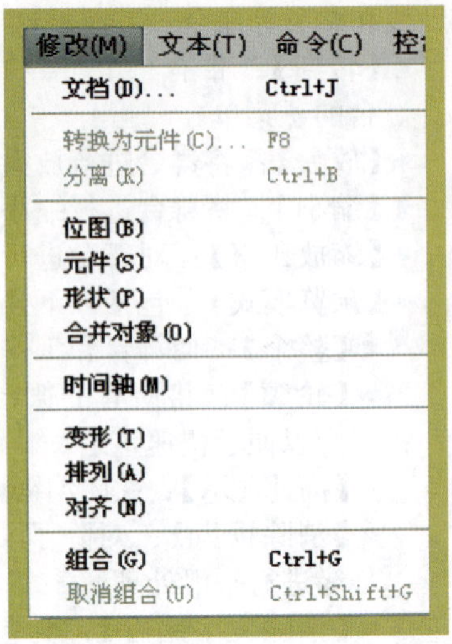

8. “控制”菜单

如图 2-16 所示的“控制”菜单提供了动画制作完毕后发布到文件前的播放、调试以及通过播放测试后对动画进行修改等命令。下面是这些功能的具体介绍。

- 【播放】：从时间轴的当前位置开始放映。
- 【后退】：将时间轴退回到当前舞台的第一帧。
- 【转到结尾】：将当前的时间轴跳到最后一帧。
- 【前进一帧】：将时间轴从当前位置向前移动一帧。
- 【后退一帧】：将时间轴从当前位置向后退回一帧。
- 【测试影片】：在编辑环境测试导出的 .swf 文件。
- 【测试场景】：在编辑环境中测试。
- 【删除 ASO 文件】：编辑 FLA 文件时删除 ASO 文件并继续进行编辑。
- 【删除 ASO 文件和测试影片】：编辑 FLA 文件时删除 ASO 文件并测试影片。
- 【循环播放】：到达最后一帧后重新放映时间轴。
- 【播放所有场景】：放映项目中的所有舞台。当关闭此功能时，放映将在当前舞台的最后一帧停止。
- 【启用简单帧动作】：允许时间轴响应已激发的任何帧动作。
- 【启用简单按钮】：启用编辑环境中的按钮，以反映它们在响应光标时的 Up、Over、Down 和 Hit 状态，并执行一些按钮动作。
- 【启用动态预览】：启用或取消 Flash 电影的实时预览功能。
- 【静音】：关闭所有的声音。

9. “窗口”菜单

如图 2-17 所示的“窗口”菜单提供了 Flash CS4 中所有功能窗口的开关，包括面板的打开、库窗口的打开、面板位置的设置，以及通过打开这些功能窗口对其进行窗口任意调整等功能。下面是这些功能的具体介绍。

- 【直接复制窗口】：在当前文档中打开新窗口。
- 【工具栏】：打开工具栏对话框，可在该对话框中设置可见工具栏及工具栏的外观。
- 【属性】：调出属性、滤镜和参数设置面板。
- 【时间轴】：将时间轴线显示或隐藏。
- 【工具】：将绘图工具箱显示或隐藏。
- 【库】：打开库窗口以处理电影中可重复使用的对象。
- 【其他面板】：打开“历史记录”、“辅助功能”、“字符串”、“Web 服务”等面板的操作。
- 【隐藏面板】：使用这个命令可以隐藏所有 Flash 面板。
- 【公用库】：打开声音按钮库等公用面板。

10. “帮助”菜单

如图 2-18 所示的“帮助”菜单提供了 Flash CS4 的帮助信息、参考资料、范例教程以及网上技术支持及注册等

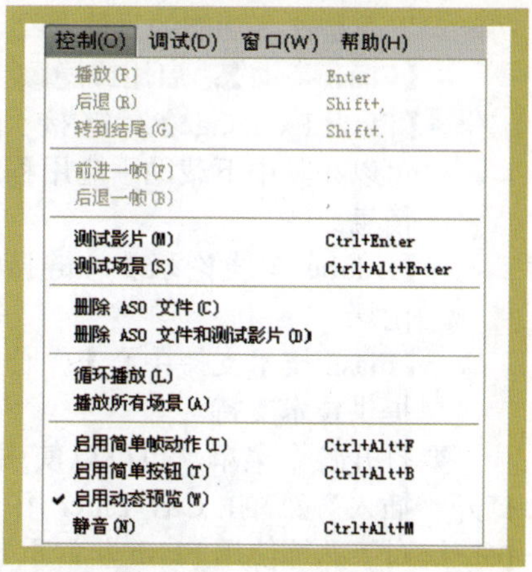

控制(O) 调试(D) 窗口(W) 帮助(H)
播放(P) Enter
后退(R) Shift+,
转到结尾(G) Shift+.
前进一帧(F)
后退一帧(B)
测试影片(M) Ctrl+Enter
测试场景(S) Ctrl+Alt+Enter
删除 ASO 文件(C)
删除 ASO 文件和测试影片(D)
循环播放(L)
播放所有场景(A)
启用简单帧动作(I) Ctrl+Alt+F
启用简单按钮(T) Ctrl+Alt+B
✔ 启用动态预览(W)
静音(N) Ctrl+Alt+M

◇图2-16

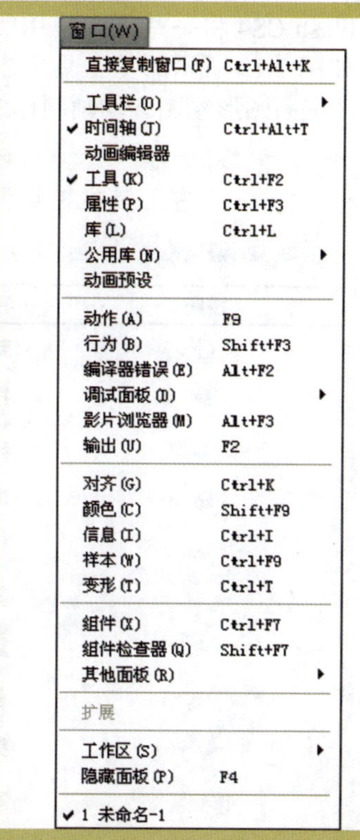

◇图2-17

帮助(H)
Flash 帮助(H) F1
Adobe 产品改进计划(B)...
Flash Exchange
管理扩展功能(M)...
Flash 技术支持中心(S)
Adobe 在线论坛(F)
Adobe 培训(T)
Updates...
关于 Adobe Flash CS4 Professional (A)

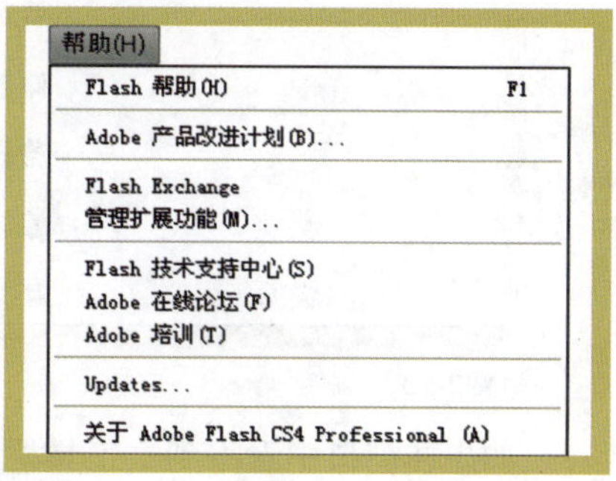

◇图2-18

功能。下面是这些功能的具体介绍。

- 【Flash 帮助】：启用或隐藏帮助面板。
- 【Flash Exchange】：链接到 Flash Exchange 网站。可以在其中下载助手应用程序、扩展功能以及相关信息。
- 【Adobe 在线论坛】：链接到 Adobe 公司的在线论坛。
- 【Flash 技术支持中心】：通过 Internet 给 Flash CS4 提供技术支持。

要打开各个菜单，也可以使用快捷键，如 Alt+I 用于打开“插入”菜单，Ctrl+Enter 用于测试影片。掌握这些快捷键对于熟练使用 Flash 非常重要。

二、主工具栏

Flash CS4 将一些经常使用的命令以按钮的形式集中到了如图 2-19 所示的主工具栏中。熟练掌握这些工具将极大地提高图形绘制和动画制作的效率。

主工具栏按钮及功能

按钮	名称及功能
	新建文件
	打开文件
	转到
	保存文件
	打印
	剪切
	复制
	粘贴
	撤销
	重做
	自动捕捉
	平滑对象
	伸直
	旋转与倾斜
	缩放
	设置对其

◇图2-19

如果在窗口中看不到主工具栏，可选择【窗口】/【工具栏】/【主工具栏】命令将其打开。

三、工具箱

Flash CS4 主界面的左侧是用于绘图的工具箱，用户可以根据自己的喜好来设置工具箱为单列模式或双列模式，如图 2-20 所示。Flash 绘图工具大致包含选取工具、绘图工具、文字工具、颜色工具、修改工具以及查看工具等。

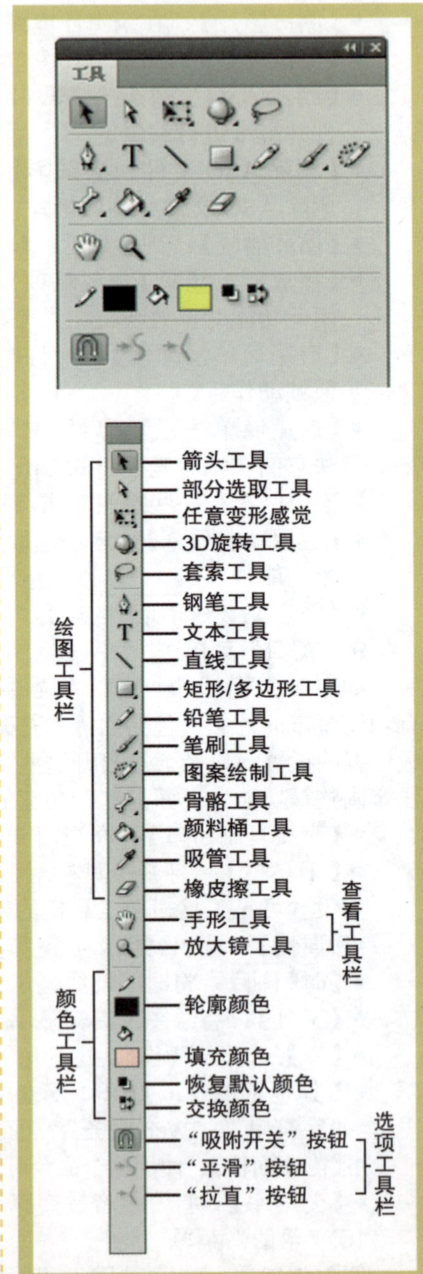

◇图2-20

四、时间轴

如图 2-21 所示的时间轴用于创建动画和控制动画播放。其左侧为图层区，右侧为时间线控制区，包括播放指针、帧格、时间轴标尺及时间轴状态栏。时间轴的显示状态与图层是相对应的，每个图层上都有相对的时间轴。图层不同，时间轴往往也会不同。

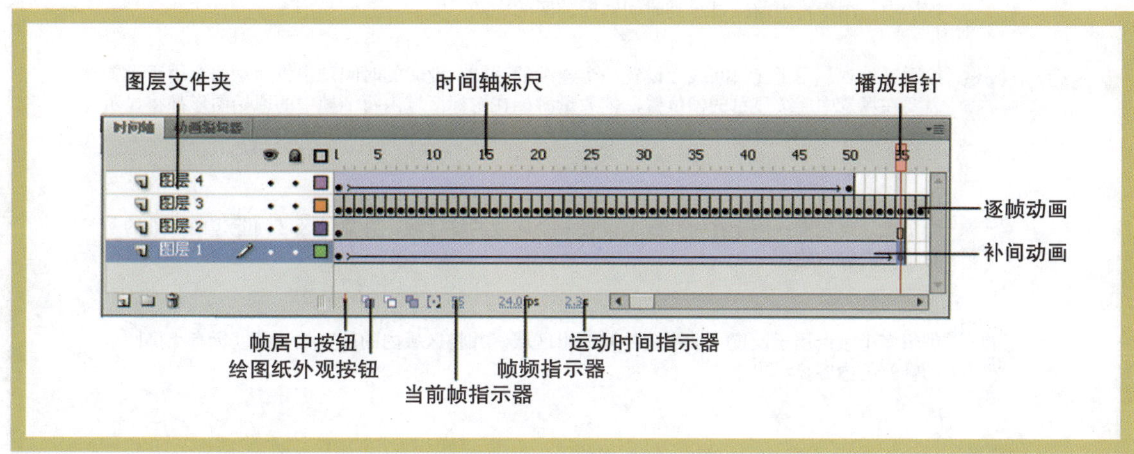

◇图2-21

图层区用于进行图层的管理和操作。例如，当舞台中有很多对象时，往往就需要通过图层将这些对象按一定的顺序叠放。图层区的操作也可以使用其中的按钮来进行，图层区中的各工具按钮的名称和功能如图 2-22 所示。

按钮	名称及功能
（眼睛图标）	显示/隐藏图层
（锁图标）	锁定/解锁图层
（方框图标）	显示图层的轮廓
图层 1	图层名称
（新建图层图标）	新建图层
（文件夹图标）	新建文件夹
（垃圾桶图标）	删除图层

◇图2-22

时间线控制区主要用于创建动画和控制动画播放，主要由播放指针、帧格、时间轴标尺及时间轴状态栏组成。

- 播放指针：播放指针是一条红色的垂直直线。播放指针停在哪个帧上，舞台中就会显示出该帧中的内容。如果创建了动画，按住鼠标左键拖动播放指针可以改变当前帧的位置。
- 帧格：时间轴上的许多长条形方格就是帧格，一个帧格代表一个帧，方格上方的 1、5、10、15 等数字表示动画的帧数。播放指针穿过的帧就是动画的当前帧。
- 时间轴状态栏：位于时间轴下方，其中各按钮的功能如图 2-23 所示。

五、舞台

默认情况下，舞台位于 Flash 主界面的中央，如图 2-24 所示。舞台是创建 Flash 文档时放置图形内容的矩形区域，图形内容包括矢量插图、文本框、按钮、导入的位图图形和视频剪辑等。Flash 创作环境中的舞台相当于在 Flash Player 或 Web 浏览器窗口中播放 Flash 文档的矩形空间。可以放大和缩小显示比例，以更改舞台的视图。对于没有特殊效果的动画，在舞台上也可以直接播放。

舞台默认为白色显示，可以根据实际需要重新设置舞台颜色。在白色区域外部还有一大片灰色区域，这个灰色区域叫作工作区，灰色区域中的内容在最终播放动画时是不会显示出来的。

时间轴状态栏的按钮及功能

按钮	名称及功能
	帧居中：用于将当前帧显示到时间轴控制区的中间
	绘图纸外观：用于在时间线上设置一个连续的区域，此时的时间轴中将显示两个用于设置需要在场景中连续显示的帧位置，帧数量游标在游标区域内每个帧中的原始图形都将显示出来
	绘图纸外观轮廓：用于在时间线上设置一个连续的帧区域，并显示区域内除当前帧外的所有帧中内容的轮廓
	编辑多个帧：用于设置一个连续的帧编辑区域，并将区域内的所有关键帧（标有小黑圆点的帧）的内容显示出来
	修改图纸标记：用于设置洋葱皮（利用洋葱皮工具可以看到场景中多个帧的动画状态）的显示范围和显示标记，单击该按钮将出现下拉列表框
1	当前帧：用于显示当前帧的帧数
30.0fps	帧频：表示每秒播放的帧数（即帧频率）
0.0s	运行时间：表示从第一帧到当前帧所需的时间

◇图2-23

◇图2-24

除舞台和工作区外，主窗口中还有以下内容。

- 场景名：即当前场景的名称。
- 显示比例：用于控制舞台画面的显示比例，单击该下拉列表框右侧的按钮，即可在出现的下拉列表框中选择一种显示比例。
- 编辑场景：对于复杂的动画，往往有多个场景，单击该按钮，可以跳转到不同的场景。
- 编辑元件：大多数动画都包含有多个元件，单击该按钮，可从出现的下拉列表框中选择需要编辑的元件，进入相应的编辑状态。

六、“属性”面板和“动作”面板

在动画制作过程中，常需要对动画内容进行编辑并设置其属性。舞台下方的“属性”面板和“动作”面板便是为设置对象属性而设计的。

1.“属性”面板

如图 2-25 所示的“属性”面板中显示了文档的名称、背景大小、背景色和帧频等信息。

在“属性”面板中可以进行以下操作：

（1）单击“大小”后的“编辑”按钮，将出现如图 2-26 所示的“文档属性”对话框，在其中可以设置文档的标题、尺寸、背景颜色、帧频和标尺单位等内容。

（2）单击“背景颜色”后的图标，将出现如图 2-27 所示的调色板，在其中单击某个颜色的图标即可为舞台设置相应的背景颜色。

（3）在“帧频”文本框中可以设置动画帧频。帧频越大，播放速度也越快，系统默认帧频为 12fps（帧 / 秒）。

提示：当前所选择的工具或对象不同，“属性”面板中的内容也会不同。不仅“属性”面板会随着不同对象改变，其他面板也会随着所选对象的不同而发生变化。

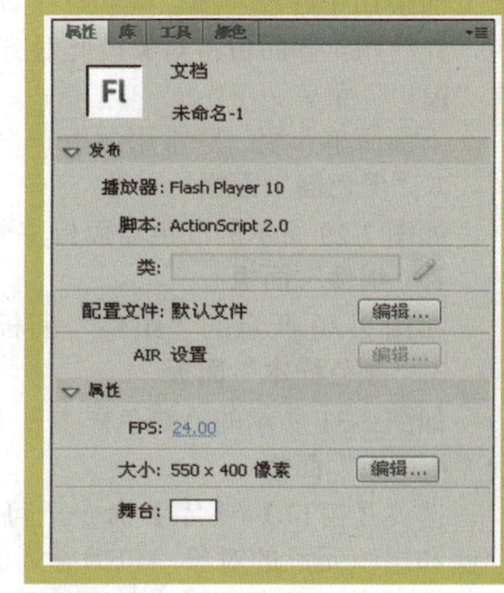

◇图2-25

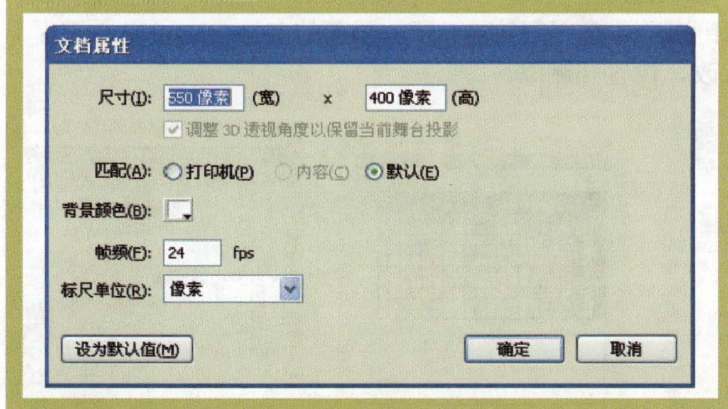

◇图2-26

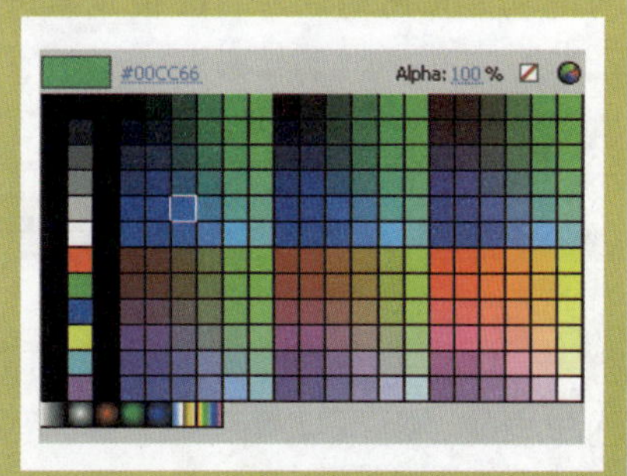

◇图2-27

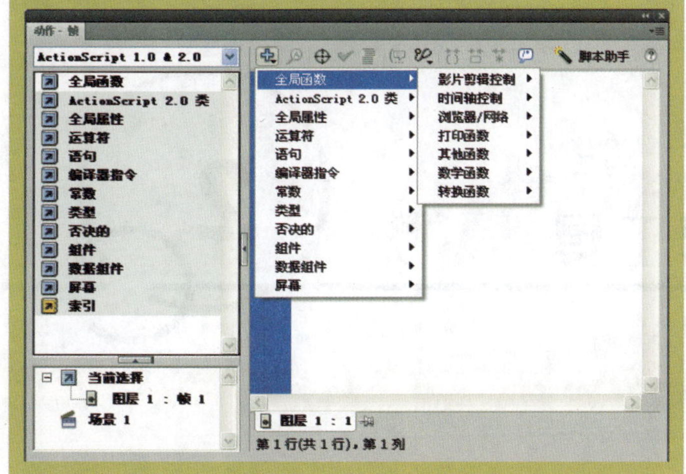

◇图2-28

2.“动作”面板

Flash 引入了“动作（Action）”机制，这种动作基于其本身的语言——ActionScript。相对于同类动画制作软件的语言，如 Director 的 Lingo 语言，ActionScript 更为直观，掌握起来也比较容易，只需要短短的几行脚本（ActionsScript）即可实现很丰富的功能。利用这些动作，可以制作出各种交互式动画效果。如图 2-28 所示的“动作”面板便是编辑脚本语言最便捷的工具。

七、工作面板

窗口右侧为工作面板区，在其中可以按需要显示各种面板，以查看、组织和更改文档中的元素。面板中的可用选项控制着元件、实例、颜色、类型、帧和其他元素的特征。通过显示特定任务所需的面板并隐藏其他面板，也可以自定义 Flash 界面。

面板用于处理对象、颜色、文本、实例、帧、场景和整个文档。例如，使用混色器创建颜色，并使用对齐面板将对象彼此对齐或与舞台对齐。要查看 Flash 中可用面板的完整列表，可查看“窗口”菜单。

下面简单介绍一些常用面板。

1.“混色器”面板

如图 2-29 所示的混色器面板主要用来调整和设置图形的颜色。

2.“组件”面板

如图 2-30 所示的“组件”面板用于在影片中插入组件。

3.“颜色样本”面板

如图 2-31 所示的“颜色样本”面板用于绘制图形时取色。

4.“库”面板

选择【窗口】/【库】命令，可以打开如图 2-32 所示的“库”面板。“库”面板主要用于存储和组织元素的对象，包括导入的声音、图片和其他动画文件等，在导入这些文件的同时，Flash CS4 会将它们自动存放在这里。图库中的这些元素可以在同一个动画中反复使用，在使用过程中只需要按住鼠标左键将这些元件从库窗口拖动到舞台上来就行了。

“库”面板由两部分组成，上面用于显示元素，下面用于显示元素的名称。也可以通过库下方的功能按钮对“库”面板元素进行修改、设置和删除。

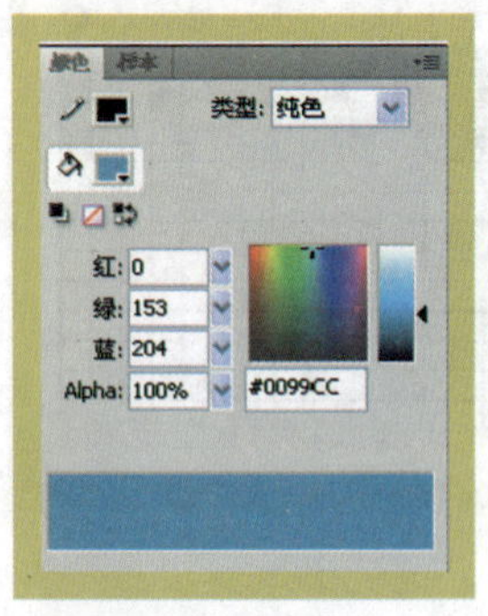

◇图2-29

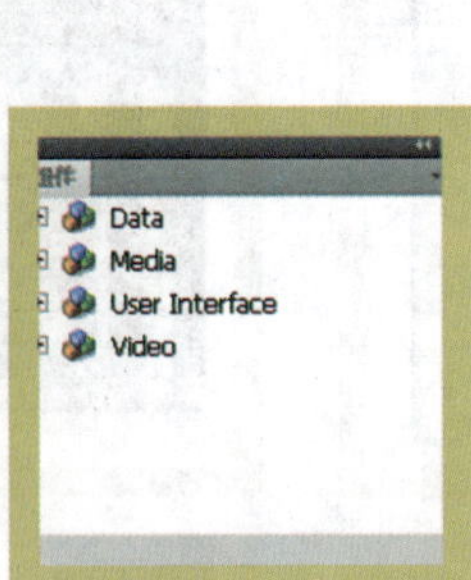

◇图2-30

◇图2-31

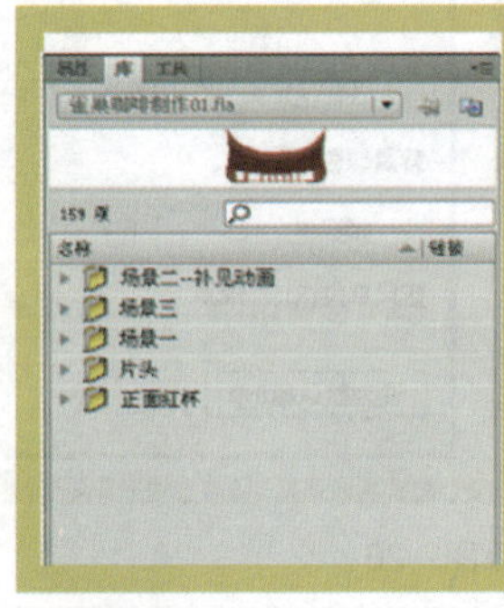

◇图2-32

图形绘制工具

2.2.1 绘图工具

一、直线工具

快捷键：N。

功能介绍：用于绘制各种长度和角度的直线。

单击“直线工具”，使它处于选择状态，这时在工作区会出现直线的“属性”面板（默认状态下），如图 2-33 所示。

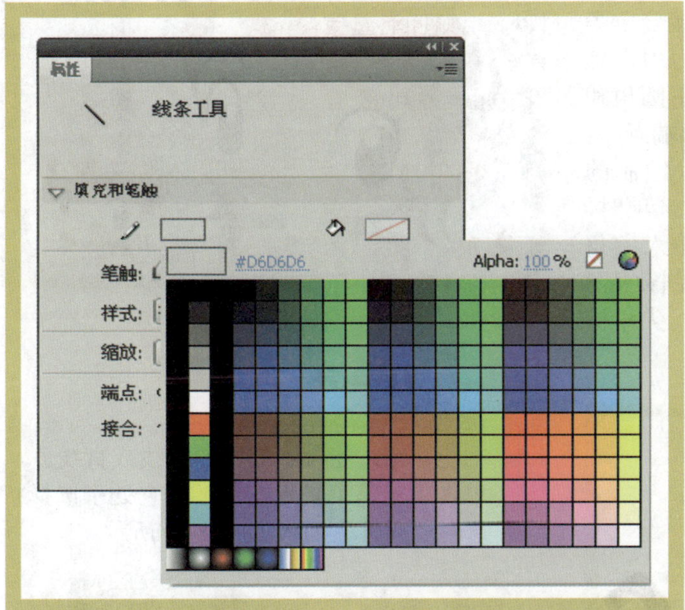

◇图2-33

1. 直线的颜色、粗细和形状

单击“直线工具”按钮，在工作区中拖动鼠标绘制直线。直线的颜色、粗细、形状和端点等可以在属性面板中直接调整，非常方便。

直线线型的选取有极细线、实线、虚线和点画线等线型，如图 2-34 所示。

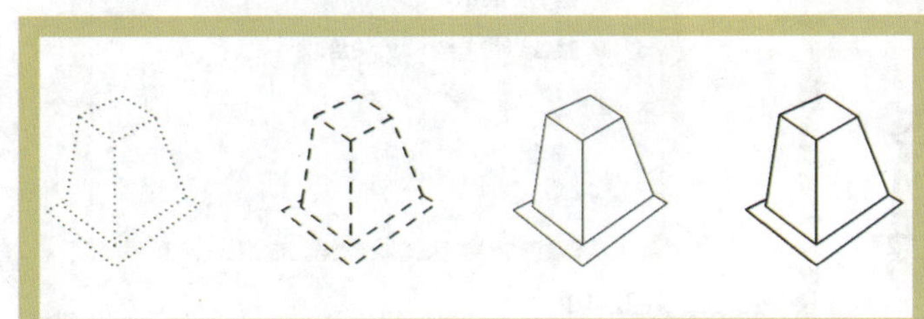

◇图2-34

提示：线条样式中包含了“极细”样式，极细线条在任何比例的放大情况下，它的显示尺寸都保持不变，好像头发丝一样。

“属性”面板中的“自定义”是指自定义直线的笔触样式，单击该按钮打开“笔触样式”界面，如图 2-35 所示，在其中可以自行设置直线的线型和粗细等样式。

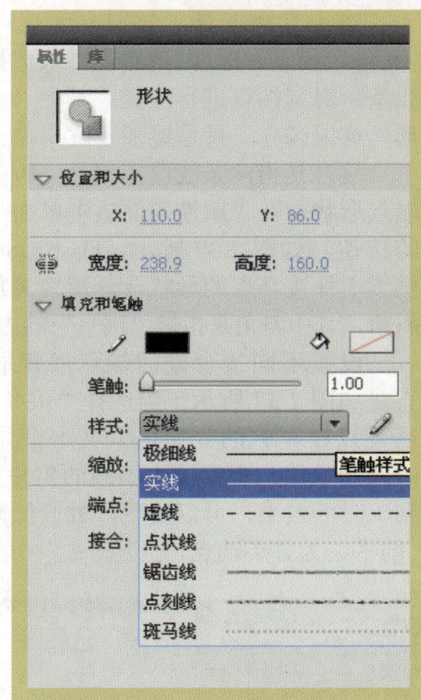

◇图2-35

2. 直线的端点和接合

直线的端点和接合为用户提供了多种线条和接合处的端点形状。当用户从工具栏中选择了直线、铅笔、钢笔、墨水瓶等工具时，在“属性”面板中可以找到这些设置，如图 2-36 所示。

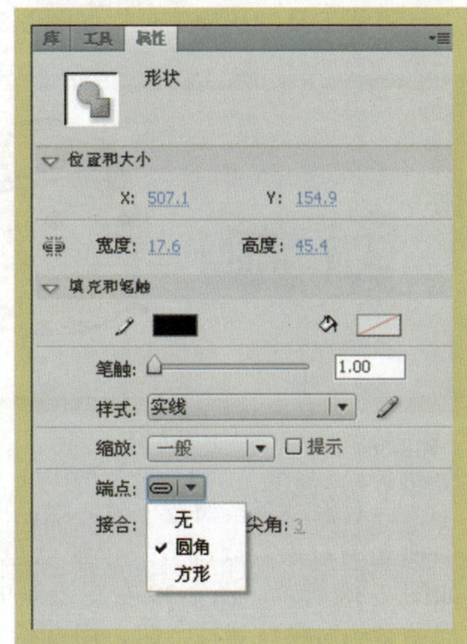

◇图2-36

使用直线工具，分别改变端点为“无”、“圆角”和“方形”，当然也可以选择已绘制的线条，对其端点进行改变。其中“无”和“方形”难以区分，只是短了一截儿。

接合是指两条线段相接处，也就是拐角的端点形状。在“属性”面板中单击“接合”旁的按钮，如图 2-37 所示，Flash CS4 为用户提供了 3 种接合点的形状，分别为尖角、圆角和斜角，其中斜角是指被“削平”的方形端点。

设置不同接合处的端点形状后，绘制的直线如图 2-37 所示。当选择“尖角”选项时，还可以在左侧的“尖角”文本框中输入尖角的限制数值。观察输入不同的尖角限制数值 3 和 1 时的效果，可以发现，数值低时，尖角被“削平”为方头端点。

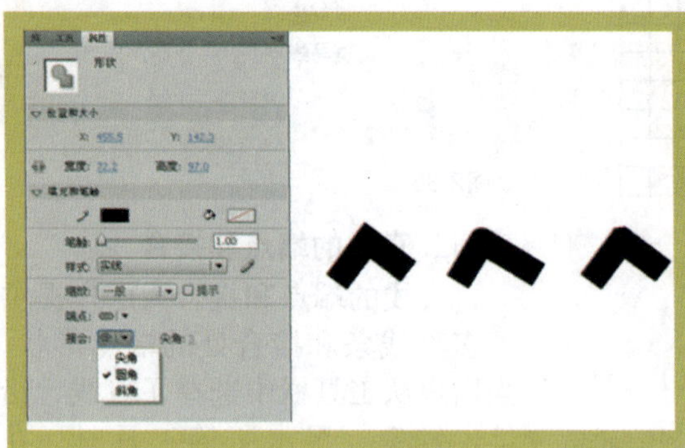

◇图2-37

3. 直线工具的选项工具栏

直线工具的选项工具栏如图 2-38 所示。

◇图2-38

当对象绘制按钮按下时，绘制的直线是一个独立的对象，周围有一个淡蓝色的矩形框，如图 2-38 所示。图 2-39 右图绘制的直线对象当贴紧到对象按钮按下时，用直线工具在绘制直线时，Flash 能够自动捕捉直线的端点，让绘制出的图形进行自动的闭合。

提示：在绘制直线时按住 Shift 键不放，可以画出水平、垂直或角度为 45° 的直线。

◇图2-39

二、铅笔工具

快捷键：Y。

功能介绍：绘制不规则的曲线或直线。

单击“铅笔工具”按钮，使它处于选择状态，这时“属性”面板如图 2-40 所示。

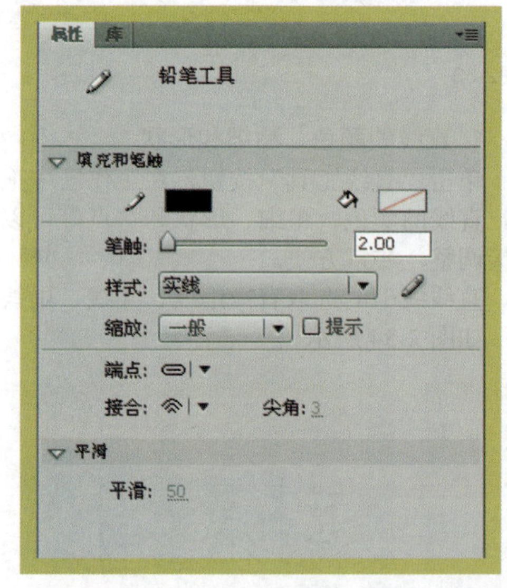

◇图2-40

线条的颜色、粗线、形状和端点等可以在属性面板里直接调整，非常方便。这时对应的选项工具栏中有铅笔工具按钮，该按钮决定曲线以何种方式模拟手绘的轨迹。单击按钮可以选择以下 3 种铅笔模式。

- 伸直：用直线模拟手绘的曲线轨迹。
- 平滑：绘制平滑的曲线。
- 墨水：对绘制的线条不进行任何加工。

三、钢笔工具

快捷键：P。

功能介绍：用于绘制精确、光滑的曲线，调整曲线曲率等。

单击“钢笔工具”按钮，使它处于选择状态，此时鼠标指尖呈钢笔形式，在舞台上单击，便可以绘制曲线。钢笔工具的“属性”面板也与直线工具的相仿，如图 2-41 所示。

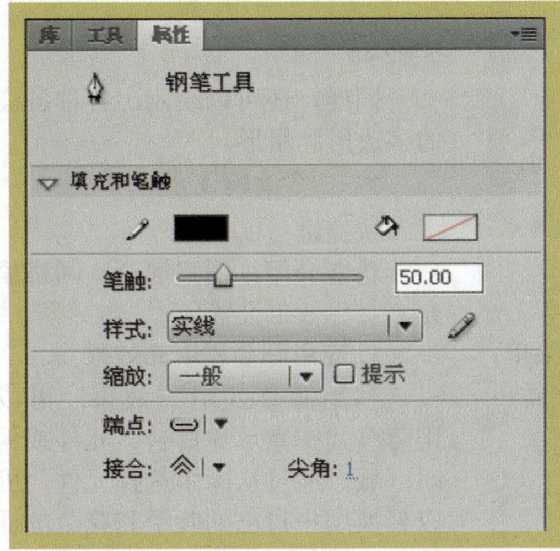

◇图2-41

钢笔工具可以对绘制的图形具有非常精确的控制，用户绘制的节点、节点的方向点等都可以得到很好的控制，如图 2-42 所示。

◇图2-42

四、椭圆工具

快捷键：O。

功能介绍：绘制椭圆或正圆的矢量图形。

单击“椭圆工具”按钮，在“属性”面板会出现矢量笔触颜色和内部填充色的属性，如图 2-43 所示。

- 如果要绘制无外框线的椭圆，可以在“属性”面板中，先单击“笔触色”按钮，然后单击“无色”按钮，取消外部笔触的色彩。
- 如果要绘制无填充色的椭圆，可以在“属性”面板中单击填充色按钮，然后单击“无色”按钮，取消内部色彩填充。

设置好椭圆的色彩属性后，移动鼠标到舞台中心，此时，鼠标呈十字形式，在舞台上单击后拖动鼠标，即可绘制。绘制出的椭圆或正圆将以当前笔触方式描边，以当前填充样式填充。如图 2-43 所示，按住 Shift 键可以绘制出正圆。

◇图2-43

五、矩形工具

快捷键：Y。

功能介绍：绘制矩形、正方形和多边形的矢量色块或图形。

1. 绘制矩形和正方形

使用矩形工具，选择不同类型的轮廓线，可以在舞台上绘制形式各异的矩形，如图 2-44 所示。

◇图2-44

2. 绘制圆角矩形

选择基本矩形工具后，“属性”面板如图 2-45 所示，调节矩形选项工具下的滑块可以绘制任意角度的圆角矩形，如图 2-45 所示。

◇图2-45

3. 绘制星形及多边形

按住矩形工具 2～3 秒，屏幕上就会弹出一个菜单，选中其中的多角星形工具，按住鼠标在舞台上拖动，就可以绘制多边形了，如图 2-46 所示。

◇图2-46

多边形在多角星形工具的属性面板中，单击下面的“选项”按钮，将弹出如图 2-47 所示的“工具设置”对话框，在其中可以对多边形工具的属性进行设置。

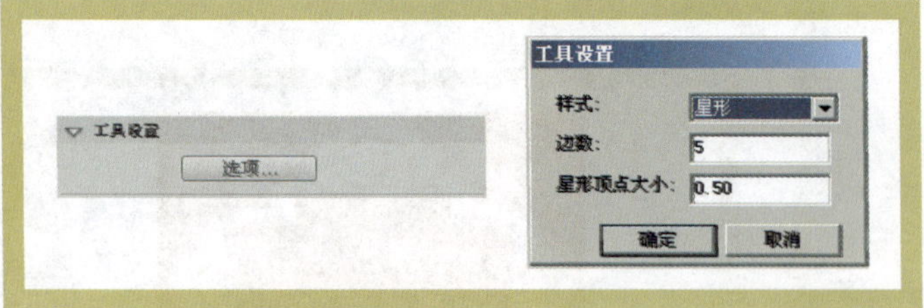

◇图2-47

- “样式”下拉列表框：用于设置多边形的样式，其中有两个选项，分别为多边形和星形，默认为多边形。
- “边数”文本框：用于设置多边形的边数。
- “星形顶点大小”文本框：用于设置多边形顶点的大小。

这里选择星形样式，将“边数”设置为 5，“星形顶点大小”设置为 0.5，在属性面板中设置“接合”为圆角形状，在舞台上拖动鼠标，即可绘制出如图 2-48 所示的五角星。

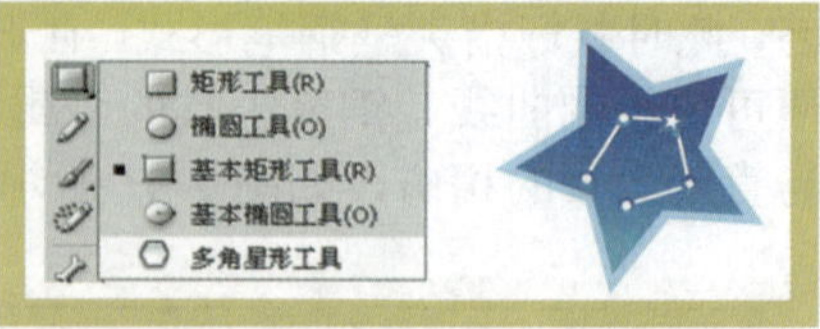

◇图2-48

同样，还可以绘制出各种各样的多边形和星形。

六、喷涂刷工具

快捷键：U。

功能介绍：图案填充、网格填充、对称效果设置。

1. 应用藤蔓式填充效果

利用藤蔓式填充效果，可以用藤蔓式图案填充舞台、元件或封闭区域。通过从库中选择元件，可以替换用户自己的叶子和花朵的插图。生成的图案将包含在影片剪辑中，而影片剪辑本身包含组成图案的元件。

（1）选择 Deco 工具，然后在属性检查器中从“绘制效果”菜单中选择【藤蔓式填充】命令。

（2）在 Deco 工具的属性检查器中，选择默认花朵和叶子形状的填充颜色，并选择默认喷涂点的填充颜色。在舞台上单击鼠标，效果如图 2-49 所示。

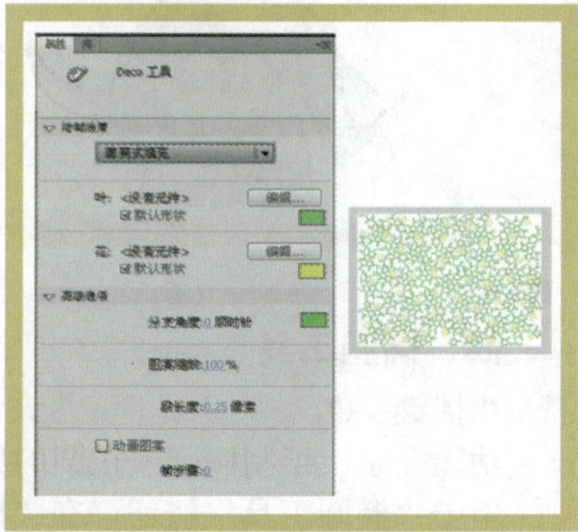

◇图2-49

（3）或者选择【编辑】命令，从库中选择一个自定义元件，以替换默认花朵元件和叶子元件之一或同时替换二者。选择【文件】/【导入】/【导入到库】命令，在弹出的对话框中选择要导入的图形文件。

（4）单击属性面板的“编辑”按钮，弹出“交换元件”对话框，在其中选择元件 1 花瓣图形，单击“确定”按钮。可以使用库中的任何影片剪辑或图形元件，将默认的花朵和叶子文件替换为藤蔓式填充效果，如图 2-50 所示。

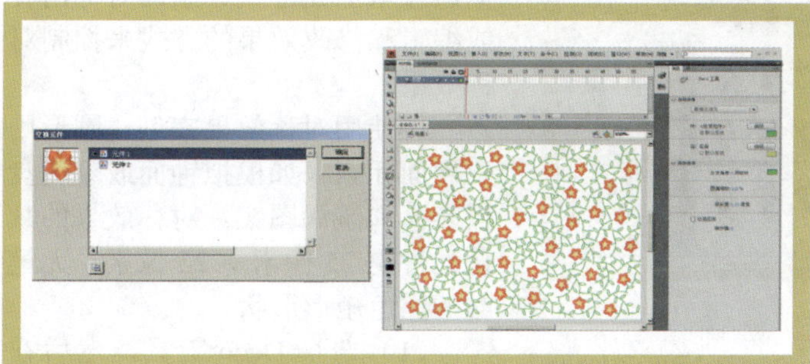

◇图2-50

（5）在舞台上要显示图案的位置可单击或拖动鼠标，可以指定填充形状的水平间距、垂直间距和缩放比例。应用藤蔓式填充效果后，将无法更改属性检查器中的高级选项以改变填充图案。

可以将库中的任何影片剪辑或图形元件作为“粒子”使用。通过这些基于元件的粒子，可以对在 Flash 中创建的插图进行多种创造性控制。

高级选项的设置说明如下。

- 分支角度：指定分支图案的角度。
- 分支颜色：指定用于分支的颜色。
- 图案缩放：缩放操作会使对象同时沿水平方向（沿 X 轴）和垂直方向（沿 Y 轴）放大或缩小。
- 段长度：指定叶子节点和花朵节点之间的段的长度。
- 动画图案：指定效果的每次迭代都绘制到时间轴中的新帧。在绘制花朵图案时，此选项将创建花朵图案的逐帧动画序列。
- 帧步骤：指定绘制效果时每秒要横跨的帧数。

2. 应用网格填充效果

使用网格填充效果可以用库中的元件填充舞台、元件或封闭区域。将网格填充绘制到舞台后，如果移动填充元件或调整其大小，则网格填充将随之移动或调整大小。

（1）选择 Deco 工具，然后在属性检查器中从“绘制效果”菜单中选择【网格填充】命令，如图 2-51 所示。

（2）在 Deco 绘画工具的属性检查器中选择默认矩形形状的填充颜色，或者单击“编辑”按钮以从库中选择自定义元件，效果如图 2-52 所示。

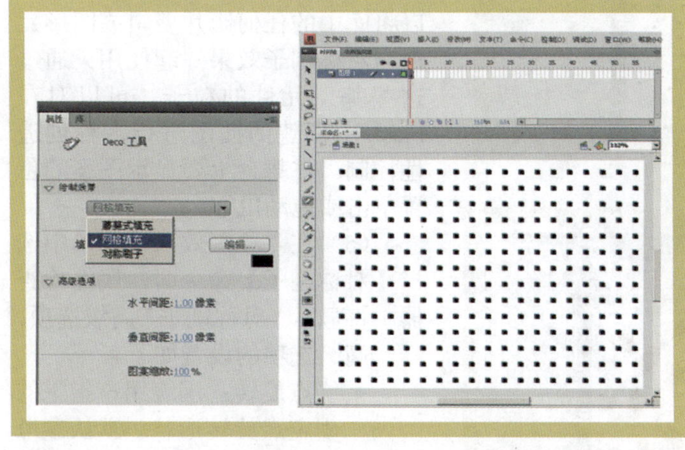

◇图2-51

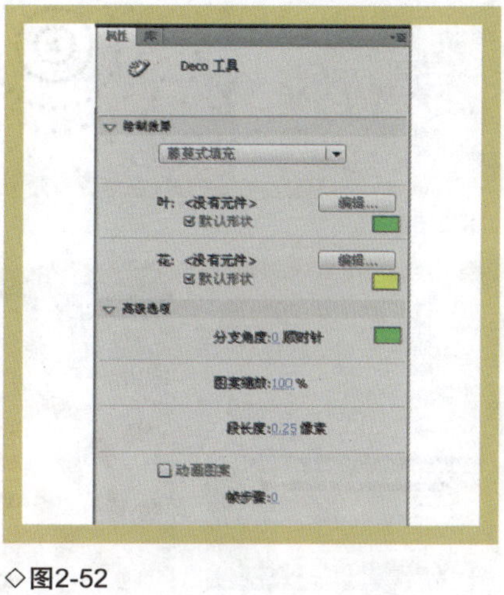

◇图2-52

（3）选择【文件】/【导入】/【导入到库】命令，在弹出的窗口中选择要导入的图形文件。

（4）单击“属性”面板的“编辑”按钮，弹出“交换元件”对话框，在其中选择元件“可爱宝贝”。单击“确定”按钮，如图 2-53 所示。可以将库中的任何影片剪辑或图形元件作为元件与网格填充效果一起使用。单击鼠标左键，在舞台上要显示图案的位置单击或拖动，如图 2-53 所示。

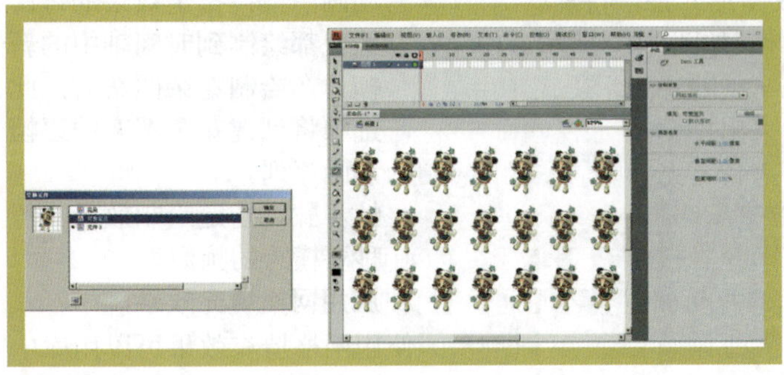

◇图2-53

（5）可以指定填充形状的水平间距、垂直间距和缩放比例。应用网格填充效果后，将无法更改属性检查器中的高级选项以改变填充图案。

高级选项的设置说明如下。

- 水平间距：指定网格填充中所用形状之间的水平距离（以像素为单位）。
- 垂直间距：指定网格填充中所用形状之间的垂直距离（以像素为单位）。

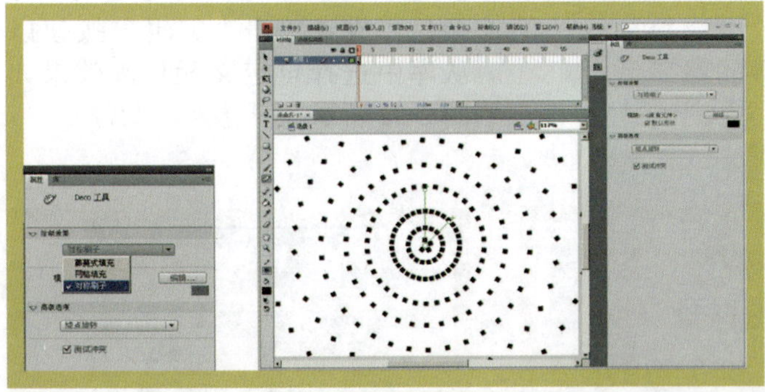

◇图2-54

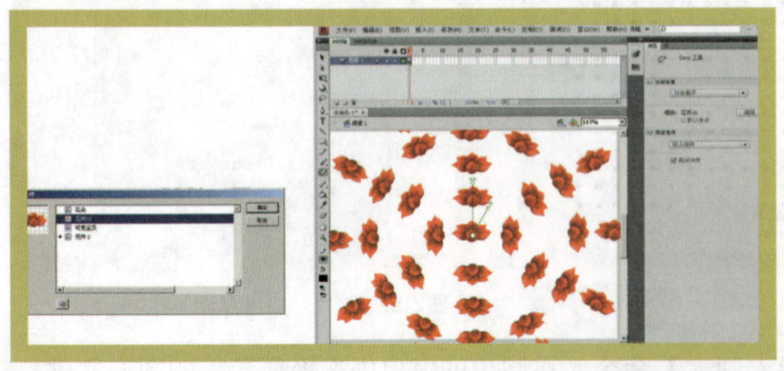

◇图2-55

- 图案缩放：可使对象同时沿水平方向（沿 X 轴）和沿垂直方向（沿 Y 轴）放大或缩小。

3. 应用对称效果

使用对称效果可以围绕中心点对称排列元件。在舞台上绘制元件时，将显示一组手柄。可以使用手柄通过增加元件数、添加对称内容或编辑和修改效果的方式来控制对称效果。

可使用对称效果来创建圆形用户界面元素（如模拟钟面或刻度盘仪表）和漩涡图案。对称效果的默认元件是 25 像素 ×25 像素、无笔触的黑色矩形形状。

（1）选择 Deco 工具，然后在属性检查器中的“绘制效果”菜单中选择【对称刷子】命令。

（2）在 Deco 绘画工具的属性检查器中选择用于默认矩形形状的填充颜色，如图 2-54 所示。单击鼠标左键，效果如图 2-54 所示。

（3）选择【文件】/【导入】/【导入到库】命令，在弹出的对话框中选择要导入的图形文件。

（4）单击属性面板的“编辑”按钮，弹出“交换元件”对话框。在其中选择花瓣元件选项，单击“确定”按钮，如图 2-55 所示。可以将库中的任何影片剪辑或图形元件与对称刷子效果一起使用。通过这些基于元件的粒子，可以对在 Flash 中创建的插图进行多种创造性控制。在舞台上要显示图案的位置单击或拖动鼠标。

（5）在“绘制效果”菜单中选择【对称刷子】命令时，属性检查器中将显示“对称刷子”高级选项。

高级选项的设置如下。

- 绕点旋转：围绕用户指定的固定点旋转形状。默认参考点是对称的中心点。若要围绕对象的中心点旋转对象，可按圆形运动进行拖动，如

图 2-56 上图所示。

- 跨线反射：跨用户指定的不可见线条等距离翻转形状。在舞台上要显示图案的位置单击或拖动鼠标，如图 2-56 中图所示。
- 跨点反射：围绕用户指定的固定点等距离放置两个形状，如图 2-56 下图所示。
- 网格平移：使用按对称效果绘制的形状创建网格。每次在舞台上选择 Deco 绘画工具都会创建形状网格。使用由对称刷子手柄定义的 X 和 Y 坐标调整这些形状的高度和宽度。

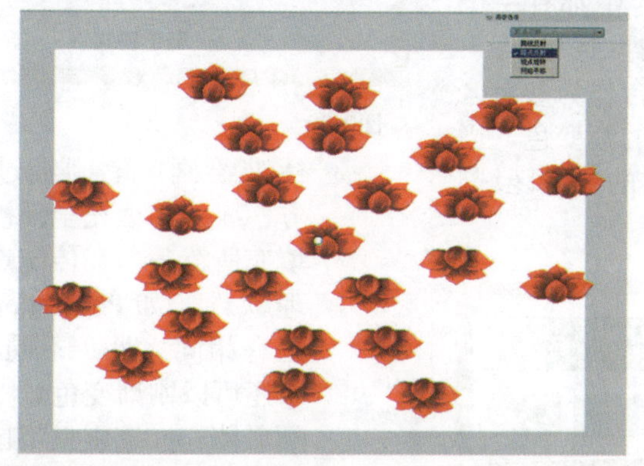

◇图2-56

2.2.2 上色工具

矢量图形的颜色包括两种，分别为外部轮廓（即笔触）色和内部填充色。一般来说，对矢量图形填充颜色可以借助于颜色工具栏或者属性面板中的调色板直接进行，下面学习上色工具的使用方法。

一、墨水瓶工具

快捷键：S。

功能介绍：改变矢量线段、曲线以及图形轮廓的属性。

单击“墨水瓶工具”按钮，使它处于选中状态，此时鼠标呈墨水瓶形式。墨水瓶工具用于以当前笔触方式对对象进行描边，在属性面板中可以更改线条或形状的轮廓颜色、宽度和样式。

使用墨水瓶工具修改对象的轮廓属性的操作方法如下：

从工具栏中选择墨水瓶工具，然后在颜色工具栏中选择笔触色，从属性面板中选择笔触的样式和高度，接着在场景中对象的轮廓上单击鼠标，完成对轮廓属性的修改，如图 2-57 所示。在以前的 Flash 版本中，对线条或形状描边只能用纯色，而不能用渐变色或位图，令人欣喜的是，在 Flash CS4 中可以使用渐变色或位图对对象进行描边。如果描边的对象是用钢笔工具绘制的路径以及各种形状的轮廓线，填充后，这些线条还可以和普通路径一样对节点进行编辑，如图 2-57 所示。

◇图2-57

二、颜料桶工具

快捷键：K。

功能介绍：改变内部填充区域

的色彩属性。

单击“颜料桶工具”按钮，使它处于选中状态，此时鼠标呈颜料桶形式。颜料桶工具以当前填充样式对对象进行填充，可以是纯色、渐变色或位图，如图 2-58 所示。

◇图2-58

1. 设置缺口宽度

用颜料桶工具填充指定区域时，可以忽略未封闭区域的一定缺口的宽度，实现对一些未完全封闭的区域进行填充。单击选项工具栏中的“空隙大小”按钮，出现以下 4 种可选择方案。

- 无封闭空隙：该设置要求填充的区域必须完全封闭，如果填充区域有缺口，则不能进行填充。
- 封闭小空隙：该设置允许填充区域可以有一些小的缺口，填充时将忽略这些小缺口的存在。
- 封闭中等空隙：该设置允许填充区域可以有中等大小的缺口存在，填充操作仍能执行。
- 封闭大空隙：该设置允许填充区域可以有大的缺口存在，填充操作仍能执行。

2. 锁定填充

在颜料桶工具和笔刷工具的选项工具栏中都有一个“锁定填充”按钮，它的作用是确定渐变色的参照基准。

当它处于锁定状态时，渐变色以整个舞台作为参考区域，用户填充到什么区域，就对应出现相应的渐变色，当处于锁定状态时，渐变色以每个对象为独立的参考区域，如图 2-59 所示。

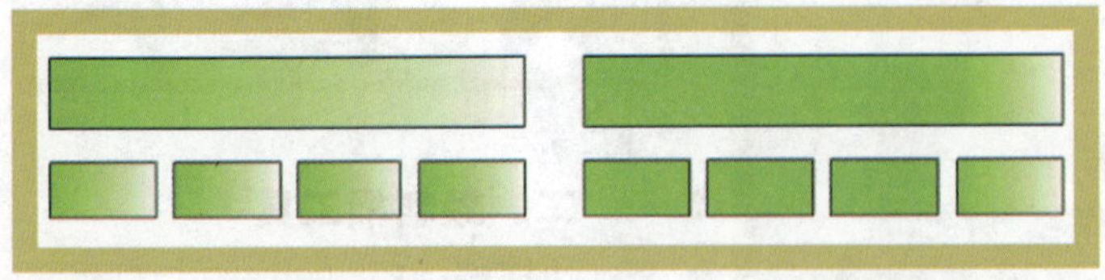

◇图2-59

三、刷子工具

快捷键：B。

功能介绍：绘制任意形状的色块矢量图形。

刷子工具能绘制出笔刷般的笔触，就好像在涂色一样。

单击“刷子工具”按钮，使它处于选中状态，刷子模式、刷子大小和形状等都可以在选项工具栏中直接调整，还可以选择对象绘制模式。

1. 刷子模式

单击“刷子工具”按钮，刷子模式下拉列表框如图 2-60 所示，下面进行具体介绍。

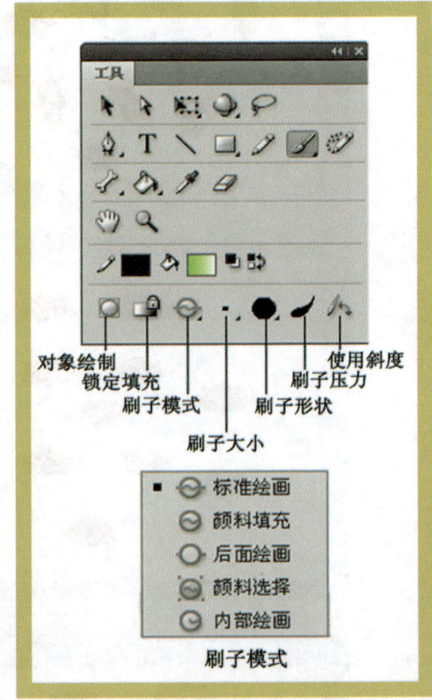

◇图2-60

- 标准绘画：笔刷经过的地方，线条和填充全部被笔刷填充所覆盖。和传统点阵处理软件（如 Photoshop）绘画有相同之处，不同的是，它还可以刷渐变色。
- 颜料填充：笔刷只将鼠标经过的填充进行覆盖，对线条不起作用。

- 后面绘画：在图像的后面着色。笔刷的笔触可自动放置到现存图形的后面，不覆盖已画的图形。
- 颜料选择：在选定的区域中着色。只有用选择工具选取的部分才可以上色。
- 内部绘画：刷子的笔触只能在完全闭合的区域里面绘画，不会对其他区域起作用，这对上色操作非常有用。

2. 刷子的大小和形状

刷子的大小和形状如图 2-61 所示。可以看到刷子从大到小共 8 种，可根据需要进行选择；刷子形状共 9 种，不同形状的笔刷可绘制不同的对象。

3. 刷子工具的应用

利用刷子工具模拟笔压的特性，可以很轻松地实现虚实相间、生动活泼的手绘效果图。这里可以借助外部输入工具手绘板（如图 2-62 所示），最终效果图如图 2-63 所示。

◇图2-63

◇图2-64

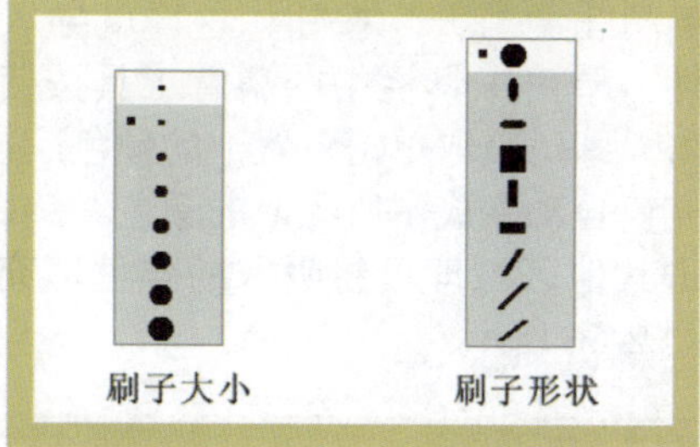

◇图2-61

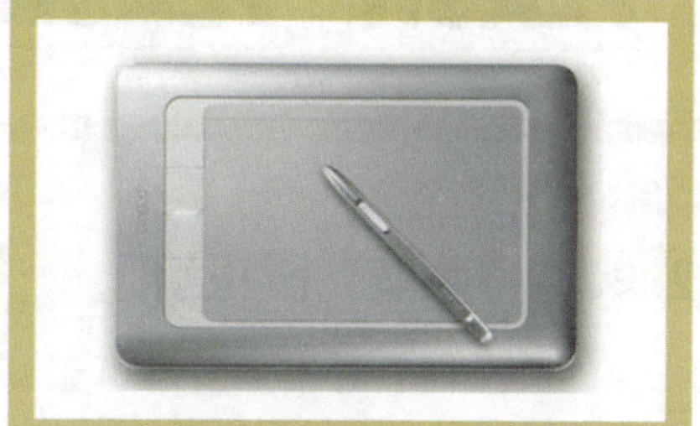

◇图2-62

四、滴管工具

快捷键：I。

功能介绍：将舞台中已有对象属性赋予当前绘图工具。

滴管工具不仅可以吸取调色板中的颜色，工作区中任何位置的颜色都可以吸取。

1. 吸取填充

当滴管工具在填充区域中单击时将获取对象的填充属性，并自动转换成颜料桶工具，如图 2-64 上图所示。

2. 吸取轮廓线

当吸管工具在轮廓线上单击时将获取对象的轮廓线属性，并自动转换成墨水瓶工具，如图 2-64 下图所示。

3. 吸取文本

当吸管工具在文本上单击时将获取文本的属性，并自动转换成文本工具，如图 2-65 所示。

4. 吸取位图

吸取位图进行填充的操作步骤如下：

选择【文件】/【导入】/【导入到舞台】命令，在弹出的“导入”对话框选择要导入的位图文件，然后单击“打开”按钮，这样就导入了一个外部的位图文件。单击工具栏中的滴管工具按钮，在导入的位图上单击，即可吸取单击位置上的颜色，这时颜色工具栏中的填充色自动变成了所吸取的颜色。然后选择颜料桶工具，单击其他区域即可将吸取的颜色填充到这些区域中去，如图 2-66 所示。

◇图2-65

◇图2-66

2.2.3 “颜色”面板组

一般来说，对矢量图形填充编辑除了可以借助于颜色工具栏或者“属性”面板中的调色板直接进行外，经常还要用到两个与上色有关的面板——“颜色样本”面板和“混色器”面板。在 Flash CS4 中，“颜色样本”面板和“混色器”面板被组合在“颜色”面板组中。

一、“颜色样本”面板

颜色样本面板提供了最为常用的色彩，可以用于快速选择色彩并且允许用户添加颜色。在“颜色”面板组中，选择“颜色样本”选项卡，即可打开“颜色样本”面板，如图 2-67 所示。

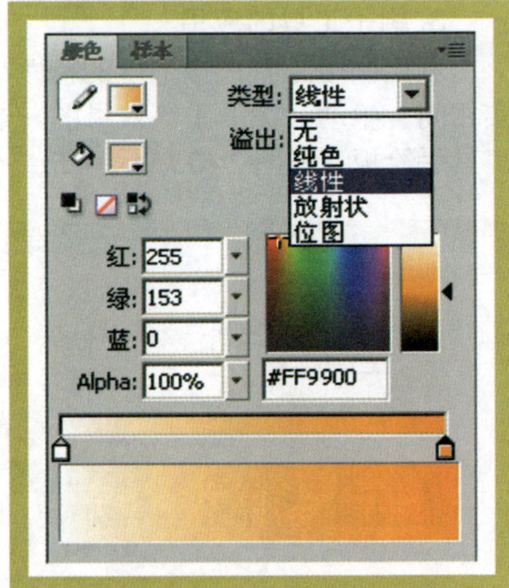

◇图2-67

“颜色样本”面板用来保存影片中用到的一些颜色，和 Photoshop 中的样本色功能相同。Flash 本身就提供了一些最常用的样本色板，通过面板右上的三角按钮可以直接调出来用。

二、“混色器”面板

当需要的颜色在“颜色样本”面板里没有时，可以选择使用“混色器”面板，其功能是编辑填充、轮廓和文字的颜色。

如果“颜色”面板组没有显示，可以选择【窗口】/【混色器】命令，或按快捷键 Shift+F9，打开“混色器”面板。

- “默认填充轮廓色”按钮：该按钮允许切换到默认轮廓填充样式，即黑色轮廓白色填充。
- “无色”按钮：该按钮为填充或轮廓选择无色。在绘制椭圆、矩形及曲线时可能会不需要轮廓色或填充，就可以使用该按钮。
- “交换颜色”按钮：单击该按钮，可以将填充色和轮廓色互换。混色器共有“无”、“纯色”、“线性”、“放射状”和“位图”5 种填充类型，现解释如下。
  - 无：相当于将原来的填充删除。
  - 纯色：使用单色填充。
  - 线性：由几个节点控制的均匀过渡的渐变色，按起始点（左）到结束点（右）进行线性填充。
  - 放射状：由几个节点控制的均匀过渡的渐变色，以起始点（左）为圆心，到结束点（右）为圆进行球形填充。
  - 位图：使用导入的位图排列填充。
  - Alpha：将纯色填充设为不透明，或者将渐变填充的当前所选颜色指针设为不透明。如果 Alpha 值为 0%，则创建的填充不可见（即透明）；如果 Alpha 值为 100%，则创建的填充完全可见（即不透明）。

1. 选择颜色进行填充

在“混色器”面板中单击“当前笔触色”按钮或“当前填充色”按钮，即可从弹出的颜色表中选择颜色。

2. 编辑渐变色

线性渐变填充显示了一般的黑白线性渐变色填充面板，渐变色是以颜色指针来定义的。编辑渐变色时，首先在一个指针上单击，选择该指针，然后在颜色选择区中为该指针另选一个颜色。放射状渐变的编辑和线性渐变类似。

当要增加渐变色指针数量时，可以将鼠标指针移至渐变色条下面的合适位置，这时鼠标指针旁会出现一个“+”号，单击鼠标即可增加一个指针，然后可以对该指针的色彩进行调整。也可以将指针向下拖到色条外，将指针删除，如图 2-68 所示。

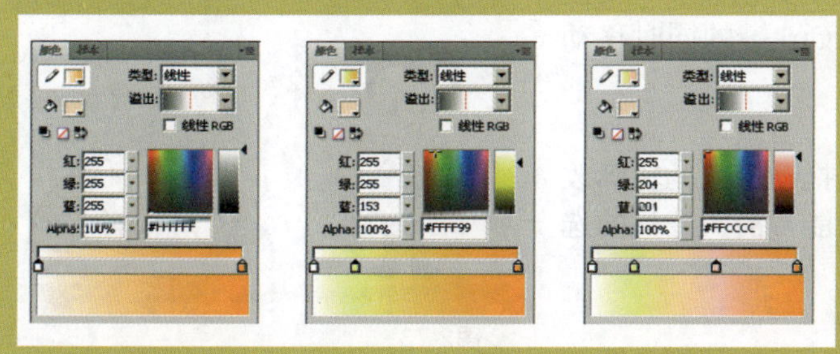

◇图2-68

3. 设置“溢出”模式

溢出是指允许控制超出线性或放射状渐变限制的颜色。“溢出”模式有扩展（默认模式）、镜像和重复 3 种。

- 扩展：将所指定的颜色应用于渐变末端之外。
- 镜像：渐变颜色以反射镜像效果来填充形状。指定的渐变色以这样的模式重复——从渐变的开始到结束，再以相反的顺序从渐变的结束到开始，再从渐变的开始到结束，直到选定的形状填充完毕。
- 重复：从渐变的开始到结束重复渐变，直到选定的形状填充完毕。

4. 保存当前所编辑的渐变色

单击“混色器”面板右上角的三角按钮，在展开的下拉菜单中选择【添加样本】命令，即可将当前编辑的渐变色保存到当前的“颜色”面板中，如图 2-69 所示。

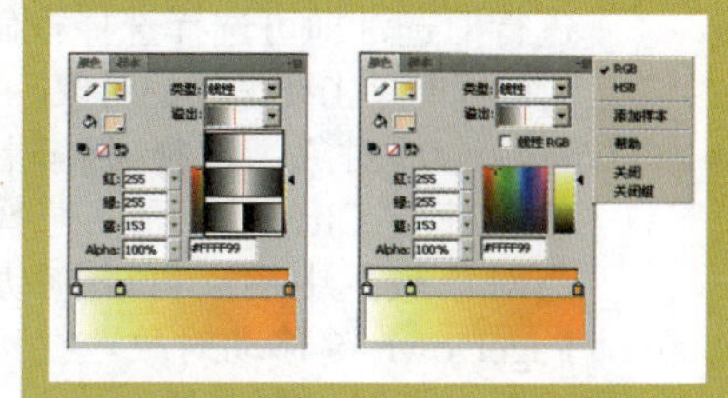

◇图2-69

5. 位图填充

将位图文件导入 Flash 后，就可以使用位图进行填充，操作步骤如下：

先在舞台上画一个矩形，然后选择【文件】/【导入】/【导入到舞台】命令，或按快捷键 Ctrl+R。

在弹出的“导入”对话框中选择要导入的位图，单击“打开”按钮，导入一张位图，如图 2-70 左图所示。在“混色器”面板的“类型”下拉列表框中选择位图填充方式，然后用颜料桶工具对矩形进行填充，效果如图 2-70 右图所示。

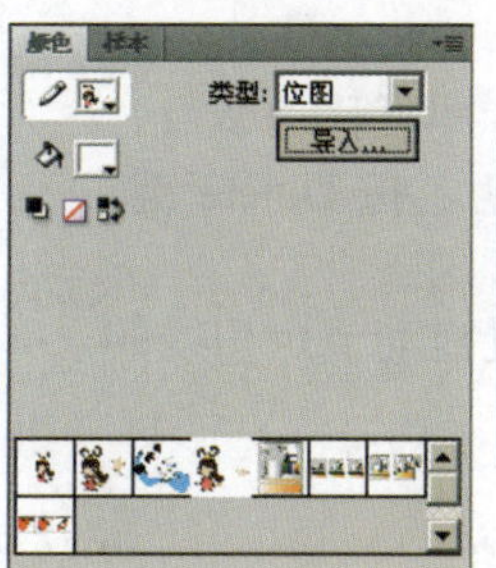

◇图2-70

2.2.4 选择工具

一、箭头工具

快捷键：V。

功能介绍：选择、移动、复制对象、编辑线条或轮廓、平滑 / 拉直线条或轮廓。

1. 选择、移动和复制对象

- 选择单个对象：使用箭头工具，单击舞台要选择的对象，即可选中该对象。
- 选择多个对象：使用箭头工具，在舞台上拖动鼠标进行框选，即可选择选择框触及的对象。按住 Shift 键的同时单击要选择的对象，可以同时选择多个对象。
- 选择全部对象：选择【编辑】/【全选】命令，或按快捷键 Ctrl+A，可以选择舞台中的所有对象。当对象被选中后，可以拖动鼠标移动对象，或按 PageDown 键移动对象。在按下 Ctrl 键的同时移动对象，可以复制对象。

2. 编辑线条或轮廓

选择箭头工具后，还可以直接单击拖动形状的轮廓改变其外形，这是绘图过程中很实用的功能，箭头工具的选项工具栏如图 2-71 所示。

◇图2-71

3. 平滑 / 拉直线条或轮廓

在当前对象处于选择状态的情况下，可以利用选项工具栏中的“平滑”或“拉直”按钮对选中的线条或轮廓进行平滑或拉直操作，如图 2-72 所示。

◇图2-72

二、部分选择工具

快捷键：A。

功能介绍：编辑轮廓、轮廓上的节点以及调节节点的切线方向。

单击选择节点后，可以进行的操作有移动节点和删除节点，还可以通过调节节点切线的端点来调节线条或轮廓的形状，如图 2-73 所示。

◇图2-73

- 选择节点：使用部分选择工具，在对象的轮廓上单击，再单击其中的某一节点，即可选择该节点。选中的节点呈实心显示。
- 移动节点：选择节点后，拖动鼠标即可移动节点。
- 删除节点：选择节点后，在键盘上按 Delete 键，即可删除该节点。
- 调节节点：选择节点后，可以通过拖动节点切线的端点来调节线条或轮廓的形状。

三、套索工具

快捷键：L。

功能介绍：用于在舞台中选择不规则区域或多个对象。在工具栏中单击“套索工具”按钮，此时的选项工具栏如图 2-74 所示。

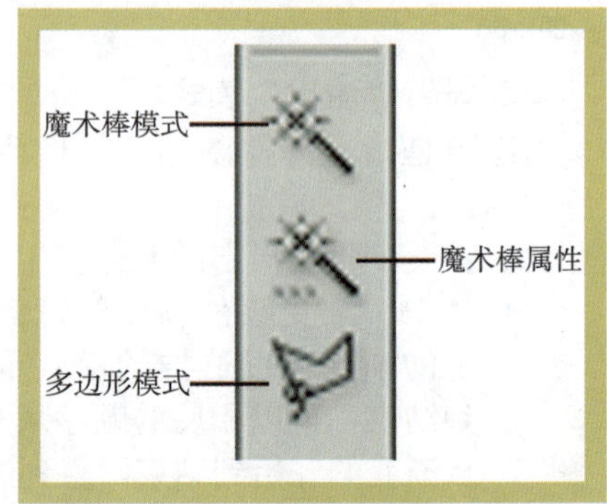

◇图2-74

- 魔术棒模式：选择该模式时，在舞台上单击对象，选择被认为与单击处颜色相同的相邻区域，和图像处理软件 Photoshop 的魔术棒工具相似。如图 2-75 所示，使用魔术棒模式时可快速选中人物的手臂。
- 多边形模式：在该模式下，将按照鼠标单击围成的多边形区域进行选择。

◇图2-75

- 魔术棒属性：单击该按钮将弹出“魔术棒设置”对话框，如图 2-76 所示。在该对话框中可以设置魔术棒的各项参数值。

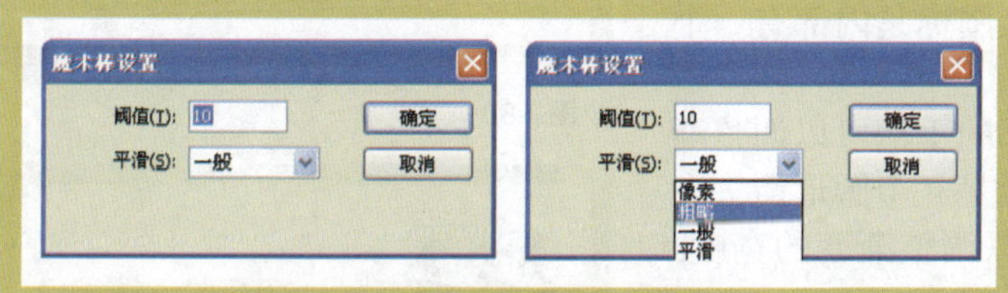

◇图2-76

- 阈值：用于设定判断为“相同”颜色的颜色界限值，默认值为 10，设置该值越大，相近的颜色就越容易被判定为“相同”色。
- 平滑：选择区域的平滑度，其选项如图 2-76 所示。

2.2.5 编辑工具

任意定形工具

快捷键：Q。

功能介绍：对图形进行缩放、扭曲、封套和旋转变形。

在工具栏中选择任意变形工具，再单击舞台上的一个非元件、非成组的矢量图形时，任意变形工具的选项工具栏如图 2-77 所示。

◇图2-77

1. 变形的中心点

变形的中心点就是在变形中保持不变的点，是变形的参照点。变形的参照点是可以通过自由变形工具来根据不同的要求调整的，如图 2-78 所示。

中心点变换前

移动中心点

以现在的中心位置旋转图形

◇图2-78

2. 任意变形工具的基本使用

使用变形工具可以对所有的对象进行缩放和旋转操作，如果选择的对象是一个非元件、非成组的矢量图形时，还可以进行扭曲和封套操作。

（1）填充定形工具

快捷键：F。

功能介绍：对填充的渐变色进行变形。

填充变形工具用来编辑渐变色和位图填充的大小、方向、旋转角度和中心位置。在 Flash CS4 中，增强的渐变功能使我们对舞台上的对象应用更复杂的渐变，方法为：在工具栏中选择变形填充工具，在舞台上单击要编辑的渐变色或位图填充区域。这时在该区域上会出现一个带有编辑手柄的示意框（矩形、圆形或两条平行线），这些示意框表示了填充区域的渐变色或位图的有效范围，下面进行介绍。

- 中心点：选择和移动中心点手柄可以更改渐变的中心点。中心点手柄的变换图标是一个四向箭头。
- 焦点：选择焦点手柄可以改变放射状渐变的焦点。仅当选择放射状渐变时，才显示焦点手柄，焦点手柄的变换图标是一个倒角形。
- 大小：单击并移动边框边缘中间的手柄图标可以调整渐变的大小。大小手柄的变换图标是内部有一个箭头的圆。
- 旋转：单击并移动边框边缘底部的手柄可以调整渐变的旋转。旋转手柄的变换图标是 4 个圆形箭头。
- 宽度：单击并移动方形手柄可以调整渐变的宽度。宽度手柄的变换图标是一个双头箭头。

可以用以下任一方法更改渐变或填充的形状。

- 如果要改变渐变或位图填充的中心点的位置，可以拖动中心点。
- 如果要更改渐变或位图填充的宽度或高度，可以拖动边框边上或底部的方形手柄进行调整。
- 如果要旋转渐变或位图填充，可以拖动角上的圆形旋转手柄，还可以拖动圆形渐变或填充边框最下方的手柄。
- 如果要缩放线性渐变或者填充，请拖动边框中心的方形手柄。
- 如果要更改环形渐变的焦点，请拖动环形边框中间的圆形手柄。
- 如果要倾斜形状中的填充，可以拖动边框顶部或右侧圆形手柄中的一个。
- 如果要在形状内部平铺位图，可以缩放填充，如图 2-79 所示。

◇图2-79

（2）橡皮擦工具

快捷键：E。

功能介绍：擦除当前工作区中正在编辑对象的填充和轮廓。

在工具栏中选中橡皮擦工具后，其选项工具栏如图 2-80 所示。在选项工具栏中可以选择橡皮擦模式和橡皮擦外形，它提供了 5 种擦除模式（如图 2-81 所示）及水龙头模式来擦除对象。

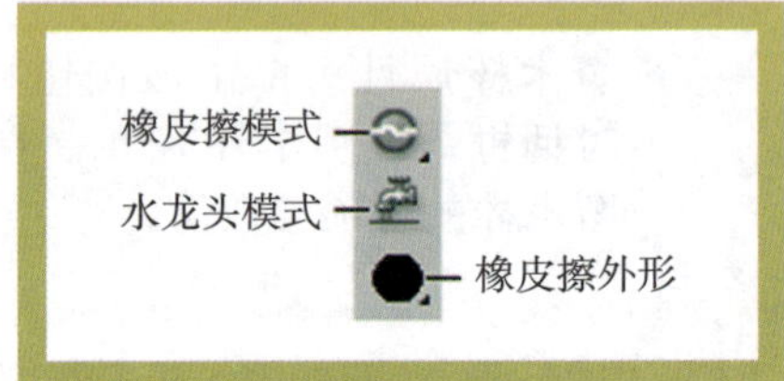

◇图2-80

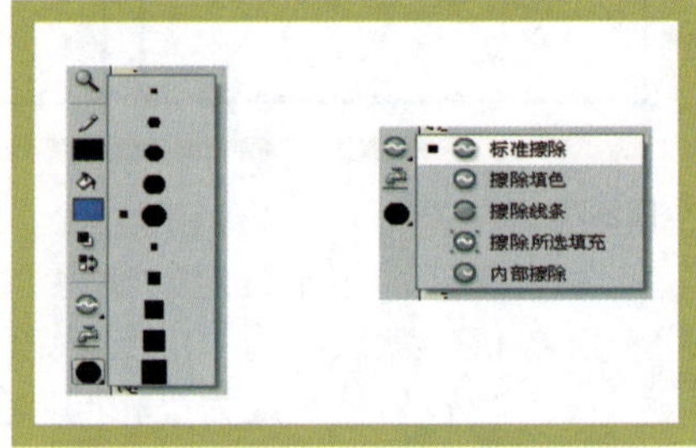

◇图2-81

① 擦除模式

- 标准擦除：选择该模式后，拖动鼠标光标所经过的图形区域都会被擦除掉，如图 2-82 所示。

◇图2-82

- 擦除填色：选择该模式后，拖动鼠标光标所经过的图形区域的填充色将被擦除掉，但图形轮廓的颜色不受影响。

- 擦除线条：选择该模式后，拖动鼠标光标所经过的图形区域的轮廓线将被擦除掉，填充色不受影响。
- 擦除所选填充：首先用选择工具选取要擦除的图形区域，然后选择橡皮擦工具，并选择该擦除模式，接着用鼠标在选择区域上拖动，就会擦除选择区域内的填充颜色。
- 内部擦除：选择该模式后，在图形对象的一个封闭区域内拖动鼠标，会擦除封闭区域的部分颜色，但轮廓线不受影响。使用橡皮擦工具的不同擦除模式，对对象进行擦除操作。

② 水龙头模式

要擦除线条或填充区域，选择橡皮擦工具，单击“水龙头”按钮，可以把鼠标单击处的整片区域擦除，如图 2-83 所示。

◇图2-83

2.2.6 查看工具

一、手形工具

快捷键：H。

功能介绍：通过鼠标拖动来移动舞台画面，以便更好观察。

使用这个工具移动舞台画面，可以在放大的图形中观察图形的细节，如图 2-84 所示。

◇图2-84

二、放大镜工具

快捷键：M、Z。

功能介绍：可以改变舞台画面的显示比例。

单击“放大镜工具”按钮后，加号为放大工具，减号为缩小工具。

在放大对象时还可以直接选择要放大的区域，便可实现区域放大，如图 2-85 所示。

◇图2-85

演员的创建

2.3.1 帧

在 Flash 中，将每一个影格称为帧，帧是 Flash 中最小的时间单位。

一、帧的分类

根据帧的作用不同，可以将帧分为以下 3 类，如图 2-86 所示。

- 普通帧：包括普通帧和空白帧。
- 关键帧：包括关键帧和空白关键帧。关键帧显示为黑色圆点，空白关键帧显示为空心圆圈。
- 过渡帧：包括形状过渡帧和动画过渡帧。

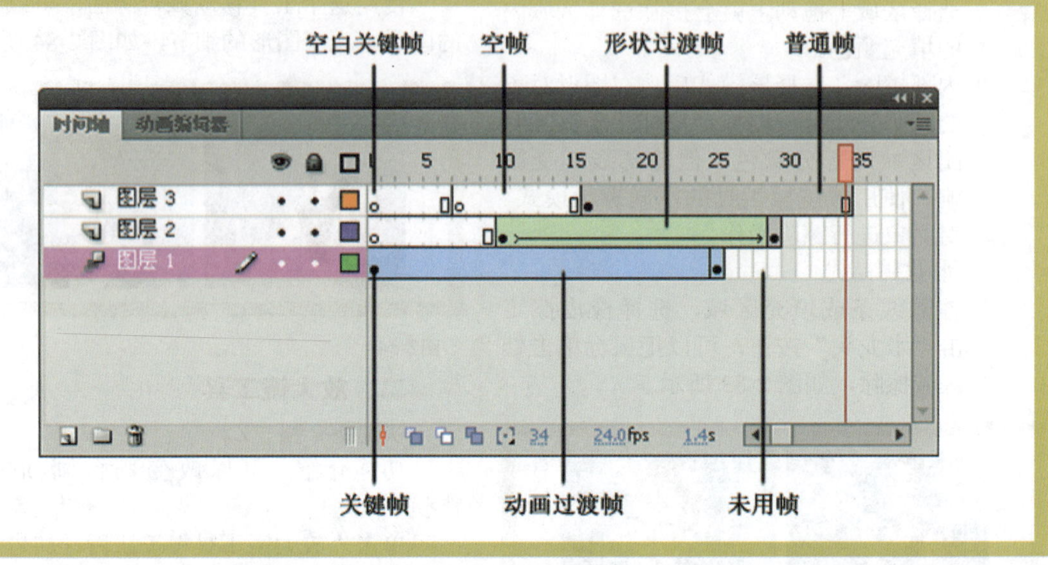

◇图2-86

二、帧的基本概念

1. 关键帧

关键帧有别于其他帧，它是一段动画起止的原型，其间所有的动画都是基于这个起止原型进行变化的。

关键帧是一个非常重要的概念，一定要着重注意和理解。关键帧一般存在于一个补间动画的两端。只有在关键帧中才可以加入 AS 脚本命令，调整动画元素的属性，而在普通帧和过渡帧则不行。

2. 普通帧

只能将关键帧的状态进行延续，一般用来将元素保持在舞台上。

3. 过渡帧

两个关键帧之间的部分就是过渡帧，它们是起始关键帧动作向结束关键帧动作变化的过渡部分。在进行动画制作的过程中，不必理会过渡帧的问题，只要定义好关键帧以及相应的动作就行了。过渡帧一般用灰色底色来表示。

4. 空白关键帧

在一个关键帧里，什么对象也没有，这种关键帧，我们就称其为空白关键帧。

三、帧的编辑

在时间轴的某一帧上单击鼠标右键，将弹出如图 2-87

小知识 Knowledge

既然是过渡部分，那么这部分的延续时间越长，整个动作变化越流畅，动作前后的联系越自然。但是，中间的过渡部分越长，整个文件的体积就会越大，这点一定要注意。

小知识 Knowledge

关键帧、过渡帧的用途还好理解，那么空白关键帧中既然什么都没有，那还有什么用途？其实，空白关键帧的用途很重要，特别是那些要进行动作调用的场景，常常是需要空白关键帧的支持。

所示的快捷菜单，其中包括对帧进行编辑的所有命令，还包括“创建补间动画”与“创建补间形状”命令，在其中可以执行【选择】、【创建】、【删除】、【剪切】、【复制】和【粘贴】等命令，还可以将其他帧转化为关键帧等。

1. 选择帧

帧被选择后，呈灰色显示，如图 2-88 所示为选择帧的几种形式。

- 选择单个帧：单击所要选择的帧，即可选中该帧，如图 2-88（a）所示。
- 选择多个帧：有以下两种情况。
  - 选择连续的帧，按住 Shift 键的同时用鼠标左键分别单击所要的两帧，其间的所有帧均被选中。
  - 选择不连续的帧，按住 Ctrl 键的同时用鼠标左键分别单击所有选择的帧，如图 2-88（b）所示。
- 选择全部帧：选择【编辑】/【时间轴】/【选择所有帧】命令，或在时间轴上单击鼠标右键，从弹出的快捷菜单中选择【选择所有帧】命令，结果如图 2-88（c）所示。

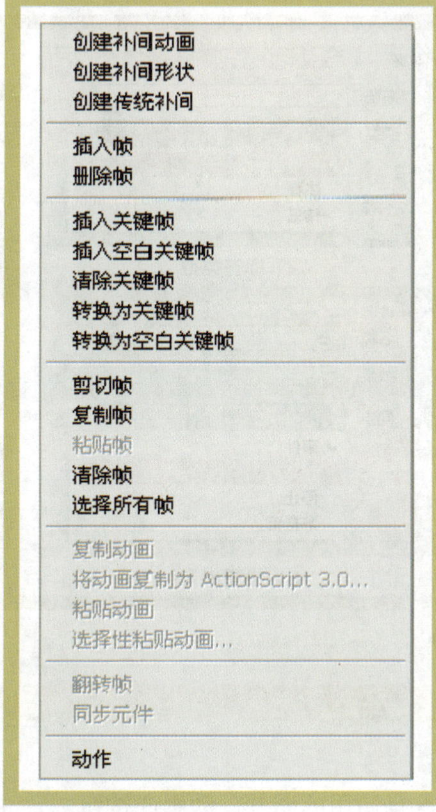

◇图2-87

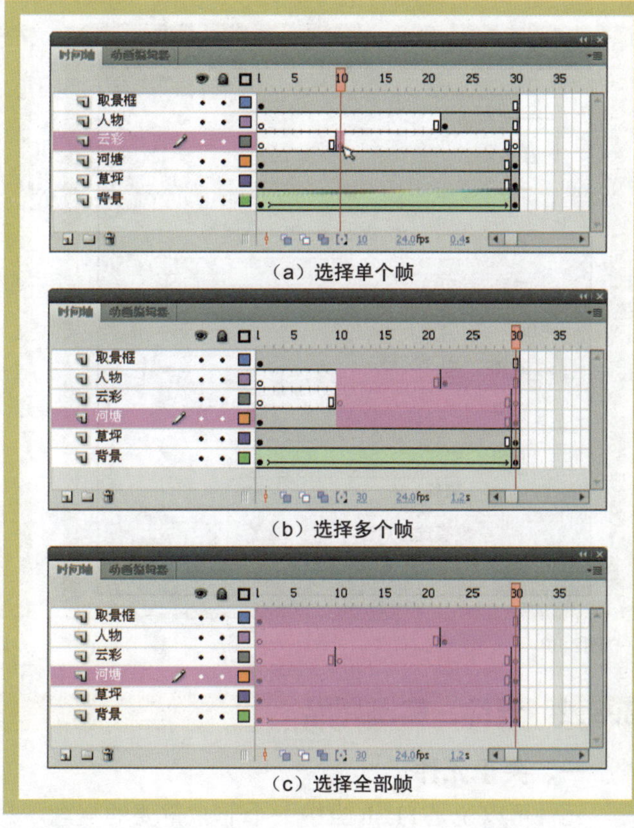

（a）选择单个帧

（b）选择多个帧

（c）选择全部帧

◇图2-88

2. 插入帧

插入关键帧可分为插入关键帧、插入空白关键帧和插入帧 3 种，下面分别进行介绍。

- 插入关键帧。在插入帧之前，首先要选择帧，即确定插入关键帧的位置，然后按 F6 键或单击鼠标右键，在弹出的快捷菜单中选择【插入关键帧】命令。
- 插入空白关键帧。先选择帧，然后按 F7 键或用鼠标右键单击所要选择的帧，在弹出的快捷菜单中选择【插入空白关键帧】命令。
- 插入帧。先选择帧，然后按 F5 键或用鼠标右键单击所要选择的帧，在弹出的快捷菜单中选择【插入帧】命令。

插入帧相当于将前一帧内容延长至该帧，可以将元素保持在舞台上。

3. 清除帧

在要清除的帧上单击鼠标右键，在弹出的快捷菜单中有【清除关键帧】、【清除帧】和【删除帧】命令。

4. 剪切、复制和粘贴帧

在选择的帧上单击鼠标右键，在弹出的快捷菜单中有【剪切】、【复制】和【粘贴帧】命令。

四、帧的属性

在制作 Flash 动画时，经常会用到帧的“属性”面板，如图 2-89 所示。

下面介绍帧的“属性”面板中的选项。

- 标签：帧标签用于标明当前关键帧的名称，用于控制时间轴跳转。当用户在“名称”文本框中对当前关键帧命名后，标签类型变为可用，包括名称、注释和锚记等类型，如图 2-90（a）所示。
- 声音：可以对声音的特效和播放次数等属性进行设定，如图 2-90（b）所示。

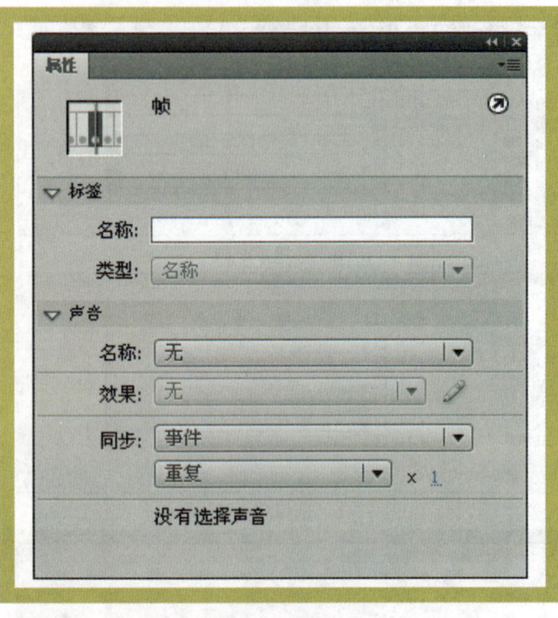

◇图2-89

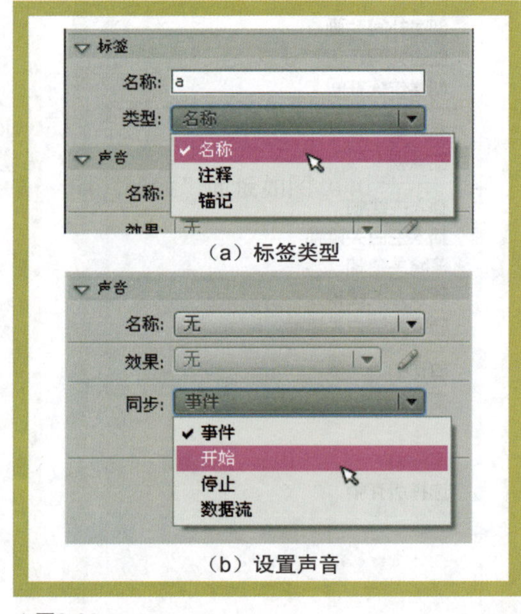

◇图2-90

2.3.2 元件、实例和库

一、关于元件

元件可以说是 Flash 当中一个非常重要的概念，是可重复使用的图片、动画或按钮。元件只需创建一次，就可以在整个文档或其他文档中重复使用。创建的任何元件都会自动成为当前文档库的一部分，当将元件从“库”面板拖到舞台时，舞台上就增加一个该元件的实例，如图 2-91 所示。

每个元件都有一个唯一的时间轴、舞台以及几个层。Flash 元件包括图形、按钮和影片剪辑 3 种类型。创建元件时要选择的元件类型，取决于用户在作品中如何使用元件。创建后，在“库”面板中会显示不同类型的元件，如图 2-92 所示。

对于创建元件的操作，Flash CS4 与 Flash 先前的版本相同。

◇图2-91

◇图2-92

二、元件与实例

当将元件从库中拖入舞台时，舞台上就增加了一个该元件的实例。

可以随意对实例进行缩放、改变大小与透明度等操作。对实例进行的这些操作将不会影响到元件本身。但对元件修改后，Flash 就会更新该元件的所有实例。

1. 图形元件与实例

图形元件一般是静态图片或和影片的主时间轴同步的动画。图形元件实例的“属性”面板如图 2-93 所示。

- 实例类型：用于改变实例在舞台上的表现类型，有影片剪辑、按钮和图形 3 种类型。
- X/Y：用于显示或修改实例中心点在舞台中的 X 坐标和 Y 坐标。
- 宽度 / 高度：用于显示或修改实例的高度和宽度。当左边的挂锁图标呈锁定状态时，可等比例修改实例的高度和宽度；单击该图标使之呈开锁状态时，则可取消等比例修改实例的高度和宽度。
- 交换：该按钮用于给实例制定不同的元件，从而在舞台上显示不同的实例，并保留所有的原始实例属性。
- 色彩效果：用于改变实例的色彩效果。在该下拉选项列表框中有“亮度”、“色调”和 Alpha 等色彩方面的选项，如图 2-94 所示。
- 循环：该选项是图形元件的实例所特有的一个功能选项，它包含“循环”、“播放一次”和“单帧”3 个选项。在“第一帧”文本框中可指定要显示哪一帧。

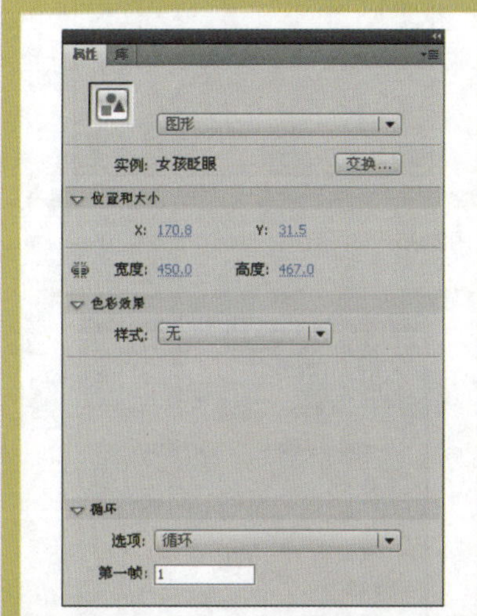

◇图2-93

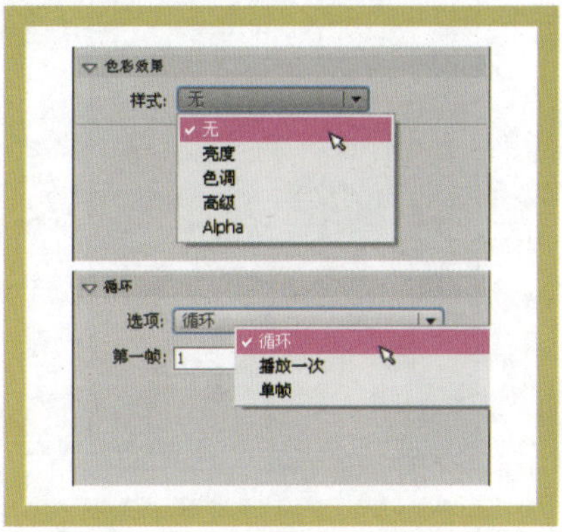

◇图2-94

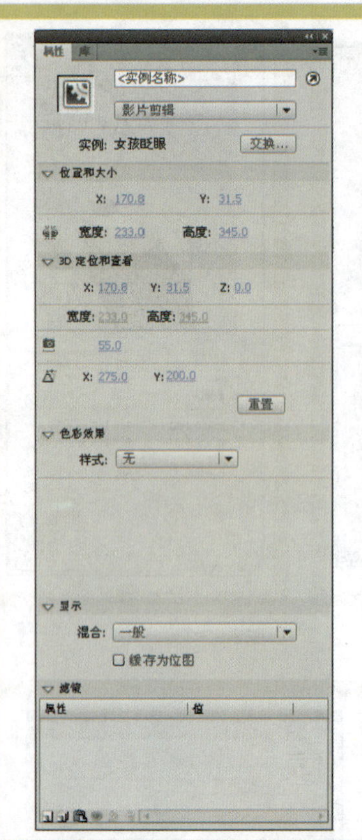

◇图2-95

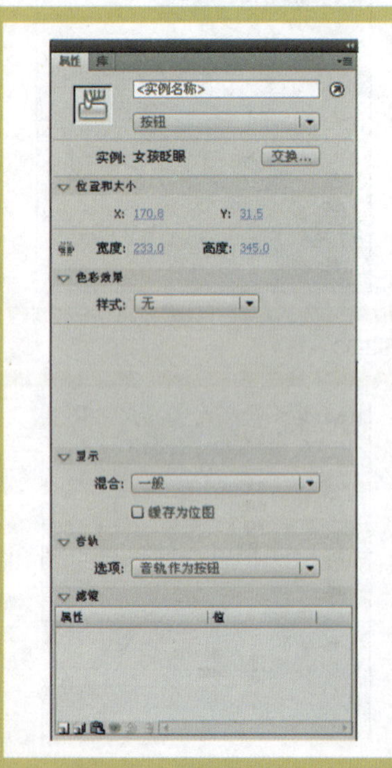

◇图2-96

2. 影片剪辑与实例

影片剪辑拥有自己独立时间轴，它的播放与主时间轴没有直接关系。影片剪辑元件实例的“属性”面板如图 2-95 所示。

在 Flash CS4 中，影片剪辑也是一种类型的对象，可以在“实例名称”文本框中为其重命名，在“3D 定位和查看”栏中调整大小和位置，并且新增加了“透视角度”和“消失点”两个设置项。另外，和图形实例不同的是，影片剪辑实例可以增加滤镜，可以对鼠标事件进行响应，具有交互功能。

“显示”栏中的“混合”选项用于创建复合图像效果。选中“缓存为位图”复选框，可以将自身无变化的矢量图按位图来显示，提高影片播放速度。但是如果矢量图频繁变化（旋转、缩放等），这个特性也就没有效果了。

3. 按钮元件与实例

按钮实际上就是一个 4 帧的影片剪辑，它可以感知用户的鼠标动作，并触发相应时间。按钮实例的“属性”面板如图 2-96 所示。

按钮元件和影片剪辑元件类似，可以重命名、添加滤镜和设置显示，使用缓存位图也可以对鼠标事件进行响应，具有交互功能。

音轨是 Flash CS4 按钮的特殊属性，这个选项用于控制鼠标事件的分配，如图 2-97 所示。

- 音轨作为按钮：按钮实例的行为和普通按钮类似。
- 音轨作为菜单项：无论鼠标是在按钮上或者在其他部分上按下，按钮实例都可以接收。这个选项一般用来制作菜单系统和电子商务应用。

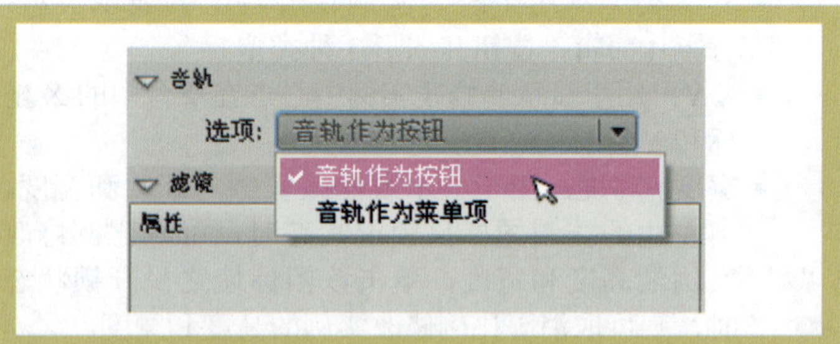

◇图2-97

三、关于库

1. 库

Flash 项目可包含上百个数据项，其中包括元件、声音、位图及视频。若没有库，要对这些数据项进行操作并跟踪将是一项令人望而生畏的工作。对 Flash 库中的数据项进行操作的方法与在硬盘上操作文件的方法相同。

Flash CS4 中包含大量的增强库，它们可以使在 Flash 文件中查找、组织及使用可用资源的工作变得容易许多。

选择【窗口】/【库】命令，就可以显示“库”面板。在关闭库之前，它一直是打开的。“库”面板由以下区域组成，如图 2-98 所示。

- “选项菜单”按钮：单击此处打开库选项菜单，其中包括使用库中的项目所需的所有命令。
- 文档名称下拉列表框：当前编辑的 Flash 文件的名称。
- Flash CS4 的“库”面板：允许读者同时查看多个 Flash 文件的库项目。在文档名称下拉列表框中可以选择要查看库项目的 Flash 文件。
- 预览窗口：在此窗口中可以预览某项目的外观及其是如何工作的。
- 元件列表：描述信息栏下的内容，它提供项目名称、种类、使用数等信息。
- “切换排序顺序”按钮：使用此按钮对项目进行升序或降序排列。
- “新建元件”按钮：使用此按钮从“库”面板中创建新元件，它与 Flash 主菜单栏的“插入”菜单中的“新建元件”命令的作用相同。
- “新建文件夹”按钮：使用此按钮将在库目录中创建一新文件夹。
- “属性”按钮：使用此按钮将打开项目的“属性”面板，以便可以更改选定项的设置。
- “删除”按钮：如果选定了库中的某项，然后单击此按钮，将从项目中删除此项。
- 搜索栏：这是 Flash CS4 新增的一个功能。利用该功能，用户可以快速地在“库”面板中查找需要的库项目。

在 Flash CS4 之前的版本中，“库”面板上还有一个“窄库视图”按钮和一个“宽库视图”按钮。“窄库视图”按钮用于最小化“库”面板，以便只显示最相关信息，此时可以使用水平滚动栏在各栏之间滚动；“宽库视图”按钮用于最大化“库”面板，以便显示库中所有的信息。在 Flash CS4 中已不存在这两个按钮了，用户可以直接修改“库”面板的尺寸，或拖动“库”面板底部的滚动条查看需要的库项目信息。

在使用库时，用户还可以使用一些很有用的附加菜单。例如，在“库”面板中右击预览窗口，在弹出的快捷菜单中可以设置所需的预览窗口背景，如图 2-99 所示。

◇图2-98

◇图2-99

2. 使用公共库

Flash CS4 给用户提供了公共库。利用该功能，可以在一个动画中定义一个公共库，在以后制作其他动画时就可以链接该公共库，并使用其中的组件。在导出该动画时，这些共享组件文件被视为外部文件，而不加载到该动画文件中。

用户可以从“窗口”菜单里找到“公用库”。在 Flash 中公共库就是一个独立的库，但是根据公共库中资源的类型各有不同，Flash CS4 公共库分为以下 3 类。

- 按钮公共库：很明显，这个库中的组件都是按钮元件。它包含了很多不同种类的按钮元件，为用户使用按钮元件提供了很多素材，如图 2-100 所示。
- 声音公共库：这个公用库中的资源都是声音元件，如图 2-101 所示。
- 类公共库：主要用来提供编译剪辑，如图 2-102 所示。

◇图2-100

◇图2-101

◇图2-102

在 Flash CS4 之前的版本中，公共库中没有“声音”子库，而是“学习交互”子库，这个公共库中的元件都是影片剪辑元件，这些元件可以为用户创建交互动画。

- 定义公共库

把一个组件定义成公共库，其具体的操作步骤如下：

（1）打开一个需要定义成公共库的动画，选择【窗口】/【库】命令，打开“库”面板。

（2）在图库面板中选择一个要共享的组件，单击“库”面板右上角的“选项菜单”按钮，在弹出的菜单里选择“属性”选项，然后在弹出的对话框中单击“高级”按钮，显示“元件属性”对话框，如图 2-103 所示。

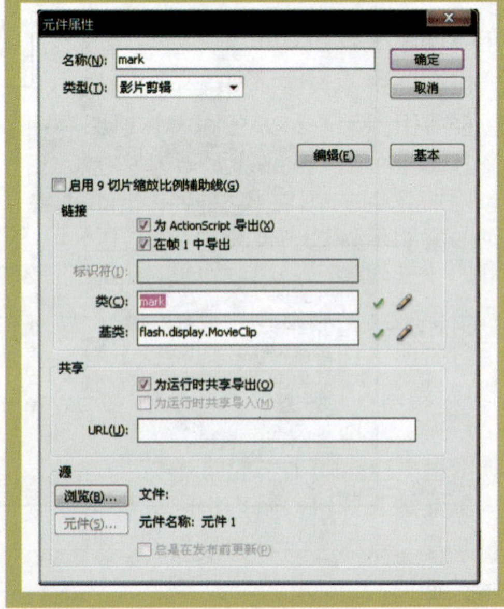

◇图2-103

（3）在“共享”栏中选中“为运行时共享导出”复选框，此时，URL 文本框以及“链接”栏中的“在帧 1 中导出”复选框和“标识符”文本框变为可

编辑状态。

（4）在“标识符”文本框中输入该元件的标识符，然后在 URL 文本框中为公共库输入一个链接地址。

- 使用公共库

要使用公共库中的组件，有以下两种方法：

（1）在公共库选中要使用的组件，然后将该组件拖到当前动画的库中。

（2）在公共库选中要使用的组件，然后将该组件拖到当前动画的工作区中。

小知识 Knowledge

注意，在完成上述的操作之后，在当前动画的图库中就会出现公共库中的组件，但这个组件文件只是作为一个外部文件而不会被视为当前动画的文件。

相关工具

2.4.1 对象变形

一般用户可以使用工具栏中的自由变形工具和“变形”浮动面板对对象进行变形操作，还可以使用“修改”菜单中的“变形”子菜单中的命令来变形对象。

1. 扭曲对象

要扭曲一个对象，需执行以下操作：

（1）选择舞台的对象。

（2）选择【修改】/【变形】/【扭曲】命令。

（3）将鼠标移动到选择标志上，当鼠标指针由正常状态变形时，按住鼠标进行锥形调整，即可完成对对象的扭曲，如图 2-104 所示。

◇图2-104

2. 使用“变形”面板调整对象

使用“变形”面板可以精确地对对象进行等比例缩放、旋转，还可以精确地控制对象的倾斜度。

要精确地调整一个对象，需执行以下操作：

（1）在舞台中选择需要精确调整的对象。

小知识 Knowledge

扭曲操作只适用于矢量图形。如果同时选中舞台中的多个不同对象，扭曲操作也只会对其中的矢量图形发生作用。

（2）选择【窗口】/【变形】命令，打开“变形”面板，如图 2-105 所示。

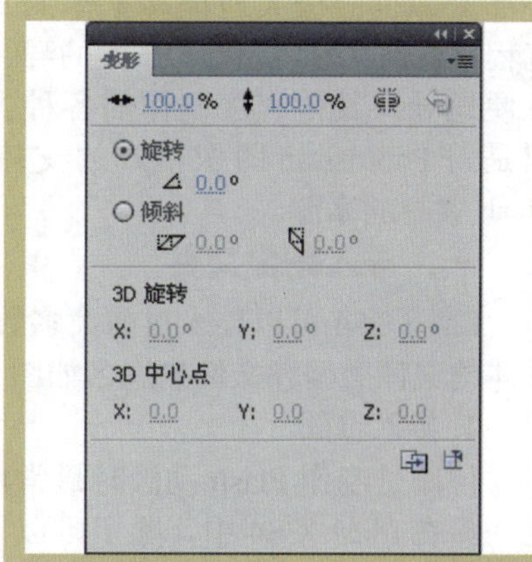

◇图2-105

（3）在该面板中进行如下相应的变形设置。

①在横向双箭头后面的文本框中输入水平方向的伸缩比例。

②在纵向双箭头后面的文本框中输入垂直方向的伸缩比例。

③如果单击“约束”按钮，表示进行伸缩的对象的纵横尺寸比是固定的，对一个方向进行了伸缩，则另一个方向上也将进行等比例的伸缩；如果不单击该按钮，水平方向和垂直方向的伸缩比例没有任何联系，可以分别进行伸缩。

④如果选中“旋转”单选按钮，则可以在后面的文本框中输入需要旋转的角度；如果选中“倾斜”单选按钮，则可以在后面的文字框中输入水平方向与垂直方向需要倾斜的角度。

⑤如果对设置的变形参数不满意，可以单击“重置”按钮，清空设置。

⑥在“3D 旋转”栏，通过设置 X、Y 和 Z 轴的坐标值，可以旋转选中的 3D 对象。

⑦在“3D 中心点”栏，可以移动 3D 对象的旋转中心点。

⑧如果单击“重置选区和变形”按钮，则原来的对象保持不变，将变形后的对象效果制作一个副本放置在舞台中。

⑨如果单击“取消变形”按钮，可以将选中的对象恢复到变形前的形状。

3. 使用“信息”面板调整对象

使用“信息”面板可以精确地调整对象的位置和大小，方法如下：

（1）在舞台中选中需要精确调整的对象。

（2）选择【窗口】/【信息】命令，弹出“信息”面板，如图 2-106 所示。

（3）在该面板中对对象进行高度和宽度的设置。

①宽度：在该文本框中输入选中对象的宽度值。

②高度：在该文本框中输入选中对象的高度值。

③ X：在该文本框中输入选中对象的横坐标值。

④ Y：在该文本框中输入选中对象的纵坐标值。

用户还可以看到在该面板的左下角给出了当前颜色的 R、G、B 和 A 值，右下角给出了当前鼠标的坐标轴。

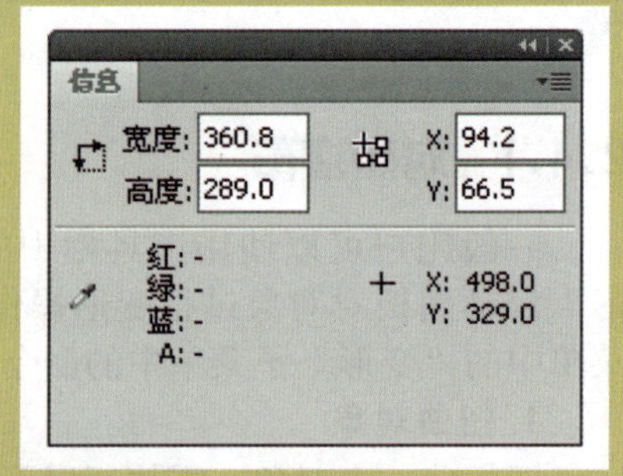

◇图2-106

2.4.2 导入外部素材

在制作 Flash 动画的过程中，仅使用自带的绘图工具远远不能满足对素材的需要。使用现有的外部资源也会极大地提高工作的效率，缩短工作流程。Flash CS4 提供了强大的导入功能，可以很方便地导入其他程序制作的各种类型的文件，特别是对 Photoshop 图像格式的支持极大地拓宽了 Flash 素材的来源。

一、导入图像文件

Flash CS4 可以导入目前大多数主流图像格式，具体的文件类型和文件扩展名如图 2-107 所示。

文件类型	扩展名
Adobe Illustrator	.eps、.ai
AutoCAD DXF	.dxf
位图	.bmp
增强的Windows元件	.emf
FreeHand	.fh7、.fh8、.fh9、.fh10
FytureSplash播放元件	.spl
GIF和GIF动画	.gif
JPEG	.jpg
PICT	.pct、.pic
PNG	.png
Flash Player9	.swf
MacPaint	.pntg
Photoshop	.psd
PICT	.pct、.pic
QuickTime图像	.qtif
Silicon图形图像	.sgi
TGA	.tga
TIFF	.tif

◇图2-107

1. 导入位图

位图是制作 Flash 动画时最常用到的图形元素之一。在 Flash CS4 中，除了可以导入位图图像到舞台中直接使用外，用户还可以导入图像到“库”面板，此操作不会影响舞台中已显示的内容。导入后存在“库”面板中，拖动至舞台就可以使用了。

2. 导入 PSD 文件

在 Flash CS4 中不仅可以直接导入 PSD 文件并保留许多 Photoshop 功能，而且可以在 Flash CS4 中保持 PSD 文件的图像质量和可编辑性，如图 2-108（a）所示。

在“检查要导入的 Photoshop 的图层”列表框中选中的图层，在导入 Flash CS4 后将会放置在各自的图层上，并且拥有与原来 Photoshop 图层相同的图层名称，导入后的“时间轴”面板如图 2-108（b）所示。

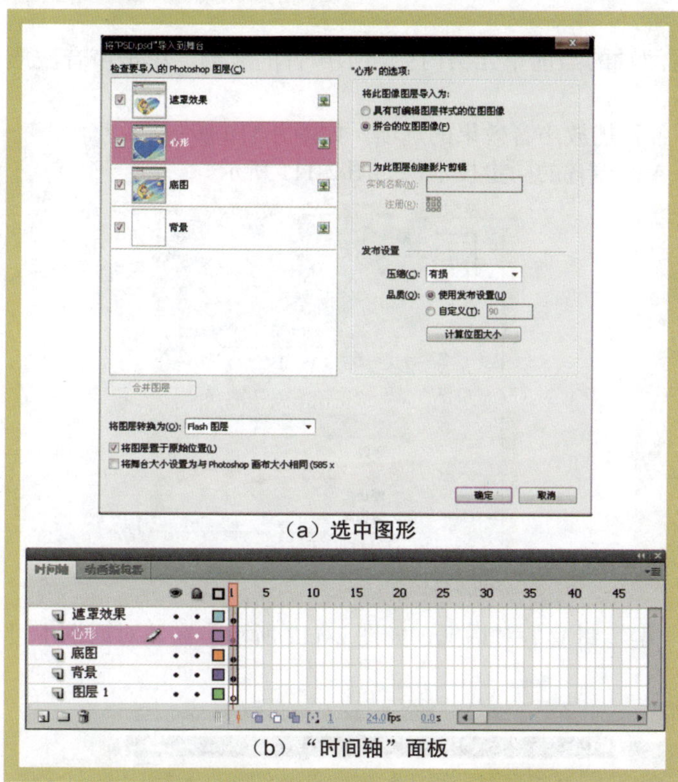

（a）选中图形

（b）“时间轴”面板

◇图2-108

3. 获取文字素材的途径

获取文字素材的途径主要有以下 3 个方面：

- 通过网络获取，网上的文字资料非常丰富，用户可以通过搜索引擎，如百度和雅虎等，从中输入相关内容来获取。
- 通过扫描的方式。
- 通过在文档中进行复制和剪切的方式，如电脑中很多文档中的资料可以互相调用。

二、导入声音文件

声音是 Flash 动画的重要组成元素之一，它可以增添动画的表现能力。在 Flash CS4 中，用户可以使用多种方法在影片中添加声音，从而创建出有声影片。

1. 获取声音素材的途径

获取声音素材的途径主要有以下几个方面：

- 从光盘音乐库中获取，如在音像制品店等地方购买相应光盘。
- 通过录制的方式获取素材，最简单的方法就是准备一个可以在电脑上使用的话筒和系统自带的录音软件来进行录制。
- 从声音文件中提取声音素材，如将视频文件通过豪杰软件转换为音频文件。
- 在专门提供声音素材的网站下载声音素材。

2. 导入声音到文档

要在文档中添加声音，可先为声音文件选择或新建一个图层，然后从“库”面板中拖动声音文件至舞台，即可将其添加至当前选择或新建的图层中，这时在该图层上将显示声音文件的波形。另外，用户可以把多个声音放在同一图层上，或放在包含其他对象的图层上。但建议最好将每个声音单独放在一个独立的图层上，这样每个图层可以作为一个独立的声音通道，当回放 SWF 文件时，所有图层上的声音就可以混合在一起。

选择时间轴中包含声音波形的帧，即可在帧的“属性”面板中显示声音的各参数选项，如图 2-109 所示。

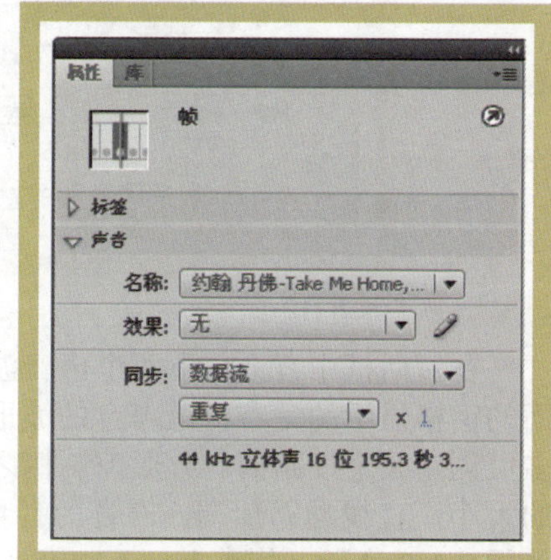

◇图2-109

在帧的“属性”面板中，各参数选项作用如下。

- 名称：用于选择导入的一个或多个声音文件。
- 效果：用于设置声音的播放效果。
- 同步：用于设置声音的同步方式。在下拉列表框中选择“循环”选项，然后在其后的文本框中设置声音循环播放的次数，即可确定循环播放音乐。如果连续播放，可在该文本框中输入一个很大的数，以便于在一个较长的持续时间内连续播放声音。

小知识 Knowledge

在 Flash 文档中不要循环播放音频流，如果将音频流设为循环播放，帧就会添加到文件中，文件的大小就会根据声音循环播放的次数而倍增。

3. 编辑声音

当把声音导入场景编辑窗口后，时间轴的当前单元格内会显示声音的波形。单击声音波形的单元格，打开声音的“属性”面板。

- 在“效果”下拉列表框中提供了各种播放声音效果的选项，如图 2-110 所示。
- 在“同步”下拉列表框中提供了 4 种声音的同步技术，如图 2-111 所示。

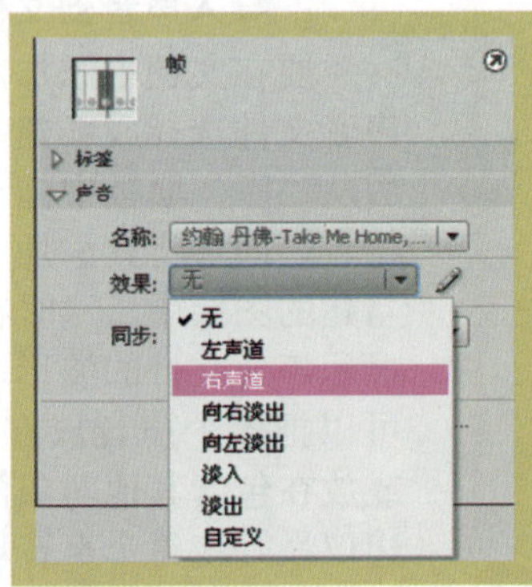

◇图2-110

◇图2-111

- 单击“编辑”按钮，可以打开“编辑封套”对话框，如图 2-112 所示。在该对话框中可以对声音进行编辑。

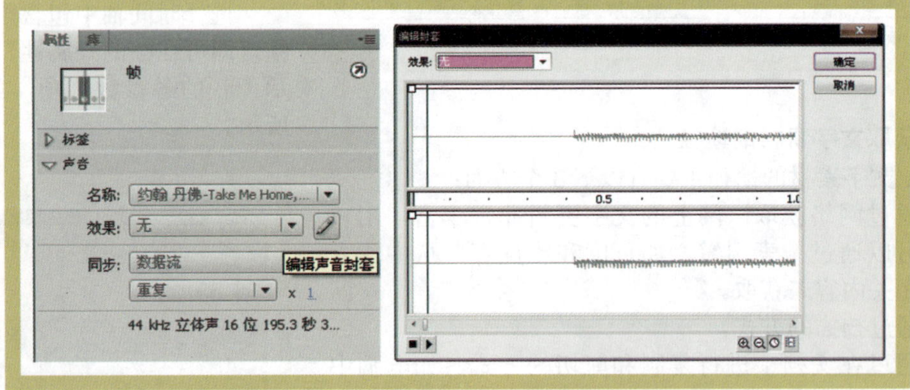

◇图2-112

在对话框中有上、下两个声音波形编辑窗格。上面的窗格显示的是左声道声音的波形，下面的窗格显示的是右声道声音的波形。单击声音波形编辑窗格，可以增加一个方形控制柄，最多可创建 8 个控制柄，方形控制柄之间有直线相连。拖动各方形控制柄可以调整各部分声音段的大小，直线越靠顶端，声音的音量越大。若要删除控制柄，则只需将控制柄拖出编辑窗格，如图 2-113 所示。拖动上、下声音波形之间刻度内的左右两个灰色控制条，可以截取声音片段，如图 2-114 所示。

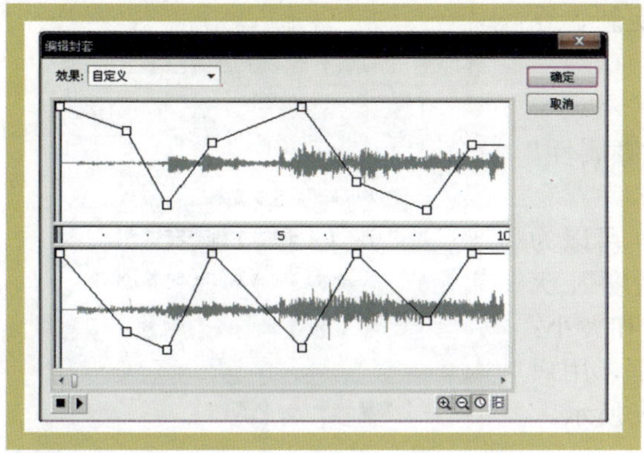

◇图2-113

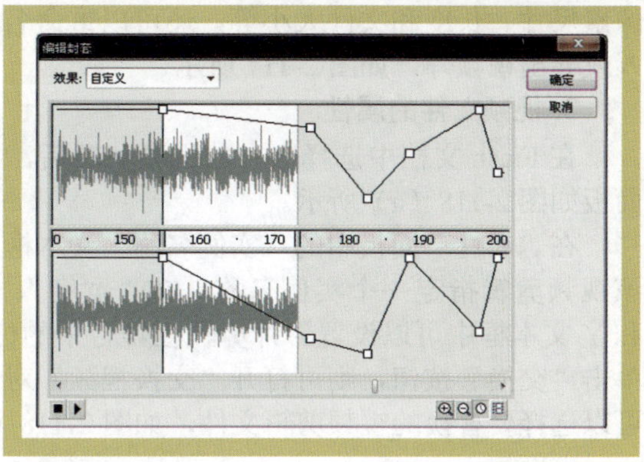

◇图2-114

4. 设置声音属性

在将声音文件导入 Flash 文档后，可在“库”面板中的声音文件的名称处右击，在弹出的快捷菜单中选择【属性】命令，或者双击该声音文件，打开“声音属性”对话框，如图 2-115 所示。

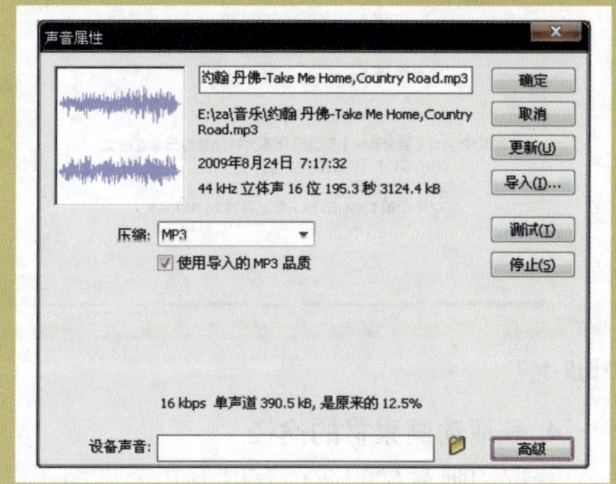

◇图2-115

在“声音属性”对话框中，各选项的介绍如下。

- 名称：用于显示该声音文件的名称，也可以重命名。
- 压缩：设置声音文件在 Flash 中的压缩方式，在下拉列表框中有 5 种压缩方式，分别为默认、ADPCM、MP3、原始和语言。
- 更新：该按钮可按照新的设置更新声音文件的属性。
- 导入：该按钮可导入新的声音文件。导入的声音文件将替换原有的声音文件，但原有声音文件的名称保持不变。
- 测试：该按钮对当前声音文件进行测试。
- 停止：该按钮可停止声音文件导入。

三、导入视频

在 Flash CS4 中，可以将视频剪辑导入到 Flash 文档中。根据影视格式和所选导入方法的不同，可以将具有视频的影片发布为 Flash 影片（SWF 文件）或 QuickTime 影片（MOV 文件）。在导入视频剪辑时，可以将其设置为嵌入文件或链接文件。

1. 可导入的视频格式

在 Flash CS4 中可以导入的视频文件格式如图 2-116 所示。

文件类型	扩展名
音频视频交叉	.avi
数字视频	.dv
运动图像专家组	.mpg、.mpeg
Windows媒体文件	.wmv、.asf

◇图2-116

2. 导入视频剪辑

导入视频文件为嵌入文件，该视频文件将成为影片的一部分，如同导入位图文件一样。

在“库”面板中双击导入视频的图标，可以打开“视频属性”对话框，可以在其中查看导入视频剪辑的信息、名称、路径、创建日期、像素尺寸、长度和文件大小等，还可以重命名、更新、导入或导出视频等，如图 2-117 所示。

3. 视频文件的属性

在 Flash 文档中选择嵌入的视频剪辑后，“视频属性”面板如图 2-118（a）所示。

在“属性”面板中的“实例名称”文本框中，可以为该视频剪辑指定一个实例名称；在“宽度”、“高度”、X 和 Y 文本框中可以设置影片剪辑在舞台中的位置和大小；单击“交换”按钮，则可打开“交换视频”对话框，用户可以选择要替换的视频剪辑文件，如图 2-118（b）所示。

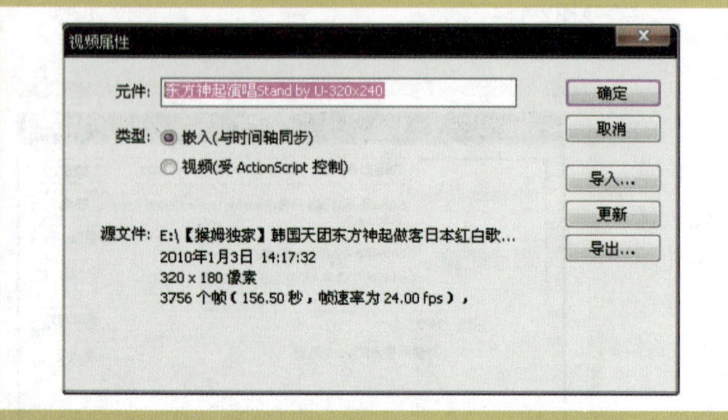

◇图2-117

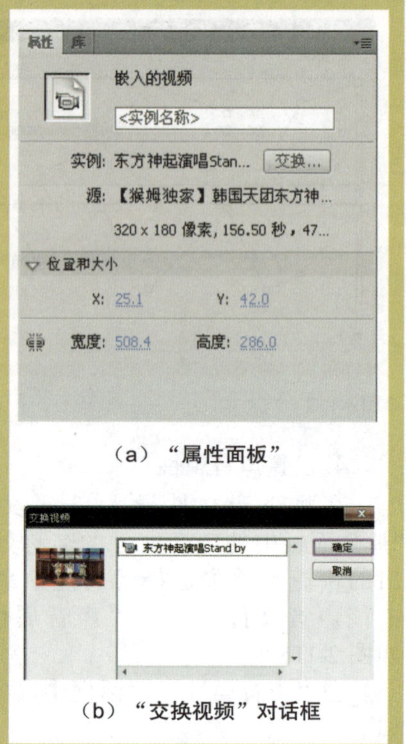

（a）“属性面板”

（b）“交换视频”对话框

◇图2-118

4. 获取动画素材的途径

获取动画素材的途径有以下几个方面：

- 通过提供动画素材的网站下载。
- 使用专门的软件在 Flash 作品中分离出动画素材。
- 使用专业软件，如豪杰超级解霸和金山解霸中的工具，将其他格式的素材文件转化为 Flash 支持的动画片段。

2.4.3 使用滤镜

滤镜是一种应用到对象上的图形效果。在动画设计中，利用滤镜功能可以制作投影、发光和模糊等效果。Flash CS4 允许对文本、影片剪辑和按钮添加滤镜效果。

滤镜共有 7 种功能，分别是投影、模糊、发光、斜角、渐变发光、渐变斜角和调整颜色。在正常情况下，可以添加多种滤镜，配合补间动画制作出精美的效果，如图 2-119 所示。

“滤镜”面板上包括添加、预设、剪贴板、启用或禁用的滤镜、重置滤镜和删除滤镜 6 个按钮。

添加滤镜效果后，可以设置滤镜的相关属性，每种滤镜效果的属性设置都有所不同。

（1）投影滤镜

投影滤镜可模拟对象向一个表面投影的效果，或者在背景中剪出一个形似对象的洞，来模拟对象的外观，如图 2-120 所示。

添加投影滤镜，其主要选项参数的具体作用如下。

- 模糊 X 和模糊 Y：设置投影的宽度和高度。
- 强度：设置投影的阴影暗度，暗度与文本框中的数值成正比。
- 品质：设置投影的质量级别。
- 角度：设置阴影的角度。
- 距离：设置阴影与对象之间的距离。
- 挖空：选中该复选框可将对象实体隐藏，而只显示投影。
- 内阴影：选中该复选框可在对象边界内应用阴影。
- 隐藏对象：选中该复选框可隐藏对象，并只显示其投影。
- 颜色：用于设置阴影颜色。

（2）模糊滤镜

模糊滤镜可以柔化对象的边缘

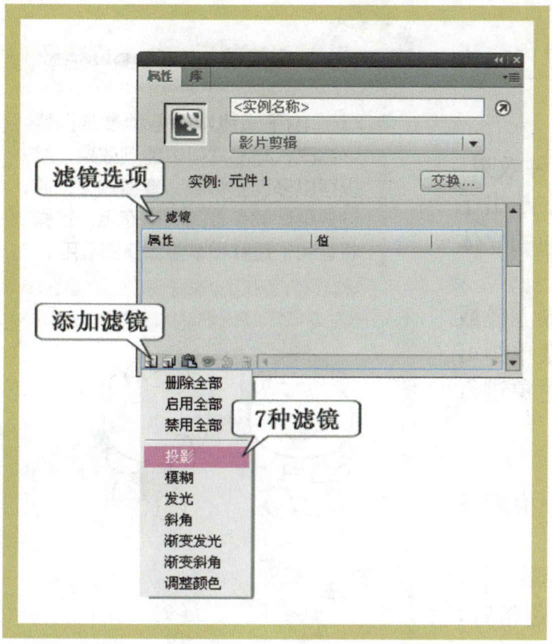
属性 库
<实例名称>
影片剪辑
滤镜选项
实例: 元件 1
交换...
滤镜
属性 值
添加滤镜
删除全部
启用全部
禁用全部
7种滤镜
投影
模糊
发光
斜角
渐变发光
渐变斜角
调整颜色

◇图2-119

和细节。将模糊应用于对象，可以让它看起来好像位于其他对象的后面，或者使对象看起来具有动感。添加模糊滤镜，如图 2-121 所示。

滤镜
属性 值
模糊
模糊 X 5 像素
模糊 Y 5 像素
品质 低

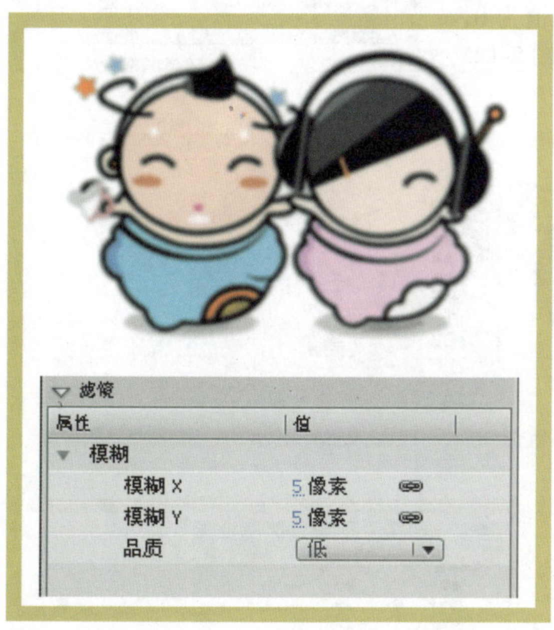

◇图2-121

（3）发光滤镜

发光滤镜可以为对象的边缘应用颜色，使对象周边产生光芒的效果。添加发光滤镜的主要参数如图 2-122 所示。

滤镜
属性 值
投影
模糊 X 8 像素
模糊 Y 8 像素
强度 100 %
品质 高
角度 2 度
距离 20 像素
挖空
内阴影
隐藏对象
颜色

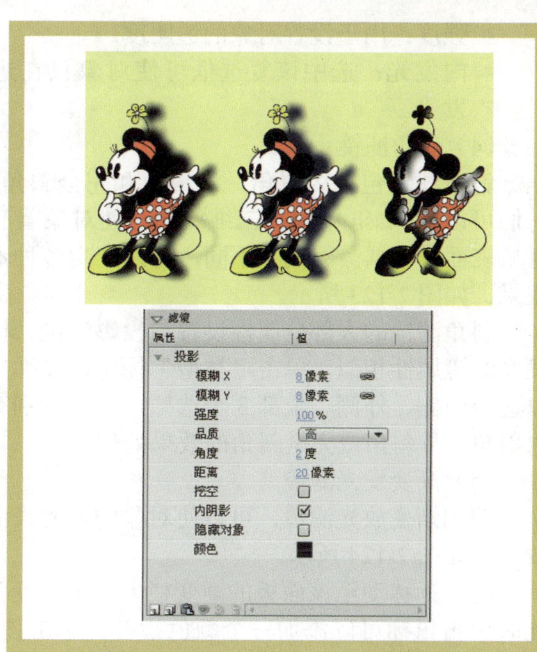

◇图2-120

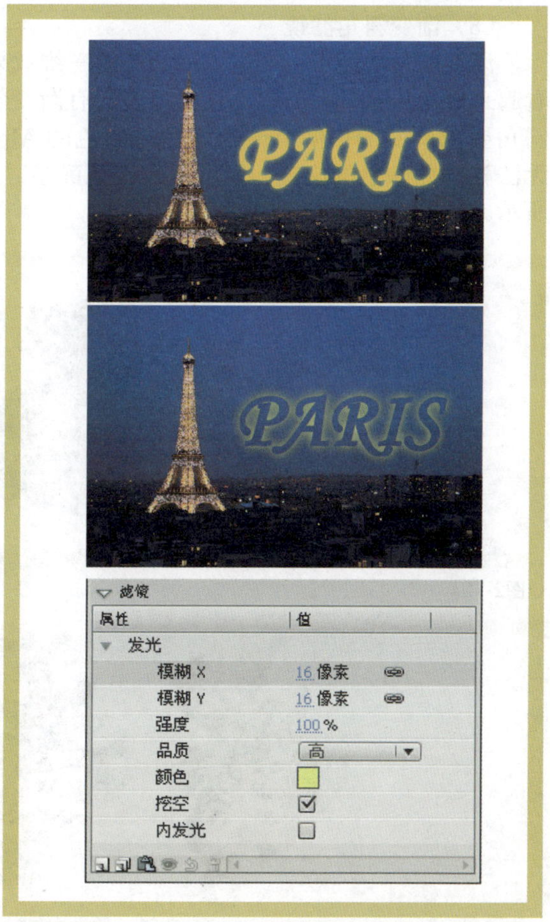
PARIS
PARIS
滤镜
属性 值
发光
模糊 X 16 像素
模糊 Y 16 像素
强度 100 %
品质 高
颜色
挖空
内发光

◇图2-122

- 强度：用于设置对象的透明度。
- 内发光：选中该复选框可使对象只在边界内应用发光。

（4）斜角滤镜

斜角滤镜包括内斜角、外斜角和完全斜角 3 种效果，它们可以在 Flash 中制造三维效果，使对象看起来凸出于背景表面。根据参数设置不同，可以产生各种不同的立体效果，如图 2-123 所示。

斜角滤镜的大部分属性设置与投影滤镜、模糊滤镜或发光滤镜属性相似。单击“类型”按钮，在弹出菜单中可以选择内侧、外侧、全部 3 个选项，可以分别对对象进行内斜角、外斜角或完全斜角的效果处理。

（5）渐变发光滤镜

使用渐变放光滤镜，可以使对象的发光表面具有渐变效果，如图 2-124 所示。

将光标移动至该面板的渐变栏上，则会变为渐变形状，此时单击鼠标可以添加一个颜色指针。单击该颜色指针，可以在弹出的颜色列表中设置渐变颜色；移动颜色指针的位置，则可以设置渐变色差。

（6）渐变斜角滤镜

渐变斜角滤镜可以产生一种凸起的三维效果，使对象看起来好像从背景上凸起，且斜角表面有渐变颜色。渐变斜角要求渐变的中间有一个颜色，颜色的 Alpha 值为 0。无法移动此颜色的位置，但可以改变该颜色，如图 2-125 所示。

由于滤镜中的各种参数只要一修改，马上就可以看到效果，所以可以多调整参数，查看效果，通过效果理解参数的实际作用，这样将有利于理解和掌握滤镜的应用。

◇图2-123

◇图2-124

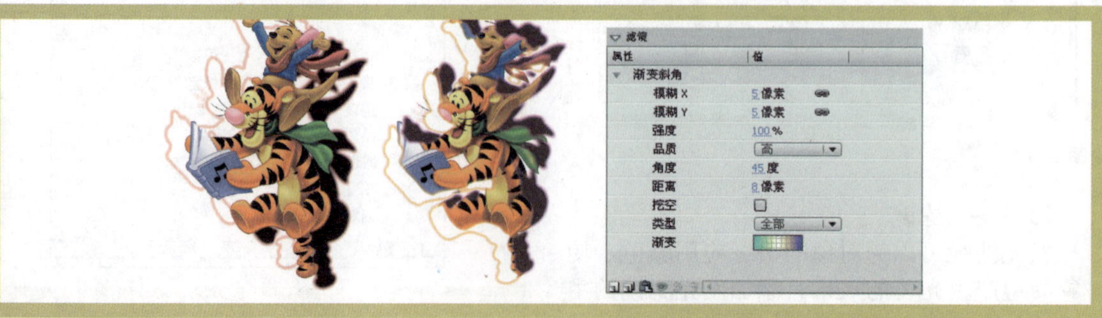

◇图2-125

◇图2-126

（7）调整颜色滤镜

可以调整对象的亮度、对比度、色相和饱和度。可以通过拖动滑块或者在文本框中输入数值的方式，对对象的颜色进行调整，如图 2-126 所示。

时间轴和层

2.5.1 “时间轴”面板

在 Flash 中，“时间轴”面板用于组织和控制文档内容在一定时间内播放的层数和帧数。按照功能的不同，“时间轴”可以分为左、右两个部分，分别为图层控制窗口和时间轴，如图 2-127 所示。

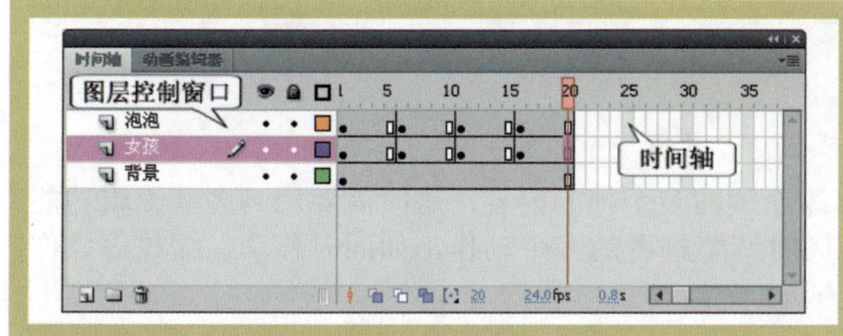

◇图2-127

在 Flash 中通常把时间轴上的一个个小格称为帧，帧就相当于传统动画中的动画画面。动画中的每一个画面对应于 Flash 中的一个合成帧。动画连不连贯，运行起来流不流畅，在很大程度上决定于时间轴和帧的使用，因此它们是整个动画中最基本也是最重要的地方。

在时间轴信息栏中显示了当前帧数 18、动画播放速率 24.0fps 和时间 0.7s 等信息。

在“时间轴”面板的左上方显示了当前动画的名称，左下方显示了场景名称，右下方分别是“编辑场景”按钮、“编辑元件”按钮和舞台画面的显示比例 100%。

单击“编辑元件”按钮，用户可以在展开的元件下拉列表框中选择相应的元件进行编辑；当用户创建多场景动画时，可以单击“编辑场景”按钮，选择相应的场景进行编辑，如图 2-128 所示 。

◇图2-128

如果要改变舞台画面的显示比例，可以单击右侧的 100% 旁的下三角按钮，在下拉列表框中选择相应的比例值，也可以直接在该文本框中输入要显示的比例。

一、时间轴按钮的基本功能

- “滚动到播放头”按钮：又称“帧居中”按钮。用于改变时间线控制区的显示范围，将当前帧（动画指针所在帧）显示到控制区窗口中间。
- “绘图纸外观”按钮：又称“洋葱皮”按钮。用于在时间线上设置一个连续的显示帧区域，区域内的帧所包含的内容同时显示在舞台上。
- “绘图纸外观轮廓”按钮：又称“洋葱皮轮廓”按钮。用于设置一个连续的显示帧区域，除当前帧外，其余显示帧中的内容仅显示对象外边框。
- “编辑多个帧”按钮：又称“多帧编辑”按钮。用于设置一个连续的编辑帧区域，区域内帧的内容可以同时显示和编辑。
- “洋葱皮范围”按钮：又称“修改绘图纸标记”按钮。单击该按钮会出现一个多帧显示选项菜单，用于定义显示绘图纸 2（2 帧）、绘图纸 1（1 帧）或绘图纸全部（全部帧）内容。

二、洋葱皮功能

做动画时，很多时候都需要参考前后帧的内容来辅助处理当前帧的内容，这时就需要采用洋葱皮功能来达到这个目的。

使用洋葱皮功能可以看到除当前帧以外的其他帧的内容，这样就可以方便地对照着进行动画的编辑了，如图 2-129 所示。

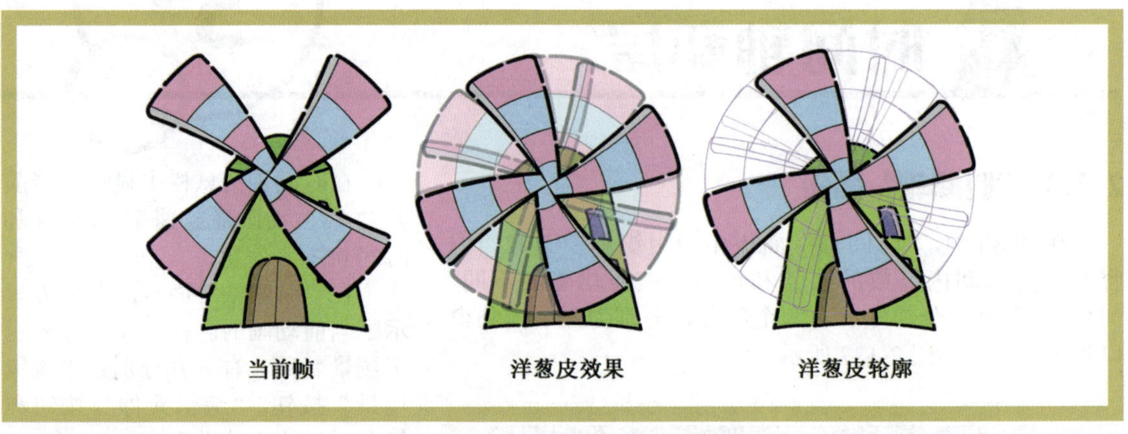

◇图2-129

三、多帧编辑功能

在有些情况下，必须同时处理、修改连续的多个帧的内容，这时就要用到多帧编辑功能。如图 2-130 所示，利用多帧编辑功能来同时调整舞者的多个动作，如同时移动、缩放等操作。多帧编辑是进行整体修改的一个方便的方法。

2.5.2 图层

图层就像一张张透明的动画纸，通过不同的画面的叠加，最终形成了完整的动画画面。在图层上绘制和编辑对象不会影响其他图层上的对象。如果一个图层上没有内容，那么就可以透过它看到下面的图层。因此，可以根据需要，在不同层上编辑不同的动画而互不影响，然后在放映时得到合成的效果。使用图层并不会增加动画文件的大小，相反它可以更好地帮助人们安排和组织图形、文字和动画。

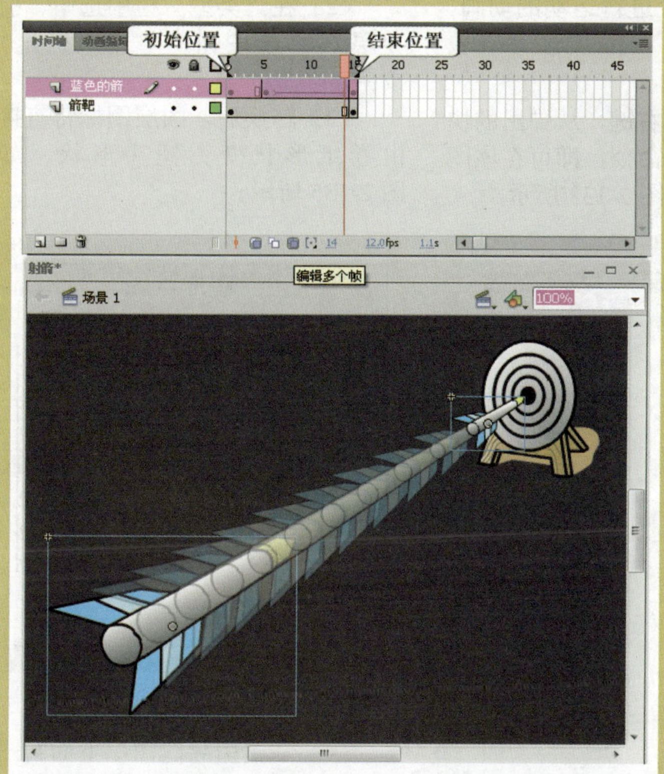

◇图2-130

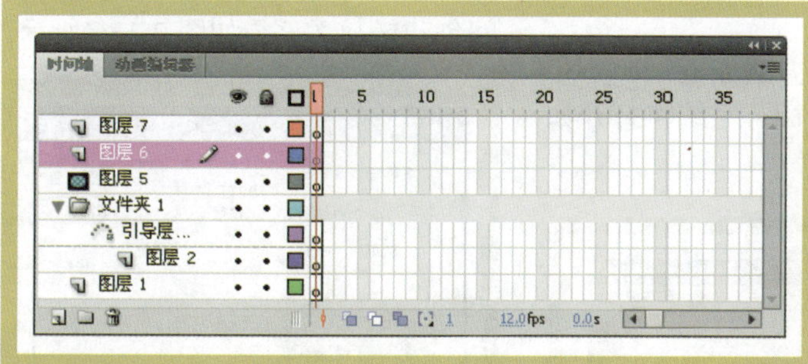

◇图2-131

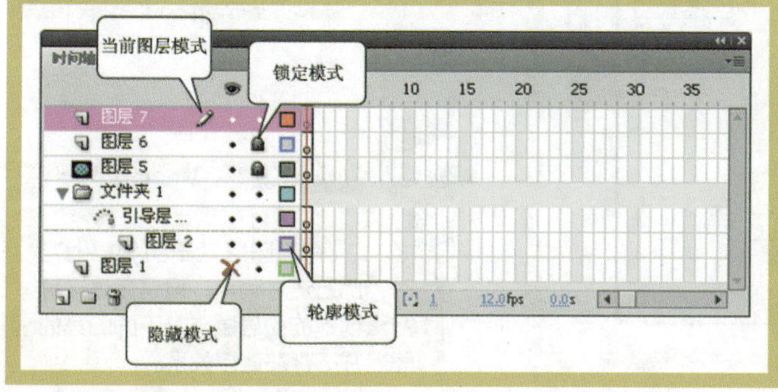

◇图2-132

一、图层

“时间轴”面板的左侧就是图层选单。在 Flash CS4 中，图层可分为普通图层、引导图层和遮罩图层。

引导图层又分为普通引导图层和可运动引导图层。使用引导图层和遮罩图层的特性可以制作出一些复杂的效果。

当普通图层和引导图层关联后，就被称为引导图层；而与遮罩图层关联后，图层被称为被遮罩图层。当“时间轴”面板左侧的图层选单过多时，常需要使用文件夹来管理图层，如图 2-131 所示是一个 Flash CS4 的图层例子。

图层有不同的模式或状态以不同的方式来工作，如图 2-132 所示，图层有如卜 4 种模式。

- 当前图层模式：在任何时候，只能有一层处于这种模式。当图层的名称栏上显示一个铅笔图标时，表示这一层处于当前图层模式。
- 隐藏模式：当图层的名称栏上有一个 X 图标，表示当前层为隐藏模式。
- 锁定模式：当图层的名称栏上有一个锁图标，表示当前层被锁定。
- 轮廓模式：如果某层处于该模式，将只显示其内容的轮廓。层的名称栏上的彩色方框轮廓表示将显示该层内容的轮廓。

二、引导层

引导层是制作特殊 Flash 动画效果的常用工具之一。引导图层的作用就是引导与它相关联图层中对象的运动轨迹或定位。用户可以在引导图层内打开显示网格的功能、创建图形或其他对象，这样可以在绘制轨迹时起到辅助作用。用户可以把多个图层关联到一个图层上。

使用引导层可以创建沿自定义路径进行运动的动画。引导层的创建方法有以下两种。

1. 创建引导层

在要创建引导层的图层上单击鼠标右键，从弹出的快捷菜单中选择【添加传统运动引导层】命令，即可在该图层上方创建一个与它链接的引导层，如图 2-133 所示。

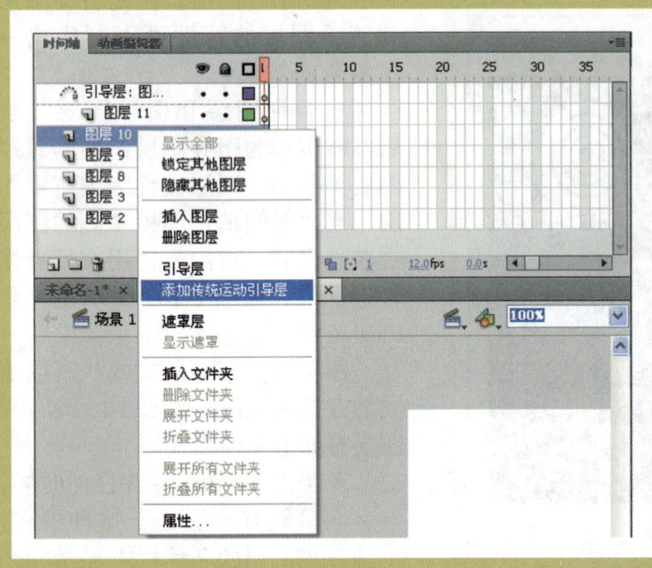

◇图2-133

2. 将图层转为引导层

要将已有的图层转为引导层，操作方法如下：

（1）双击要转换为引导层的图层图标，系统将打开如图 2-134 所示的对话框。

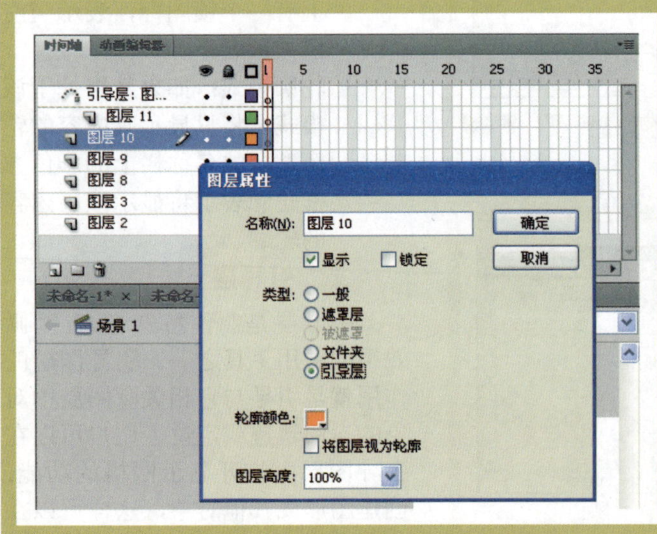

◇图2-134

（2）在“类型”栏中选中“引导层”单选按钮，单击“确定”按钮。

（3）转换后，图层图标将直接由卷纸形状变为锤头形状，如图 2-135 所示。

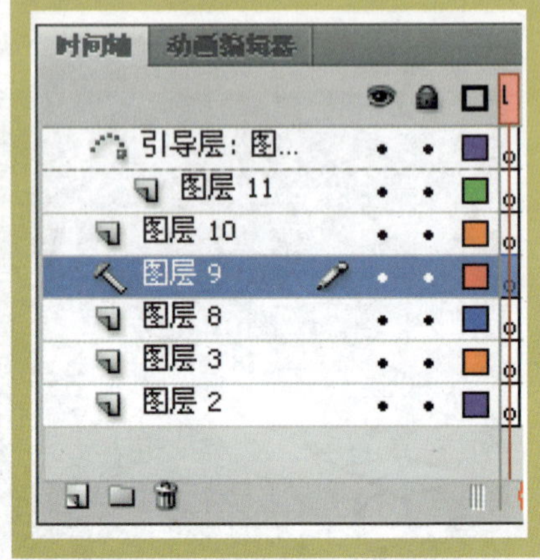

◇图2-135

（4）双击引导线图层下面的图层图标，在打开的“图层属性”对话框中选中“被引导”单选按钮，即可在引导图层与其下的其他图层间创建链接关系，如图 2-136 所示。

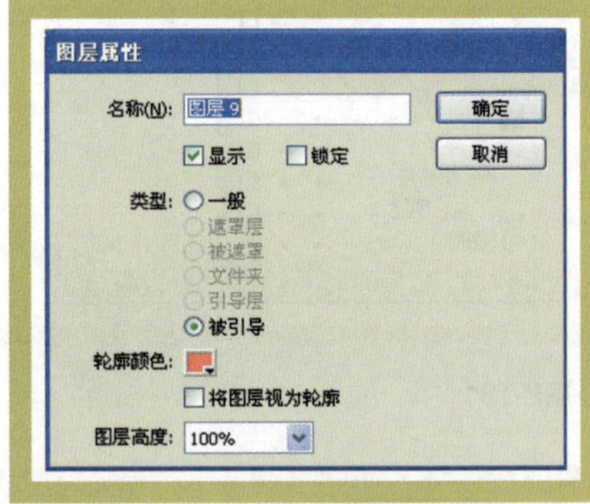

◇图2-136

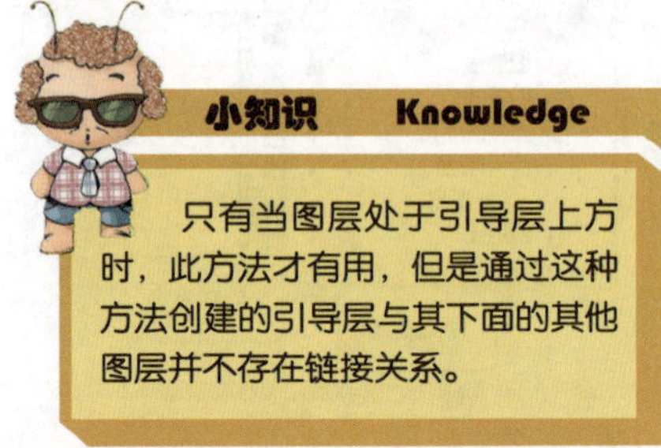

小知识 Knowledge

只有当图层处于引导层上方时，此方法才有用，但是通过这种方法创建的引导层与其下面的其他图层并不存在链接关系。

3. 取消引导层

取消引导层的方法如下：

（1）在引导层上单击鼠标右键，从弹出的快捷菜单中选择已勾选的引导层命令，即可取消对该命令的选中状态。

（2）在引导层上双击图层图标，打开“图层属性”对话框，在“类型”栏中选中“一般”单选按钮，从而取消引导层。

小知识 Knowledge

一个引导层可以与多个图层链接，如果要取消与引导层的链接，将该图层拖到引导层上方即可。

逐帧动画

Flash CS4 动画中有 5 种常见的动画形式，分别为逐帧动画、形状补间动画、动作补间动画、遮罩动画和引导线动画。

本节着重介绍逐帧动画（Frame By Frame），这是一种常见的动画形式，它的原理是在连续的关键帧中分解动画动作，也就是在每一帧中设置不同的画面，连续播放而形成动画。

逐帧动画的帧序列内容不一样，不仅增加了制作负担而且最终输出的文件量也很大，但它的优势也很明显，因为它与电影播放模式相似，很适合于表演细腻的动画，如3D效果、人物或动物急剧转身等效果。

2.6.1 逐帧动画的概念和表现形式

在时间帧上逐帧绘制帧内容称为逐帧动画，由于是一帧一帧地画，所以逐帧动画具有非常大的灵活性，几乎可以表现任何想表现的内容，如图 2-137 所示。

◇图2-137

2.6.2 创建逐帧动画的方法

1. 导入静态图片建立逐帧动画

用 jpg、png 等格式的静态图片连续导入到 Flash 中，就会建立一段逐帧动画。

2. 绘制矢量逐帧动画

用鼠标或压感笔在场景中一帧帧地画出每帧的内容。

3. 文字逐帧动画

用文字作为帧中的内容，实现文字跳跃、旋转等特效。

4. 指令逐帧动画

在“时间轴”面板上逐帧写入动作脚本语句来完成元件变化。

5. 导入序列图像

可以导入 gif 序列图像、swf 动画文件或者利用第 3 方软件（如 Swish、Swift 3D 等）产生动画序列。

下面讲解图片展示的动画的制作步骤：

STEP1 新建一个 Flash 文档，然后单击“属性”面板中的“编辑”按钮，在弹出的对话框中设置文档的相关属性（影片“尺寸”为 734px×906px，“背景色”为“黑色”），设置完成后单击“确定”按钮，如图 2-138 所示。

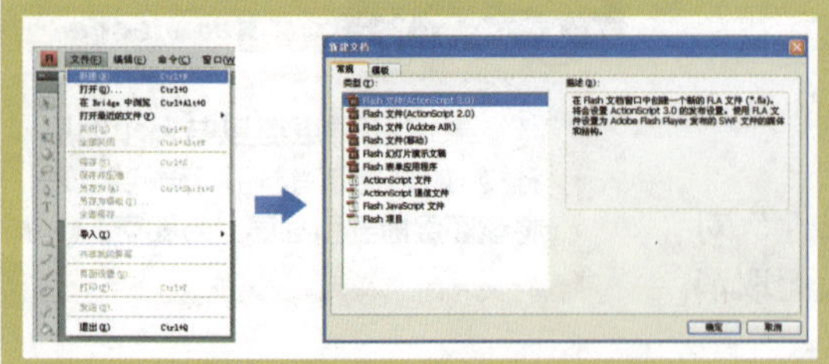

◇图2-138

STEP2 选择【插入】/【新建元件】命令，在弹出的“创建新元件”对话框中选择“影片剪辑”选项，元件“名称”为“逐帧动画”，最后单击“确定”按钮，进入元件的编辑状态，如图 2-139 所示。

创建新元件
名称(N): 逐帧动画 确定
类型(T): 影片剪辑 取消
文件夹: 库根目录
高级

◇图2-139

STEP3 选择【文件】/【导入】/【导入到库】命令，将制作图片展示实例所需的全部艺术图片导入到库中；然后将其中一张脸谱图片从库中拖放到元件编辑窗口的第一帧处，并每隔 15 帧，按 F7 键插入空白关键帧，从“库”面板中拖放另一张图片到工作区中。重复这个操作步骤，添加其他图片，如图 2-140 所示。

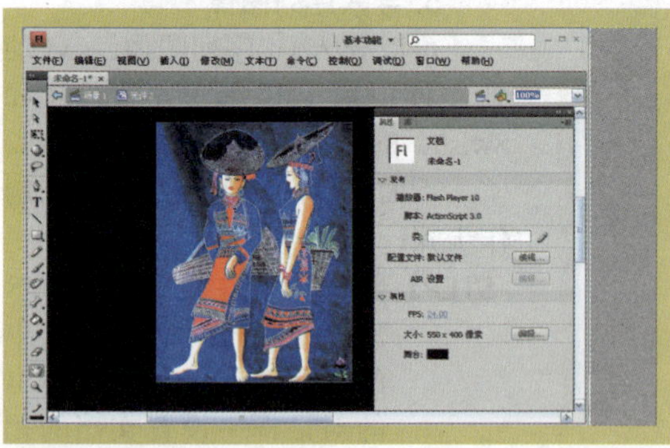

◇图2-140

STEP4 编辑好“变脸”元件之后，返回主场景中新建图层，将库中的“展示图片”元件拖放到主场景中，如图 2-141 所示。

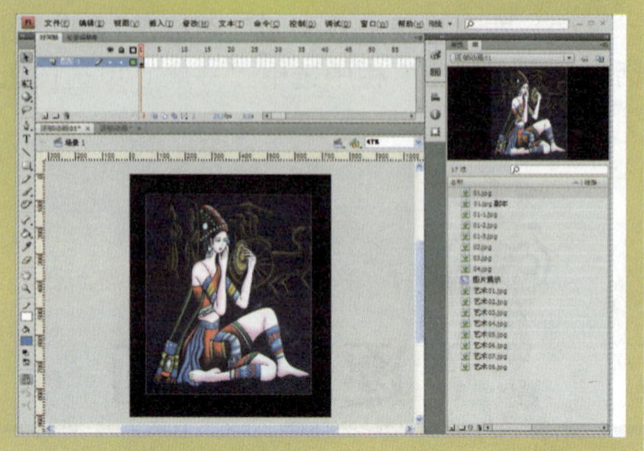

◇图2-141

STEP1 整个逐帧动画川剧变脸制作完成，保存作品，按 Ctrl+Enter 组合键预览最终效果，如图 2-142 所示。

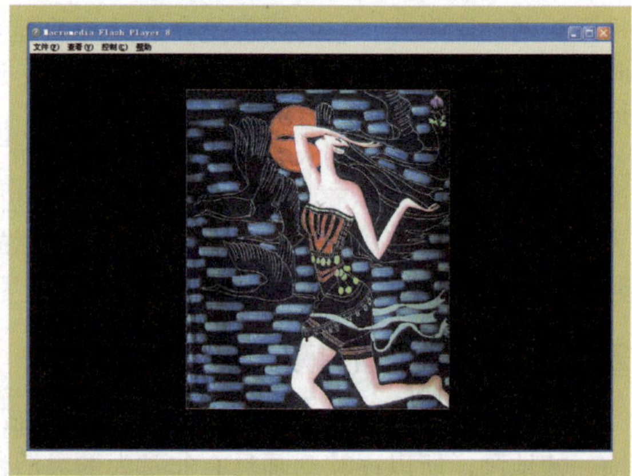

◇图2-142

要创建逐帧动画，需要将每个帧都定义为关键帧，然后为每个帧分别创建不同的图像。

时间的控制也是制作逐帧动画很重要的环节，对于事物运动的时间控制一定要恰当，不要过快，也不要过慢。例如，小鸟向前飞行的速度很快，但是翅膀扇动的频率很慢，就会出现不协调的画面。鱼儿向前游动的速度很快，但是鱼尾和鱼鳍的摆动很慢，也是不协调的。所以，时间的控制对于逐帧动画很重要。

Flash人物造型绘制实例解析

2.7.1 Q 版人物的绘制

实例说明：

本实例将学习描绘卡通形象"卡通男孩"，学习综合使用 Flash 中的绘图工具和编辑工具，完成一幅完整的卡通图形绘制过程，如图 2-143 所示。

◇图2-143

学习目标：

通过本节的学习，用户应能掌握将线条转换成填充效果来描绘线条轮廓的技巧，并且不需要画出完整图形对象的轮廓，可以找图形的规律，先画出局部图形，然后经过图形的组合构成新的图形。

操作步骤：

STEP1 新建一个空白文档，另存为"卡通男孩 .fla"文件。

STEP2 绘制弧线。新建一个图层 2，在这个图层上绘制"卡通男。孩"卡通人物的头部。选线条工具，将笔触颜色设为深棕色（#46140D），笔触大小为 5，填充色设为无，在舞台上绘制一条斜线，然后利用选择工具将它向左上方拉成弧线，接着在这条弧线下方用线条工具画一条直线，将其连接起来，如图 2-144 所示。

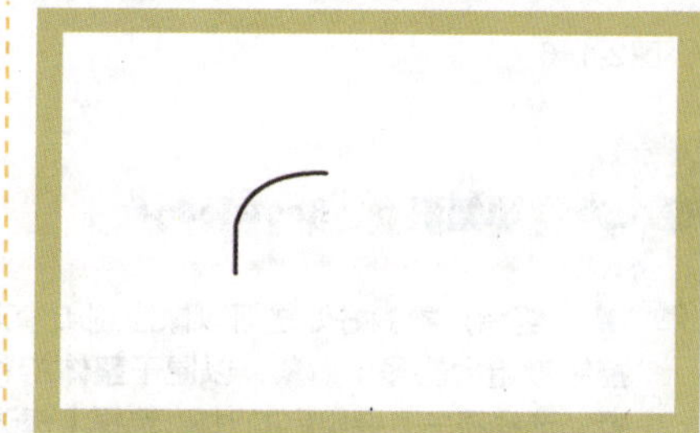

◇图2-144

STEP3 绘制下颚轮廓。使用线条工具再绘制一条斜线，然后利用选择工具将它向左下方拉成弧线，把它这条线与步骤（2）绘制的线连接在一起，如图 2-145 所示。

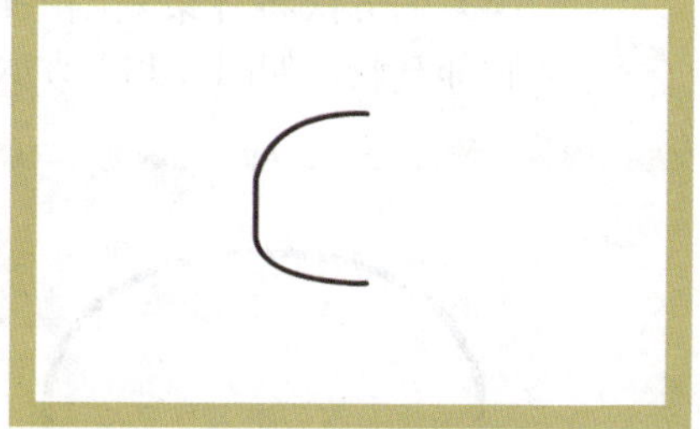

◇图2-145

STEP4 绘制面部。将这 3 条线组成的图形用选择工具全选，按 Ctrl+D 组合键，将图形复制出一个新图形。再选择【修改】/【变形】/【水平翻转】命令，将图形水平翻转。翻转之后将它移动到右侧，利用选择工具全选两个图形，按 Ctrl+B 组合键将其打散，再按 Ctrl+G 组合键将两个图形组合，如图 2-146 所示。

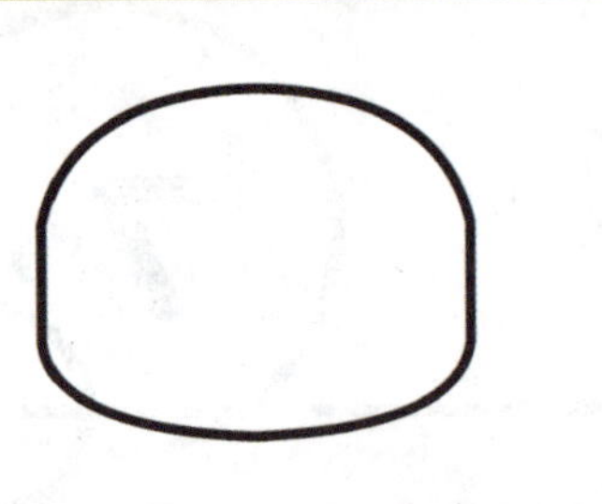

◇图2-146

小知识 Knowledge

组合对象的好处是可以像控制单个对象一样控制被组合的多个对象，以便于整体的移动和选择。选择舞台上要组合的对象，选择【修改】/【组合】命令，或者按 Ctrl+G 组合键，将对象进行组合。所有舞台上的对象，例如，形状、其他组合体、元件以及文本，都可以被选择。要取消对象的组合，可以选择【修改】/【取消组合】的命令。

STEP5 绘制耳朵。在工具栏中单击“线条工具”按钮，在步骤（3）绘制的面左侧绘制一个耳朵图形，再利用步骤（4）的方法将耳朵复制一份，移动到脸部右侧，如图 2-147 所示。

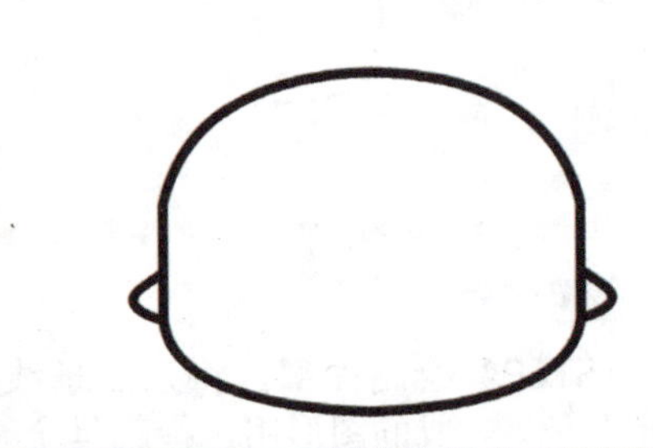

◇图2-147

STEP6 绘制眼睛和眉毛。选取椭圆工具，将笔触颜色设为无，填充色设为黑色，在面部绘制一个椭圆形，再将填充色设为白色，在黑色椭圆里面绘制一个白色椭圆。在眼睛上方绘制一条弧线，再选择【修改】/【形状】/【将线条转换为填充】命令，将直线转换成填充色，如图 2-148 所示。

◇图2-148

小知识 Knowledge

线条转换成填充色之后，属性也发生了变化，用选择工具拖动线条的两边，线条会变成弧线；当拖动填充色的边时，只有被拖动的边才会发生变化。

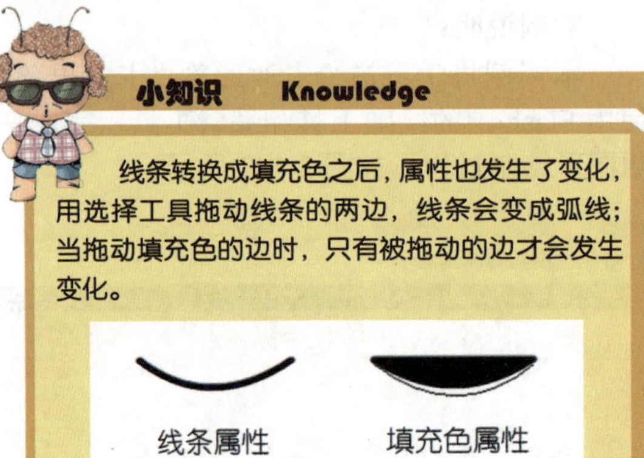

STEP7 组合。使用步骤（4）的方法，将眉毛眼睛复制一份，并水平翻转，然后和脸部组合成一张脸型，如图 2-149 所示。

◇图2-149

STEP8 组合头部利用步骤（3）和步骤（6）的方法，分别绘制出发髻、头绳（#FBE900）、头发高光（#808080）、发际线、嘴巴（#CD0000）、舌头和脸蛋（#F1C4C1），再进行组合，如图 2-150 所示。

◇图2-150

STEP9 填充头部颜色。使用接近皮肤的粉色（#FFEBEC）填充“卡通男孩”的脸部和耳朵颜色，使用黑色填充发髻和头发的颜色，如图 2-151 所示，这样“卡通人物”的头部就绘制完成了。

◇图2-151

STEP10 绘制衣服。新建一个图层 3，将图层 3 的位置移至图层 2 的下方，在图层 3 上绘制卡通男孩的衣服，并且调配 #CA020D 和 #FF6600 两种颜色填充“卡通男孩”的衣服，如图 2-152 所示。

◇图2-152

在图层中，Flash 按照对象创建的顺序叠放对象，最晚创建的对象在最顶层，最早创建的对象就自然在最底层，对象的叠放顺序是可以改变的。

STEP11 添加衣服图案。将素材中的“衣服图案”利用选择工具移至卡通男孩的衣服上面，如图 2-153 所示。

◇图2-153

STEP12 绘制手、脚。利用步骤（3）的方法绘制“卡通男孩”的手和脚，再将其填充颜色接近皮肤的粉色（#FFEBEC），如图 2-154 所示。

◇图2-154

STEP13 完成男孩画面将素材中的“背景图案”移动在图层 1 上，作为画面的背景，如图 2-155 所示，整幅卡通画面就完成了。举一反三，根据“卡通男孩”绘制步骤，绘制出“卡通女孩”，如图 2-156 所示。

STEP14 最终效果如图 2-157 所示。

◇图2-155

◇图2-156

◇图2-157

2.7.2 卡通人物的画法

实例说明：

在本实例中，将要绘制一个嘻哈风格的卡通人物，歪着脑袋，非常的酷，打开“素材文件\卡通人物画法.swf”文件，欣赏本实例完成效果，如图 2-158 所示。

◇图2-158

学习目标：

通过本节的学习，用户可以学会随意移动、复制、删除、旋转、层叠和组合图形对象，使画面更细致。

操作步骤：

STEP1 新建一个空白文档，另存为“HIP-HOP 男孩.fla”文件。

STEP2 绘制圆形。新建一个图层 2，在这个图层上绘制 HIP-HOP 男孩卡通人物的头部。选取椭圆工具，将笔触颜色设为黑色，笔触大小为 3，填充色设为无，在舞台上绘制一个圆形，如图 2-159 所示。

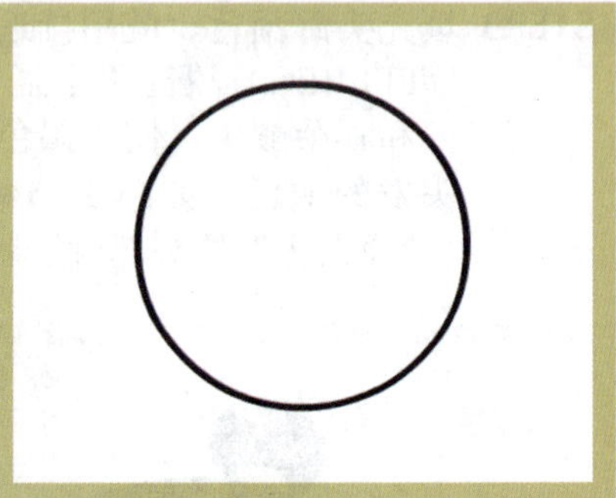

◇图2-159

STEP3 绘制帽子。选取线条工具，将笔触颜色设为黑色，笔触大小为 3，填充色设为无，在圆形上面画一条斜线，利用选择工具将它向右上方拉成弧线，继续用线条工具绘制帽子顶部，如图 2-160 所示。用鼠标单击帽子和头部的黑色轮廓线，按 Delete 键删除，就得到了帽子戴在头部的图形，如图 2-161 所示。

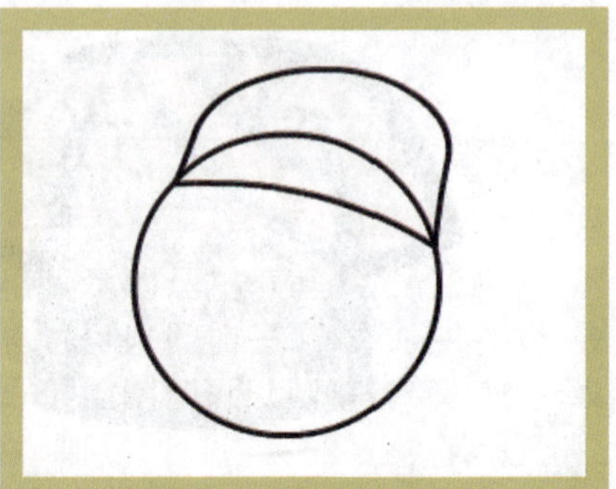

◇图2-160

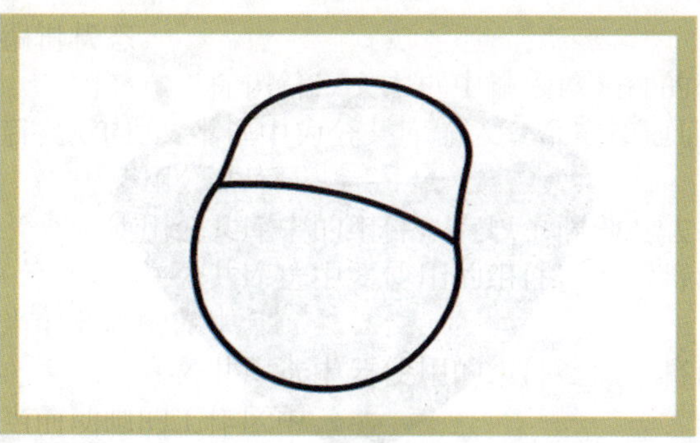

◇图2-161

STEP4 绘制头巾。利用步骤（3）的方法，绘制头巾外部轮廓，再将线条工具的笔触大小改为 1，绘制内部轮廓，如图 2-162 所示。

◇图2-162

STEP5 绘制耳朵。在头部左侧利用线条工具绘制耳朵外轮廓和内轮廓，外轮廓笔触大小为 3，内轮廓笔触大小为 1，将组成耳朵的 3 条线全选，按 Ctrl+D 组合键，将图形复制出一个新图形。再单击【修改】/【变形】/【水平翻转】命令，将图形水平翻转。翻转之后将它移动到脸部右侧，如图 2-163 所示。

◇图2-163

STEP6 绘制饰品。选取椭圆工具，绘制耳钉、耳环，外轮廓笔触大小为 3，内轮廓笔触大小为 1，帽子上钉扣同上，如图 2-164 所示。

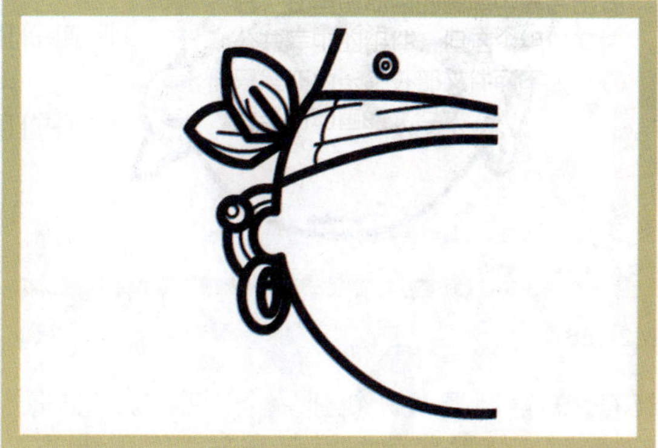

◇图2-164

STEP7 使用步骤（2）和步骤（3）的方法绘制卡通人物的眼睛、嘴和帽檐，如图 2-165 所示。

◇图2-165

STEP8 填充卡通人物头部颜色。选取椭圆工具，将笔触颜色设为无，填充色设为脸部阴影色为 #FFD5D5。在嘴下面上绘制一个椭圆形，绘制人物下巴，利用步骤（3）的方法，先绘制出帽子和脸部阴影轮廓线，再用颜料桶工具填充帽子阴影色为 #D5EAFF、帽子为白色（#FFFFFF）、脸部阴影色为 #FFD5D5，再将阴影轮廓线删除，填充面部颜色为 #FFE6E6、头巾颜色由浅到深分别为 #3399FF、#026FDB、#0136B1，耳钉和耳环颜色为 #DDDDDD，如图 2-166 所示。

图2-166

STEP9 绘制褶皱。新建一个图层 3，将图层 3 位置移至图层 2 下方，使用线条工具在图层 3 上绘制卡通人物的上衣帽子，外轮廓笔触大小为 3，内轮廓笔触大小为 1，在工具栏中选择铅笔工具，如图 2-167 所示，设为平滑模式，在上衣帽子上绘制褶皱线，如图 2-168 所示，再用颜料桶工具填充上衣帽子颜色，帽里为灰色（#CCCCCC），帽面为绿色（#264B01），如图 2-169 所示。

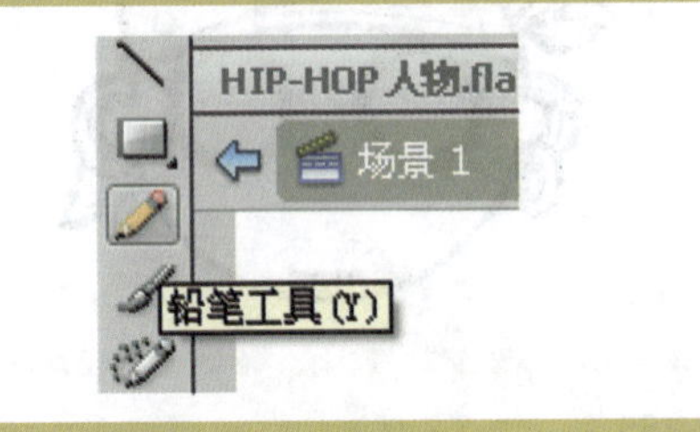

◇图2-167

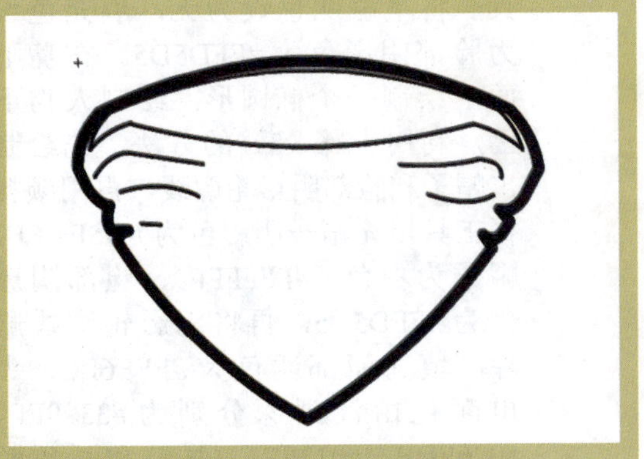

◇图2-168

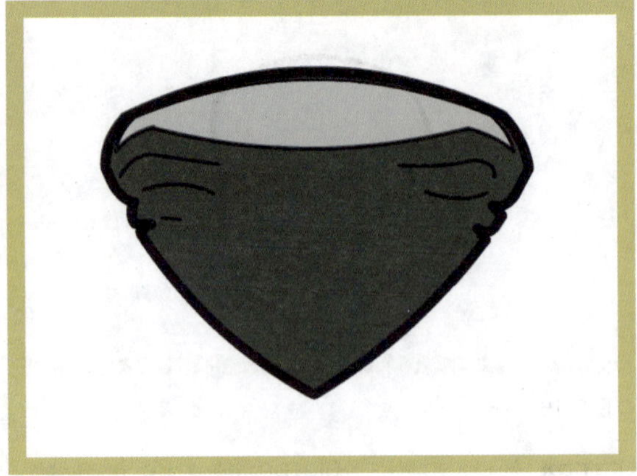

◇图2-169

小知识 Knowledge

画面的细致。可用铅笔工具在布料的图形上随意绘制一些褶皱。

STEP10 绘制胳膊。新建一个图层 4，利用线条工具在图层 4 上绘制卡通人物的一侧手臂，如图 2-170 所示，将此图形用选择工具全选，按 Ctrl+D 组合键，复制出一个新图形。再选择【修改】/【变形】/【水平翻转】命令，将图形水平翻转。翻转之后将它移动到右侧，如图 2-171 所示。

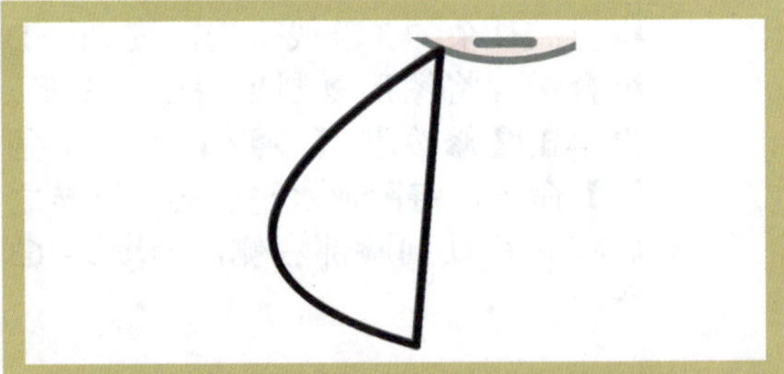

◇图2-170

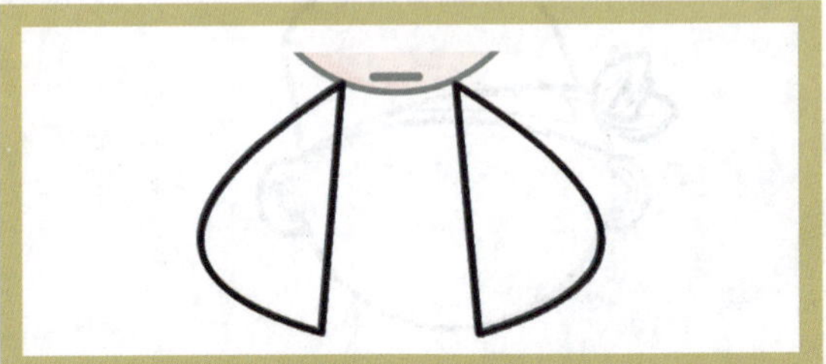

◇图2-171

STEP 11 绘制手臂上的图案。选取椭圆工具，将笔触颜色设为黑色，笔触大小为 3，填充色设为无，在手臂上绘制圆形和椭圆形图案，如图 2-172 所示。超出手臂的部分，用鼠标单击黑色轮廓线，按 Delete 键删除，就得到了图案在手臂里面的图形，将该图形复制并进行调整，如图 2-173 所示。

◇图2-172

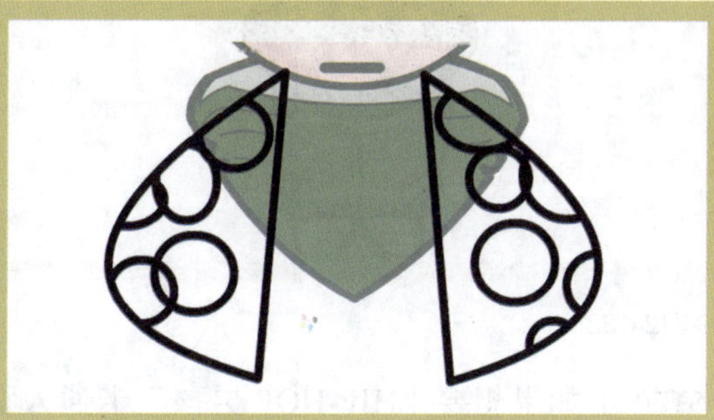

◇图2-173

STEP 12 填充手臂颜色。用颜料桶工具进行填充，左侧手臂为深绿（#024301），右侧手臂为浅绿（#017E01），圆点颜色为 #7A5252、#75754F、#9F6A35，如图 2-174 所示。

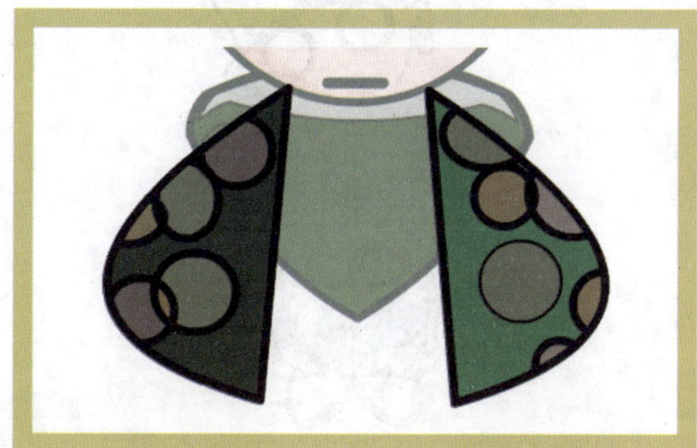

◇图2-174

STEP 13 绘制上衣。新建一个图层 5，绘制上衣并进行填充，衣服阴影颜色为 #024301，圆点阴影颜色为 #616041、#664444、#664422，衣服拉链颜色为 #CCCCCC，白衬衣阴影颜色为 #D6EAFF，圆点颜色为 #3E3E28、#7A5252、#75754F、#9F6A35，如图 2-175 所示。

◇图2-175

STEP 14 绘制裤子。新建一个图层 6，将图层 6 位置移至图层 5 下方，利用线条工具和铅笔工具绘制卡通人物裤子，如图 2-176 所示，用颜料桶工具进行填充，裤子阴影颜色为 #011B7E，裤子固有色为 #0124B1，裤子亮色为 #6887FD，如图 2-177 所示。

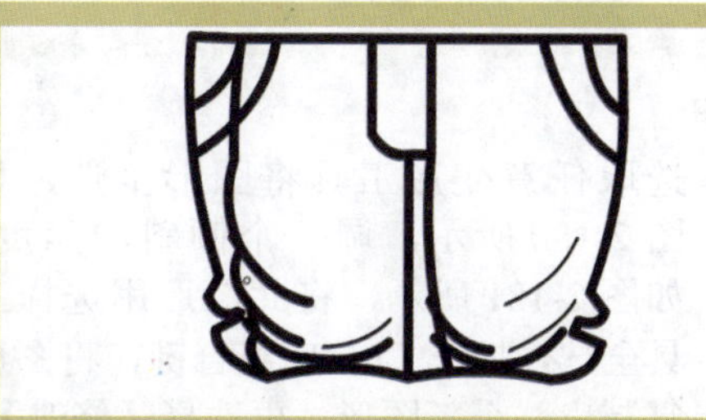

◇图2-176

◇图2-177

STEP 15 绘制卡通人物的鞋子。新建一个图层 7，将图层 7 位置移至图层 6 下方，选取椭圆工具，将笔触颜色设为黑色，笔触大小为 3，填充色设为无。在图层 7 上绘制两个椭圆形，重叠在一起，如图 2-178 所示。利用步骤（3）的方法，先绘制出鞋子阴影轮廓线，再用颜料桶工具填充鞋子阴影色为 #7C99E2，再将阴影轮廓线删除，将其他地方填充白色（#FFFFFF），如图 2-179 所示。

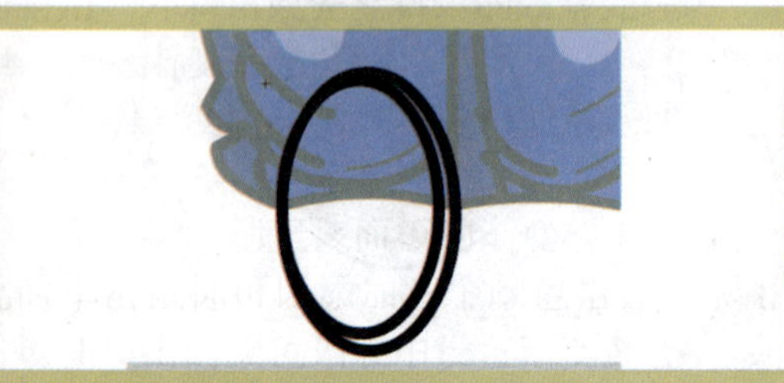

◇图2-178

◇图2-179

STEP 16 选取任意变形工具将图形全选，如图 2-180 所示，调一个倾斜的角度，如图 2-181 所示，将此图形用选择工具全选，按下 Ctrl+D 组合键，将图形复制出一个新图形。再选择【修改】/【变形】/【水平翻转】命令，将图形水平翻转。翻转之后将它移动到右侧，如图 2-182 所示，这样卡通人物的鞋子就绘制完成了。

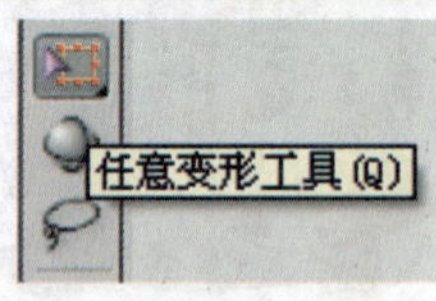

◇图2-180

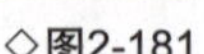

◇图2-181

◇图2-182

STEP 17 按顺序组合好每个图形的位置，这样一个“HIP-HOP 男孩”卡通人物就完成了，如图 2-183 所示。

◇图2-183

STEP 18 如果想要“HIP-HOP 男孩”卡通人物再多一些感觉，可以利用任意变形工具将图形全选，调一个歪头的角度，如图 2-184 所示，这样更体现了“HIP-HOP 男孩”的嘻哈风格。

◇图2-184

第 2 章
思考与练习

1. 请使用本章所学的工具，临摹有代表性的 Flash 动画形象并分析它们造型的分类。
2. 使用逐帧动画制作手法，自选形象制作影片剪辑元件大笑和说话。
3. 请读者针对一自然风景图片，练习改变舞台上实例的色调、透明度和亮度。

读书笔记

第3章

Flash 动画前期设计

CARTOON

本章内容

动画创作工艺流程

Flash 作为一种工具出现在新一代故事讲述者的面前。动画领域还从未有一种程序允许动画师如此之快地将自己的想法原样展现。虽然 Flash 动画在荧屏上是一种相对较新的形式，但其运用的规则与在沃尔特·迪斯尼和其他制片公司所制作的传统动画运用的规则是相同的。

在 20 世纪动画片的工业化生产形成之后，动画片的商业利益驱动着它制作管理运筹过程的改善精进。然而，无论是传统动画片还是 Flash 动画，它们在本质上都具有某些共性，这些共性的综合便是区分动画片与其他类型影视片的基本依据。我们将这些反映动画片特征的内容称为"动画的基本语言"。动画片之所以有自己的独特艺术表现力，关键就在于它有独特的艺术表现语言。掌握这些内容对于现代的动画设计师是非常必要的。

动画是一门新兴的集文、理、技、艺、美术和影视于一体，既关系到物理、化学、计算机等自然科学，又关系到文艺学、语言学、哲学、经济学等人文科学的综合性边缘学科，而且随着科技的进步和人们需求的发展，所涉及的领域也越来越广。现代的动画业已成为一种新的产业和学科，其生产、科学研究与艺术创作都发生了深刻的变革。因此，动画与越来越多的其他学科有着密切的关系。动画离不开多种学科的支撑，同时，动画又反过来在多种学科中得到广泛的应用。要成为一个出色的动画人，首先要了解动画的设计过程和基本原理。对于不同的人，动画的创作过程和方法可能有所不同，但其基本规律是一致的。

3.1.1 动漫创意阶段

动漫创意产生的基础是准确的市场调研，只有在此基础上进行的创意策划才最具说服力，才能最终将创意点落实在具体的创作活动当中。这个阶段主要由制片人负责。当制片人决定要制作一部动画片时，他要组织策划人、执行制片和宣传部门共同策划整部片子的定位、制作和发行等全面的工作。而策划人要寻找编剧、美术设计和导演来分头负责。这个阶段要做 3 件事——剧本、故事板和摄制表。这些工作主要是导演的工作。

一、市场调研

从动漫商业化大环境的角度上来说，动漫作品实质上就是为了受众而创作的并非是单纯的个人艺术行为。忽视受众的存在，轻视受众的审美水平而创作出的动漫作品势必将失去受众，进而成为死循环。因此，只有了解受众的生活方式、兴趣爱好等心理需求之后，才能够针对不同类型的受众需求进行创作，然而，这并不等于要一味地迎合受众。动漫作为一种综合艺术形式的体现，必须有超前于受众的认知，敏锐地把握社会、时代背景下的潜在需求，从而发现并把握市场卖点，才可能直接切入创意的核心。

重点提示 Importance

在进行动漫创作之前，必须从市场角度出发，挖掘具有市场竞争力的创意点。选择什么样的角度进行创意，应该首先考虑事件本身所具有的挖掘潜力，包括事件的社会影响力、煽情程度和娱乐性等要素。可以说，创意点是动漫作品的核心元素。抓住一个好创意点，实际上就抓住了动漫作品成功的关键。因此，在创作之前必须经过精心的市场调研，把握市场的走向，才可能开阔创作思路。

动漫虽然是大众艺术，但是面对不同受众群体所具有的不同人生观、价值观，单一的动漫类型势必不能满足所有受众的审美需求。1953 年，日本动漫大师手冢治虫认识到动、漫画应该按照不同的受众群制作不同的动漫作品，并且推出了第一部少女漫画《蓝宝石王子》。从此，日本漫画开始按照受众的年龄、性别、职业不断细化，派生出了儿童漫画、少年漫画、少女漫画、青年漫画、女性漫画和成人漫画。儿童漫画以 6 ～ 11 岁的儿童为主要读者对象，内容简单易懂，如《多啦 A 梦》、《樱桃小丸子》等；少年漫画以 10 ～ 11 岁的少男为主要读者对象；而少女漫画则以 10 ～ 11 岁的少女为主要读者对象；青年漫画是以 11 ～ 25 岁的青年男子为主要读者对象，与少年漫画相比，青年漫画中夸张和超现实的成分相对减少，有更多成人化的元素，内容多表现上班族和大学生生活；女性漫画则是以超过 20 岁的女性，尤其是家庭妇女和上班族女性为主要读者对象的漫画；成人漫画封面上标有特定标志并且为塑封包装，多在专门商店销售，不得出售给未成年人。

（1）受众需求决定内容创意

如今的动漫消费已经充分体现了市场经济的特征，受众的需求已经成为动漫创作的风向标。动漫内容创意如果没有满足受众的不同消费层次，注定不易在市场中占有一席之地。内容创意必须符合不同时代的生活方式、审美习惯和价值取向。《铁扇公主》创作者有意识地将这部作品处理成为一幕动画寓言，它在原著的基础上进行了大量改编创作，将影片的高潮部分处理成万众一心，共同战胜牛魔王。整部片子不但为在日军包围的恐惧生活中的上海民众带来欢快享受的同时，也表达了坚持抗击日军的积极主题，并预示了正义必将战胜邪恶的坚定信念。

万籁鸣说：“我们有意曲折地用打倒牛魔王作为借喻，反映出影片的主题，那就是全国人民联合起来对付侵略者，争取抗战的最后胜利。”

（2）受众类型影响内容创意

从动漫的发展史上来看，动漫自诞生以来都以其丰富多样的视觉风格，充满想象力的表现形式，成为深受不同受众喜爱的娱乐方式。一直以来，中国动漫在内容创作上一直徘徊于两个极端，一个就是动漫受众以儿童为主，题材长期以来局限于童话、寓言、民间传说以及少量的科学幻想主题。这主要是由于中国在 20 世纪 50 年代以来，动画片创作的服务对象主要是针对儿童，动画作为学校教育的辅助手段。这一原则忽视了儿童受众由于年龄的增长而产生的新的受众群体，将大多数成人受众排除在动画城堡之处。此外，这一时期过度追求动画的艺术性，忽略了动漫阅读、消费习惯的培养。动漫大国日本也正是经历了第二次世界大战后近 50 年的时间才培育了一个几乎覆盖所有年龄段的动漫受众。

随着受众群的更加细化，内容题材也不断丰富起来。儿童动漫、少年动漫和少女动漫、青年动漫、女性动漫和成人动漫的科学划分，使动漫的主题内容针对不同受众的年龄、性别、职业等差异创作出深受受众喜爱的多元化主题。神话、科幻、运动、现实、恐怖推理、历史和童话等题材的交叉影响，使动漫题材不断呈现出多种多样的形态。

（3）受众心理影响内容结构

受众心理的形成是由不同地域的自然环境、民族的生活习惯和文明的审美指向等综合因素决定的。每个民族都是按照自己的不同风尚和不同规则，创造他们所喜欢的故事情节。中国的古典悲剧通常是以大团圆结尾，使观众在审美心理过程中有一个安慰性的终结，这是根据受众的心理需求而精心安排的。

《大闹天宫》的结尾就是根据受众的心理模式，抛弃了原著中孙悟空被如来佛压在五行山下的“悲剧”结局，改为孙悟空踢翻八卦炉，拿起金箍棒，打上凌霄宝殿，玉帝也狼狈逃走，孙悟空得胜重回花果山，重树齐天大圣旗幡，与众猴过着快乐的生活。这样的改编就是创意的具体表现，不但使孙悟空的形象格外丰满和完整，同时也使观众的心理得到了极大的满足和愉悦。

小知识 Knowledge

市场调研的流程：明确研究目标→设计调研方案→调研问卷设计→实施调查数据分析→撰写报告。

二、调研分析

动漫市场调查是指对与动漫创作生产有关的市场信息进行计划、收集和分析的过程。简单地说，就是通过相关的调研方法寻找“创意点”。同时根据市场调研的相关结论，选择具体可行的目标、市场策略以及抽象的创意理念。

策划是做一部动画片前的准备工作，包括举行策划会议和制作方案会议。

策划会议就是把动画片的投资人和动画公司的决策人、导演以及将来负责要把这部片子卖出去的发行公司，甚至玩具制作商等相关的人员都召集在一起，讨论要怎么样做这部片子、怎么样发行这部片子、有没有周边的商品可以开发等，当然最好的结果就是把片子做得又好看、又赚钱。需要有不同专长的人在一起进行规划，片子才能做成功。

重点提示 Importance

市场调研的结论

市场调研的最终目的是为动漫创意提供直接的市场数据，从而确定或者调整动漫作品的市场定位，市场调研的分析结果直接关系到动漫作品的成败。在此阶段，我们主要把通过各种途径收集到的所有关于动漫市场的相关资料进行归纳整理，发现动漫产品在市场上面临的问题与机遇，从而使创意点不至于偏离市场轨道，为后续的具体创意工作提供明确可靠的创作依据。

三、关于策划书

策划书在这里是指动画影片策划书的简称。在完全写出剧情结构和细节之前，要尽量表达出这部片子想要给观众留下什么样的印象。赞助商们或政府有关方面的决策者喜欢收到这种写得好的策划书。但它同时也会导致一些问题，如您不知道自己正在描述的这部影片以及它的叙事方式是否能引起共鸣或产生共识。因此您必须同时画一个实用性的故事板与策划书一并呈上，这样要比一份假定性的策划书更可能被人理解。

小知识 Knowledge

动画片的筹备策划包括以下项目：

- 企划草案：是指最初提出的故事原形或故事思想和表述特色的文稿。
- 市场调查：是对该故事可能占据的市场份额、观众兴趣度的调查统计以及数据整理和市场前景分析。
- 市场预测：指对影片的销售利润、观众指数、市场份额、发行销售量等作出预算并对制作费用、利润回收周期、延伸产品市场效应及利润等做出的预算。
- 市场定位：即确定观众群，制定市场细分划分，分析延伸产品的投放类、投放时间，以及指定营销策略和战术。
- 版权注册：是通过法律途径，取得故事原作的使用权、发行权等权限；通过注册取得影片角色等的独家版权；通过批准取得影片的播映权和出版权等。
- 创意定位：确定制作中要表现的思想内涵、对影片将采用的人物造型特点和场景设计特点等一系列的模式进行定位。
- 风格确定：确定影片的风格特点，如将影片绘制成为写实类型还是可爱类型等；确定影片制作手法、角色的动作特点和要求等，如将影片制作成木偶片、粘土片、三维动画、二维动画或是剪纸片等形式。

重点提示 Importance

一份策划书其实就是一份销售文件，它应当抓住你未来影片创作的灵魂，而不要写进太多细节，要强调重点，其余的都可以一笔带过。

给策划书加上插图是影片中的主要角色，可以是草图，也可以是标准造型。

制作会议——在前面的策划会议当中，其实也要把一些制作的基本方向计划出来，然后再由动画公司召开技术、进度和设计方面的会议。

故事梗概——用简练的语言描述整个故事的概貌与主要情节线索，其中包括剧本的 5 个要素：什么事、谁是事件的核心人物、在什么地方发生、什么时间以及为什么。

导演阐述——是动画片导演向投资人或者监督机构提供的创作意向书，它的主要内容应该是导演对未来影片的创作意图以及艺术效果的设想。包括剧本的主题立意、故事核心、实施手段与方法等。 要求语言简练，意图明确，并具有说服力。

3.1.2 前期制作阶段

导演从接受剧本，组成摄制组，到进入创作酝酿、准备，最后到正式开始绘制为止，这一过程为动画摄制的前期筹备阶段。主要工作内容包括以下几个方面。

一、研究文学剧本

对于所有影视作品而言，文学剧本都是重中之重、万流之源，影片质量的好坏很大程度上取决于文学剧本。因此，选择和确定一个剧本投产，是一项慎重的决策。

剧本通常是由制片人委托专人组稿、推荐，经有关专家研讨、策划，由制片人做出录用决定。导演接受剧本后，必须组织主创人员对剧本进行反复讨论研究，归纳意见，统一认识。

小知识 Knowledge

文字剧本与分镜头剧本区别：分镜头剧本是导演的工作，里面会细致地把摄影机的角度、镜头术语等拍摄时具体设计都写出来，而文学剧本是编剧的工作，不必告诉导演拍什么、如何拍，而是要“逐个场地，逐个镜头”的写剧本。

任何影片生产的第一步都是创作剧本，但动画片的剧本与真人表演的故事片剧本有很大不同。一般影片中的对话是表现剧情的重要形式，而在动画影片中则应尽可能避免复杂的对话，而是用画面表现视觉动作。最好的动画通过精彩的动作获得观众的喜爱，由视觉效果来激发人们的想象。剧本是动画作品以概念设计通往实体作品的桥梁。一切演艺界无不认剧本为一剧之本，它是所有影视作品的基础，其优劣取决于作者的素养及对影视特性和社会生活的熟悉程度。

小知识 Knowledge

剧本的格式不同于小说。剧本是分场来写的，小说是分自然段来写的。

所谓场，是指同一地点，同一时间为一个场面，随着时间地点的变化，场面也就不断转换。

第一行：场号（第几场）：概括的介绍这场戏的时间和空间、时空的类别（拍摄需要分日景、夜景；内景、外景）

例：1. 阳光灿烂的海面上，一艘小轮船摇摇摆摆的漂浮着。小船的甲板上。日、外

第二行：人物的基本状态和动作

例：2. 爸爸悠闲地坐在船头的小凳子上，他身旁放着鱼杆和水桶。

动画是电影的类型之一。一部影片，如果没有好的剧本为依托，就是有出色的导演及一流的演员也无济于事。动画作品也是这样，如果没有优秀的剧本为先导，即便是有超前的动画制作技术，也很难制作出生动、活泼的动画片。

在任何一个动画项目中，故事都是最重要的组成部分。忘掉技巧、忘掉图形、忘掉画稿，就是故事。只要处理好故事和故事中的角色，其余的一切就都会各就各位。不论是哪种类型的电影，首先要做的就是摸索剧中的角色并关注发生在他们身上的事情。

动画剧本应具有影视门类作品剧本的共同优点，但它还特别应具有自己的特点，那就是动作性强、生动有趣、富有想象和夸张的特色。动画剧本创作能否成功，还取决于作者的形象思维能力和逻辑思维能力。其表述与结构，则要求精炼严谨，要有很强的视觉形象感。完美的剧本，观赏起来就像一组活动的画面，可以激发起人们丰富的想象和创作激情。因此，剧本是动画制作的基础。

二、撰写导演阐述

导演对剧本的主题思想、人物性格和剧情结构进行全面的理解和构思之后，写出自己对剧本在艺术处理上的导演阐述，说明导演的创作意图，从而使摄制组的创作人员在进行创作构思时有据可依。

三、文字和画面分镜头台本

分镜头台本是导演根据文学剧本提供的艺术形象和情节结构，按电影逻辑把文学剧本分切成为连接的镜头。每个镜头要依次编号，写出内容和处理手法。分镜头的英文名是 Story board，是制片前对镜头画面的设计。一般来说，分镜头设计是从镜头组织角度对动画文学脚本的分解和编码。

画面分镜头是把文学分镜头加以形象化，画出每个镜头的画面。画面分镜头是动画设计、绘景、摄影和作曲的工作蓝本，因此，必须确定每个镜头的构图、人物位置、长度、规格以及拍摄处理。

完成了分镜头设计方案（分镜头剧本、台本），摄制一部动画片才有了工程操作的设计蓝图。根据剧本中的提示，对画面中的构图、镜头分切、场景变化和镜头调度等方面，要以较直观的图示做出视觉形式的表现。另外，还要有相应的文字提示，例如，时间的设定、动作的描述、镜头的转换、对白和音效等各种方式都要用文字作补充说明。画面中的分镜头故事板也是导演用来与全体创作人员沟通的桥梁，是一部动画片中的标准。

通常情况下，分镜头设计方案的提出者就是一部作品的导演。分镜头剧本不论对前期的制作，还是对后期的声画结构、声音创作和画面剪辑等，都具有十分重要的作用。它集提示与依据为一体，为创作人员提供了丰富的想象空间，有利于他们主动调动思维来实现各自的艺术构想。导演也通过分镜头设计方案的贯彻执行及反馈信息，及时修改后再执行，来实现对全部作品艺术质量的总体把握。

根据剧本，导演要绘制出类似连环画的故事草图，也叫分镜头脚本，将剧本描述的动作表现出来。故事板由若干片段组成，每一片段由一系列场景组成，一个场景一般被限定在某一地点和一组人物内，而场景又可以分为一系列被视为图片单位的镜头，由此构造出一部动画片的整体结构。在绘制故事板的各个分镜头的同时，作为其内容的动作、对白的时间、摄影指示和画面连接等都要有相应的说明。一般来说，30分钟的动画剧本，若设置400个左右的镜头，则需要绘制

约 800 个图画的故事板。

练习用镜头画面讲故事，练习思考与描述一个事件的发生过程，如需要几个场面、每个场面需要几个镜头阐述、事件与几个人物有关、几个情节动作；练习从不同角度描述一个场景，如一个角度描述几个动作瞬间、几个视点描述一个动作、一个视角描述几个景别。

还要编制摄影表。摄影表是导演编制的整个动画制作的进度规划表，以指导动画创作集体中各方人员统一、协调地工作。

四、人物造型和背景设计

在导演领导下，由美术设计具体创造出动画片的造型艺术风格。

动画片是通过绘画表现出来的，观众也从美术的角度要求动画片塑造美丽生动的造型和新颖的风格。因此，美术设计在前期筹备阶段是要付出艰巨劳动的。

每一角色的造型要画几种角度的姿态和不同的表情以及全部角色的比例图和彩色稿。每一场景都要画出一张标准的气氛图。

五、先期音乐和先期对白录音

为了更好地表现强烈的动作节奏感和音色夸张的对白效果，可以先录音乐和对白。从录音素材中算出速度格数，作为动作设计掌握节奏的依据。

先期音乐就是作曲在筹备期间与导演、动作设计共同研究，确定动作节奏，写出乐谱，请乐队演奏录音。同样地，遇到需要先期对白的动画片，也必须在前期筹备期间把对白录制好。

六、进行动作风格试验

动画片中往往一个角色要由好几位动画设计共同完成。为了更准确地统一对角色的性格特征、动作幅度和动作节奏等的具体掌握，在正式绘制开始前，必须进行镜头动作试验，从银幕效果方面来商定一个统一的标准。

七、摄影试验

摄影试验指试验底片性能及拍摄条件，试验人景合成画面拍摄后的色彩效果。试验得出的标准要和洗印部门共同鉴定，定出拍摄条件，作为正式开拍的标准条件。

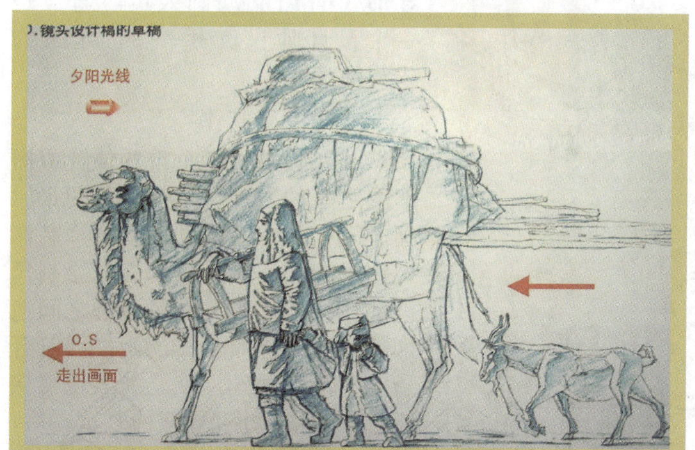

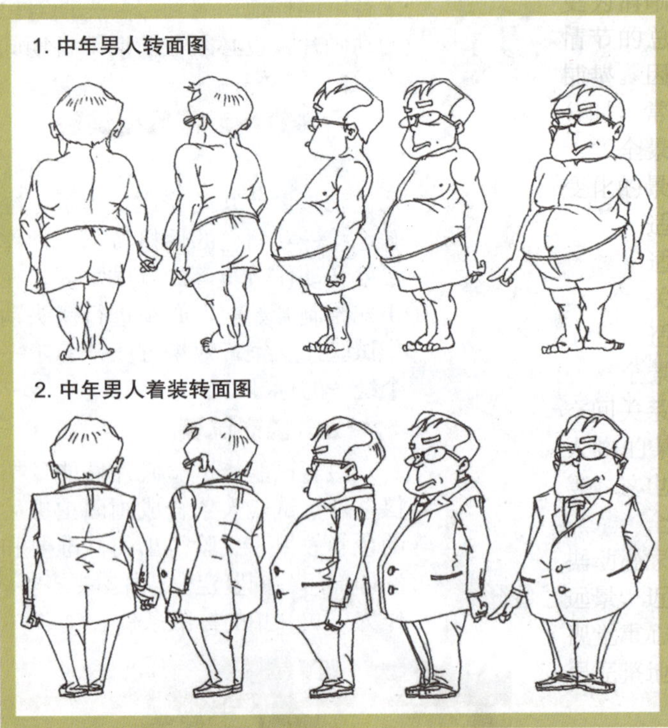

3.1.3 中期绘制阶段

在中期绘制阶段，导演向全体工作人员讲解分镜头内容，阐述导演创作意图。这个阶段主要有 5 件事情要做，分别是原画创作、中间画创作、背景绘制、誊清、描线以及着色，这些工作主要是原画师、动画师、背景师和描线员等的工作。

1. 原画创作

原画师接受导演分配的镜头任务后，根据导演意图构思动作，分析动作，然后设计出每个镜头的关键动作，填写好摄影表，经导演审查后交动画人员。通常是一个设计师只负责一个固定人物或其他角色。

2. 中间画制作

中间画是指两个重要位置或框架图之间的图画，一般就是两张原画之间的一幅画。助理动画师制作一幅中间画，其余美术人员绘制角色动作的连接画。在各原画之间追加的内插的连续动作的画，要符合指定的动作时间，使之能表现得接近自然动作，并经导演检查审看后，再通过镜头。

动画设计接受导演分配的镜头任务后，根据导演意图构思动作，必要时还可与动画员一起排戏、分析动作。动作设计按照美术设计提供的设计稿中的形象、构图和运动路线来设计每个镜头的原画（关键动作），填写摄影表，经导演审看后交动画员加动画。动画加完并经过检查后，拍成铅笔稿样片，看银幕效果，由导演审看，通过镜头。

3. 背景绘制

根据美术设计提供的背景设计稿，绘制全片背景。每一个镜头要画一幅背景。背景绘制时要注意风格的统一，每场戏的色彩气氛要统一，每幅画面要保持清洁。

凡是要和人物对景描线的镜头，背景必须先画。

凡属推、拉、摇、移、多层次拍摄镜头的背景，要和动画设计师、摄影师事先把处理方案研究好，才能绘制。

4. 描线

描线的任务就是逐张地把动画纸上的人物丝毫不差地复描在化学板上。由于最终观众看到的是描线的线条，所以描线的线条必须匀挺、流畅、准确，不能漏线、跑形，要保持清洁。

5. 上色

根据美术设计定出的标准色样和标出的号码，在描好线的化学板的反面上色。上色颜料要涂得厚度适当、均匀，上色时必须对准描线的轮廓，不得出边、漏缝。

6. 校对

根据画面分镜头台本和摄影表的要求，对上完色的镜头画面进行检查校对。具体检查、校对的内容如下：

（1）检查描线、上色质量。

（2）检查是否缺少张数。

（3）检查每个镜头所规定的拍摄条件是否准备好。

（4）校对人物和背景的合成关系是否准确无误。

（5）经过校对的镜头，再由导演审看，然后拍摄。

7. 完成全片的拍摄任务

摄影师根据分镜头台本和每个镜头的摄影表注明的条件对校对过的人景合成镜头进行拍摄。动画片摄影是逐格拍摄的。凡属特技镜头，由摄影师负责特技处理拍摄。

3.1.4 后期制作阶段

从拿到全部工作样片开始到出标准拷贝为止属于后期阶段，主要工作内容包括以下几个方面。

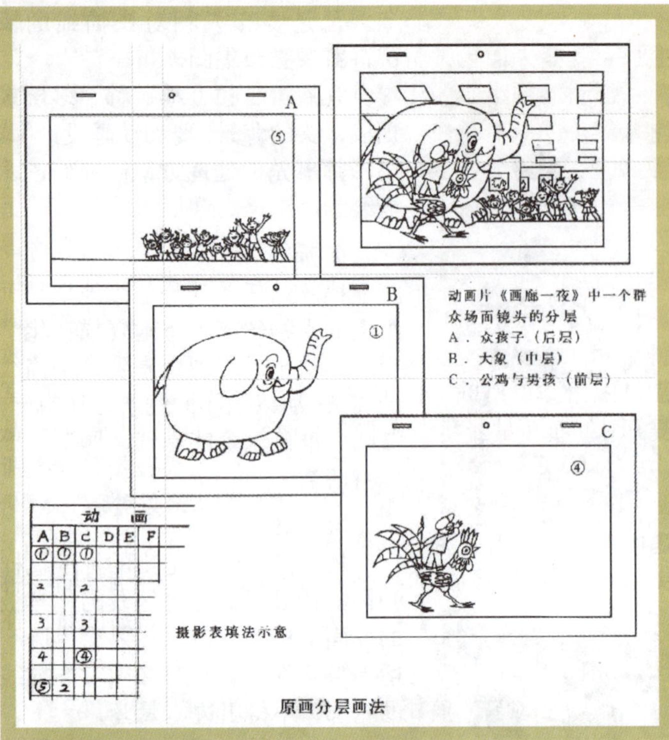

1. 样片剪辑

样片剪辑由导演和剪辑负责。先把每个镜头的样片按次序连接起来，在连接过程中，导演要根据剧情发展的节奏和动作的联系，运用电影的“蒙太奇”手法（即电影艺术结构上的处理），把这些片断的样片进行调度和剪裁，达到预期的艺术效果，这是导演在艺术创作中的一个重要环节。

2. 后期录音

全片剪辑结束，导演就可以着手进行录音工作，录音包括音乐、对白和效果。

作曲根据影片的分段内容写成分段乐谱。录音时，乐队指挥要对着样片指挥演奏，现场实录。

录对白也是先把有对白的镜头分段剪下来，配音演员对准人物动作、口形进行现场实录。

效果录音主要是录制影片中有音响效果的声音。

在所有音响效果选定并能很好地与动作同步之后，编辑和导演一起对音乐进行复制，再把声音、对话、音乐、音响都混合到一个声道上，最后记录在胶片或录像带上。

3. 双片鉴定和混合录音

将各声带片与画面样片同时放映（即声画对放），进行双片鉴定，若无修改意见，就进行混合录音，把音乐、对白、效果混录在一条声带上。在混录过程中，可以调节各条声带的音量，使音响效果完整、协调。

4. 底片剪接

将剪定的工作样片连同剪接单送底片剪接室进行底片剪接，俗称套底。底片剪接必须与样片一致。

5. 校正拷贝和标准拷贝

底片剪接好，洗印车间就可以把混录的光学声带和画面底片合起来印出校正拷贝。所谓校正，就是在样片基础上，把画面色彩再进一步调整校正，力求达到原稿的色彩要求。

校正拷贝印出后，通过有关审核，确定洗印标准，印出标准拷贝。

我国中央电视台青少部主任梁晓涛在他的文章《国产职业事业发展中的几个问题》中将目前中国职业片创作与制作的全程比喻为一条鱼，鱼头为前期创作（包括剧本、美术设计、动作设计、导演、文字分镜头及画面分镜头台本等），鱼身为中期制作（包括设计稿绘制、原动画绘制、背景绘制、描线上色及拍摄等），鱼尾为后期制作（包括剪辑、作曲、演奏、声效、配音及合成等）。梁晓涛说：“很遗憾，我国动画的创作和制作恰如中间粗两头细的鱼一样，前期创作和后期创作薄弱，而中期制作倒已经与国际标准相接轨。”前期与后期创作的薄弱严重影响我国动画片的品质，阻碍我国动画片顺利进入国际市场。

从前面的内容中我们不难看出，传统的动画制作，尤其是大型动画片的创作是一项庞大的集体性劳动，创作人员的集体合作是影响动画创作效率的关键因素。一部长篇动画片的制作需要许多人员，有导演、制片、动画设计人员和动画辅助制作人员。动画辅助制作人员是专门进行中间画面添加工作的，即动画设计人员画出一个动作的两个极端画面，动画辅助人员则画出它们中间的画面。画面整理人员把画出的草图进行整理，描线人员负责对整理后画面上的人物进行描线，着色人员把描线后的图着色。由于长篇动画制作周期较长，还需专职调色人员调色，以保证动画片中某一角色所着颜色前后一致。此外，还有特技人员、编辑人员、摄影人员、生产人员和行政人员。当然如果是做计算机动画可以省去很多步骤，如今的计算机动画甚至可以由一个人或几个人来完成。

3.1.5 制作背景资料

我们所看到的动画片并不是光靠绘画来完成的，它和电影电视一样，有着明确的分工。下面这些在动画影片中出现的名词都是动画不可或缺的分工环节。动画电影是一个以绘画为基础的特殊片种，是一门综合艺术，需要文学、绘画、音乐、表演、摄影、合成等艺术部门共同创作完成。这就形成了动画电影不同的岗位群，每个岗位又有相应的具体任务和严格的工作条例。

- 制作：投资商或是负责人的名字。
- 制片：负责联系投资方、广告等各个方面的部门。其中部分岗位细分化如图 3-1 所示。

CARTOON

头衔	职责描述
监制	此人可能是策划人和项目跑腿人，他对项目的创造性部分有很大的发言权；此人也可能是促成交易的人，在项目的策划方面只有很少的或者没有发言权。根据制片公司和作品格式的不同，这一头衔也可能只是给该项目中的某个重要人物的一种称谓
制片人	此人负责运作项目、制定预算和进度表、聘用关键人员以及跟踪和维护从任务开始到交付作品的制作进程。制片人在项目的创意方面通常有很大的参与权和发言权。资金往往掌握在此人手中
执行制片人	该头衔的含义有时候和制片人相同（具体情况取决于所在的制片公司）但执行制片人通常是负责预算和进度表的制定与维护。根据制片公司的需求不同，执行制片人在项目的创意方面往往没有太多的参与权

◇图3-1

- 原作：如果动画出自改编小说或漫画作品，这些被改编的小说和漫画就是原作。
- 导演：一部片子的成败全靠他。导演必须将所有的镜头组织成一个连续的整体，掌握每个镜头的长度和时间。另外，节奏、情节的安排都是导演要做的。导演要能预先看出所要得到的效果，这样在心里有底的情况下，才能进一步去把握所要得到的效果，导演还必须经常检查制作进度和与原先的设想是否有出入。动画不像电影那样可以在拍摄完成后再剪辑，动画的制作比较耗费时间精力，所以要求每镜有多长时间，原画就要画多长时间，这需要导演的全盘指挥。
- 分镜：将文字脚本可视化，绘制标明角色的位置、镜头的推拉摇移、角色台词、音效、背景音乐及每镜的时间等，常由导演本人完成。
- 放大稿：根据分镜头来制作每一镜的构图并表现出要求的效果，一般由原画来担任。

- 角色设定：人物造型设计。
- 机械设定：机械造型设计。
- 背景：画面背景设计。
- 音乐：作品配乐作曲。
- 原画：根据角色设定和分镜放大稿来绘制每镜中角色的动作。这个环节对原画的绘画水平要求极高。原画只需画出动作的关键位置与动态。有人说原画就好比演员，原画需要把一个角色造型画活。在一个原画进行绘制前，往往都要去想象角色要做的动作是什么样子，必要时还要刻意地去模仿一下，这样更有助于理解角色的动作。原画尤其需要了解人体结构等美术知识。动画加工人员只要能熟练掌握动画的规律即可。一般动画分为全动画和半动画：全动画要求细腻、流畅，如《千与千寻》；而半动画就要简单得多，少的时候只有眨眼而已，要不就是口型动画，现在播出的很多动画片都属于半动画，没有复杂丰富的动作，完全靠镜头及情节来出效果，如《多啦 A 梦》。
- 描线：专门负责把原动画的草图描成正稿，要求有很好的线条把握能力，同时也担任修型的工作，这是很重要的，如果型不准的话，那么画出的动画就会不堪入目。一般来说，修型人员都是具有扎实的绘画功底的人。
- 动检：检验一套动作是否符合要求，通常是很有经验的人来担当。在比较小的公司工作室里，动检的工作一般由原画来担任。这样做也可以最大限度地接近原画所要的动作效果。
- 色指定：详细指定画面的各个部分的颜色。
- CG 制作：就是计算机绘图，但不一定是 3D 的。
- 编辑：负责把每镜的动画连续起来。
- 后期：负责后期特效的制作和成品的输出工作，这时一部完整的动画才算结束。

以上是一些比较正规的动画公司的制作过程，而小工作室完成一部动画就可能会省去很多工序，有时一人要身兼导演、原画和动画等数项工作。

剧本编写

对于所有影视作品而言，文学剧本都是重中之重、万流之源，影片质量的好坏很大程度上取决于文学剧本。

一切 Flash 动画作品的制作都必须从剧本创作开始。一个充满生命力、创造力的剧本是制作的基础。剧本是灵魂，没有好的剧本，技术上再怎么精良的动画作品也会显得死气沉沉、机械、不耐看。所以，剧本的好坏，对于整个 Flash 动画是否成功将起到至关重要的作用。

剧本通常是由制片人委托专人组稿、推荐，经有关专家研讨、策划，由制片人做出录用决定。导演接受剧本后，必须组织主创人员对剧本进行反复讨论研究，归纳意见，统一认识。由于分镜头台本是根据脚本的内容来定的，而脚本又从剧本而来，因此在写作剧本时，就要先考虑好各个故事情节之间如何穿插、起承转合，采用抑扬顿挫、张弛有致等技巧加强剧本叙述节奏的生动性。这不仅关系到故事情节的表达，对将来脚本及分镜头台本的制作也是至关重要的。

文字剧本通常围绕场景、动作和对白等交待故事内容。最后，根据制作会议决定的方案，银幕作家开始编写分镜头文字剧本。分镜头剧本需要对每一场戏从不同角度与距离描述一个或几个重点，对人物出场方式、环境和状况的交代都要自然流畅、合情合理。一个场景可以用一个镜头来表现，也可以用若干镜头表现，主要根据叙事的需要而不是别的。对白要准确地体现角色个性，与角色的外部特征相符，尽量提供形象化的文字描写给故事板绘制者。若是历史剧，要考察服装、道具、建筑及自然物的特征后尽量将形状特点写出来。

3.2.1 剧本的来源

一、剧本的来源

1. 原创

所谓“原创”是相对而言的，完全纯粹的原创几乎是没有的，因为我们的艺术创作都是从身边的生活中来的，而身边接触的东西必然多少带有别人的经验的印迹。我们需要从生活中汲取灵感，其中包含有自己的体验或收集到的间接经验，这也是具有“真”的感人的基本前提。

在那些介绍有名的动漫家的文章中，我们能发现动漫家们都是注意观察生活中的细节的，有许多故事情节是受到生活启发的。

2. 改编

在动漫的剧本创作中，改编这种创作手法就是根据原著重写，有可能是把一个已有的故事或名著改成具有本国特点或融入现代感的新故事，往往改变了原著的体裁，当然其基本情节和结构是大致不变的。例如，筱原千绘的《天是红河岸》的创意就完全套自《尼罗河女儿》。

3. 移植

移植是把已有的名称或情节运用到其他的故事情节中去，或者把已有的故事的一部分补在另一个故事中，使它们具有新的含义。例如，鸟山明的《七龙珠》中的“孙悟空”这个名称虽来自中国的《西游记》，但是它与原著中的形象和情节已大相径庭了。

虽然分了 3 种方法，但在实际应用中，这几种手法是相互融合渗透的，不必生硬地拘泥于某种方式。

如果想要在一部 Flash 作品中表现极其真实的纪实观感，就不应该使用一些与纪实情节的原则立场相违背的反现实喜剧情节与对白。即使 Flash 创作者想到的情节多么精彩，但只要干扰了整个作品的内涵和主要表现路线，就必须将其减弱或消除。

总之，要制作一个好的 Flash 卡通作品，创作者必须调整好各种情节的位置。冒然突出某个局部情节，会破坏整部作品的完整感。这样的结果是局部的精彩反倒减弱了整个作品的精彩程度。在创作 Flash 卡通剧本时，创作者必须时刻注意把握整个剧本的动向，使整个作品的情节趋势不要走上歧途。

二、动画片构思的参考要点

首先要明白剧本不等于小说，写小说和写剧本是两码事。要想写好动画剧本，就必须懂得剧本的基本知识、理论以及动画电影的规律。

简单来说，要写好一个动画剧本，首先要构思好故事走向、人物关系、情节高潮和主题思想等。美国的好莱坞有一套编剧规律，即开端、设置矛盾、解决矛盾、再设置矛盾，直至结局。中国也有自己的编剧规律，即起、承、转、合。

（1）动画作品要表达的主题必须鲜明

小知识 Knowledge

原创剧本应注意的几点如下：

- 要注意故事的结构。故事的局部和要素必须在一定的指导思想下，经过思考进行组织、搭配、整合等处理，使之成为一个有机的整体，而且所有要素之间相互作用于这个整体，并表现出一种活力，才是有生命的。
- 要注意故事的节奏。节奏就是变化和谐的组合，是一篇故事中非常重要的组成部分。故事中各个段落之间、情节之间都存在着轻与重、强与弱、快与慢等各种变化，对这些变化有意的处理，就是节奏的控制。
- 要注意故事的力度。一是主要人物自身的对比；二是强化对手。
- 要注意故事的趣味性。要认真安排情节，发挥充分的想象力，制造更多的“搞笑”和“煽情”的效果，创造出无重复的趣味性情节。
- 要注意故事的悬念性。要吸引观众的注意力，猜是一个关键。要让观众一直处在猜测结局当中，但故事全是观众猜不中的东西，他们也会失去兴趣。因此，猜不中必须是既在情理之中，又在意料之外。

动画片和其他艺术门类一样，无论是52集连续动画片或90分钟的影院动画长片，还是几分钟的动画短片，都要表达一个鲜明的主题，这就是要让观众理解作者心中表现的意图和作品的重点是什么。

（2）作品要有一定的原创性

艺术动画片的风格设定贵在有新意。动画片既是工业化的产品，也是在市场上可以流通的商品，同时还有很重要的一点，就是它是艺术品。在动画短片或实验性的动画片中，动画片的艺术属性体现得最为明显、充分。动画作为艺术品，首先的条件是它具有一定的创造性，并不是纯粹的模仿和简单的复制。这种创造性主要表现在作品的内容和形式两个方面，而一部动画片艺术风格的设定是否具有一定的创造性，能否充分反映一件动画作品艺术价值的一个重要方面。在近百年的动画发展历史上，凡留下姓名的动画家们，尤其是独立制作的动画艺术家们无一例外地在留下他们优秀作品的同时，也给世人留下了他们在动画片中表现出的鲜明和独特的艺术风格。

动画作品是一项艺术创作活动，它的特点是要有一定的原创性，即并不是完全模仿和照搬别人的东西，而是要表现和发挥出作为一个动画艺术家的与众不同的个性来。其实，这就要求动画家要思想活跃、不断创新。

（3）作品的基本故事或情绪构架一定要合理

主题鲜明才会使作者的作品脉络清晰并贯串始终。作品的脉络清晰包括故事情节和情绪变化等，观众通过这些可以充分了解和感受作者的创作思想。

（4）作品的艺术风格与内容必须相统一

形式和内容的完美结合是一部动画片得以成功的必要条件。动画片的内容和形式的设定与动画片的观众有着密切的关系。因此，当为儿童创作一部动画片时，它的内容和艺术风格就一定要考虑到儿童这些特殊观众的需求。

（5）动画片中艺术风格与绘画造型艺术联系紧密

我们看到许多绘画、雕塑等艺术手段被直接运用到了动画片中。除了近些年来发明的三维动画外，动画片的艺术风格和手段几乎都是从造型艺术中移植而来的，如我们所看到的水墨动画、木偶动画等。当然这种移植是极富艺术创造性的。

但有一个现象我们必须看到，即并不是所有的艺术形式和手段都能被动画片广泛采用。

如水墨动画片、油画动画片等是十分有特色的，但被动画连续片采用的却不多，尤其是在半小时以上的动画片中更是极为少见。这里涉及到的问题是，人们要考虑动画片的制作特点、制作成本核算和周期等问题。从理论上讲，应该没有什么艺术形式和方法是不可以应用到动画片中来的，但事实是，在一般动画片的制作中，尤其是在商业性的电影、电视动画片的制作中，其风格越适合于群体参与的就越被人们普遍采用。例如，传统的二维动画一直是被动画片广泛采用的，尤其是我们所熟知的“单线平涂”的二维动画，其风格特点就十分适合于动画片制作的流水作业和群体参与。这就给动画片的制作者们提供了一个专业分工的机会，使他们通过共同协作来创作完成同一部作品，这样可以大大地缩短制作周期和减少制作成本。因此，这种风格尽管很单调，但也还是一直被一些动画片，尤其是商业性强的动画片所采用。

三、注意的问题

1. 切忌将写剧本变成写小说

剧本写作和小说写作是两件完全不同的事。写剧本的目的是要用文字去表达一连串的画面，要让看剧本的人看到文字就能够实时联想到一幅图画，将他们带到动画的世界里。小说就不同，它除了写出画面外，还注意角色内心世界的描述，这些在剧本里是不应有的。

2. 切忌用说话去交代剧情

剧本里不宜有太多的对话，否则整个故事会变得不连贯，缺乏动作，观众看起来就像听剧本一样。只适合于读而不适合于看的不是好剧本。

3. 切忌故事有太多的枝节

写剧本时，不要把枝节写得太多，在枝节中有很多的角色，穿插很多的细节，会使故事变得复杂。观众可能会看不明白，不清楚作者想表达什么主题。

其实写剧本有一句格言——越简单的故事就越好。例如，电影《泰坦尼克号》只是讲一艘大船下沉，而下沉当中男女主角产生了爱情。其他经典的电影也一样，能够简单到报纸短评用短短几十个字就能讲出故事大纲。

4. 可行性原则

可行性原则就是指我们创作者在选题时，要根据自身的知识面和经历选择可以把握的主题。例如，若我们对历史不太熟悉的话，就尽量避免选择历史性题材作为创作素材。而对于初学者来说，经常是从自己身边生活中的故事或自传开始创作，因为毕竟人们对于自己还是理解得更深刻一些，而有亲身的体验与切实的思想感情的话，描写起来也更易上手一些。

重点提示 Importance

注意：

- 当要表现人物有某种想法或是有某种感受的时候，要用行为动作去表现，而不单单是把它叙述出来。
- 在影视作品当中，你无法直白的告诉你的观众你的主人公是什么性格的人，他心里又在想什么，你只能通过细节表达出来，让观众自己去判断、去感受。

3.2.2 剧本创作的方法

一、影视符号学

影视符号学对于各种电影、电视，特别是Flash动画卡通的重要性是不容置疑的。什么是影视符号学？简单地说，就是把不同事物的相同点或相似点看作一个共通的符号，以这种符号为基础，产生一些广阔的比喻联系。

小孩子在玩耍时，有时会拿起厨房里的圆盘子模仿外星人乘坐的飞碟，有时会倒出药瓶里的大量药片，假想药片就是自己操纵的军队，并用黄色的药片跟红色的药片模拟两支部队打仗的场面，进行虚拟的战争游戏。

厨房里的圆盘子和外星人乘坐的飞碟（经常被人们想象为圆形）同样都具有圆形轮廓，这种外部形状的相似性这时就成了圆盘子和飞碟的共通符号，让孩子可以认同“圆盘子就是飞碟”。大堆的药片跟军队又有什么关系？大堆的药片和军队同样是由许多个体组成的群体，这种个体与群体的关系是大堆药片与军队的表面特征，于是这种个体与群体的关系成为药片与军队的共通符号。通过这种符号，小男孩可以认同“一大堆圆圆扁扁的药片就是他想象中的军队”。

只要符合共通符号的规定范围，许多东西都可以拿来作为替代物，用来比喻或表现其他的事物，只要这些东西都具有和军队相似的个体和群体关系特征。小孩子可以不用药片来假装是游戏中的军队。他可以用一大堆小石块、一大堆火柴棒甚至一大把汤匙来假想是自己操纵的军队。

所以，影视符号学实际上是一种关系特征。动画片《千与千寻》中，女主角的父母被魔法变成了两头只知道吃喝的家猪。在这里，现代成年人对物质的贪婪变成了一种和家猪特性相似的共同符号，观众心里通过理解这个共通符号所诠释的意

义，认清了创作者的思维走向，从而和创作者产生了思想上的共鸣。

任何事件、任何物体在Flash创作者看来，都必须是一种有明确意义的符号，在场景中放置一盆1米高的植物跟放置一盆1.5米高的植物到底有什么区别？如果Flash创作者只是需要有一个"这里有一盆植物"的符号出现在场景中，随便什么样的植物都可以拿来放在场景中，而无须注意这个植物到底是什么样的植物、有什么色彩特征等。

认真思考，明确各种符号之间的关系，并能有创造性地使用符号来比喻和处理各种表演素材，是Flash剧本创作非常重要的环节。

重点提示　Importance

高潮之后，全局马上结束会给人一种突然急刹车停止的感觉，使人感到很不舒服，但如果在高潮之后结尾拖得太长，就会给人一种拖拉感，而且容易把前面的高潮冲淡，给人一种没完没了的感觉。

一般与故事的高潮同步的结局，总会在故事的高潮之后，有一个比较短的但又比较自然的延长，给观众一个感官高度兴奋之后的一种顺其自然的延续，使观众有一种回味无穷的感觉。

二、叙述与描写

1. 叙述

叙述就是把人物的经历或事物的发展过程表述出来的一种表达方式。它的主要特点是陈述的内容具有"过程性"，即总是在表现一定的顺序性、持续性或时间性。如故事的发展、人物的成长和场景的变化等，都有一个变化的过程，而在此所运用叙述的手法，就总是要反映某种过程的。

我们在叙述行文时，一个值得注意的问题是线索须清晰。文章的线索有单线与复线之分。虽然使用单线，作者易写，读者也易懂，但由于单线难以形成冲突，因而一般

都需要有两条或两条以上的线索。复线须有主次之分，以一条为主线，以另一条或几条为副线；而且，复线也有明暗之分，以一条或几条为明线，以另一条或几条为暗线。总之，线索运用得脉络分明，能深刻地揭示出主题来。

（1）顺叙和倒叙

顺叙就是按照事件发生、发展和结束的顺序来叙述，这是最基本的叙述方法，它的优点是能够有头有尾、叙述清楚，符合人们的阅读习惯，但是也容易让人感到平板、乏味，因此一般我们都会结合其他叙述方法来使用，使之生动起来。

（2）连叙和插叙

连叙是指从头至尾不间断地把一件事叙述出来，时间紧紧相连，动作环环相扣。这种叙述方式也是多与其他方式结合起来使用的。

插叙，顾名思义就是在连叙过程中，根据剧情需要暂时中断原来的线索，插进有关其他的情节的叙述。使用插叙虽然能使故事更曲折有致，更饱满，但是需要注意不可喧宾夺主，另外就是转承过渡要自然，不要令原来的主线中断了。

（3）伏叙和补叙

伏叙和补叙可以说是对应使用的叙述方式。其中伏叙就是指在叙述过程中留下伏笔以引起读者悬念的方法。因此，伏叙就如同相声里的"藏包袱"，而补叙就像是"抖包袱"了，它是对之前的伏笔予以补充、进行解说的叙述方式，以使情节完整。它们的结合使用通常能产生豁然开朗、出奇制胜的效果。

（4）分叙和合叙

所谓分叙就是对同一时间在不同地点发生的两件或多件事情，采取先叙一件、再叙一件的方法进行叙述。而合叙则恰恰相反，是将同一时间内发生的不同事件综合地进行表述的方法。

其实以上这些表述方法在实际

的写作中都是融会贯通、结合起来穿插运用的。

2. 描写

描写就是使用形象的语言对事物进行描绘和摹写，是使人产生一种身临其境、如见其人、如闻其声的感觉的表达方式。描写对于脚本的制作来说，是不太重要的，因为脚本只需要对事物定性就好了。但是对于绘制分镜头台本和美术设计等工作来说，是很重要的。在做造型、服装、道具和场景等设计工作时，设计者的灵感很大程度上来源于剧本中具体的描写文字。例如，“这个人打扮与姑娘们不同，彩绣辉煌，恍若神妃仙子，头上戴着金丝八宝攒珠髻，绾着朝阳五凤挂珠钗，项上戴着赤金盘螭缨络圈，身上穿着缕金百蝶穿花大红云缎窄裉袄，外罩五彩刻丝石青银鼠褂，下着翡翠撒花洋绉裙；一双丹凤三角眼，两弯柳叶掉梢眉，身量苗条，体格风骚：粉面含春威不露，丹唇未启笑先闻。”（曹雪芹的《红楼梦》）

很明显，这段文字对于美术设计的工作显然是很有帮助的，不仅能令人对于人物的外貌风采有了具体的整体把握，还显露出了人物的性格与内心世界。

描写分为人物描写、环境描写和物的描写等几大类。其中，人物描写还有肖像描写、行动描写、语言描写与心理描写之分。由于动漫的表现形式是诉诸于人们的视觉的特点，因而，在剧本中，是无须过多细腻的心理描写的。我们需要将故事中重要的人物、场景和物品等细细地描绘出来，这不仅令作者自己心里更明晰人物的性格或事件的特征，也为后面的美术设计打下了坚实的基础。

三、从剧本到脚本

创作好了文学剧本，我们还要将文学语言转换为恰当的视觉语言。由于决定绘制工作的分镜头语言总是表达脚本的内容的，因而在我们将剧本变为分镜头台本之前还要进行脚本的制作。脚本不需要太多的描写，但是它需要为人物、情节和场景等定性。

下面介绍脚本的构成：

小知识 Knowledge

文学剧本、脚本和分镜头台本的比较：

文学剧本是文字；而脚本是使用“视觉语法”的文字；分镜头台本是文字 + 构图草图。

分镜头台本是导演根据文学剧本提供的艺术形象和情节结构，按电影逻辑把文学剧本分切成为连接的镜头。每个镜头要依次编号，写出内容和处理手法。

画面分镜头是把文学分镜头加以形象化，画出每个镜头的画面。画面分镜头是动画设计、绘景、摄影和作曲的工作蓝本，因此，必须确定每个镜头的构图、人物位置、长度、规格以及摄影处理。

1. 人物简介

人物简介要介绍所有出场的人物，他们的简历，包括其性格特点、形态特点和着装发饰等细节，要做到尽量具体化，以使人物清晰化。

2. 背景环境

背景环境包括各场戏中会出现的场面的具体形态，如周围的环境、建筑，还需交代人物所处的地点。

3. 外化的东西

外化的东西这是指需要出现在画面中的旁白、人物间的对白、人物的内心独白以及表示声音的象声词等。

动画美术设计

3.3.1 动画美术设计的责任和作用

动画的准备工作之中，有一个颇为重要的前期工作，那就是美术设计。它是将剧本中文字描写的抽象形象（存在于人们的想象思维中）转化为具体可视的视觉形象，可以说是基于脚本文字内容的二度创作。主要工作有设定视觉语言的风格、人物造型和背景环境，甚至具体到每个道具的细节。如果说从构思文学剧本、编写脚本到绘制分镜头台本是属于“幕后”的工作，那么绘制动漫的工作就是创建对观看者直接起作用的“载体”的工作，而美术设计可以说是构筑这个“载体”的基石。因此，从某种程度上可以说美术设计的成功与否直接关系到整部动漫作品的成败。

一、动画美术设计的概念

首先，我们必须明确，“美术设计”既是一个称谓，又是相对诸如导演、原画、背景、动画、作监、动检等职位而言的一个具体的职位，同时，它在整部动画片制作环节中又是一项非常具体的任务和工作。

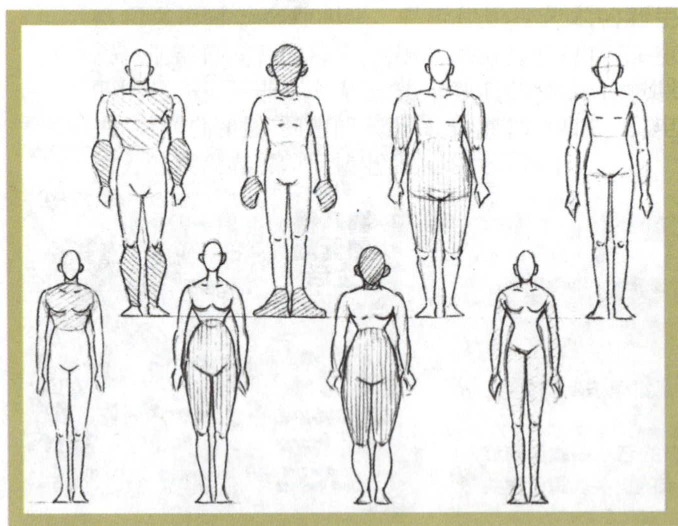

二、动画片的美术设计

如同一部故事片的主创人员有编剧、导演、摄影、美术、录音等人员一样，动画片也有特定的与之相应的主创。其中，美术设计就相当于一般实拍故事片的美术和摄影指导这两个职位的总和，因而，其所承担的责任以及在整部动画片中所起的作用都非常大，仅次于导演。

小知识 Knowledge

美术设计是一项艰苦而复杂的艺术创作工作，也是一项特殊的精神活动，又是具有创造性的劳动过程。动漫家在这一步的创作实践过程中，应当思考一些大的背景问题来宏观地把握美术设计的风格与效果，例如，它所应蕴涵的一个民族、一个时代所赋予的某种独特的精神；设计应当具有的相对的稳定性、继承性和超越时空独立存在的特性：拒绝简单的从众心理所导致的再现与摹仿等。

三、设计人员所具备的能力

（1）相应的绘画和动画知识

担当美术设计的人员要具有相应的绘画和动画的相关知识以及很强的手头表现能力，并能够运用上述能力，协助导演，完善导演的意图，将分镜头台本具体化、精确化，并调整台本的不足和疏漏。

（2）一定的摄影与表演知识

作为美术设计，还需具有一定的摄影与表演知识。即在绘制背景设计稿时，注重摄影机位和镜头景深的意识，为绘制背景的人员提供绘制的依据；在起草动作提示（POSE）时，完善角色的动作设计和表情，给原画的具体动作设计以准确的提示作用。

（3）多样的外围知识、丰富的想象力、敏锐的观察力、高超的表现力。

担当美术设计的人员还要具备丰富的外围知识和想象力、敏锐的观察力以及相应的手头表现能力。因为动画片是具有高度假定性的艺术形式，可表现的内容包罗万象，涉及的领域极其广泛，所以，外围知识、想象力和观察力等都是从事美术设计所应具备的素质。另外，仅有头脑还不行，出色的手头表现能力是做好这份工作的有力保证。

造型方法可练习用线造型法将写生素材进行提炼概括，设计结构图、比例图和转面图等多种视图。具体方法是练习一个造型的几种变体，几个造型的统一风格规范。

3.3.2 动画美术设计的具体任务

从大的方面来讲，如果是剧场动画片或动画系列片，美术设计就应分为总美术设计（也称为美术导演）和分集美术设计两部分。一般由两个或两个以上的人员担当。

一、总美术设计的任务

总美术设计的任务包括：主场景设计图的设计与绘制，即主场景色彩气氛图、人物造型以及一切在片中活动物体的设计和各个人物之间的总比例图，以及人物与各个场景的比例关系图的绘制，并协助导演根据剧本的要求，对整部动画系列片或整部剧场片确立整体的艺术表现风格，即美术设计风格。

在一部动画片中有着重要作用的主场景设计图和最后的色彩完成稿通常是总美术设计首先需要设计和绘制的。主场景的风格和思路直接决定一部动画剧场片或系列电视动画片的总体美术设计风格。

二、分集美术设计的任务

分集美术设计的任务包括：将导演画好的分镜头台本进行同比例地放大，根据每一个镜头的景别，确定使用何种大小的画框较符合制作的要求；完善分镜头台本中不具体的细节，将设计稿具体化、精确化，以达到提示原动画和摄影或扫描、合成等工种的施工稿的水平。这种将导演的分镜头台本同比例放大及完善的画稿称为放大稿。放大稿又分为背景设计稿和前景动作路线图。

背景设计稿是提示背景绘制人员的具体画稿，并且起到提示原画人物与场景的位置和透视关系的作用。大多情况下是根据片子和导演的具体要求，用铅笔绘制成的素描稿或单线白描稿。一般要注明光线的方向是日景还是夜景、各场景道具的具体形状、样式等。原画在绘制时不仅要依据前景动作路线图的提示展开动作的设计，还要参考背景稿的位置和要求来安排人物的活动范围和运动透视等。

3.3.3 美术设计的前期准备

一部动画片美术设计的优劣很大程度取决于美术设计人员与导演是否配合，以及是否做好了充分的前期准备工作。

仔细阅读剧本和分镜头台本，弄清楚剧作和导演的意图与要求。作为一名美术设计人员，在进行正式的工作前，首先要做好与导演的沟通工作，了解导演对影片的整体构思，与导演探讨、分析剧本和故事的情节以及场景的设定、人物造型等情况。只有明确了剧本和导演的意图与要求，才能做好后面的具体设计工作。

日本动画大师宫崎骏导演的动画片很多是天马行空之作，并具有深远的寓意。这些作品虽然题材各不相同，但都蕴涵着大师对梦想、人生、生存和环保等主题的反思，反映出宫崎骏对现实的不满与批评。《平成狸》是他与老搭档高田勋的合作之作。与宫崎骏一样，高田勋也是一位具有深厚功力并具有人文关怀精神的导演。《平成狸》的初衷是倡导大家关注环境保护和保持传统文化，保持人与动物、生灵之间和睦平等的共存关系。因而，该影片中大量运用了美好的自然风光和迅速崛起的现代城市景观；传统的狸猫族人的古老仪式与现代都市人的生活等一系列场景与情节形成强烈的对比。在这些场景和故事中，出现了日本传统文化的许多影子；从中，我们中国人也要反思我们的传统文化为什么几乎绝迹，而日本这个已经高度现代化的国家仍能保存传统，至少在动漫画这种大众传播艺术领域中还时常出现传统文化的影子，并被大众接受和认可。在现实中，日本不仅在文化艺术领域中保留了大量传统文化的精髓，还在日常生活中，包括节日、习俗、建筑、戏剧、服饰、饮食文化等方面，传统文化都有相当的遗存。

积极收集与影片相关场景、人物等方面的各种直接、间接的资料。在制作一部动画片时，当导演和美术导演确立了影片的整体风格后，作为美术设计就要依据影片的要求，开始收集相关的场景、道具、人物服饰、动物和植物等多方面的资料。这些资料来源广泛，形式多样，是能够出色地完成设计的有力保证。

收集资料一般有两种形式，一种是亲自前往影片所涉及的地区进行现场写生和拍照，体验生活，收集第一手素材。例如，美国迪斯尼的许多大型剧场片就将剧组人员带到剧情表现的地区进行写生和拍照；还有日本的宫崎骏也很喜欢亲

自到第一现场绘制草图和速写，收集影片的素材。

另一种是借助图书馆和网络等收集二手资料。这种手段特别适用于设计具有历史考据的动画片场景，设计者可以借助图书馆中大量的历史考古图片或历史插图画家的作品来作为参考的依据。例如，美国动画片《埃及王子》和《梦的王国》这两部动画片的故事和场景都是以古埃及为背景而展开的，所以这两部动画片自然会出现大量有关埃及的建筑、服饰、道具和场景等一系列形象。设计者不可避免地要从历史考古图片、古代壁画、石刻、文献以及历史插图中寻找创作的依据和灵感。又如，美国动画片《海格李斯》是一部讲述希腊神话的动画喜剧片，希腊瓶画上的有关形象和人物服饰是最好的参考依据。上述两种方法都十分有效，对动画美术设计都有很大的帮助。

3.3.4 确定作品风格

在导演领导下，由美术设计具体创造出动画片的造型艺术风格。一个作品从创作的总体构思，到作品形成后将产生的效果，都是动画艺术家必须能把握住的。

一、总体构思

总体构思亦称角色创作的总谱，即动画艺术家创造角色所作的总的艺术设想，包括角色的造型、气质及精神面貌，性格基调与色彩、角色的性格历史及其发展变化、时代及经历所赋予角色的特殊印迹、角色的最高任务与贯穿动作、角色的远景、角色在整部动画片中的地位、作用、角色之间的关系、创作中节奏的安排，力度的配置，依据编导的意图对表演风格的设想等。

二、动画角色设定

动画艺术家根据动画片剧本提供的角色描写，绘制出银幕上直观的、生动的角色形象。有时需要将自己化为角色，体现角色形象的性格化，塑造出真实、典型的角色形象。每一个角色的造型要画几种角度的姿态和不同的表情以及全部角色的比例图和彩色稿。每一场景都要画出一张标准的气氛图。

动画片从剧本的情境、角色、事件到环境，一切都是假想的，但要把它当作一个真实的事物来对待，要对角色和剧中虚构的事件产生真实的意念，在假定的条件下达到真实、有机、自然。

动画艺术家要理解角色，表现角色。理解角色的直接依据是剧本，在深入分析和研究剧本的基础上，把握角色的基调以及性格的多侧面，探寻角色的潜在动机，感受角色最细微的情绪变化，掌握规定情境和角色的关系，了解隐藏在台词间、字面下的思想内涵，从而把握住一个具有个性的角色的内心世界。表现角色需要具备良好的绘画技术和高超的动画设计能力。

小知识 Knowledge

拟人化的动物故事，将它们人性化，做各种动作、讲人类的语言、在喜怒哀乐，这种拟人的想象充分发挥了动画片的特性，使故事变得更有趣。

《猫和老鼠》就把老鼠的机灵发挥到极致，由于人类有一种怜惜和同情小群体的心理，动画编剧要充分发挥想象力，使剧中的猫始终使以强欺弱，结果反而被弱小的老鼠捉弄，演绎出许多令人捧腹的笑料。

造型设计就是将故事中的角色按照一定规范与要求画出来，并进行形式方面的归纳与组织。如果故事中有若干角色，除了将每个角色设计成多种视图之外，还要画出他们之间的高矮比例、各种角度的特征说明、脸部的表情及他们使用的道具等。

重点提示 Importance

动画艺术家个性的影响最为明显，一般认为如下几个方面的有机结合可集中体现出动画艺术家的独特设计风格：

- 动画艺术家的气质修养。
- 动画艺术家观察和表达生活的习惯方式。
- 动画艺术家对选择创建素材的独特角度和角色的独特见解、态度。
- 动画艺术家的个人审美情趣。

美术设计就是影像视觉风格设计，角色服饰、道具造型、影像色调、明暗对比和场景气氛等全部的视觉元素构成一部片子的美术风格。

美术设定需要考证故事的时代背景与地域环境，才能设计出相应的风格特点。服饰的造型与色彩要和人物个性吻合，还需要与环境光源及四季变化协调，要将人物造型与服饰放在背景环境里配色（背景加活动形象），然后进行色彩指定和编号。

三、性格化角色的塑造

动画艺术家塑造角色形象应体现角色的性格特征，突出其独具的个性色彩。

动画艺术家进行角色的性格化创作，是在深入理解剧本的基础上，把握住角色的性格基调，注意到性格的复杂、多面色彩，从而找到角色特有的眼神、姿态、步伐、语气和语调，设计出一个具体而生动的角色。性格化首要的是掌握角色内在性格气质，同时要善于抓住最能体现角色个性特征的外部典型动作予以突出。

四、作品风格的确定

一般动画艺术家的设计具有自己独特的韵味和格调，或粗犷或细腻，或质朴或洒脱，或含蓄或泼辣，或幽默等。动画艺术家个人设计风格的形成与时代的艺术潮流、动画艺术家的艺术实践历史、个人经历、修养、创作经验及创作个性等多方面因素有关。

每部动画片中有许多角色，如

果动画艺术家们都追求个人的独特设计风格，势必造成整部动画片风格的不统一、不协调，因而动画艺术家在追求本人的设计风格的同时，要尽量服从整部动画片的统一风格。

五、感染力

感染力是动画艺术家激起观众情感和思维，使之产生共鸣的艺术力量。动画设计中体现出的情感力量和思想力量构成了打动观众的感染力，激起观众的爱憎、悲喜，使之震撼，或引起沉思，与此同时获得艺术的、美的享受。

六、表现的时代感

每部动画片中的角色都生活在某一特定的历史时期，每一特定历史时期的社会习俗、生活方式以及人的心理特征和仪态等都具有特定的时代特点，并影响和构成了人物的独特精神面貌。动画艺术家把角色这种独特的精神风貌鲜明、生动、准确地表现出来，会给观众留下强烈的时代感，有助于和观众进行交流和沟通。

3.3.5 动画片的素材与积累

一、积累创作知识

Flash 创作者一定要正视创作上的问题，绝对不要使用令自己都无法感到有趣、好玩或者感动的创意来制作卡通剧本。

在许多书籍中有这样的描绘，某些以著作为职业的人物角色经常必须在特定的环境下、根据一些特定的外部刺激，才能够产生创作灵感。某些书中人物，往往头疼于想不出好的创意，然后听到屋外一声鸟叫或者雷雨的声音，忽然激发出灵感，于是马上摆脱苦闷的创作状态，埋头奋笔疾书，写下滔滔万字。

这种“寻找”灵感的创作方法是被美化且不真实的。何谓灵感？灵感是一种极具偶然性的心理状态，创造力的忽然爆发让创作者对某事物有了新的发现，这种发现是一种对生活的发掘。希望通过偶然性出现的灵感来创作剧本是不正确的想法。为什么创造力会忽然暴发？因为创作者对人们耳熟能详的事物有了另外一种感悟，这种感悟被创作者意识到可以应用在创作上。于是灵感变成了实实在在的创意。

需要苦思冥想，在房间里大兜圈子，在苦闷的、心里无底的长久精神状态之后，受到外部刺激才能够“憋”出来一点灵感，这样的创作态度是不可取的。

何谓专业创作态度？专业的创作态度即是不论在任何环境条件下，根据任何制作要求，创作者都能很快产生出大量充满创造性的灵感，然后可以方便地从中挑选出最精彩的部分来制作作品。

为什么艺术家能够以创作为生？首先是因为艺术家对生活充满了好奇心。而且，艺术家在哲学、艺术和文学等各方面的知识非常丰富。这使艺术家在面对一个看似普通的事物时，能够深入分析其精神本质。

艺术家在面对任何一种事物时，都有彻底弄清其本质的欲望，他们天生充满好奇心，好奇心是艺术家的巨大原动力。这个事物是这样，它为什么会是这样？这个事物对周遭环境又有什么样的影响？其他哪些事物跟这个事物看似不同，而本质上有联系，或者有共同点？艺术家积极地对自己感兴趣的事物不断发掘、思考，他们在日常生活中，无时无刻不在锻炼着自己的发掘能力。希望使事物变得更好玩、有趣、精彩、有力度的潜意识，使艺术家在深入分析事物本质之后，能够转而思考如何令这些内在本质发生各种表面上的形式变化，如何将各种本质作灵活的组合，以呈现更丰富的效果。

艺术家在生活中不断锻炼自己的发掘和创造能力，使得自己拥有极熟练的创作技巧。熟悉了发掘之后再创造的思维模式，使艺术家在这种思维模式中获得巨大的精神收获。这种精神收获体现为时刻都有大量的灵感涌

小知识　Knowledge

灵感，需要以勤劳的思考锻炼积累作为后盾。平时只注重物质的享受，或者把时间和精力都花在欣赏、跟随肤浅、商业化的流行时尚上，不努力去研究和学习哲学、艺术、文学知识，养成一种随时随地深入本质分析问题的好习惯，那么，永远也无法成为一个好的创作者。

现，频繁涌现的灵感使艺术家的创作素材取之不尽、用之不竭。精神上创作资源的丰富非常有利于艺术家随时将这些资源转化为实实在在的作品，即物质资源。所以，许多创作者等到要制作作品的时候再来匆忙寻找灵感，是一种效率低下的创作方法。

一个好的 Flash 创作者，必然是热爱生活，对精神生活充满求知欲望的。并且，他能够把这些爱心和求知心转化为实际行动。

二、发掘生活素材

也许许多观众看了《流氓兔》、《PUCCA》之后，心里都会有这样的想法——我要是也能创作一个这么有趣的 Flash 作品那该多好。

一个 Flash 作品真正吸引观众的，不是其时尚或商业文化这些表面因素。事实上最根本的吸引力在于这些作品比以前的作品更准确、更独到地分析和表现出人们现有的生活中的种种矛盾和问题。

不管是多年前的还是新的动画卡通作品，它们最根本的生命力，都是源于对生活剖析的准确程度和发掘深度。

我们觉得以前的动画卡通作品老套、陈腐，是因为当年颇具革命性的创作元素随着时日流逝，已经逐渐被大众所熟识。被熟识的概念当然引不起观众的兴趣。许多即使现在流行的作品，随着年月流逝，也逐渐会变成陈旧的作品。

以前我国自产的动画片《葫芦兄弟》当年推出时在国内大受欢迎，是因为当时观众的视野较为封闭，所以能够对这类内涵单纯、风格淳朴的作品产生巨大共鸣。现在观众的视野越来越开阔，观众的个人素质、影片鉴赏能力越来越高，如果制作同样的作品，并不一定为现代观众所接受。

再看看日本近年出品的以科幻为题材的动画片《新世纪福音战士》，在推出之后大受少年观众欢迎，精致的造型设计和精彩的动作场面只是表面原因，真正让观众认同和能够产生共鸣的是片中所刻画的，现代社会所产生的各种精神压力对年轻一代的摧残和打击。少年观众隐隐能够感觉到，剧中人物所承受的畸形压力，跟自己正在承受的似乎有很多共同点。对现实生活的深刻揭露与反思是《新世纪福音战士》成功的根本性原因。

如果一个 Flash 创作者不能够深入剖析其他作品成功的真正因素，只希望通过一味仿效成功流行作品的表面因素，那么他永远也无法创造出流行和思想深度并存的 Flash 作品。

想创作一个受观众欢迎的 Flash 作品，一定要从发掘生活素材入手。以独到、深刻的眼光发掘生活的种种本质问题，以此为基础来考虑其他表面形式如造型、音乐等的设计，才能够创作出一个形式新颖、内涵受到观众认同的 Flash 作品。

三、素材收集和绘制创作草图

在一部动画片创作的最初阶段，总是离不开一些必要的素材收集和创作草图的绘制。

素材的收集有两方面的意义，一是在内容上，创作者可以从素材收集中得到一些必要的背景资料，从而加深对内容的理解和认识。这些素材包括文字的、图像的、声音的等。素材的收集对于动画片初期的创作阶段来讲是必不可少的一环。二是在艺术形式上，通过素材的收集可以从中得到一些提示和启发，促使形式更加符合其内容，使两者得到一种有机而完美的结合。

绘制和勾画草图、草稿，对于一个艺术家来说是一项经常性的工作。几乎每一部艺术作品的诞生往往都是由一些看来并不起眼的草图开始的。草图有时就是艺术家内心瞬间灵感产生的记录，它的功能不体现在绘制的完美和精致上，它只是绘画者自己才可以明白的图画加文字。草图是艺术家艺术创作的一个最原始的图稿，任何一部动画片的产生，无论是影院长片还是一两分钟的短片，其原始的创作形态都是从一些看似简单、潦草和随意勾画的草图开始的。

动画艺术家要养成经常思考和画草图的习惯，时时记录下自己的思路心得，同时也要积极参与多方面的艺术创作，从中学习和吸收来自不同方面的艺术营养，以便使自己在动画艺术实践中得到一些有益的启示。

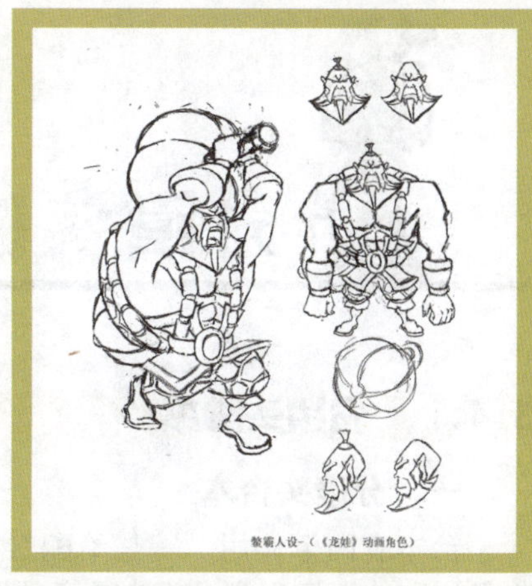

蛮霸人设-（《龙娃》动画角色）

分镜头设计

3.4.1 分镜头脚本

一、分镜头台本

台本有两个作用，一是给配音演员的配音参考剧本；二是它和故事板配合，成为录音师调整声音层次的重要参考手册。录音师可以将场景的变更标注在台本上，以便全面掌握每场戏所用的声音元素。所以，基于这两个用处，台本的设计是非常重要的。

在制作电视系列动画片时，有时会给写好的台本添加一些小插曲。但这类插叙必须与既定的影片风格和人物保持一致，特别是前后联系和时间限定。台本中那些无法成功地用动画表现出来的描写就需要删掉。台本内容包括由配音演员承担的对白，还要有刻画人物行为和心理的必要的舞台说明。导演在录音之前要和配音演员们一起对各个角色进行讨论并启发配音演员的情绪。

台本必须清楚地分好行，并打印出来。配音演员喜欢用他们各自的符号在台本上做记号，提示自己念重音和停顿的地方等。在录制之前，为了方便通常会把对白划分成一个个的板块，录好之后再编辑。如果台本很长，如超过40分钟，那就得花上一天以上的时间来录音。在这种情况下，就要将台本的对白顺序打乱，分板块来录制。这样就可以省掉让许多配音演员坐在那里干等他们那部分的配音所需要的花销。

分镜头台本向设计稿设计人员传达以下信息

事	人	地	时	物
正在发生的事情或事件	事情进行中有什么人参加	事情发生时所在的地点	事情发生的时间或气氛	和事情中的人物有关的东西
故事	角色	环境	时间	物品
分镜头台本	人物造型	场景	气氛场景的时间	道具与配件

二、从剧本到分镜头

从剧本到分镜头，是指电影剧本定稿后，根据剧情写成分镜头文字剧本，再设计出每个镜头的小画面，画成分镜头脚本。

当一个导演在读他手中的文学剧本时，会结合起自己脑海中储存的影像和艺术修养，使之更完美一些。他将这些感觉到的影像记录下来，然后经过整理、加工和艺术性的再创造，使之更完整，画面语言更流畅，镜头表述更生动，加上内容介绍、角色对白、动作、音效、拍摄方法和特殊效果等，这时摆在观众面前的便是分镜头脚本了。

分镜头脚本对于影视作品来说非常重要，就如人体的骨骼一样，它将文学作品深化成影视动画艺术，由文字语言转化成视听语言。这个转化过程中，一方面对文学作品有一定的延展作用，使读者和观众从视听角度再度去欣赏文学作品的艺术魅力；另一方面又对文学作品有一定的制约作用，因为每个人对同一文学作品都存在不同画面的理解与转化过程，而导演只是通过自己的感受把它约定为一种不变的模式，所以有时很难表现出原作的风貌。现实中，确实有很多的影视作品让人感觉没有文学作品精彩，所以导演对剧本的理解、角色的理解和画面的理解至关重要。

分镜头脚本是文学剧本的第二次生命，所以它的成败对全局都有重大的影响。如果前面的基础工作没有做好，后面的工作将被制约，甚至失败。就如盖房子一样，如果地基打得不好，房子再高、里面的装修再好也没用。

根据分镜头设计的需要，导演要对文学故事做进一步的整理，删掉一些对故事无用的部分，增加一些对镜头语言表述起作用的对白、动作和情节，通过镜头设计和表演完成。导演要把握住整个故事的发展，包括时间节奏上的变化、角色的表演、场景的设计、拍摄方法的运用、镜头的连接、主角的细致刻画、气氛的营造和艺术语言的表达等。但这一切不能墨守成规、程式化，不能变成僵硬的、无生命活力的教条。

分镜头就是利用一个个画面把故事连接起来。在设计这些画面时，可以把自己当成摄影机，镜头所对准的范围就是你剧本中的内容，通过画笔表现在画面上。在画重要的情节时，可以尝试利用不同的角度，找出最有震撼力的画面。经常看到在影片中，艺术家们为了充分表现剧情，常用的手法就是一个画面利用不同的角度去表现，这种手法效果很好。

分镜头是对剧本在视觉上给予的一种速记式的诠释。在分镜头阶段，一个剧本通常要尝试很多不同的分镜方式，才能确定出一套切实可行的实施方案。分镜头在动画制作过程中是非常重要且体现创意的一步。

分镜头脚本也称之为故事板。故事板的创作和绘制是动画片前期制作程序中一项十分重要的工作。

故事板由镜头画面稿与文字组成。画面代表视点变化的景观，文字内容包括时间、动作描述、对白、声音及镜头转换方式等。这个脚本图板可以让后面的工作者明白整个故事的情形，一部动画片的故事板拆开交由若干部门的多位画家分工绘制，所以故事图板画得越详细就越不会出差错。

镜头画面稿包括背景、活动主体及动作提示，构图的要点是透视关系和影像结构层次的布局，注明镜头变化的处理方式和特效（如下方打光、叠化）要求。绘制故事板的最佳人选是该动画片的导演，导演要对电影知识了解得十分透彻，才能准确地体现他的构思与艺术追求。分镜头剧本要经历不断完善与更改的过程，意想不到的效果和珍贵的经验常常是在不断深入工作的进程中产生的。

1. 动画片的镜头

所谓“镜头”有以下两种含义：

- 放映等用以成像的透镜组（物镜）的俗称。
- 由电影摄影机每拍摄一次所摄取的一段连续画面。一部

影片是由许多不同的摄制方法和不同长度的镜头衔接组成的。动画片的镜头与电影的镜头是同样的，只是许多场合下，动画片的镜头要靠绘制或在电脑中制作完成。

2. 动画片的分镜头脚本（故事板）

动画片的分镜头脚本一般也被人们称为故事板，它是为动画电影或电视等制作而提供的工作剧本。动画片分镜头艺术家根据导演的构思和文学剧本的内容，加上艺术家对故事涵义的理解和再创作，将整个动画片的内容和情节分切绘制为许多准备拍摄的“镜头”画，此剧本中要注明每个镜头的景别和拍摄方法，如画面的内容、对话、音效、音乐和镜头长度等。这项工作称为动画片的分镜头脚本创作，创作出的这个剧本为动画片的分镜头脚本，它是一部未来动画片的总体设计和制作蓝本。

画故事板需要了解影片中每场戏的所有细节——背景、动作、画面构图以及镜头如何运动等，这些都是故事板的要素和重要职能。根据想象的镜头动作时间用秒表计算出来，标注在故事板上。这不但能让你知道每一场戏所需要的时间，还能计算出影片的总长度。所以在故事板上必须安排好每一段情节的用时，在哪里出现对话、说话所用的时间也要进行标注，但画面所经历的真正时间主要还是由人物的动作和情节需要来决定的。对人物动作的时间计算在制作广告片时尤其重要，它必须十分准确地传达信息。

电视是一种十分方便和普及的电影和动画片的载体，但是，电视台在播放电影时会出现一种现象，就是影片边缘画面会被切掉许多，一般画面的损失会达到20%～40%。因此，在制作为电视台而播放的动画片时就要考虑到这一点，一定要把标题、主要形象以及动画形象的动作都安排在动画片尺板中的安全区以内，这样影片中的主要部分就不会被切掉。

动画片的分镜头脚本是整部作品的工作脚本和设计蓝图，它是体现导演意图和作品风格的形象化和具体化的说明。同时，它也是参与影片制作的动画家、艺术家、作曲家和编辑合成等人员的工作依据。动画片的制作与实拍的电影、电视有一个十分明显的不同点，这就是动画片的总体创作更依赖于前期的制作，它在后期剪辑方面的选择空间并不大，它不同于实拍电影、电视，可以拍许多的片断和素材，然

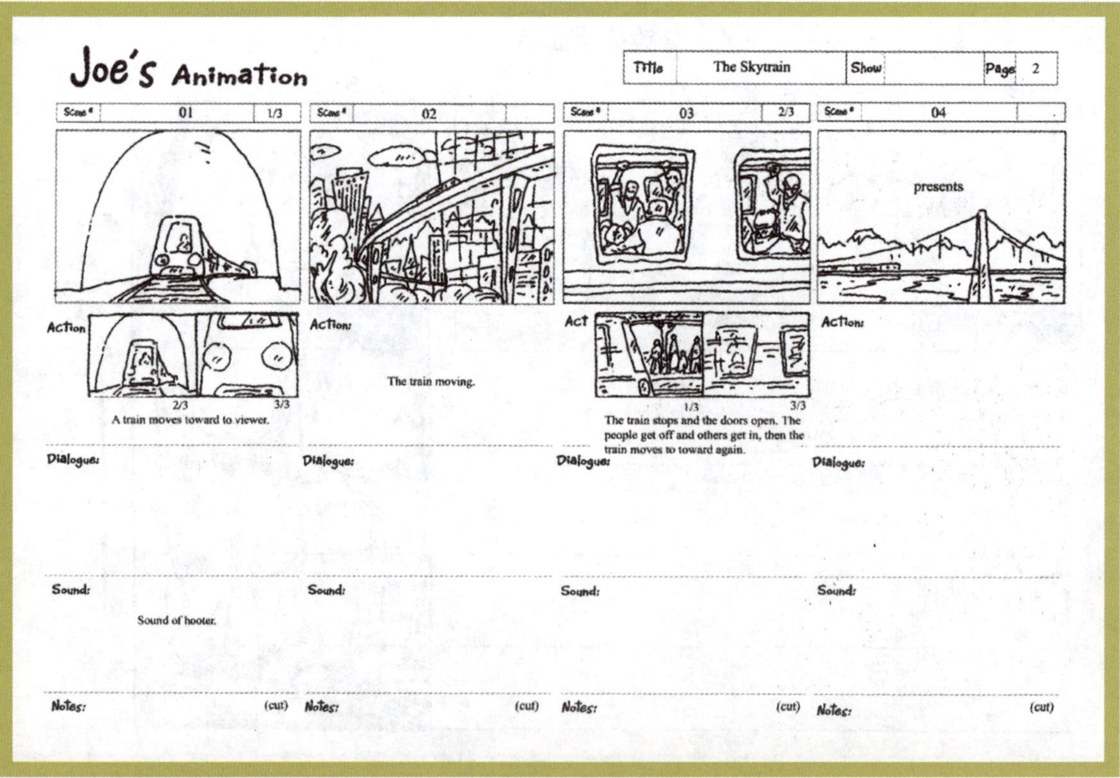

后在后期重新进行合成和剪辑，这个巨大的不同是由于动画片的制作特点所决定的。动画片的制作大都是靠人工手绘来完成的，相对成本比较高，周期也比较长，如果同一分镜头制作几次，然后在后期剪编、编辑中丢掉许多素材，势必造成极大的浪费和制作时间的拖长。因此，在动画片的制作中，动画导演是十分理解和重视前期剧本创作的重要意义的，这其实也是动画片导演和电影导演的十分重要的区分点之一。既然动画片的前期制作如此的重要，那么动画片的分镜头脚本的创作又是一个关键的环节。这个环节就如同是动画片中的导演、表演、摄影和剪辑等工作的具体的和形象化的总体设计图稿，这个图稿的设计质量对一部动画片的成败会起到十分关键的作用。

动画片前期制作中创意、剧本的创作和绘制是动画片总体制作中一个十分重要的组成部分，动画脚本创作的成功与否会对一部动画片的质量和总体创作意图的表达起到举足轻重的作用。因此，在创作一部动画片剧本之前，首先要了解一些基本的有关技术性的名词和概念，这对动画创作是十分有益的。

自然流畅是动画片视觉上的主要目标。好的连贯性取决于角色动作、舞台设计、场景变换和镜头移动，所有这些方面不能孤立地对待，必须放在一起全面而统一地计划，同时，还要把角色的状态、行为考虑在内。画面脚本是动画片计划的蓝图，也是动画片的最初视觉形象。通常，只有完成了令人满意的画面剧本，并考虑和解决了动画片生产中可能产生的创作上和技术上的主要问题之后，才能展开绘制工作。一部动画片需要画多少张草图，取决于设计方案的类型、特征和内容。一般说来，大约每一分钟动画片需要一百张草图。如果技术上比较复杂，则草图数要加倍。商业上的电视片需要更多的草图，因为它通常比其他较长的动画片需要更多的场景变更和动作。

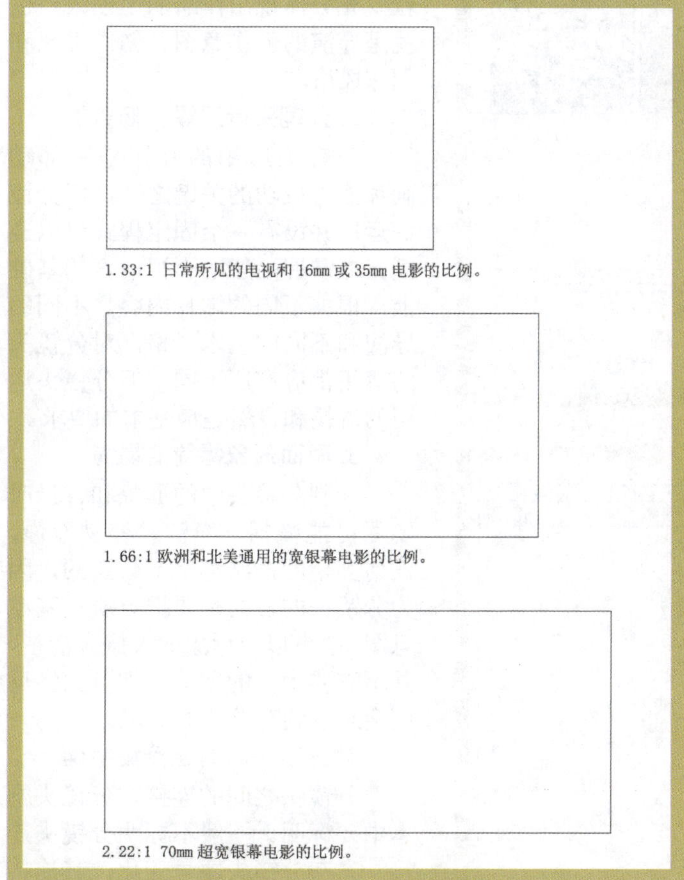

◇图3-2

三、镜头的画面比

镜头的画面比就是指镜头画面的长度与高度的比值，也就是镜头中画面的统一标准。动画家与油画、国画等艺术家不同，他们并没有选择自己作品画面比例的自由。动画家工作范围的画面比例是由胶片的规格和比例决定的，尽管这些比值对动画艺术家艺术才能的发挥起到了某种限制，但由于种种原因，它们还是被艺术家和观众们习惯性地接受了。这些比值对于动画片的构图、形象的活动空间、镜头的运动等都起着重要的作用。

图 3-2 是几种常见的画面比，可供我们作为参考。

重点提示 Importance

- 1.33:1：日常所见的电视和 16mm 或 35mm 电影的比例。
- 1.66:1：欧洲和北美通用的宽银幕电影的比例。
- 2.22:1：70mm 超宽银幕电影的比例。

另外，1.4:1 作宽体电影院放映的，一般称为 IMAX 影片的比例。

越靠前的画面比例越常见，越靠后的画面比例越特殊。

四、分镜头脚本的内容

分镜头脚本的内容安排包括以下 6 个方面：

- 镜号：即镜头顺序号，按组成电视电影画面的镜头先后顺序，用数字标出。它可作为某一镜头的代号。拍摄时，不必按这一顺序拍摄，而编辑时，必须按这一顺序号进行编辑。
- 景别：有远景、全景、中景、近景和特写等，它代表在不同距离观看被拍摄的对象。能根据画面内容要求反映对象的整体或突出局部。
- 技巧：电视、电影技巧，包括摄像机拍摄时镜头的运动技巧。一般，在分镜头稿本中，在“技巧”栏只是标明镜头之间的组接技巧。

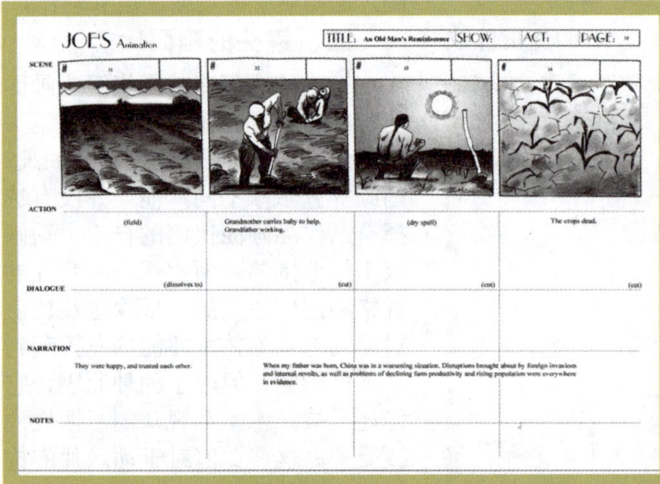

题目	辑数	页数

分镜	分镜	分镜
内容 动作	内容 动作	内容 动作
对话	对话	对话
音效	音效	音效
备注	备注	备注

- 时间：指镜头画面的时间，表示该镜头的长短，一般时间是以秒标明，也有以电影胶片的长度尺为单位标明的。
- 画面内容：用文字阐述所拍摄的具体画面。为了阐述方便，推、拉、摇、移、跟拍等拍摄技巧也在这一栏中与具体画面结合在一起加以说明。
- 对白：对应一组镜头的台词，它必须与画面密切配合。

五、分镜头脚本要点

动画片分镜头脚本绘制有如下几点值得我们注意。

1. 充分体现导演的创作意图

既然动画片的分镜头剧本是一部影片的创作蓝图，那么这个蓝图就要充分体现出作品的主创人，也就是导演的创作意图、创作思想和创作风格。

2. 分镜头运用需流畅自然

分镜头运用的好坏是一部动画片能否成功的关键之一，但分镜头运用并没有一个固定程式可以遵循。在掌握一般的影视语言的基础上，根据不同的影片内容、不同的导演和不同的艺术风格，对分镜头的运用都应有所不同，但分镜头运用的流畅和自然是最基本的要求。

3. 画面形象需简洁易懂

绘制分镜头中的形象和背景时要尽可能概括、简洁、容易看懂，任何多余的描绘都是不必要的，因为分镜头的目的是要把导演的基本意图、故事以及形象的大概说清楚，并不需要太多的细节，细节太多反倒会影响到对总体的认识。

4. 分镜头间的连接需明确

分镜头之间的连接在分镜头剧本中要标明。一般不标明分镜头连接，只有分镜头序号变化，其连接都为“切换”。如需要溶入、溶出

题目		辑数		页数	

分镜

内容

动作

对话

音效

备注

分镜

内容

动作

对话

音效

备注

或渐隐、渐显时，分镜头剧本上都要标识清楚，以方便创作人员对剧本的了解。

5. 对话、音效等标记需明确

动画片中经常会有对话和音效等出现，对此必须标识明确，并且应该标识在恰当的分镜头画面的下面，这样才能正确阅读和理解分镜头剧本。

六、分镜头节奏

一个故事，它的情节是可以分出快慢的。遇到重要的情节，应该用稍长的时间和画面来表现。不重要的剧情，为了叙事的需要和画面的连接，只需简单的一带而过。这种镜头通常用 1 秒钟处理就可以了，有时只需 0.5 秒。

1. 背景的借用和共用

在动画片美术设计中，背景的设计是相当重要的一个环节，无论是传统二维动画的手工背景，或是三维动画的电脑模型背景，还是现在普遍流行的二三维结合的背景，它们在制作时都是较费时费力的，因而在设计开始时，作为美术设计要认真、仔细地分析导演分镜头台本，找出哪些是可以借用或共用的背景画面，哪些是可以选取其他镜头背景的某一局部，只有这样，才能适应现代动画特别是那些讲求进度和要求成本节约的大规模商业动

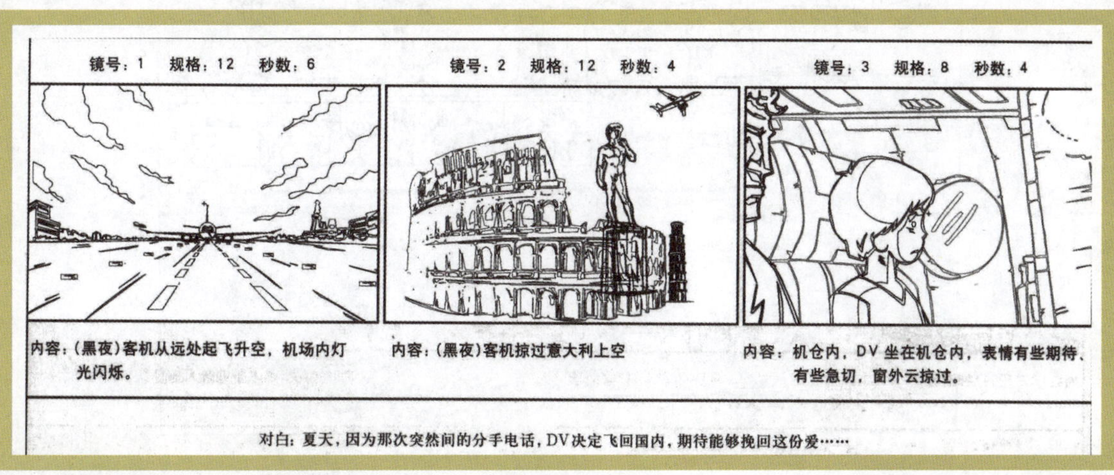

画的要求，达到多快好省、事半功倍的效果。

电视和音像版动画的分镜图绘制过程与动画长片有所不同。正如前面所讲，在动画长片中，分镜图画师才是讲故事的人，剧本只是他们正式开始讲故事时使用的基准和跳板。在制作动画长片的过程中，用来绘制分镜图的时间也要更长一些。动画长片的分镜图画师在薪水册上的留名会从前期制作开始一直持续到后期制作的初期。电视动画的分镜图画师要遵照剧本行事，他们的职责是对镜头和摄影术进行合成。如果电视节目或者音像版影片中的动画是由分包商来制作，那么分镜图就会起到双重作用，分镜图必须清晰而又紧凑，因为分包商将使用它们作为构图依据。

制作动画长片时，画师们要对照着分镜图，声情并茂地把故事内容说给导演、制片人和其他人听。听完故事后，导演会对画师的作品提出意见和建议，画师则需要做必要的修改，此过程一直要持续到所有分镜图都被认可为止、经过认可的分镜图会被复制成多份，编辑部、美术部和制片人各持一份。编辑部负责扫描分镜图和创作该项目的样片。不论是动画长片、电视动画还是音像版动画，其分镜图都会经历缩略图、草图和清稿这几道相同的工序。

2. 缩略图和草图

完成了一部分剧本之后，制片人会和导演及分镜图负责人共同商讨如何将剧本分配给各个分镜图画师。可能有些场景更适合某一位具有特殊才能的画师（如胡闹喜剧、打斗场景和舞蹈场景等），或者为了确保动作的连贯性，可能某个场景需要由一位画师全程负责（如追逐场景）。所有场景会在不同的分镜图画师之间进行分配，之后他们就要为自己负责的场景创作缩略图。很多画师喜欢先在剧本的页边空白处绘制缩略图，以勾勒出他们内心的想法。大部分缩略图会画在一张纸上。

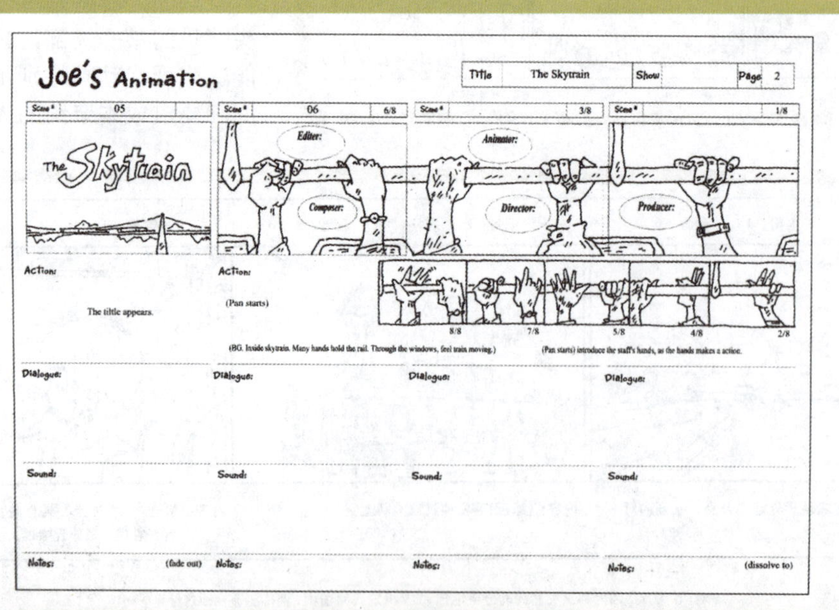

缩略图就是用基本的素描法按照剧本中的叙事顺序画出所发生的事情。导演和制片人会仔细研究分镜图画师的缩略图，这一早期的演示稿可以让分镜图画师在短时间内弄清楚动作、背景和画面构图等。

重点提示 Importance

动画作品分解练习

练习记录经典作品段落的镜头时间、景别、动作、对白、音响、场景转换方式等，写出解读心得或报告。

3.4.2 镜头语言

在设计分镜头脚本时，镜头语言非常重要，它是屏幕反映的效果参照，它的成败直接关系到整个作品的生命力。如同文学作品一样，影视作品是以镜头的组合连接而成的，每个镜头就等同于一个句子，句子的连接形成一个段落。而在动画片中这个段落称为一场戏，将每场戏连接，形成一个完整的故事。每个故事有一个主题思想，每场戏有一个主要内容，每个镜头有一个主要情节或动作。句子通顺就等同于镜头语言要流畅，镜头语言如同文学一样，在一个镜头中有主宾、有夸张形容、有虚实对比等。要记住每个镜头中只有一个主要情节或动作，否则，主要动作就不突出，观众便不知应怎么理解，思维中出现空白，整个作品便会失去它应有的感染力。

一、镜头的距离

镜头的距离本意是指摄像机的“镜头”与被拍摄的主体对象之间的距离。在动画片中是指画面中主体形象的大小。“近”，形象就大；“远”，形象就小。这些距离可以解释为主体形象大小变化的安排，如运用得当，对动画片内容的充分表达、影片风格的体现和电影语言中美学价值的发挥起着至关重要的作用。

根据视物的远近，镜头可分为远景、全景、中景、近景和特写等。不同镜头的选用要根据剧情所需而定。一般来说，大部分的景别镜头的选用都是为了使观众更容易看清楚，便于了解剧情内容，只有全景和特写镜头的选用，有时不只是起一般的描述作用，还具有一种心理内容。

首先，Flash 创作者必须按照所摄视野范围的远近大小、整体与局部的关系做一个简单分类。根据镜头的拍摄范围关系可以分为 6 种类别分别为远景、全景、中景、特写和大特写，以及近乎特效镜头效果的深焦镜头。

1. 远景

远景镜头所界定的拍摄范围为能够将多个角色的整体容纳入视野，并且这些角色在整个视野中只占不多的区域。换句话说，远景镜头即在极远的地方拍摄到的镜头。

远景镜头主要刻画的是“景”而不是“角色”。角色在远景镜头中由于地处偏远，无法看清其动作、行为和表情等个人详细特征。

远景镜头中的角色被数字化、概念化和象征化。远景中的景物是主体，而角色隐于背景之中。此时观众心理上默认为角色失去表达自我的能力，只能通过角色的动作轨迹来推断出其方向性。当角色在远景镜头中，位置远到在观众视觉上接近变成一个点时，甚至连其方向性都会失去。

远景镜头一般用来表现大自然不可言状的威力和主宰性。角色在观众视野中成为附着于景物的被动对象。

2. 全景

一般来说，全景比远景稍近。在镜头视野中，单个角色或者多个角色都能够呈现出完整的体型，而且角色占据整个镜头视野范围中的较多或主要区域，称之为全景。

全景一般用于表现角色的全身动作，如跑步、走路或各种体育运动姿态。有时全景被用于表现多个人物的四肢动作关系，如几个要好的朋友一起植树的场景。

全景的表现重点是角色的全身动作，而不是表情等其

他要素。和远景不同，全景中的背景被推到次要位置。

但是，如果全景推得较远，视野中的角色会逐渐缩小，背景将逐渐占据较多镜头区域。全景镜头推得越远就会越向远景的意义靠拢。最远的全景相当于最近的远景，这个时候角色和背景的意义变得接近，观众将产生角色被“景物化”的感觉。

我们先使用全景画面交代一下人物与环境的关系，就能令观看者对这一事件的背景有了更为清晰的总体概念，这样不仅利于观看者对情节的总体把握，也给故事的进一步发展做了铺垫。因此，动画家在刻画某个情节的开头部分时，常常使用到全景镜头。

全景镜头画面是最宜于表现人物全身运动变化的景别。这是由于它具有如下特点：

- 适于完整地表现人物全身的运动状态。
- 适于表现人物状态与其周围特定环境的关系。
- 适于通过人物全身动态展示其内心世界。

全景画面充分利用人物全身与画面边框的空间关系，去掉了更多的背景部分，集中表现了人物的某一状态，如走、跑、跳、站、坐、卧等，这也是全景表现的优势所在。需要说明的一点是，全景并非是表现人物状态的唯一景别，根据动漫家的创意需要，也可以采用其他景别，如远景、近景表达。只是远景画面过大，表现人物视觉重心偏小，难于表现细节，而用近景又不能很完整地表现出人物全身的运动状态。

3. 中景

在镜头视野中，只有一到两个角色，并且角色只被拍摄到膝盖或腰部以上体型的镜头，叫作中景。

中景的表现重点是单个角色的上肢动作，次重点是表现表情。中景是较重功能性的镜头，所以可以用作说明性镜头、延续运动镜头或对话镜头。

如果镜头内有 3 个以上的角色作为拍摄主体的话，不管这些角色体型是否被截取拍摄，都只能算全景，而不能算中景。例如，在一个镜头内，A 角色坐在沙发上，B 和 C 角色靠在沙发后，3 人在交谈，这是一个全景而不是中景。

4. 特写

镜头只拍摄角色或物体的单个局部，如人物的脸、人物的手、一匹马的头部、一个烟灰缸等，这样的镜头叫作特写。

特写镜头一般用于表现角色表情变化或者单个物体的外观特征。在特写镜头中，观众心理默认忽略背景的存在，所有的注意力被汇集在被摄主体上。

特写镜头具有主观意识，会夸大被摄主体的重要性，暗示其象征意义。

不要将特写仅仅理解为只是某个形象局部的简单放大，而应将它当作是一种带有震撼力量的作用于心理的有效手段，贝拉·巴拉兹曾对特写如此评价道它作用于我们的心灵，而不是我们的眼睛。可见，特写是起到直接撞击人们内心的作用之最为直率和简洁的方法。

特写镜头语言的特点作用大致可归纳为：

- 去除了其他无助于情节表达的多余信息，使观看者的注意力集中于情节所需要突出的局部。
- 它使局部放大，从而使事物特征细节尽现，有力地暗示或揭露出其本质。
- 它对事物可谓赤裸裸地直接表露，具有说服力强、着重强调的作用。
- 适合于细致地表现物体质感，产生相对真实的物质存在感。
- 由于其表现的局部的不完整性，使人对于不确定的画外有了一个较大的想象空间，从而制造了悬疑。
- 有利于转场的镜头切换。由于特写镜头不确定的画外空间具有模糊性，因此适于切换到下一个新的场景中。

5. 大特写

大特写与特写相比，更加偏向于深入表现角色或物体的局部特征，大特写是特写的变奏。一个特写镜头可能拍摄一张完整的脸，大特写镜头则只拍摄脸上的某个器官。

大特写镜头的象征意味比特写镜头更加浓重，特写往往被用于拍摄微小的物体或者物体上的细小局部特征，例如，一只蚊子、茶杯上的一个花纹、一颗炸弹的引线末梢等。大特写是镜头离被摄对象的拍摄距离最近的一种视野范围。更近的显微镜头则不能算作一种镜头范围，而是被看作为一种镜头特效。

在 Flash 动画制作中，在制作远景、全景、中景、特写和大特写的镜头范围效果时，常常会使用同一个元件。如在中景中使用的一个角色元件，经过放大就可以在特写、大特写中使用。对于同一个元件，每次重复使用只需从库中调出，而且不会增加文件大小，这是 Flash 中反复调用元件的好处。

6. 深焦镜头

深焦镜头几乎可以被看作是一种镜头特效，它使用多种不同焦距和多种变异的景深来表现被摄物体。深焦镜头有时被叫做广角镜头。

深焦镜头所拍摄到的空间是扭曲变形的，它能同时捕捉被摄对象的远、中、近距离，又能维持空间的完整性。同时，这种完整性又是异常、被拉伸和缩短的。

深焦镜头的视野异常完整性使观众的注意力同时被最远和最近两个极端区域所吸引，试图找出其中的距离关系，因为这种异常的距离关系日常生活中并无法真正体验到，能使观众产生发掘其内在空间秩序的潜在想法。

二、镜头的角度

动画片中镜头角度的运用对于动画片内容的叙述、情绪的表达都起着直接的作用。镜头的角度有多方面的内容，一是指镜头与画面所形成的高低位置，即视平线的高低。二是指镜头与被拍摄物体所形成的倾斜角的程度。

角度是透视，它会影响人物造型和画面景物。

角度也是一种手段，是造型主要元素，画面变化和丰富，对构图效果、人物造型和空间会增加艺术表现力。

角度还具有夸大强化原有场景、体现人物位置和强化人物形象特征的功能。

下面是一些常见的镜头角度。

1. 平视

平视一般体现镜头客观性，再就是代表一个人的主观视线，设计时追求画面本身平稳，视觉端正与平衡，不要有大的明显的透视关系。平视主要是指镜头的视点，即视平线是在画面人物或主体的头部或上部，如同人与人之间的平视关系。这种角度的运用一般会给人一种平和自然和亲切的感觉，但运用的不好则会给人以缺少变化和平淡无奇的印象。

2. 俯视

俯视镜头位置通常高于人眼视

线以上的位置，在俯拍时地面上竖立的高景物、站立的人有一种斜向汇集效果，有一种被压缩感，显不出人物高大，反而由于景前关系，显得人物弱小，削弱自生的力量和重要性。在设计俯视透视时，要强调环境的空间概念、人物的位置关系。俯视主要是指镜头的视点是在画面人物的头部或主体的顶部以上，如同从上向下看。俯视的特点是主体的层次和运动都比较清晰，不容易受背景的影响。但是，主体的面部和表情不太容易被看清楚。

3. 仰视

仰视镜头在人的视线以上的位置，或低于被拍摄对象，使画面构图上的人物更加高大，远景的人物更加远离，造成强烈的透视感、距离感，对被摄主体物产生一种仰视、敬仰之情，突出醒目、敬畏、优越感的效果，表示赞颂、强调意义，会进一步体现被拍人物的重要性。仰视主要是指镜头的视点是在画面人物的腰部或主体的下半部以下，如同从下往上看。仰视角度的特点是画面主体比较突出，形象显得高大，但也会产生主体形象变形的视觉印象。处理设计仰视镜头时要精确地把握其透视，否则会影响全片的质量。

4. 混合运用

镜头角度的变化和组合是动画和电影能够吸引观众和富于魅力的重要组成部分，尽管这种组合有主观的成分。动画片分镜头如何将平视、俯视和仰视等视觉角度巧妙组合和合理运用是动画片导演和分镜头剧本艺术家的重要工作之一。

三、镜头的运动

运动作为一种技巧、一种手段和一种视觉形式，更多地反映出导演通过画面想表达的叙事主题、风格样式和视觉审美，并以此形成自己的镜头语言和视觉风格。

运动镜头在对环境展示、突出动作重点、表现人物情感、形成特有的节奏和韵律等方面都起着重要作用。

推拉镜头就是运用摄影机与拍摄对象（人物与景物）之间在同一个镜头内视距的变化，以此来改变观众与画面的视野。

- 推镜头：摄影机与画面逐渐接近，画面外框逐渐缩小，画面内景物逐渐放大，使观众视线从整体看到某一局部。
- 拉镜头：摄影机与画面逐渐离远，画面外框逐渐放大，画面内的景物逐渐缩小，使观看者的视线从某一局部逐渐扩大到景物的整体。

1. 中心推拉

按照动画规格框的中心地位推过（规格由大到小），如果是同一被摄主体物，在不改变拍摄距离情况下，产生由远及近的变化，或在众多被拍摄主体中，逐渐将视线集中在某一主体，更适合于表现静态时的人物内心活动。此时，视线变化，同时背景会产生虚的变化。

按照动画规格框的中心地位拉远（规格框由小到大），效果会产生由近及远的变化，人物越来越小，属于前景或全景系列。在变化过程中人物由集中变分散，适用于小的空间关系中人物拍摄前景处理上的变化，使画面背景关系由虚变实，在不切换的情况下，表现被摄主体物与环境空间关系，有时空统一感，空间环境越来越明确、具体。

2. 偏推拉

只按照标准规格框的大小，不按照规格框中心的推拉被称之为“偏推拉”。偏中心推拉的效果为：同一被摄主体，有由远及近的变化，并不断充满画面，影像增大，在众多的被拍摄的物体中，逐步集中在一个物体上。推的过程中，有从一个被摄主体前向另一个被摄主体转换变化的可能，视点有前移感觉，与被摄主体越来越接近，前景在运动中不断变化，使人物由小变大，推的运动过程中画面的透视效果越来越强化，特点是：在一个镜头内，可以了解到空间整体与局部的优化关系，增加画面的逼真性，使观看者与被摄主体产生交流，推镜的运动使观看者接近被摄主体，有一种主观感，对空间中纵向空间的描述十分具体。

偏推拉的效果为：拉镜头纯粹是一种镜头视点的远离，有时代表主观的视点，在画面效果上是逐渐远离被摄主体，画面中被摄主体由单一变为多元，从只拍一个对象到拍更多对象的变化，同一被摄主体有由近及远的变化，占据画幅空间越来越小，背景范围越来越大，越来越清楚。

3. 变焦推拉

变焦推拉镜头设计时要设计出多层景物，在多层拍摄中不仅可以采用固定焦点拍摄法，还可以在推拉镜头的前后或推拉过程中变换焦距，让观众的注意力根据剧情的需要由前层景转到后层景。此类镜头的推拉与普通的镜头原理一样，只是设计时略为复杂，要根据剧情需要把景物作分层处理。

3.4.3 运动设计技巧

一、背景的移动

移动背景是指镜头的机位不变，景物向左右或上下移动位置。在设计此类镜头时必须标明运动方向、路线及移动速度，详细注明移动起止点，并且要精确计算出移动速度，即每格所需移动长度，作出移速尺，同时还要依据剧情和导演要求对景物作分层处理。此类镜头移动转换复杂，特别是有快慢变化、特殊处理的镜头，一定要做到认真完整。

1. 横移动

背景画面与摄影机镜头左右移动为横移动。横移动在设计中根据剧情需要又分别有以下几种不同的设计方法：

- 运动物体与背景没有直接关系的。如鸟在飞翔、鱼在水里游、膝盖以上的人物行走。
- 运动与背景有直接关系的横移动。如人物奔跑等，设计此类镜头应特别注意人物脚步与地面的关系。
- 还有一种镜头移动位置不太长，而镜头里面比较复杂。动作变化复杂及角色有循环动作情况下设计此类镜头时，移动速度与动作关系不容易掌握，不便于动作的修改调整，要节省原画动画工作量，多使用人景同移。

2. 斜移动

背景画面与摄影机镜头成斜角度方向称“斜移动”。动画要大于画面规格，能够完整地斜放一个画面，在画面上应画好规格框及斜角度线。

3. 直移动

背景画面与摄影机垂直向下移动称“直移动”，与横移动设计方法基本相同。

4. 弧移动

背景画面与摄影机镜头成弧角度称“弧移动”。弧移动除与一般移动相同之外，在设计稿上必须画出弧形移动线，画面规格上下两角、两根弧线必须一致。

5. 边推（拉）边移动

边推（拉）边移动是一种推（拉）与移动相结合的镜头处理方法，它不仅改变画面的视距，同时又改变画面的影像效果，处理这类镜头时必须把两种方法结合起来。不仅画面的规格大小发生变化，而且开始时的画面位置与结束时的画面位置也已经改变了。所以，在计算它的移动距离时，不能以画面外框线作标准，必须以画框的中心计算移动距离，否则移动距离的长度就会有偏差。

6. 摇镜头移动背景

要表现摇镜头效果。必须通过设计，将背景及运动物体画面由中心向两端透视，达到改变人的视线效果。设计摄影机变换角度的效果时，镜头除采用一般的横移动或移动的基本方法外，必须依照画面透视要求画出运动物体形象和动作的大小变化效果。确定移动速度时，必须两端慢中间快，加强画面的透视效果。

摇镜头的作用如下：

- 增大视觉信息量，表现广阔的空间。框内表现的画面空间总是有限的，当需展示极大、极宽或极长的景物全貌时，就要借助于摇镜头了，它能令画框移动，将周围的景物尽收画面框内，令画面在运动中展示更多更广的景物空间，从而“从头到尾”地详尽表现。
- 表示事物与事物间的联系。例如，从 A 处摇到 B 处来表现事物，就将两组事物联系了起来，这种画面的拼合会提醒观看者注意它们之间的关系。
- 相同或不同性质场面的连接。如果镜头从表现坐在轿车里的阔少摇到在马路边拾垃圾的流浪汉，这种对比的画面就会令观看者产生对某种寓意的思考。这种画面的连接是造成一种对立、暗含喻意的艺术表达手段。
- 表现主体形象运动的方向和轨迹。如果表现运动员们进行百米赛跑的场面，观众只需要扇形摇镜头观看，即可获得对全部赛跑过程激烈竞争气氛的强烈感受。
- 摇出“意外”。在一个表现失窃的场景中，正当观看者看到小偷掏了东西，在为失窃者着急时，若此时镜头摇到不远处一个正紧紧盯住小偷的警察。观看者看到这里就会松一口气觉得“用不着担心了”。这里就通过摇镜头给观看者带来了出乎意料的感觉。
- 表现一个人的主观镜头。随着镜头环形拍摄的画面，观看者能体味到戏中人眼睛所看到的一切。
- 转场切换。利用摇镜头的空间转换完成从 A 处到 B 处的情节切换工作。

总之，摇镜头的“搜索”方法和运动展示是最容易引起观看者注意的视觉现象之一。动漫家在使用时需要有明确的目的。同时，要注意摇镜头运动的速度和画面的完整性，以充分发挥摇镜头的艺术表现力。

计算摇动镜头的景物移速的原则是：两头慢中间快，即开始时镜头与景物距离远，移动速度就慢，随着景物离境头距离的不断接近，移速就逐渐增快；景物距离再变远时，移速就要与之相适应地逐渐减慢。这样才能符合由于透视变化，而在视觉上产生的运动速度的变化。

设计多层景的摇动镜头时要考虑到各层的移速比例，原则是近慢远快，即前层景移得最慢，中层景次之，下层景最快。

绘画景物的透视原则是：两头小中间大，即景物距离镜头越远的形象越小，移动到距离镜头越近时形象越大，再远离时形象又逐渐变小，并且要画出透视变化而带来的物体各个面的变化。

动画循环动作移动背景为：在画面中的人物自左至右平面的、固定的动作姿态和速度，以循环动作朝前运动。

7. 跟镜头语言

跟镜头是指画面始终跟随运动的主体，使被描绘形象在画框中的位置相对稳定。跟镜头语言能够详尽、突出地表现主体，使观看者与被摄主体的视点相合一，表现出一种主观性的镜头画面。

与易混淆的移动镜头和推镜头不同，跟镜头要求拍摄机位与被拍（画）主体形象的位置距离和画面景别都要相对稳定，其运动速度也要相一致，而主体形象以外的环境则随着镜头的移动始终处在变化之中。

跟镜头的作用如下：

- 使镜头“套住”运动中拍（画）的对象。在连续不断地详尽表现被拍（画）对象时，突出其运动性，并交代了主体对象的运动方向、速度及周围环境变化。
- 背后跟随感。由镜头跟随某一人物背后拍（画），使跟镜头与观看者视点同一，令观众产生尾随某一人物运动的真实感，即形成了主观性镜头。
- 跟出新场景。跟镜头随着被拍（画）对象一起移动，形成画面主体形象不变，而由其运动造成了背景环境的变化，如镜头跟随某人从A处走到B处，那么跟镜头的“追随”就自然地引出了B处这一新场景。
- 具有现场纪实性。跟镜头对人物、事件现场的跟随拍（画）的记录表现手法，摈弃了导演调度、摆布的主观人为性，忠实、客观地记录了现场的一切，具有强烈的真实感人的效果。

尽管这几种镜头语言都有各自的表现力，但在实际应用中，我们经常是将它们综合起来使用的，如推摇镜头（先推后摇）、移推镜头（移中带推）、跟摇镜头（边跟边摇）等，当然千变万化总归不离其宗，都是要使画面产生某种意境或制造某种气氛以更恰当地表达出故事情节来。

二、镜头的衔接

一部动画影片是由许多的分镜头组成的，而这分镜头与分镜头间的连接和切换方式被称为镜头的衔接。在动画片中镜头衔接与电影里面的镜头衔接方式具有相同的功能和处理方式，但由于在相同长度的影片里，动画片的分镜头在实际运

用中要少于电影的分镜头，在镜头的衔接上也要简单一些。动画片分镜头的衔接运用得恰当，会产生自然和流畅甚至是活泼的感觉；如运用得不合适，会有生硬和不连贯的感觉，甚至会有画蛇添足的作用。通过对多幅表面看来不相干的画面的组接，形成了对某个空间或景物的多层次、多侧面的表现，尽管每个单幅画面看来是毫无联系的，但它们的组合最后给观看者建立起来的综合印象仍是一个完整有机的空间。因而无论动漫家怎样利用镜头内由景别、构图、场面、光影、人物、动作等因素的变化创造独特的视觉效果，其目的都是为了加强这个镜头所蕴涵的思想含义。

一个镜头到底需要多长时间是动漫家根据脚本、分镜头台本预先思考与设计的。一般情况下，镜头长度取决于情节内容需要和观看者理解内容所需的时间，还有就是景别大小和镜头的拍摄方法也会影响镜头的长度。自然情节内容多则镜头要相对长些，而主体形象较近、动态清楚，观看者领会得快的，镜头长度就相应短些。

如何将一个个镜头组接起来，需要动漫家精心的构思，而这取决于动漫家对作品内容的认识和把握，也取决于其对动漫这一艺术载体的实际运用经验丰富与否。镜头组合是为了全书的内容情节能够完

整、连续不断地发展，使内容与内容的衔接、情绪与情绪的衔接及形式与形式的衔接符合动漫艺术表现规律，镜头组接的形式千变万化。

三、组接的逻辑

镜头的组接必须突出主题，符合观众的思想方式和影视表现规律，镜头的组接要符合生活的逻辑、思维的逻辑。不符合逻辑观众就看不懂。做影视节目要表达的主题与中心思想一定要明确，在这个基础上才能准确地根据观众的心理要求，即思维逻辑来决定选用哪些镜头，怎么样将它们组合在一起。

1. 组接的景别变化

景别的变化要采用循序渐进的方法。一般来说，拍摄一个场面时，“景”的发展不宜过分剧烈，否则就不容易连接起来。相反，“景”的变化不大，同时，拍摄角度变换亦不大，拍出的镜头也不容易组接。由于以上原因，在拍摄时，“景”的发展变化需要采取循序渐进的方法。循序渐进地变换不同视觉距离的镜头，可以造成顺畅的连接。

- 前进式句型：这种叙述句型是指景物由远景、全景向近景、特写过渡。用来表现由低沉到高昂向上的情绪和剧情的发展。
- 后退式句型：这种叙述句型是由近到远，表示由高昂到低沉、压抑的情绪，在影片中表现由细节到扩展再到全部。
- 环行句型：把前进式和后退式的句子结合在一起使用。表现情绪由低沉到高昂，再由高昂转向低沉。这类的句型一般在影视故事片中较为常用。

在镜头组接时，如果遇到同一机位，同景别又是同一主体的画面是不能组接的。因为这样拍摄出来的镜头景物变化小，一幅幅画面看起来雷同，接在一起好像同一镜头不停地重复。另一方面这种机位、景物变化不大的两个镜头接在一起，只要画面中的景物稍有一点变化，就会在人的视觉中产生跳动或好像一个长镜头断了好多次，有“拉洋片”、“走马灯”的感觉，破坏了画面的连续性。如果遇到这样的情况，采用重拍的方法就显得浪费时间和财力了，最好的办法是采用过渡镜头，如从不同角度拍摄再组接，穿插字幕过渡，让表演者的位置、动作变化后再组接。这样组接后的画面就不会产生跳动、断续和错位的感觉。

2. 组接的规律

镜头组接要遵循“动接动”、“静接静”的规律。如果画面中同一主体或不同主体的动作是连贯的，可以动作接动作，达到顺畅、简洁过渡的目的，简称为“动接动”。如果两个画面中的主体运动是不连贯的，或者它们中间有停顿时，那么这两个镜头的组接必须在前一个画面主体做完一个完整动作停下来后，接上一个从静止到开始的运动镜头，这就是“静接静”。“静接静”组接时，前一个镜头结尾停止的片刻叫“落幅”，后一镜头运动前静止的片刻叫作“起幅”，起幅与落幅时间间隔大约为 1 ～ 2 秒钟。运动镜头和固定镜头组接同样需要遵循这个规律。如果一个固定镜头要接一个摇镜头，则摇镜头开始要有起幅；相反，一个摇镜头接一个固定镜头，那么摇镜头要有“落幅”，否则画面就会给人一种跳动的视觉感。为了特殊效果，也有静接动或动接静的镜头。

3. 组接的时间长度

在拍摄影视节目时，每个镜头的停滞时间长短，首先是根据要表达的内容难易程度和观众的接受能力来决定的，其次还要考虑到画面构图等因素。由于画面选择景物不同，包含在画面的内容也不同。远景、中景等镜头大的画面包含的内容较多，观众需要看清楚这些画面上的内容，所需要的时间就相对长些。而对于近景，特写等镜头小的画面，所包含的内容较少，观众只需要短时间即可看清，所以画面停留时间可短些。另外，一组画面中的其他因素，也对画面长短起到制约作用。如同一个画面亮度大的部分比亮度暗的部分更能引起人们的注意。因此，如果该幅画面要表现亮的部分时，长度应该短些，如果要表现暗部分时，则长度应该长些。在同一幅画面中，动的部分比静的部分先引起人们的视觉注意。因此如果重点要表现动的部分时，画面要短些；表现静的部分时，则画面持续长度应该稍微长一些。

4. 组接的影调色彩

镜头组接的影调色彩要统一。影调是指以黑的画面而言，黑的画面上的景物，不论原来是什么颜色，都是由许多深浅不同的黑白层次组成软硬不同的影调来表现的。对于彩色画面来说，除了影调问题外还有色彩问题，无论是黑白还是彩色画面组接都应该保持影调色彩的一致性。如果把明暗或者色彩对比强烈的两个镜头组接在一起（除了特殊的需要外），就会使人感到生硬和不连贯，影响内容流畅表达。

5. 组接的节奏

影视节目的题材、样式、风格以及情节的环境气氛、人物的情绪、情节的起伏跌宕等是影视节目节奏的总依据。影片节奏除了通过演员的表演、镜头的转换和运动、音乐的配合、场景的时间空间变化等因素体现以外，还需要运用组接手段，严格掌握镜头的尺寸和数量，整理调整镜头顺序，删除多余的枝节才能完成。也可以说，组接节奏是影视片总节奏的最后一个组成部分。处理影片节目的任何一个情节或一组画面，都要从影片表达的内容出发来处理节奏问题。如果在一个宁静祥和的环境里用了快节奏的镜头转换，就会使得观众觉得突兀跳跃，心里难以接受。然而在一些节奏强烈，激动人心的场面中，就应该考虑到种种冲击因素，使镜头的变化速率与青年观众的心理要求一致，以增强青年观众的激动情绪，达到吸引和模仿的目的。

节奏一般伴随变化出现，没变化自然没节奏，这种变化关系可以是对比，可以是递进，可以是互补。于一般人印象中，电影的节奏大多出自情节的转折或动作激烈的场面。其实不然，镜头里包括的种种因素，光、影、颜色、角度、声音、动作、时间长短等，无一不对影片的节奏起着重要的影响作用。同样的情节，在不同的形式表现下会起到截然不同的影像效果，观众接受的效果不同，感觉到的节奏自

然就不同。

例如，同样表现街头奔跑，手持跟拍，大量特写晃动营造出来的效果，与中远景的长镜头冷冷凝视，出来的节奏当然不一样。哪怕同样是中远景的一个长镜头，跑步同期声音或大或小、有无配乐、机位俯拍还是仰拍、顺光还是逆光，出来的效果又是完全不同。用暖色调表现还是冷色调表现，出来的效果也不一样。一种可能是高调子的赞同，另一种却可能是压抑感很强的贬低。所以，各方面都会对影片节奏造成不可轻视的效果，相比之下，讲什么故事，有什么人物或什么情节，对影片节奏并不具决定性效果，很多时候，"形式"更能影响"内容"的表达，内容不重要的也可以表达成很重要，如给一个轮胎和轮胎爆胎声音的特写，也许这就成为一部片子最能给人留下印象、变成某一变化过程中的"最强音"，成为节奏高潮。

讲影片节奏，其实并不虚，很多节奏控制应该是每一个人都看得见、摸得着的。对于"艺术感觉"的把握，每个影片制作人都有所不同，挑这首歌、这种角度、这个景观，完全出于自己的审美要求，你可以接受也可以不接受，这部分涉及感性的东西稍多，但对整个影片节奏的控制应该是理性的，当然也有反理性的节奏控制，那也得在真正熟悉如何控制节奏的基础上才能谈颠覆。

四、组接的方法

镜头画面的组接除了采用光学原理的手段以外，还可以通过衔接规律，使镜头之间直接切换，使情节更加自然顺畅，下面介绍几种有效的组接方法。

- 连接组接：相连的两个或者两个以上的一系列镜头表现同一主体的动作。

- 队列组接：相连镜头但不是同一主体的组接，由于主体的变化，下一个镜头主体的出现，观众会联想到上下画面的关系，起到呼应、对比、隐喻烘托的作用，往往能够创造性地揭示出一种新的含义。
- 黑白格的组接：可以造成一种特殊的视觉效果，如闪电、爆炸、照相馆中的闪光灯效果等。组接的时候，可以将所需要的闪亮部分用白色画格代替，在表现各种车辆相撞的瞬间组接若干黑色画格，或者在合适的时候采用黑白相间画格交叉，有助于加强影片的节奏、渲染气氛、增强悬念。
- 两级镜头组接：是由特写镜头直接跳切到全景镜头或者从全景镜头直接切换到特写镜头的组接方式。这种方法能使情节的发展在动中转静或者在静中变动，给观众的直觉感极强，节奏上形成突如其来的变化，产生特殊的视觉和心理效果。
- 闪回镜头组接：用闪回镜头，如插入人物回想往事的镜头，这种组接技巧可以用来揭示人物的内心变化。
- 同镜头分析：将同一个镜头分别在几个地方使用。运用该种组接技巧时，往往是出于这样的考虑——或者是因为所需要的画面素材不够；或者是有意重复某一镜头，用来表现某一人物的情思和追忆；或者是为了强调某一画面所特有的象征性的含义以引发观众的思考；或者还是为了造成首尾相互接应，从而在艺术结构上给人一个完整而严谨的感觉。
- 拼接：有些时候，我们在户外拍摄虽然多次，拍摄的时间也相当长，但可以用的镜头却是很短，达不到所需要的长度和节奏。在这种

情况下，如果有同样或相似内容的镜头，就可以把它们当中可用的部分组接，以达到节目画面必须的长度。

- 插入镜头组接：在一个镜头中间切换，插入另一个表现不同主体的镜头。如一个人正在马路上走着或者坐在汽车里向外看，突然插入一个代表人物主观视线的镜头（主观镜头），以表现该人物意外地看到了什么、直观感想和引起联想的镜头。
- 动作组接：借助人物、动物、交通工具等动作和动势的可衔接性以及动作的连贯性、相似性，作为镜头的转换手段。
- 特写镜头组接：上个镜头以某一人物的某一局部（头或眼睛）或某个物件的特写画面结束，然后从这一特写画面开始，逐渐扩大视野，以展示另一情节的环境。目的是为了在观众注意力集中在某一个人的表情或者某一事物时，在不知不觉中就转换了场景和叙述内容，而不使人产生陡然跳动的不适应感觉。
- 景物镜头的组接：在两个镜头之间借助景物镜头作为过渡，其中有以景为主、物为陪衬的镜头，可以展示不同的地理环境和景物风貌，也表示时间和季节的变换，又是以景抒情的表现手法。还有以物为主、景为陪衬的镜头，这种镜头往往作为镜头转换的手段。
- 声音转场：用解说词转场，这个技巧一般在科教片中比较常见。用画外音和画内音互相交替转场，像一些电话场景的表现。此外，还有利用歌唱来实现转场的效果，并且利用各种内容换景。
- 多屏画面转场：这种技巧有多画屏、多画面、多画格和多银幕等多种叫法，是近代影视艺术的新手法。把银幕或者屏幕一分为多，可以使双重或多重的情节齐头并进，大大压缩了时间。如在电话场景中，打电话时，两边的人都有了，打完电话，打电话人的戏没有了，但接电话人的戏开始了。

镜头的组接技法是多种多样的，按照创作者的意图，根据情节的内容和需要而创造，也没有具体的规定和限制。在具体的后期编辑中，可以尽量地根据情况发挥，但不要脱离实际的情况和需要。

如通过树影接下一个楼影的镜头。一般最常见的是人物间对话的镜头组接，这时要注意在表现两个或多人对话交谈时，人物之间有一条无形的轴线，镜头在拍（画）时，必须保持机位要处在两个轴线外的同一侧，以此进行镜头组接。

五、切换

切换是一种最常见、最有效和最直接的动画衔接方法。在动画片中，大部分的分镜头的衔接都采用此方法。它是指两个分镜头之间的直接连接，没有任何的过渡，即前一个镜头结束的同时立即切换到下一个镜头。这种方法的特点是简捷、明了。在动画中它具有镜头的角度、时间和方位的切换以及不同时空的对等切换的用途。

1. 化入化出或称作溶入溶出

溶入溶出衔接方式也是动画片中经常采用的，它也被称作“柔和切换”。它的工作原理是当前一个分镜头的结尾部分逐渐消失的同时，下一个分镜头的开头部分逐渐

清晰。两个分镜头的画面一个化入一个化出，可以使前后两个分镜头比较柔和地重叠连接在一起。化入化出是影片衔接中除切换以外的另一种选择，同时它也有自己的特殊功能。它一般是在影片分镜头需要平缓、自然过渡时使用，让镜头画面不会有生硬的感觉产生。事实上，化入化出的用法是根据影片的具体情况和导演风格决定的。

2. 淡入淡出或称作渐隐渐显

淡入淡出这种衔接方法一般也被称作“渐黑渐亮”，它的工作原理是前一个分镜头的结尾部分逐渐消失成为黑色后，下一个分镜头的开头部分逐渐从黑暗中显现出来。画面一个淡入一个淡出，就使两个分镜头连接在一起。所不同的是两个分镜头并没有重叠，它们是并列的关系。淡入淡出的一般用法是在场景变化或在段落的结束和开头时使用。淡入淡出也有渐隐到白色中，然后从白色中显现出来，一般称作“渐白渐亮”。

以上为动画片中经常采用的几种衔接方法，在实际的应用中有很多的衔接方法可以采用，如相类似画面的衔接和定格的衔接等，总之要根据具体的情况来处理。在现代动画的制作中，动画片的编辑大都采用非线编辑系统来进行编辑合成。在一般的编辑软件中都会提供许多衔接方法为影片使用，这就是“多元化衔接方式”。如编辑软件 Adobe Premiere、After Effects 等，就有上百种的衔接方法可供选用。动画片的衔接是必需的，但我们必须了解如何衔接和采用何种方式衔接，切不可过于简单，也不可喧宾夺主。

3.4.4 画面构图

一、画面构图

影片是由无数的画格连接而成的，每一个画格在拍摄了景物之后，称为画面。

动画片的创作是以绘画手段进行的，每个画面基本上都是画出来的，因此，我们习惯于把未拍前的画稿也称为画面。

画面的形式和内容决定于镜头。一部动画片通常由导演根据剧本分成许多长短不同的镜头，通过镜头的组合再现剧本的主题。导演在画面分镜头台本中规定了每一镜头的内容、景别、长度和处理要求，动画设计人员就依据每一镜头的提要绘制画面。

一个镜头的画面包括背景和动画，在制作时是分工的。绘景人员只画一幅背景，动画人员则要画出许许多多的动画画面。单就分镜头画面来讲，每一个分镜头画面的结构、景别、取景角度都有所不同。真人片的拍摄对象都是真实的、立体的，画面构图通常在拍摄时通过取景框来选择决定；动画片的拍摄则是假定的、平面的，画面构图要在设计时在纸面上推敲决定。它们在创作方法上各有其规律。

由于动画片是通过假定方式来处理画面的，所谓镜头角度、视距和移动等都不是取决于摄影机，而是取决于绘画上的模拟。因此，从这种意义上来说，动画设计就要兼有摄影和表演的职能。

一般电影可以把摄影机推近或拉远，或是利用摄影机上的回旋器来矫正画面的构图，选择主要的人景。动画电影的画面构图只能由设计者构思后在纸面上确定。

一般绘画考虑的构图规律往往是静止的构图规律，也许在画面构图上有动态的物景，但也仅仅是取一瞬间的动态，画在画纸上，所有的动态就永远成为静止的构图。电影就不同了，拍摄对象是活动的，放映时也是连续的，因此它的构图规律应该是活动的、多变的。

动画设计人员要兼有绘画“静止”的构图知识和电影活动构图的知识，才能通过我们的假定手法把动画的画面构图处理好。

分镜头台本中的画面接近于一般的绘画构图，导演多半只考虑各个镜头内的景别和不同的构图因素的安排，突出主要的景物。如果动画设计人员把它看成是不可变动的，那就大错特错了。因为动画设计人员的任务，是要把静态的画面角色处理成动态的动画角色。原先拟定的静态的画面构图往往会由于角色活动起来，而成为瞬间的，甚至是不正确的。所以如果动画设计人员不敢打破分镜头台本中的构图安排，就不可能开展工作。

举个简单的例子，在画面分镜头中，导演画了一个角色坐在椅子上的中景构图，上部没有空间，单从绘画构图上看，这是很和谐的。而根据情节要求，这个角色要站起来走动，由于在构图中的头部已经接近上端的画框，他一站起来，头部势必被切在画框外，再让他走动，并演绎情节发展就几乎不可能了。因此，动画设计人员在处理这个镜头的画面构图时，就必须从人物动作和实际需要出发，改动原有的构图。

具体操作时，动画设计人员往往先在设计图上画出人物的活动路线，设计比较理想的构图。有些画面的人物多，动作幅度大，就要适当地处理人物移动的位置，利用画面的纵深感，从整体的、活动的关系来考虑构图。有些摇、移、推、拉等动态镜头的构图角度的变化很大，我们不仅要考虑到它的起止画面的构图，甚至镜头在运动过程中的每个画面都要认真考虑，以避免出现破坏构图的画面。

二、静态构图与动态构图

静态构图在镜头画面有效持续时间内构图结构不变。在以角色为主体的条件下，去建构各种视觉元素，追求单镜头画面的绘画性、完美性、平衡感，正如弗里伯格所说——用绘画构图原则来拍摄影片。

动画角色的运动主要在有限的画面空间中进行调度，对整体画面进行精心设计，画面空间处理多呈封闭形态。角色运动会造成构图元素的变化，所以要特别重视动画画面的快速调整。

动态构图包含场景分割和动态调整两方面的内容，下面分别进行介绍。

1. 场景分割

一组蒙太奇镜头的组合才相当于一幅完整的绘画作品，每一个单个镜头画面只等于绘画中的某一局部。正如贝拉·巴拉兹所说——把完整的场景分割成几个部分，或几个镜头。在组接的镜头画面中，有承上启下的作用，就要安排内外呼应，上下关照，因此需冲破画面框边的局限，开放性构图。

蒙太奇镜头画面构图处理必须有组接中的开放性、外延性和承启性，而不能封闭起来追求单个镜头画面的静态完整。

2. 动态调整

在一个镜头画面中，主体空间安排或空间运动造成画面失去平衡，形成失重感，但不在这个镜头画面中进行调整，而是在下一个镜头画面中通过位置、运动等构成元素的安排进行调整，镜头剪接、通过观众的视觉连续性，求得最终观众视觉感知和心理的均衡。

运动使一切构图因素都具有不稳定性，要依据情节发展和对象空间运动状态，随时变换、控制、调整画面的构图结构。

运动的最终结果是恢复被破坏的平衡，有时可以在开始处，有意处理为不甚平衡。正如欧内斯特·林格仑所讲："画面是活动的，这一点实质上就使画面结构的常规无效，运动成为构图中的主要因素，它使其他一切居于次要地位。"

每个镜头画面进行构图处理时，必须考虑全局，考虑它在全片、段落、场面中的地位，它与上下镜头画面的承启、过渡、转换关系。

三、构图规律

动画场景的设计过程实际就是一个"构成"方式的思维过程，构成思维方式首先是一个分解的过程，即将复杂的动画场景打散，彻底分解还原为单纯的场景构成要素，再仔细分析每一个构成要素的情感特征和造型积极性；构成思维方式同时又是一个整合的过程，即依据一定的形式法则将场景构成要素结合在一起，协同传达出一定的戏剧信息。动画场景设计过程中的形式法则就集中体现在构图规律上，构图规律是人们从视觉艺术发展过程中不断总结出来的一般造型规律。构图规律并非是一成不变的，它随着视觉艺术的发展也在不断发展。

在动画场景设计过程中经常要使用到的构图规律包含以下几个方面：

1. 平衡

托伯特·哈姆林曾经说过："在视觉艺术中，平衡是任何欣赏对象中都存在的特征，平衡中心两边的视觉趣味中心，分量是相当的。"平衡感的获得是人类视觉审美的基本要求，一个不平衡的构图看上去是偶然的和短暂的，画面中构成元素显示出一种极力想改变自己所处的位置或状态，以便达到一种更加适合于整体结构状态的趋势。平衡可以分为对称平衡和不对称平衡。

对称平衡是指画面在上下或左右，由同样的部分相反复而形成的构图关系，是平衡关系最完满的形态。对称平衡的场景画面给人以秩序感，常用于表现庄严肃穆、安静平和的动画场景。

对称平衡还可以分为轴对称平衡和点对称平衡。

在不对称平衡的画面中，要依据构成元素的视觉心理量进行权衡，形成构成元素"量"与"势"的平衡配置关系，在《影视摄影构图学》一书中总结了下面一些视觉关系，影响对形象"量"与"势"的判定。

- 被拍摄对象体积的大小影响视觉形象的量感。
- 一个靠近几何中心的人或物所具有的结构重力比远离几何中心的视觉形象小。
- 画面左侧比画面右侧能支持更多的重量，在画面中上部的对象比下部的对象轻。
- 一个形状规则的对象比不规则的对象重，但一些复

杂对象由于更具吸引力，则显得比一般规格化的对象重。

- 一个结构坚实的对象比松散的对象有较大的重量。
- 处境孤立的、突出于背景的对象较群体重。
- 垂直的对象比倾斜的对象轻。
- 被拍摄对象之间的色彩对比关系影响"量"的轻重感觉。
- 反光率高的对象和照明比较充分的对象比反光率低的对象和照明不充分的对象重。
- 运动对象"量"的感受重于静止的对象，例如，有强烈动感的景物，如流云、狂风中弯曲的树枝等都具有比较强的视觉心理量，可以与静止的巨大建筑相互平衡。
- 面对着摄像机镜头走来对象的"量"的感受重于远离镜头的对象。
- 自画面左向画面右运动对象的"量"的感受重于自右向左运动的对象；垂直走向形式感觉的重量比那些倾斜走向的形式轻；向上的运动比向下的运动"量"的感受轻。
- 向画面某部位集中的运动和趋势比分散的、固定不动对象"量"的感受重。
- 运动速度快的对象"量"的感受轻，运动速度慢的对象"量"的感受重。
- 被拍摄对象的视线方向也具有极强的"量"感。
- 角色和景物的阴影是实际存在的形象，其位置和大小会影响画面的平衡关系。

2. 黄金分割

黄金分割亦称"黄金律"、"黄金比"，在设计中采用这种比例容易引起视觉美感。黄金分割的画法以正方形 ABCD 的 AB 边为宽求得黄金矩形，在 BC 边上求得中点 E，连接 ED，以 E 为圆心 ED 为半径作圆，与 BC 边的延长线相交于 F 点，得到的矩形 ABFG 即为黄金矩形。其中，长边与短边的关系为：BC/CF=BF/BC=1.618，并且矩形 DCFG 也为黄金矩形。

黄金分割的比例关系历经埃及、希腊直至以后的罗马帝国，迄今仍是人类的共同审美比例规律。在动画场景设计过程中要大量使用黄金分割的比例关系。黄金分割主要体现在画面内部结构的处理上，如画面的水平、垂直分割、主体角色或景物所处的位置及地平线、水平线、天际线所处的位置等。

例如，画面中天空与地面呈现的比例可以为 1:1.618（或 1.618:1），这样画面所传达的视

觉信息就比较清楚；如果天际线位于画面的中间位置，就会有一种不上不下的模糊感，分不清画面所要传达的视觉信息重点。

3. 对比与调和

对比用于突出形态间的造型差异，从而强调对比双方的个性特征。对比是人类认识事物的最有效方式，对形态的视觉判断不是固定不变的，在多个形态构成的过程中，形态固有的某些造型属性会发生改变。例如，高矮相形才会有对尺度的判断，没有绝对的高，也没有绝对的矮。同时，形态在构成过程中，通过对比关系会凸现某些造型属性。正如老子所言："有无相生，难易相成，长短相形，高下相倾，音声相和，前后相随。"

对比可以是强烈的，也可以是轻微的；可以是单元的，也可以是多元的；可以是明确的，也可以是模糊的。

对比是对造型差异的强调，使人感到鲜明、醒目、兴奋。所以，在设计的过程中，一般将"趣味中心"处理成对比关系，以强化所要传达的信息。对比关系可以分为以下几种。大小对比、线型对比、位置对比、平衡对比、虚实对比、动静对比和色彩对比。

对比关系是同中求异，调和关系则是异中求同，调和强调形态间的共同性与联系，从而使造型整体协调、统一。只有在对比中求调和，才能达到丰富而不混乱；只有在调和中求变化，才能有秩序而不呆板。

4. 骨骼结构

在动画场景的构图过程中，还要注意其视觉骨骼（画面的结构线），尽量使用有力度和变化的结构主线将画面中的视觉形象整合在一起，并使景物的动态趋势和骨骼延伸方向指向于画面中需要表达的重点内容。

常见的场景构图骨骼结构包括三角形构图、S 形构图、之字形构图和对角线构图等。

3.4.5 声音和语言

一、声音

动画片中角色运用的有声语言包括角色对白、独白、旁白、心声、解说以及所有能够表达一定意义的人声。台词是角色之间或角色与观众之间进行思想感情交流的重要手段，是组成动画片诸多元素中具有释义作用的一种特殊

元素，它在动画片中起着叙事、交代情节、刻画角色性格、揭示角色内心世界、论证推理和增强现实感等作用。它和音响、音乐共同构成动画片中的声音。各种台词形式与画面构成的蒙太奇已成为动画片艺术的重要表现手段。

迪斯尼公司在动画艺术创作中，声画结合得非常成功。他们最先采用先期录音的创作方法，以鲜明的节奏、出色的动画技巧和丰富的想象力把声画完美地结合起来，塑造了许多栩栩如生的动画形象，一直影响着世界各国的动画艺术创作。

动画片的创作方法是高度夸张和虚构的，它要求动作节奏和声音节奏高度的吻合，以获得生动有趣的银幕效果。在动画片中，声音是动作的灵魂，这是因为声音具有形象化、具体化和性格化的特点。声画相结合，形象就栩栩如生，如《狮子王》中怪笑的土狼。

1. 旁白

旁白是以画外音形式出现的第一人称的自述及第三人称的议论和评说。在日本动画片中运用得很多。

2. 独白

独白剧中角色在画面中对内心活动的自我表述。动画片中的独白大体有以下两种形式：

- 以自我为交流对象的独白，即通常所说的“自言自语”。
- 有其他交流对象的大段述说，如演讲、答辩和祈祷等。

独白常常是角色内心情感处于复杂矛盾冲突下的产物。因此，动画艺术家在处理独白时，要深入体验角色产生独白时的内心状态。

3. 解说

解说是以客观叙述者的角度直接用语言来交代、介绍剧情或发表议论的一种方式。动画片中恰当地运用解说，可以节省不必要的篇幅并丰富画面的表现力，还可以增强动画片的文学性。

解说同动画片中的其他语言形式在表现技巧上有所不同，因为解说交流的对象是观众，是表达作者的态度、愿望。解说的语调风格要与动画片内容和风格统一。

4. 画外音

画外音是声源来自画面外的声音，可以是人声也可以是音乐或音响效果。画外音的人声部分包括旁白、心声、解说及在声画对位技巧下使用的对白以及人的咳嗽、呼喊、哭、笑、喘息等其他声音。画外音与画面结合，可以对画面起烘托气氛、深化主题作用，加强画面的感染力。旁白和心声是揭示角色内心活动和刻画角色性格的重要手段。

画外音还可以被用来转换和衔接画面。声音能代表动作，能有效地通过暗示唤起观众的想象，因此，画外音不但可以从侧面交代一些不易于用画面来表示的场面，并节省一些次要的场景以突出主题，同时还可以起到延伸画面的作用。

随着电声技术的不断进步和现代社会生活与人们思想的日益复杂化，画外音在现代动画片中的使用越来越引起人们的重视。画外音的语言交流要与画面节奏、内容相一致，语调的高、低、轻重都要注意与全片前后对白衔接。

5. 心声

心声是用角色以及音响的画外音表现出来的角色的内心活动，是动画片揭示角色内心活动的一种富有表现

力的艺术手段。画面中角色默默思考时，运用画面外传来角色自己的声音，用语言的形式说出自己所想的，使观众感知角色的思维和内在情感，似乎是听到了角色心里的声音。心声也可以是角色曾经听到的其他角色的话语或者某种音响，以表达角色此时唤起的对往事的回忆或瞬间的内心活动。此时，要注意角色的情绪变化，要刻画出角色的表情，尤其是眼神变化。

6. 语调

语调由说话时声音的高低、轻重、长短、快慢、停顿等相互配置而成。语调的语言功能除达意之外，更重要的是表情的作用。语调高低起落的变化贯穿在全句之中，尤其在句末表现得最清楚。必须在了解基本语调的前提下，进一步分析说话的时间、地点、条件、感情和态度，这样，通过恰当的动画设计和角色的表演，将声音和画面紧密结合在一起，角色才具有生命力。

7. 先期对白

绘制对白镜头也可以采用先期录音的方法，口形和声音容易吻合。

动画片夸张的角色、表情或故事情节常用“怪腔”的对白，这种怪腔是配音动画艺术家在正常发音的情况下，无法发出的声音。要获得这种怪腔的效果，往往采用变速方法录音。怪腔对白一定要做先期录音，才能算出每个字音的发声格数。

绘制对白镜头应注意的问题如下：

- 对白的口型不必每个字音都画一个口型，可抓住每一句话的几个重音口型就可以了。
- 画对白镜头不能单画口型变化，同时要注意刻画脸部表情和形体动作的配合。
- 画外音的镜头，要注意刻画听话者的情绪交流。

二、语言

1. 语言性格化

运用角色的语言刻画其性格特征。动画片中角色性格化的语言是由作者在剧本中完成的。但是剧本只能写出角色说些什么，经过动画艺术家的设计才能具体地体现出角色是怎样说的。

每个角色的语言表现方式都是和角色的个性心理特征紧密关联的。动画艺术家要达到角色台词的性格化，要在把握住角色性格特征的同时，找到台词的语言目的、动作、态度、形象感受、内心节奏、语气和语调等，确定角色性格语言的基调，并运用不同的语言色彩表现角色性格的不同侧面。

语言的性格刻画还要与角色个性特征的其他因素，如年龄、职业、体质及时代特色、地区特色等，结合起来进行。

2. 语言个性特征

通过语言可以表现出角色个性、心理的特点。每个角色的语言表现方式，都和其个性心理特征有关联，个性心理特征主要分为修养、能力、气质和性格 4 方面，而性格具有核心意义。人的个性心理特征在一定时期和条件下，具有相对的稳定性。可是随着生活环境的改变，又具有可塑性。所以当创造角色语言动作时，

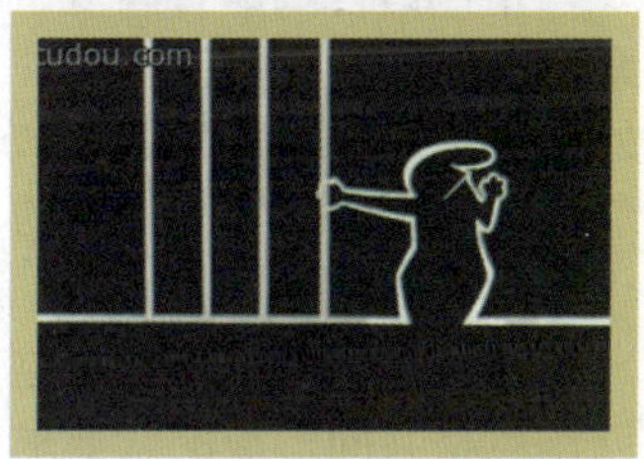

多方面了解角色的经历，对于揭示角色个性特征是有益的。

3. 语句重音

语句重音是表达角色思想感情的重要手段，是台词的每一语句中最能表达内在实质、需要着重表现的所在。表达语句的含义时，要分出轻重层次才能把思想逻辑、情感态度等清晰地表达出来。要强调出主要重音、次要重音，取消不必要的重音。强调重音可用加大字音的幅度、强度、长度的方法；或在重音前、后设置停顿；或用较轻、较低沉的声音；或运用顿音、颤音等语言技巧。

4. 语言逻辑

运用语言技巧准确地反映角色的思维特点和思维过程。为了能正确地运

用语言技巧表达角色的思维逻辑，必须深入分析动画片剧本与角色性格，作为掌握台词语言逻辑的根据。

语言表达能力的获得与动画艺术家的思想修养、文艺修养、对作品的理解力、对形象的感应力、对语言表达技巧、从体验到体现的技术以及气息、声音、语音等外部技术掌握的熟练程度有密切的关系。

5. 语句顿歇

动画艺术家要依据角色的思想感情活动和语句的语法结构，把握停顿的位置和时间的长短，做到准确的表情达意。语言没有停顿，就表现不出节奏；没有节奏，就表现不出语调；没有语调，就表现不出感情。停顿的运用是表现角色内心活动的重要手段。

6. 语言节奏

角色语言的语音高低、长短、轻重、强弱和间歇等因素形成的律动就是语言节奏。语言节奏是角色内心节奏的外部体现，它取决于内心节奏的高低、紧缓。角色的内心节奏与其语言节奏是一致的。

7. 语言风格

动画片台词的语言风格是编剧、导演、动画艺术家的创作风格共同形成的。要求动画艺术家和编导有深入的沟通，包括在提炼主题、处理结构、创造形象、表现手法和语言运用等方面。

三、先期录音

动画片的录音有先期录音和后期录音两种方法。先期录音是指先录声音后绘制画面；后期录音是指先摄制画面后录声音。这里重点讲述先期录音与动画创作的关系。

在动画片制作过程中，声音和画面是分为两道工序进行的。声音部分通常是由各种音响先行单录，然后再混录到一条磁声带上。一条画片，一条声片，称为双片。在进行声画合成时，由一部放映机和一部播声机做同步播放，才能在银幕上出现声画合成的效果。

印正片拷贝时，磁声带就要转为光声带，与画面合印在一条胶片上，才能单机放映。正片中的画面与声带不是在同一片格上起步的，由于放映机放映位置和播声位置相隔一段距离，因此声带的起步要比画面提前 20 个片格，放映时声画才能同步。动画电视则将声音和画面合成在一起，然后输出到数字录像带即可。

为了使动作的节奏与声音的节奏达到高度准确的结合，先期录音是最有效的创作方法。采用先期录音能够为动画形象设计、安排符合这些要求的旋律和节奏。先期录音必须在导演分镜头台本确定之后，由导演、原画设计和配音作曲共同对整个戏的节奏进行研究。统一意图后，作曲才能谱写乐章。一经录音之后，原画设计就必须依据音乐磁带的节奏进行绘制。

四、先期音乐

音乐节奏是通过声音的节拍来体现的，节拍是音乐的基础。绘制已经先期录好声音的镜头，最重要一点就是要抓住每一小节的重音，用它来对动作的节奏，关键的动作落点一定要落在这个重音上。如在 4/4 拍的乐谱里，每一小节分成 4 拍，每 4 拍中的第一拍都是重音。录好的音带要反复听，记住主旋律，找出并记录每个音符的位置，计算出每个音符的延续格数。再根据记录写出每个镜头摄影表的音乐位置。摄影表上有了音乐主旋律音符的位置后，每一音符占有的格数就很清楚。用这个方法画出来的动画镜头，音乐节奏与动作节奏非常吻合，如《泰山》中小泰山成长的一场戏。

一部动画片中，声音的处理是很重要的。声音不仅仅是对画面的说明或衬托，声音和画面的结合也是一种艺术的结合。声画结合得好，才能产生鲜活感人的形象。

第 3 章
思考与练习

1. 请你说出动画片每个岗位具体的职责。
2. 通过观摩影片，了解掌握镜头的运用与组接。
3. 从产业化观点出发，通过市场调研分析，写出某一卡通形象的市场策划书，不低于2000字。

第 4 章

CARTOON

Flash 动画造型设计

本章内容

角色的设定原则

4.1.1 动画造型风格

动画角色的造型设计在动画片创作中是极为重要的一个部分，是一部动画片制作的基础，它直接影响到动画片的成败。好的动画角色造型能给一部动画片带来不可估量的影响，使动画片的生命力更强，更感人，在动画片中的角色造型如同故事片当中的演员一样重要。

动画造型是用形象的语言，将抽象的象征意义转化为具象并告诉人的视觉的艺术形式。

动画造型是众多造型方式中的一种，是指综合运用变形、夸张和拟人等艺术手法将动画角色设计为可视形象。

一部优秀的影片之所以成功不外乎优秀的编剧、出色的人物造型设计和完美的叙事结构。这其中人物造型是关键。角色造型设计就相当于故事片导演在选演员，不同的角色造型会形成不同的动画艺术风格。而角色造型设计只有遵循动画的创作规律，充分发挥想象力，才能创造出符合影片风格，并更具个性和可发挥性的形象。

一、动画造型风格

动画造型风格多种多样，下面对 4 种不同风格的典型动画造型进行介绍。

1. 写实风格

写实风格是角色造型表现的基本手段。写实风格的作品具有直观、通俗、简明的特点，应用于卡通造型设计的“写实”还有自己的特点，它只是“部分写实”。写实是反映现实生活的最为直接的方式。摹写的程度趋于真实，依据透视的原理，尽量反映自然形象的比例和形态。造型不仅应该突出角色的外在特征，而且更要体现其特有的性格内涵与民族文化。如图 4-1 所示，就是最具代表的写实风格作品——日本动画大师宫崎骏导演的动画片《幽灵公主》、《千与千寻》。

◇图4-1

2. 装饰风格

装饰风格的造型是一种理想化的艺术形式，它不以摹拟自然为最终目的，它的特点是它的装饰性及制作性，在艺术设计中具有表现形式美的重要作用。造型语言应简洁而丰富，以最少的造型元素表现对象的形态、结构、情态、动态等最重要的特征，达到以少胜多的视觉效果。

3. 卡通风格

可爱的卡通风格一般都是比较夸张、概括的。形象的性格化、神态的生动活泼显示出与众不同的特点，使表现的物象更加鲜明、更加典型和具有情感。如图 4-2 左下所示的形象中，强调了造型头部大的特点。整个造型利用曲线较多。

◇图4-2

4. Q 版风格

Q 版造型来源于英文单词 Cute（可爱），取其谐音为 Q。它的特点是：将角色的身体压缩成一个头或两个头高的比例，再配以多样的表现形式，展示在观众面前的是朴素、幽默、轻松、荒诞、随意的形象。

二、掌握造型的方法

每摄制一部动画片，由于题材不同，故事情节中的角色也就不一样。另外，因为影片的艺术样式各异，造型的风格也就多种多样。因此，原画创作人员（包括动画人员）在前一部片子绘制中已经熟练掌握的角色造型，在另一部片子里就会完全用不上，需要重新熟悉。所以，掌握造型的方法，也就成为原画人员的一项专门技巧。

掌握角色造型的方法，可分为以下 4 点：

1. 了解造型风格

动画片的造型风格大体可以分为 4 种，形象比较接近真实的写实风格；形象简练、概括、幽默、夸张的漫画风格；形象规范、提炼、形式感强的装饰画风格；形象夸张、富于想象、超越真实的卡通风格，以及形象稚拙、可爱、富于童趣的儿童画风格等。以此来对照影片的角色造型，就可以明了属于哪一类型的艺术风格。

2. 认识形体特征

熟悉角色造型首先应该对形象有一个整体的概念，也就是要抓住造型的基本特征。例如，每个角色的形体外貌都会有高、矮、胖、瘦等差别。除此之外，还可以找到形象构成的各自特点。例如，头大身体小、头小身体大、中间大两头小、两头大中间小或正三角形、倒三角形等。

3. 掌握全身比例与结构

全身的比例一般以头部作为衡量的标准，即身体的长度由几个头长所组成、身体的宽度是大于头宽还是小于头宽、腰部在第几个头长的位置、手臂下垂到大腿的何处等。这样一步步对照，全身的比例就基本清楚了。然后，可以借助几何图形（球形、椭圆形、各种块状形等）这个简便的方法，勾画出角色形体的结构框架，比较容易掌握。

4. 熟悉头部脸形

掌握造型很重要的一个方面就是熟悉角色头部的脸形特征、五官在脸上的位置以及相互间的大小比例关系。例如，《大闹天宫》中的孙悟空，他的头形特征是：由上大下小的两个圆形组成，在圆形球体上先画出一条中心线，显示出高额头、凹眉心、凸鼻子和稍稍凸起的人中线的立体感。约在三分之二处，画一条表示眼睛底部位置的弧形横线；从中心线向左右两侧，画出一个对称的鸡心图形，两只眼睛就画在图形的中间；然后，在鸡心上部左右画一对月牙形眉毛，在人中线略偏下处，画出唇线。这样，孙悟空的脸形特点就基本抓住了。其他不同角色的脸型，都可以找到它的特点，同样可以用这种模式尽快地熟悉和掌握脸型特征。

小知识 Knowledge

在卡通的动物造型中，动物的拟人化表现是最常见的表现方式。拟人化的动物可以像人一样地说话、生活。这样既可以大大地丰富卡通艺术作品的内容，又使卡通艺术作品充满了亲切感。

4.1.2 动画造型设计的主要依据

动画角色是动画片的灵魂，观众对一个动画角色的价值判断不单纯停留在其外在的造型层面，还包括对角色性格内涵的认同。伴随着动画的产业化进程，动画角色形象的价值逐渐被提升到商务运作的高度。拥有独特性格魅力的动画角色不仅具有深远的艺术价值，而且蕴涵着巨大的市场与利润，它拓宽了动画持续盈利的后续空间，由动画角色形象衍生出来的产品，蕴藏着比传统商品更大的文化价值和商业价值。动画角色的性格塑造是影响动画片成功运作的重要因素。找准艺术与商业的平衡点，从动画角色的形象设计、标准造型设计和动作设计 3 方面探索动画角色性格的塑造过程。角色的形象设计确定角色性格的基调，标准造型设计挖掘和突出角色的性格，角色的动作设计将角色的内在性格外化。动画造型设计的主要依据如下：

- 生活原型、素材观摩。
- 动画片主题、体裁、风格、样式等。
- 导演的总体艺术构思及编剧提供的文字形象。
- 人物诸因素，如年龄、职业、性别、身份、民族、经济地位、心理状态、心灵美丑和人生命运等。

- 商业开发、市场调研等。

4.1.3 角色创作步骤

角色设计的步骤一般是根据脚本的描述，先建立角色的文字档案，明确角色的职业、性格、形象特点等，然后寻找参考资料，画草图，对草图进行分析和比较，最后确定设计稿并完成正稿。

要创造出经典的卡通形象，必须在剧本设定中有“闪光”的角色。

主要角色一般是贯穿全剧的。而剧本的创作，其故事情节必须紧紧围绕主要角色来展开，为塑造角色形象而服务。故事情节的选取是不同的，但主要角色的定位需要保持一致，也就是说主要角色的性格、语言特征等，都具有一定的稳定性，即使前后有些差别，也应是逐步地发展、变化、自然过渡的。尤其是在商业动画片的制作中，对角色设置一个框架，即使剧本出自不同的编剧拼合，其间的过渡也是不着痕迹的。这对品牌形象的塑造是有益处的。

1. 语言文字描述定位

在实践的角色造型设计过程中，应首先反复阅读剧本、分析角色性格与形象特征，根据导演意图把角色进行语言文字的描述定位，列出角色的外貌、性格特征。

2. 先草图后提炼

接下来需要把文字的描述落实到纸面上。这一阶段需要画大量的草图，从中选择比较接近文字描写和导演意图的方案，进行补充完善提炼。

3. 先写实再夸张

扎实的写实功底是变形夸张的基础，只有在准确刻画了角色的形象特征的前提下，变形夸张才更有感染力。

夸张还要把握适当的尺度，尽可能突出角色的特征，并且只能突出角色的某个最能反映角色个性的特征，不能特征太多，太多等于没有特征，过犹不及。

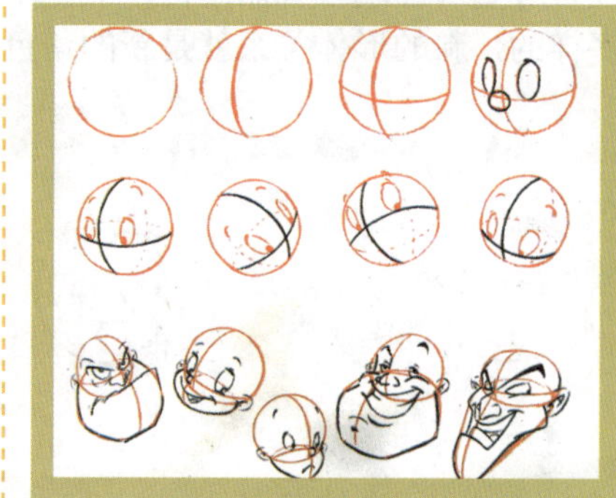

4. 先复杂后简化

在设计的初期可以繁琐复杂、面面俱到，尽可能深入刻画。当基本体现创作意图后，要进行大胆的取舍、高度的简化，尽量做到用最少的笔墨去表现最多的内涵。

4.1.4 动画造型设计方法

没有一个造型开始就能呈现出最终的样子，一个设计完美的角色在设计角色造型的整个过程中有数不清的修改，这些改动有大有小，但基本上有两种方法，即结构上的改变和相貌特征上的改变。

一、结构上的改变

结构上的修改主要涉及头盖骨的大小，或是整体形状一类的问题。如拉长下巴、加宽腮边以及收拢头上的头发等都属于结构上的改变。

二、相貌特征的改变

相貌特征的修改实际上就是反复试验不断摸索。如果某种形状的鼻子不合适，可以试试另一种。眼睛的大小、嘴唇的形状都可以改变。只要在结构上相貌特征上稍微改变一下，结果会发现在原来的基础上能演变出很多不同的新形象。

通常，我们是用不同比例的圆形（球体）来概括头部的形体结构。圆形（球体）有很强的概括性和体积感，很容易表现出头部的方向、角度以及透视关系。我们要研究、尊重头部基本骨骼结构，对基本结构的概括和理解是多样的，新的形体关系就是新的角色成立的基础。

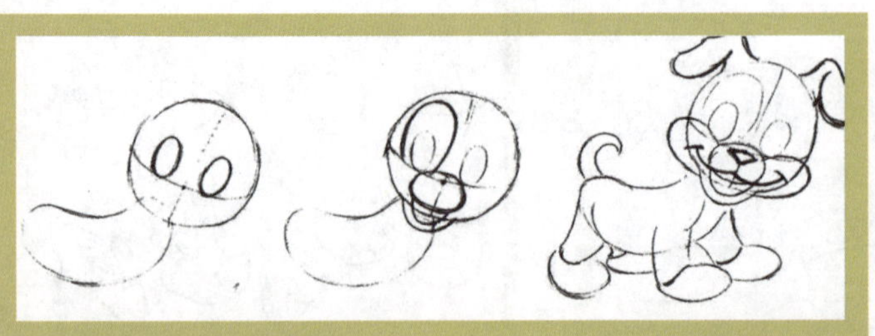

第2节 造型基本训练

4.2.1 写生训练

写生分为素描和速写写生，对于升入动画专业的学生，具有一定写生绘画基础是非常重要的。绘画专业的写生可能随意性比较大，而动画专业的训练是非常注重系统、全面的，同一模特儿的不同角度，不同动态都要系统刻画研究。

（1）头部转面训练

（2）全身转面训练

（3）动态转面训练

（4）人体动态转面写生训练

4.2.2 默写训练（触摸式）

默写训练闭上眼睛，通过对形象的触觉感知、理解，在背对着形象后，通过回忆与想象相结合，设计出形象。如命题式是完全靠过去的理解和经验，通过一定的手头造型能力并结合命题要求，设计完成形象。

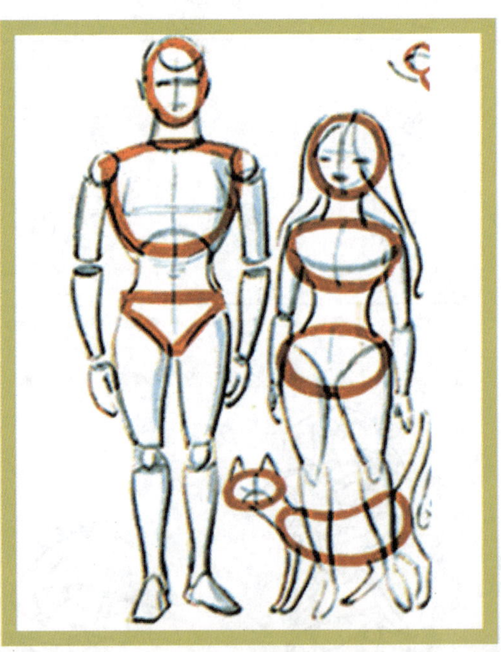

4.2.3 几何形体概括训练

几何形体概括训练的原则是概括-细化-简化。

一、球体、柱体

任何看似复杂的形体都可以概括归纳为几何形体。

用简化的几何形体解决造型训练是非常行之有效的方法。也有利于学生对同一形体的不同角度的理解，同时更是角色造型转面设计的基本方法。

二、立方体

对于块面的理解和形体的转折，切面的转面训练是必要的。简化成几何体后，对不同角度的块面与透视的关系都会有直观的比较与认知。

在进行复杂的形体训练时，利用几何形体的归纳概括，对于正确理解认识与把握形体关系会起到事半功倍的效果。

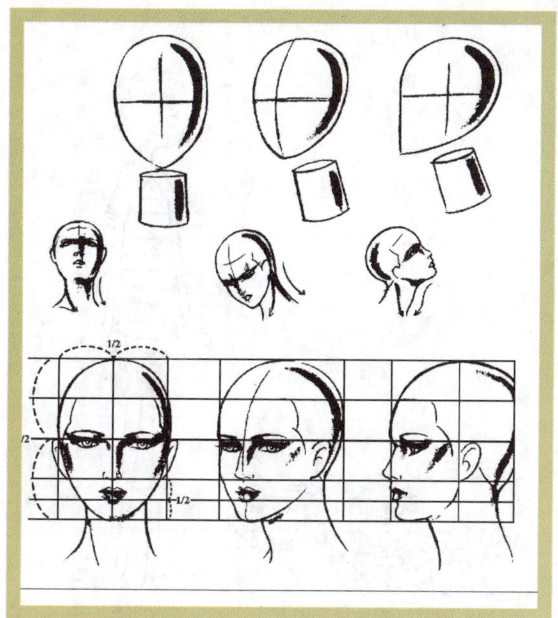

三、泥塑训练

泥塑训练有助于平面造型的深化和理解，有助于对体积和空间关系塑造的理性与感性认识理解，泥塑本身也是一种独立的艺术形式。

4.2.4 动画角色造型规范

一、角色比例图

为了保持角色在一部动画片中的大小比例一致，不同角色之间形体大小比例要根据剧本要求设计。

人物比例　　　　卡通人物比例

二、转面造型图

同样，为了使角色在一部动画片中的形象保持不变，就有必要把角色的不同角度的形象特点刻画出来，作为美术设计、原画、动画设计的参考。

卡通动物

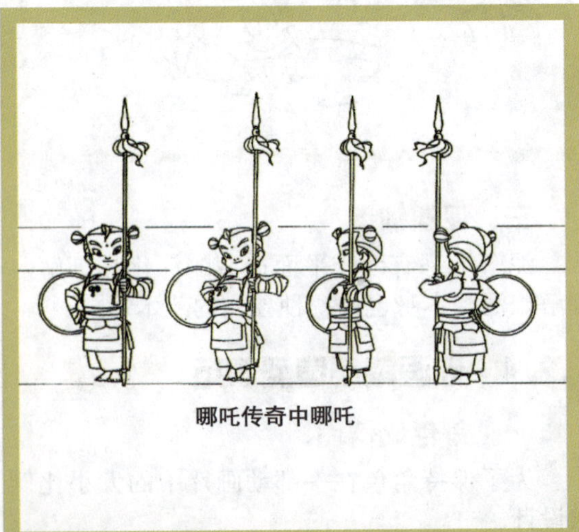
哪吒传奇中哪吒

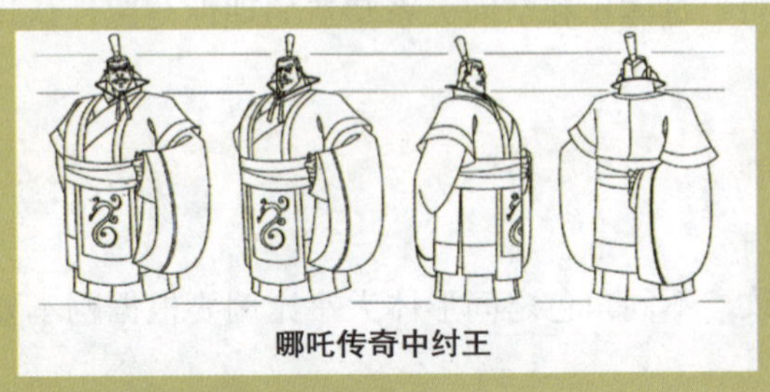
哪吒传奇中纣王

三、表情造型图

由于角色个性的不同，不同的角色就有不同的面部表情，主要的角色需要设计一些典型夸张的表情造型。

改变 Flash 动画人物的表情并不难，但是了解在不同情绪下面部表情的特征会很有益。脸上不同部位是如何协调运动来传达不同情绪的，一旦掌握了随心所欲改变面部表情的方式，就可以画出自己所想到的任何表情。

当人物表情介于悲、愤之间，眉毛明显地弯下来，嘴巴看起来像在喊叫，两者都表明他处于疯狂状态，不过他的眼珠还是画得非常大。这使他看起来像是在生气，或受到了伤害，或在为谁心烦意乱。

有的表情不很确定，他既有些困惑又像是心里对谁

不快。高低交错的眉角让人觉得他心里又乱又疑。为了增强表情，也可以把嘴的中间稍微留些空白。

大多数表情表现的也蛮快乐的，不过表现的程度没有那么夸张，情绪更加细腻些。注意眉毛画得较低，并且嘴的曲线画得非常纤细，下眼线呈弓形，双眸仍然相当大，所以虽然人物愉悦的心情不那么明显，但他的好心情还是显而易见的。

表情设计是人物性格、相貌的具体体现，是最能反映人物性格和精神面貌的组成部分，也是动画造型设计师充分发挥想象力的地方。把表情和球体形状的头部设计结合成一个可以变化的球体，不同的面部表情会有不同的头形变化。

设计人物的面部表情时，一定要注意其内部肌肉和骨骼之间的关系。表情是附着在面部肌肉上的，它随着骨骼、肌肉的运动而产生变化。动漫造型形象的表情变化都是以人的表情为基础的，人的表情变化是微妙和复杂的，是表现情节、情绪的关键。

四、口型图

要结合角色的口型特征，设计出基本常用的元音与辅音发音特征口型。

没有两个人用同一种方式说话，他们生理上的差异将影响到嘴部运动的方式，比较一下人、马、鸟说同一个单词时的情况。由于不可能清晰地吐出每一个字母的音节，很多时候一些字母被忽略了，如 probably 可以念成 proba 只有两个音节。

发音的口型有时有极度夸张的表现，这些我们可以通过演员的表演取得经验，可以通过模仿来达到动画效果，如一些动物的拟人效果也是通过这种方法实现的。

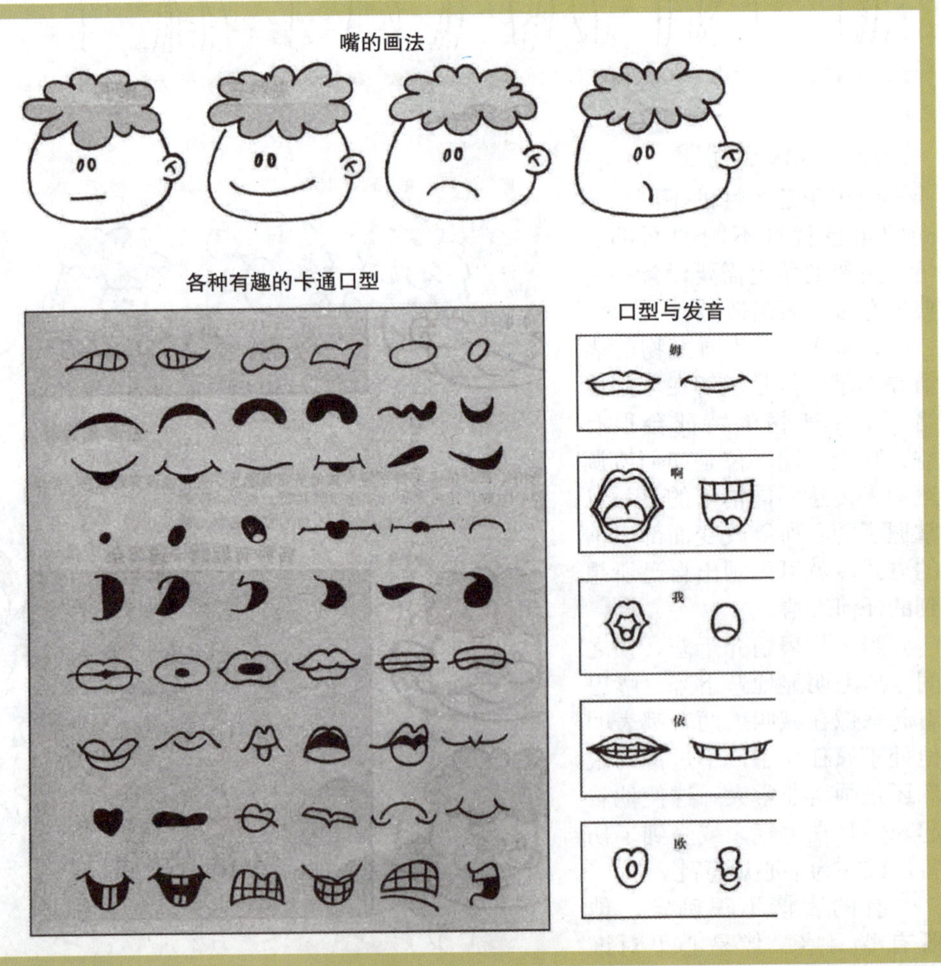

五、典型动态图

主要角色的某些经典动态造型需要角色造型前期设计，以作为原动画设计的参考。

六、色彩指定

根据影片风格设计出角色的色彩使用标准，并在原画上进行 RGB 色标标注上色。

七、造型结构图

为了保持不同角度角色造型的一致，有必要把造型简化归纳成几何形体，便于美术设计和原动画人员对角色的绘制。

在研究脸部艺术创作时，最直接、最简便的学习方式就是通过镜子观察自己，创作自画像为创作者提供了一个绝佳的实践机会，因为它不仅可以让我们就近观察人脸的各种特征，而且方便了我们对诸多表情的感知与塑造。练习者所需的仅仅是镜子和电脑而已。

一般动画艺术家的设计具有自己独特的韵味和格调，或粗犷、或细腻、或质朴、或洒脱、或含蓄、或泼辣、或幽默等。动画艺术家个人设计风格的形成与时代的艺术潮流、动画艺术家的艺术实践历史、个人经历、修养、创作经验及创作个性等诸方面因素有关。其中，动画艺术家个性的影响最为明显，一般认为如下几个方面的有机结合可集中体现出动画艺术家的独特设计风格：

- 动画艺术家的气质修养。
- 动画艺术家观察和表达生活的习惯方式。
- 动画艺术家对选择创作素材的独特角度和角色的个性分析。

实战方法

4.3.1 造型设计作画步骤

一、设定角色的比例结构

先设定角色的高度为 4、3 个头，接下来用圆形、几何形勾画角色的动态、比例、结构。

在设定好角色之后，就可以着手塑造人物形象了。人物造型不仅需要设计人物的正面、正侧面、3/4 侧面和背面等各个角度的形象，还要完成表情、动态、服饰等细节的前期设计工作。

二、刻画角色的五官特征及服饰

人们内心世界的“喜怒哀乐”等思想感情都是通过面部表情或行动姿态表现出来的。而面部的五官是传情物的性格，使之更为饱满，还关系到动漫作品的可视性及娱乐性。其中，眉、眼、嘴等部位最易“泄露”人的情感，因而这也是设定人物表情的重点。

服装对表现人物的“背景”具有很强的暗示作用，设计人物的着装要符合其年龄、性格和爱好等。

三、完成整个人物细节

人物的性格和气质会通过人体动作（或肢体语言）展现出来，而人在运动时表现出来的力量、动势、节奏和韵律等都具有强烈的感染力。每个人因品性、脾气不同，表现在外在的动态上，必然具有差异性，如活泼与沉稳、柔弱与刚强、年轻与耄耋之分等。通过动态设计来满足剧情的需要，不仅从另一个侧面丰富了人要符合剧本特定的时代特征，并与剧情的整体发展相协调。

4.3.2 造型的形体特征和人物比例

人体是一个统一的有机体，各个器官并非孤立存在，而且是彼此牵制相互影响的。俗语说：

"牵一发而动全身。"

人的面孔就是长在头上。头颈是全身最主要的关节，关节是身体的支点之一，它可以使头点头、晃动、前伸、后仰、歪头、探头、侧头、低头、垂头，使头的动作频繁、细腻，使面部表情更加突出。

利用人头部高度占人体整个高度的比例变化，能表现出人物不同的个性。不同类型的人物，其身体各部位比例的夸张程序也有所不同。

- 人体比例设计：人体的正常比例为 7 个或七个半头高。
- 人物头部造型：设计人物的头部时，通常采用最简单的几何图形，刻画出人物的头部特征。圆形、三角形、方形等有关形状是人物头部设计的基本元素。
- 手和脚的设计：手是身体的一部分，通过关节的变化，可以做出很多动作，如可以用手势"说话"、用手势表达各种感情。由于手和脚的特征不是十分明确，通常多用概念化来设计。手是比较难画的部位。但是在动画片中手的动作显得十分重要，无论是一个角色用手拿起物品或说话时配合语意做手势，还有专门表现手的特写镜头等都需要画得十分准确。因此，原画不可忽视画好手的结构和形态。

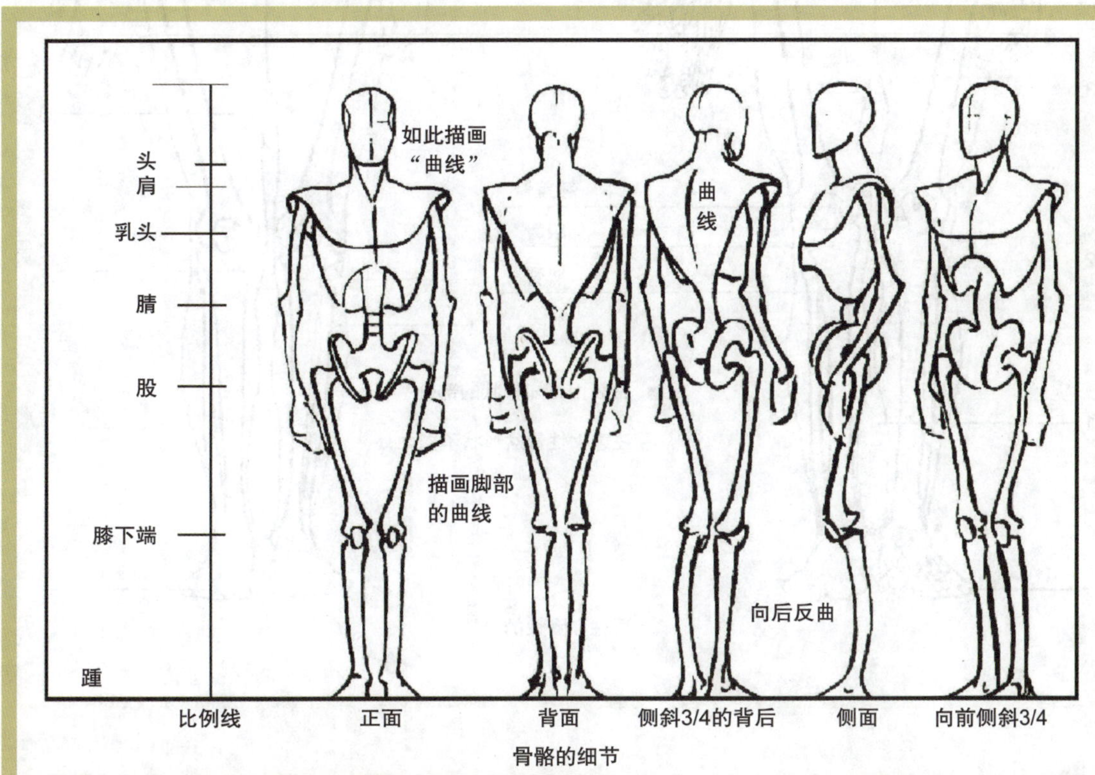

被视为“理想的”比例
8
7
6
5
4
3
2
1
锁骨
肩胛骨
胸骨
上腕骨
脊椎
骨盆
仙骨
桡骨
尺骨
锁骨
人转子
大腿骨
膝盖骨
胫骨
腓骨
■ 由表面可知骨状的部分
✦ 注意女性骨盆形状不同之处

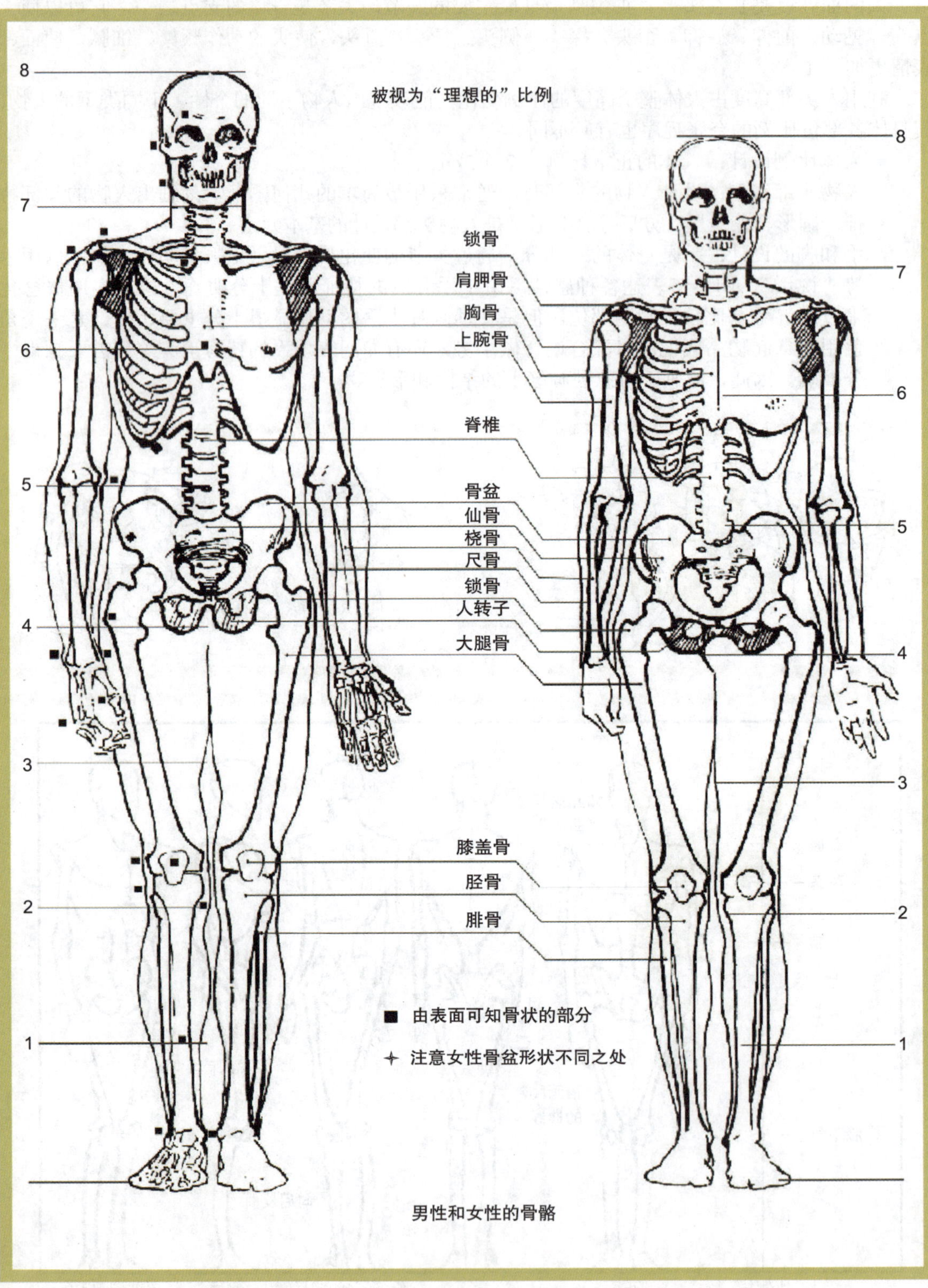

男性和女性的骨骼

4.3.3 基本形的归纳

在开始绘制动画角色之前，首先应对角色造型有一个整体的概念，要抓住造型的基本形体特征，利用圆形、几何形，找到角色造型的构成特点，这对进一步刻画角色造型提供了帮助。

人物的身体每一部分都能被分解归纳成两个基本形，即球形和柱形。这两个基本形通过被拉伸、挤压等各种变形方法创造出我们需要的形体。

人物造型通常分成两个基本部分，即头部和身体。上下肢分别连接在肩部和髋部。

头部头骨决定了头的上半部的基本形。

下颚骨决定了头的下半部的基本形。

1. 头部基本形的归纳

头部包括头型和面型。头部可以归类成圆球形、圆锥形、梨形、三角形、葫芦形、椭圆形、四方形、豌豆形、瓜子形和花生形等。对基本形进行变形，可得到更多的变化。

2. 身体基本形的归纳

- 胸骨——决定了胸廓的基本形。
- 髋骨——决定臀部的基本形。
- 脊椎骨——把头骨、胸骨和髋骨连接起来，并决定头部、胸廓和臀部的角度关系。

人的身体基本形可归纳为圆柱形、圆锥形、倒圆锥形、腰鼓形和纺锤形 5 种。在此基础上可以通过拉伸、挤压等各种变形手法得到更丰富的变化形体。

动画片中的形象设计与一些漫画的形象设计在某些方面有相似的地方，但也有许多不同之处。首先，对动画片形象的设计要求有立体的概念，不能只考虑到形象的一个面；再者，动画片的形象是处在动态的表演中的，并且以面部的表情或肢体的语言为中心，因此过于繁琐的服饰和花纹等都会有损形象的塑造。

全身的比例一般以头部作为衡量的标准，即身体的长度由几个头长所组成。身体的宽度是大于头宽还是小于头宽。腰部在第几个头长的位置，手臂下垂到大腿的何处等。这样一步步对照，全身的比例就基本清楚了。然后，可以借助几何图形（球形、椭圆形、各种块状形等）这个简便的方法，勾画出角色形体的结构框架，比较容易掌握。

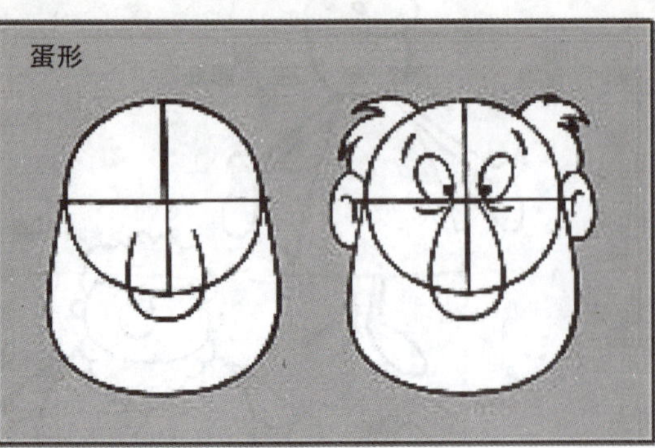
蛋形

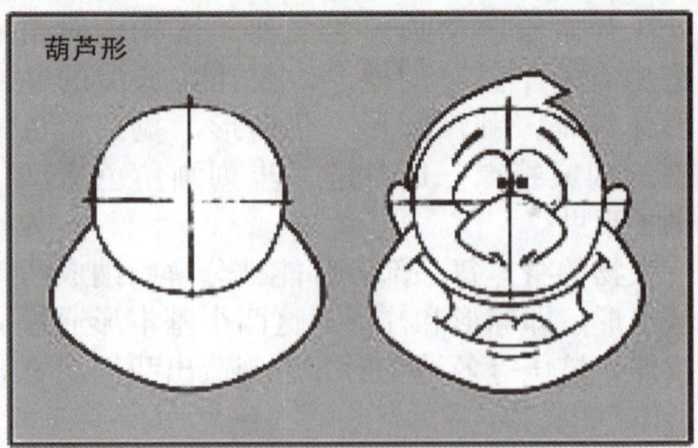
葫芦形

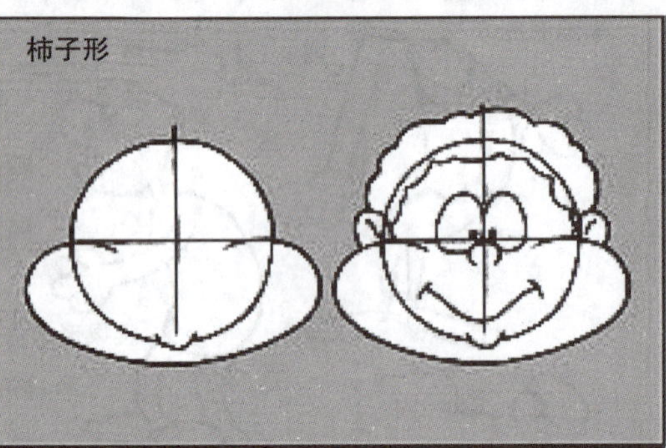
柿子形

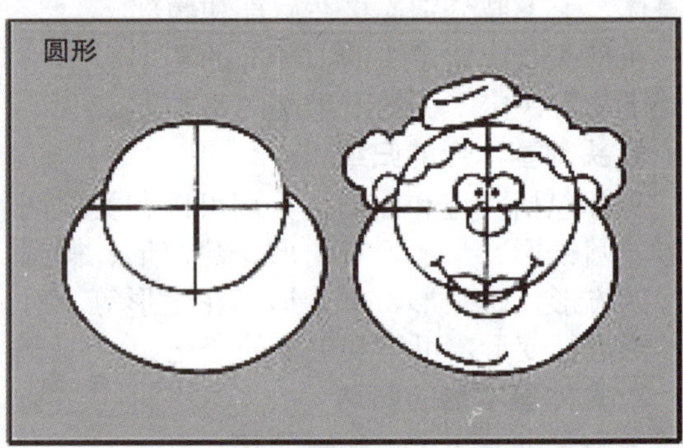
圆形

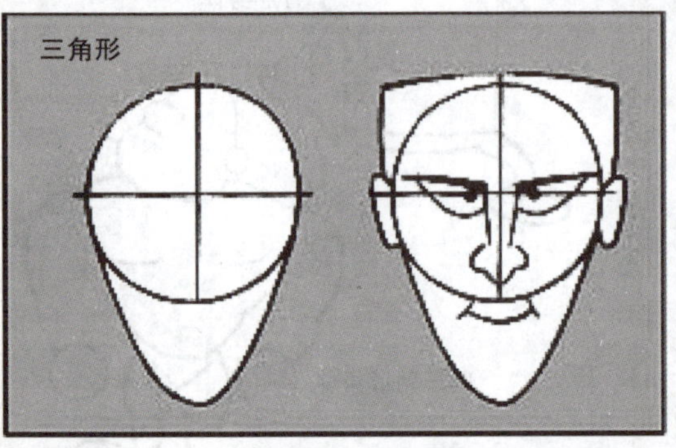
三角形

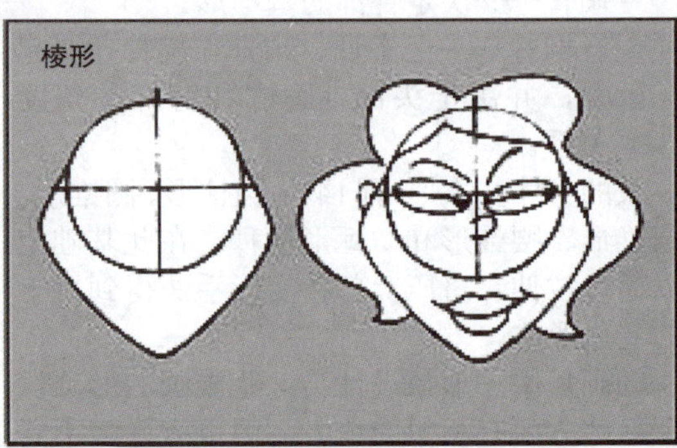
棱形

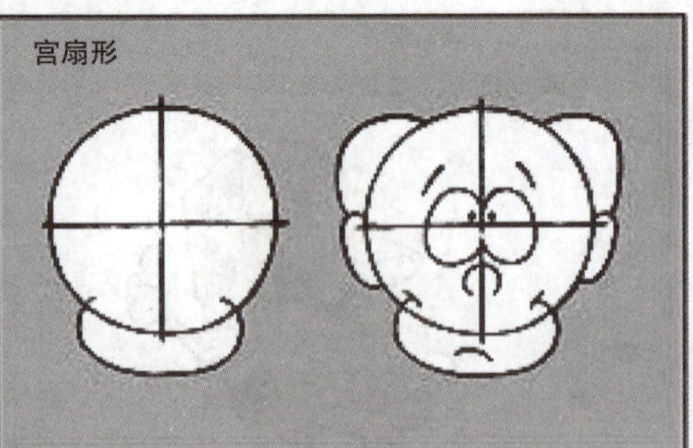
宫扇形

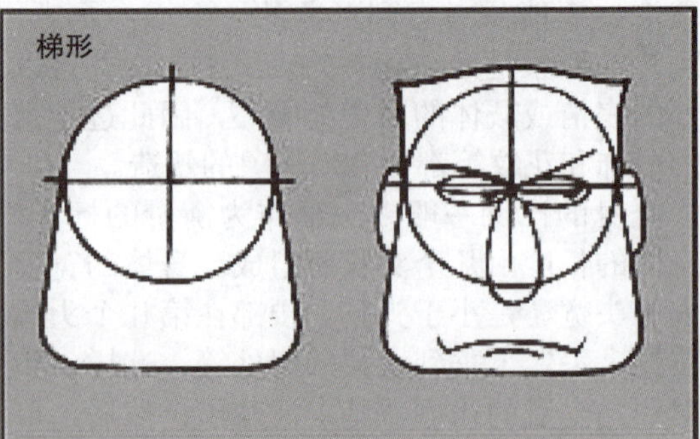
梯形

4.3.4 拉伸与压缩

拉伸与压缩是角色造型中最常用的夸张手法，在一定的写实造型基础上可以把角色造型的整体或局部进行适当的拉伸或压缩。

使角色的形态产生不同程度的夸张变形，展现出独特的个性特点。

拉伸与压缩是一对相辅相成的手法，既可以独立应用又可以同时使用。在视觉上产生高与矮、粗与细、长与短、圆与扁的戏剧化的对比效果。

一、拉伸

拉伸，顾名思义，是把形体拉长，变细。可以整体进行拉伸，也可以局部拉伸。

二、压缩

压缩是一种变形夸张的实用手法，通常是在设计出正常的形象后对角色进行挤压变形，压缩可以从整体上进行，也可以从局部入手，更可以同时进行。以期达到一种意想不到的夸张效果。

三、扭曲

扭曲多用在动态造型中，同样是要在有了标准的形象的基础上夸张而成的。在形象设计中应用的例子不是很多，但用得巧妙会有意想不到的效果。例如，在人物的脸部设计上，上半部向左，下半部向右，成扭曲状时，他的嘴对着一个人说话，而眼睛却面向另一个人。

四、加法与减法

非常实用的基本变形夸张手法是在正常的形象上可以加大、减小某一部分，加长、减短某一部分，增加、减少某一部分。一加一减之间新奇的形象呼之即出。古今中外这种手法的应用实例很常见，而且常用常新。

五、位移

位移也是一个简单且容易出效果的手法，是把正常的比例进行位移改变，把正常的位置进行移位。如五官比例、位置的改变，把正常嘴的位置由上三分之一移到下三分之一或更多，这么简单的处理就产生了夸张的变化。

六、嫁接

嫁接分为形体嫁接和行为嫁接，下面分别进行介绍。

1. 形体嫁接

简单讲，形体嫁接就是把两个或多个独立不相干的或矛盾的物体人为地组合到一起，可以以某个人物或动物为主，另一个为辅；也可以某个人物或动物的某一独具特征局部为主嫁接到另一形象之上。这种手法的应用例子很多，如人头马、美人鱼、狮身人面像等。

2. 行为嫁接

行为嫁接是把一种动物的行为应用到另一人物或动物身上，从而产生趣味性和新鲜感。如人以狗的行为动作跑动、马和人一起下棋。

4.3.5 模型参考

对于一名动画工作者来说，只有不断学习、提高，才能更上一层楼，加强速写、默写的训练及观摩优秀动画片都是提高原画创作水平的重要手段。在画具体的角色造型时，为了画准造型的空间、透视及动态关系，通常我们借助一些下面的参照物。

一、木头人

木头人是画漫画动画的辅助工具，对于形体与空间，比例透视的理解很直观，如右上图所示。

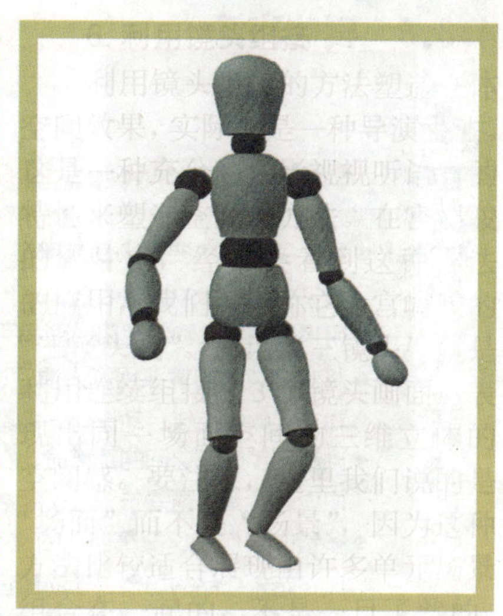

二、三维模型

三维动画软件的借用，加上镜头效果模拟更加易于理解透视关系与镜头，如右中图所示。

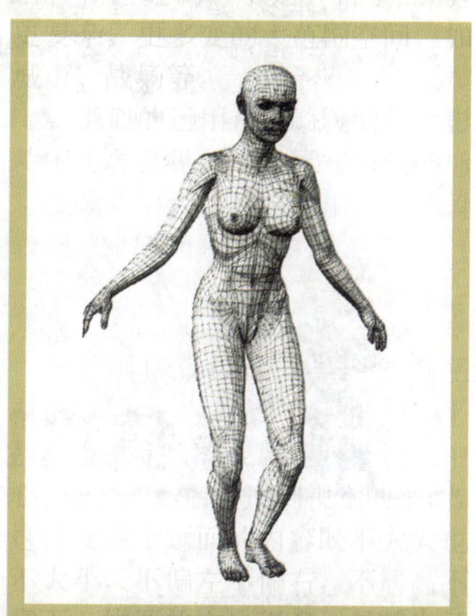

三、人物、动物照片

各种人物、动物图书、杂志、照片中的动作姿态都经过精心选择与塑造，是我们取之不尽的源泉，如下图所示。

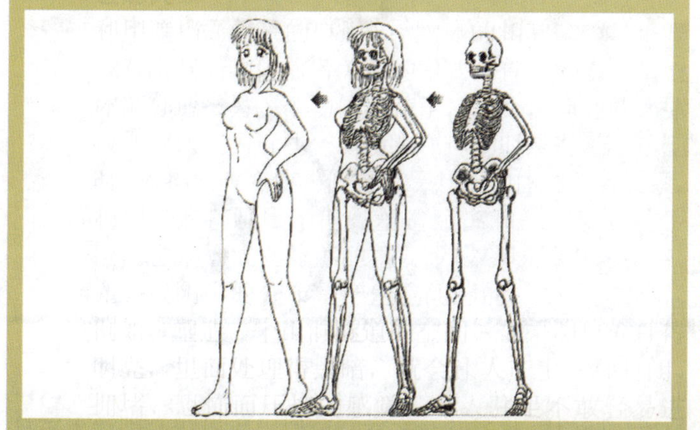

小知识 Knowledge

制作人物动作时候，大家可以把自己当做是模特，用自己的动作来为动画中人物的动作建模，最好在做动画时准备一个镜子，这样方便观察。

4.3.6 其他方法

小知识　Knowledge

- 将片子中的主要人物制成雕塑，这样在原画设计时就有了一个立体的感性依据。
- 用摄影机将人物的走路、跑步实拍下来，逐格研究。
- 将难度较大的镜头用真人演下来，拍摄后再摹片，这样对人物的情绪、动作有一个具体的依据。
- 判断不了原画之间的距离时，在下面打上格子的背景，用实物在背景前演示，以求得精确的原画依据。
- 多看文学作品，提高自己的文学修养，养成欣赏不同风格音乐作品的习惯，让动画音乐化。
- 造型板的运用。动画中的同一个角色往往是由很多人共同绘制的，因此，这个角色就需要有一个蓝本。这个蓝本又叫造型板。
- 注重团队精神，增强合作意识。

小知识　Knowledge

造型创作要点四十句：
脚不滑，立有根，动与静，
重心有，表演好，目的清，
视线明，有对象，身不僵，
有弹性，出动作，要充分，
节奏强，有分寸，重加减，
忌平均，画表情，有神韵，
人活动，有环境，细节处，
出个性，动态好，要轻松，
细微处，见真功，标图解，
最无能，创作好，凭激情，
不进戏，人无神，趣味浓，
最动人，不夸张，死沉沉，
诸要点，要记清，运用好，
定成功。

第4节 表情设计

4.4.1 面部情感表达

人不仅靠有声的语言来表达，而且靠无声的人体语言来表达，人体语言有“真心实意”的品质。因为人体的动态姿势、情绪常常是下意识的自然流露和反应，出于本能的生理现象或习惯行为。例如，一些令人兴奋的和引起快感的事物就会引起注意，使人眼睛闪光；当人们沮丧时眼睛就会黯然失神。脸色也是相同，当羞涩与愤怒时会脸红，恐惧与生气时脸会发黄发白。人的躯干、四肢的姿势与动作也往往是下意识的。一个男子在精神昂扬时，他的腹肌收缩，胸脯前挺，而在情绪萎靡时，浑身肌肉就会松弛，人也显得矮了半截；特别远离大脑的肢体部分更容易反映出一个人的真实情况，如腿距大脑较远，也最难以自控。人在得意时腿会晃动，在恐惧时腿会颤抖，很明显，人体的许多部分很少是孤立表达的，特别情绪在激动时，整体动作幅度大，速度快，牵扯到身体的部位就多，面部表情尤其变化突出，呼吸、脉搏加快，像暴怒时会面红耳赤、横眉竖目、拳脚相加、大打出手；反之，则动作平缓、松弛、幅度小，牵涉面少，如情人相聚时会窃窃私语。人体语言有着巨大的表意功能，有着提示深层心理的特殊作用，人体语言用在影视表演艺术中时，对演技派演员强调“内心体验”、“情绪记忆”都有着十分重要意义。在许多感人的动画片中，对角色之塑造不仅靠剧情，还要靠对人物动作惟妙惟肖、准确、生动有趣的表现。脸孔是一个人情感世界的晴雨表，据美国心理学家保尔·艾克曼的研究，人脸的表情可分为最基本6种，即惊奇、愤怒、高兴、害怕、悲伤和厌恶。

一、面孔

脸面可以说是一个人的综合象征。

一张面孔便是一挂千变万化的银幕，上映着的情感世界，流露出自然的内心活动。特别从一个人的脸上，我们可以读出他的年龄、阅历、学识、修养以及健康状况，细微到一个笑靥、眉头一皱、一个眼神、嗤之以鼻等都会使观众体察到什么。

据说美国第 16 任总统林肯在物色自己的下属时曾说："一个人过了 40 岁，就该对自己的脸孔负责。"林肯的话有一定道理。一个人的历史就等于刻在他的脸上。一个境遇坎坷者和一个少年得志者，脸上的光彩度是不一样的；一个心善者和一个不仁者，眼睛的光波给人的感觉也大相径庭。它不是一朝一夕之间形成的，是一个人历经岁月而打下的深深烙印。甚至许多只可意会不可言传的细微差异都可以从中捕捉到。清朝陆世仪写道："豁达之与放荡，俭约之与吝啬，谨慎之与拘牵，缄默之与深俭，倜傥之与佻达，慷慨之与浮靡，坦白之与粗野，镇静之与委靡，忠厚之与颟顸，精明之与刻薄相似也，而背道如燕越，故观人不如视神，视神不如察气，豁达气博，放荡气散，俭约气沉，倜傥气超，佻达气薄，慷慨气豪，浮靡气流，坦白气直，粗野气陋，萎靡气颓，忠厚气宽，颟顸气纯，精明气清，刻薄气促。持此以观天下士，于用人择交之道思过半矣。"陆世仪的描述为我们观察一个人的精气神提供了丰富的质量标准。另外，人体语言包括除某一部分外还包括整体的有意识无意识的动作，它们都可以向外界发送信息，但是为了正确理解这种非文字语言，必须注意由文化和环境决定的因素，不能忽略人的气质、理想、兴趣、价值观念等内在标准，不可"精察于外而失察于内"。忽视这些细微差别的人，也往往会误解他所看到的现象。

二、眼睛

面孔上的眼睛在表情上占有十分重要的位置，最能表现人的意识活动。在观察人的时候，都是先把注意力放在对方的眼睛上，凡是真挚的感情，抑或是笑里藏刀、言不由衷、虚伪造作，都会从人的那双眼睛里泄漏出来。心理学家认为，外界信息有 80% ～ 90% 是靠眼睛传入大脑的，而人的内心世界的信息也有 80% ～ 90% 是靠眼睛传递出来的。

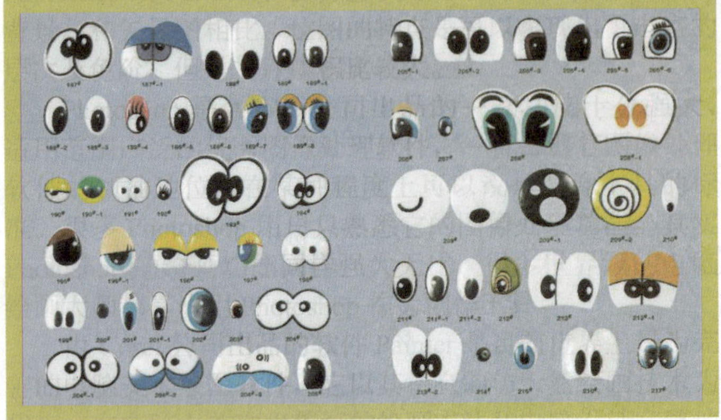

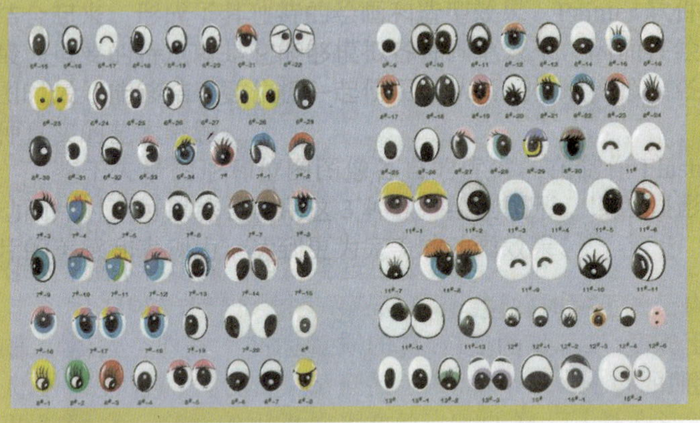

中医称眼为“神膏”。清澈透明，晶莹欲滴，横自于脸的中央，目光、眼神负载着大量信息，可以瞟、斜、闭、眄、瞪、瞅、觑、顾盼等，由于眼轮匝肌将眼裂团围，有 6 对肌肉专司眼球运动，可以做定睛、眨眼、侧目、转眼珠儿、翻白眼等动作。一腔热情、万般忧怨无不由其做功表演着。一般来说，眯着的半闭状眼睛是喜悦神怡；双眼大张是发愣惊讶之状，恐惧愤怒时目张欲裂，反抗愤怒时眉锁目眦，含羞脉脉时眼帘遮目，苦思冥想时双目下垂。古人评价一个人的目光，来判断其人品、心地、德行和情感。眼睛是灵魂的窗户。眼睛的目光是否坦荡、端正是衡量君子小人的标尺。眼中的瞳孔在表情中具有特殊的地位。瞳孔位于“眼睛”

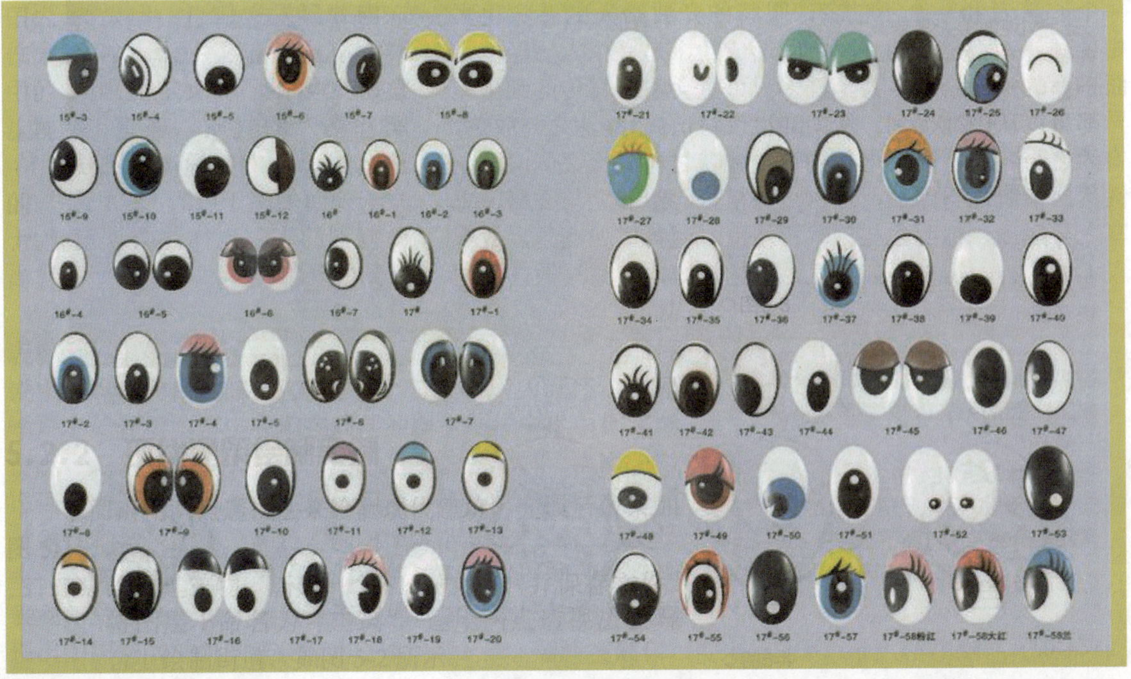

正中，看上去直透眼底，其大小随光线强弱和内心世界的活动转化而变。光强缩瞳，光弱散瞳；情感勃发，瞳孔扩大，情感消沉，瞳孔缩小。古代波斯珠宝商出售首饰时是根据顾客瞳孔大小来要价的，如果一只钻戒的光泽能使顾客瞳孔扩张，商人就把价钱提高一些。当人们沮丧、厌恶、疲倦、烦恼时，瞳孔就会缩小，眼睛就会黯然失神。

瞳孔又是生命机能的灵敏指示器。瞳孔对光反应迟钝或者消失了，就表明脑子功能受到严重损害。同时也意味着生命机能即将停止，死亡即将来临。观察眼睛变化是医生望诊的基本内容，如目赤为热、目澈则为寒、目浊为湿、目涩为燥、目凶为危、目惊为郁等。

三、眉

与眼相配合的是眉，它是眼睛传情达意不可或缺的助手。眉分为 3 部分，内端为头，中央是体，外端是尾。尾有深浅、粗细、长短之别。一般说，展表示欢欣，蹙眉表示愁苦，扬眉表示得意，低眉表示慈悲，横眉表示冷对，竖眉表示愤怒；怀疑时眉毛收缩，坦荡时眉毛大展。

体态语言学家已发现眉毛有 40 种不同的位置，有不同的形状，如柳叶眉、一字眉、新月眉、卧蚕眉、清秀眉、扫帚眉、八字眉和剑眉等。

眉毛主寿，故又称为“保寿宫”。有“眉毛长垂高寿无疑”，“短秀之眉高寿”之论。此说无证可考，但眉毛脱失常见于粘液性水肿、麻疯、二期梅毒、垂体前叶功能减退等症，受到医学家的高度重视。

眉毛、眼睛和嘴，这三者活动构成面部神态主调，能充分地反映人的内心世界。

四、嘴

嘴除了吃喝、语言之外就是表情了。嘴通过张、撇、抿、咧、吐等动作表示着叱咤、愤怒、嘘唏、哭泣、长吁、哽咽、嘀咕、嬉笑、亲吻等。若以笑为例，眉、眼、嘴之间相互配合就有得意忘形时的狂笑、轻蔑时的嗤笑、无奈时的苦笑、讽刺人的嘲笑、不满意时的冷笑、凶恶的狞笑、瞧不起的鄙笑、讪笑、讥笑、表现阴险奸诈的奸笑，愚蠢的傻笑对异性不怀好意的淫笑、对人强作姿态的媚笑及让人作呕的皮笑肉不笑等。

尽管我们能从人的脸上获取许许多多的信息，但是我们还不能太相信它，因为人总是愿意以一种笑脸迎人。微笑是大家乐于接受的一种表情，也是我们经常见到的一种“假”面孔。笑脸是人们常戴的面具，尽管一肚子不愉快，一肚子恼火，但还是照样微笑，向同事微笑、向上司微笑、向亲友微笑、向长辈微笑、向不速之客微笑、向监考官微笑、向嫉妒者微笑……尽管在平常政见不同，谈判桌的两边还少不了微笑。

一个妙龄女郎在公共场合必须戴上“正正经经”的面具，否则会招来许多麻烦；有才华而又聪明的人都会垂青“大智若愚”的表现；一个成功者消除别人嫉妒的最好方法就是采取韬晦之策……每个人的面具都因人而异、因地而异，故有“工作相”、“会友相”、“可怜相”、“巴结相”、“乞求相”、“老实相”、“殡葬相”、“亲热相”等。在酒宴伊始，大多数宾客都是“君子相”，一旦醉酒，就会暴露出各异的“真相”。人的面孔就是这样一挂银幕，真真假假，假假真真，上映着变化无穷的悲喜剧。高明的面相师就在于他不仅能识别银幕上的一切，还能看穿幕布后面的一切。

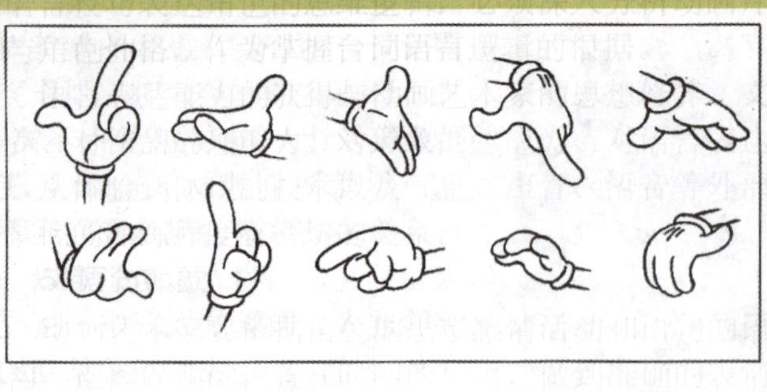

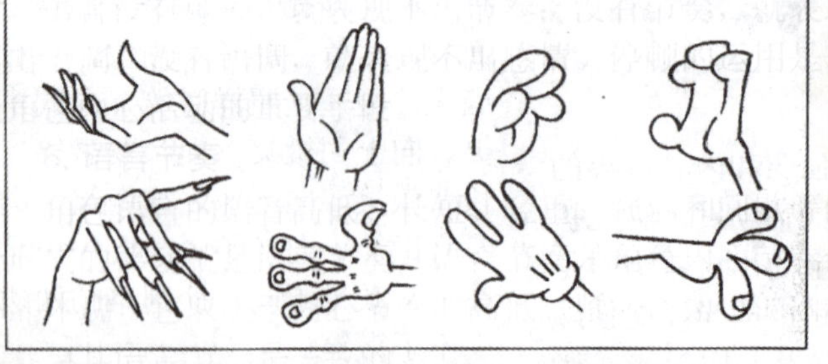

五、手

就以手来说，你会发现它们与你的整个形体协调一致，如你是矮胖的人，那手也会显得短粗，如你是个细长高挑的人，那么你的手指一定也是苗条纤长的。人说“手相即人相”。手还是人的“第二张面孔”。手的颜色、皮肤质地都能说明人的身体健康状况。当你的精神饱满或萎靡不振时，你的双手的色彩与质地都会发生变化。“苍白的手”和“红润的手”是会在一定精神、物质作用下相互转化的。

在手上确实负载着人的许多信息，因此有人把“手相”列入人类文化学中加以研究，并产生了叫作“手相术”的探心术。手相术又被

Hands

Disney Study

BillyBear4Kids.com

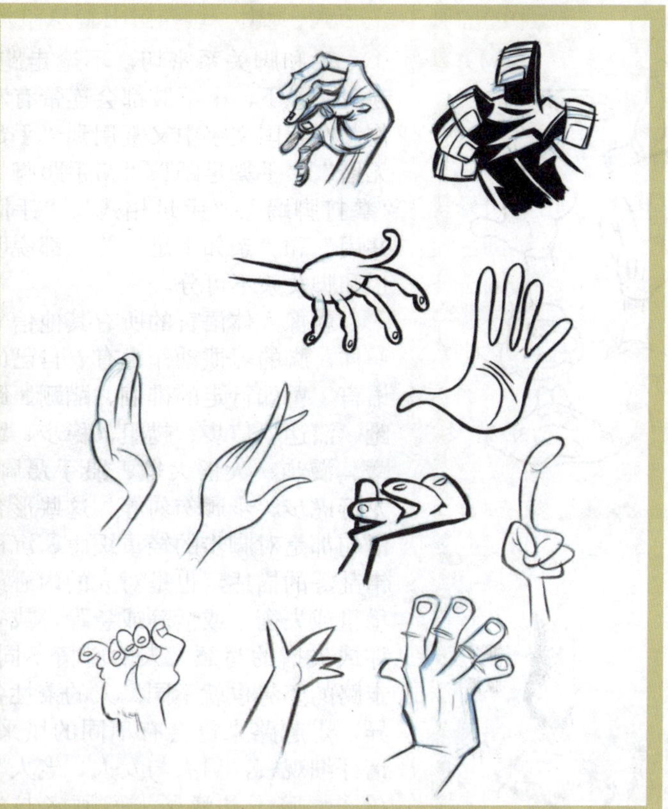

称作“手镜”，即根据人手的形状、大小、质地、掌纹、指甲以及各部分的变化发展情况等来推测人的吉凶祸福、前途命运或推测人的性格、情结、能力等个性心理特征，又叫“手相预兆”。人们对手相的长期观察研究具有一定的实践认识，有其可供参考的理论。但根据手相预兆作为判命依据，就如测命术一样，终会被大多数人所摒弃。但根据手的特点推测生理和心理特点叫“手相诊断”。手相诊断在近代发展成一门学问——手相学，它在西方很盛行。

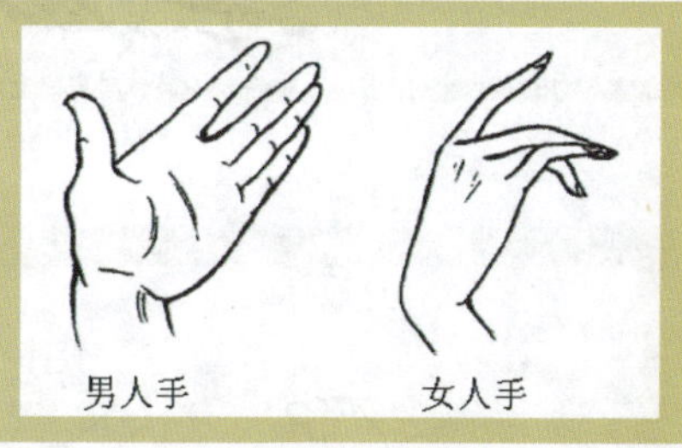

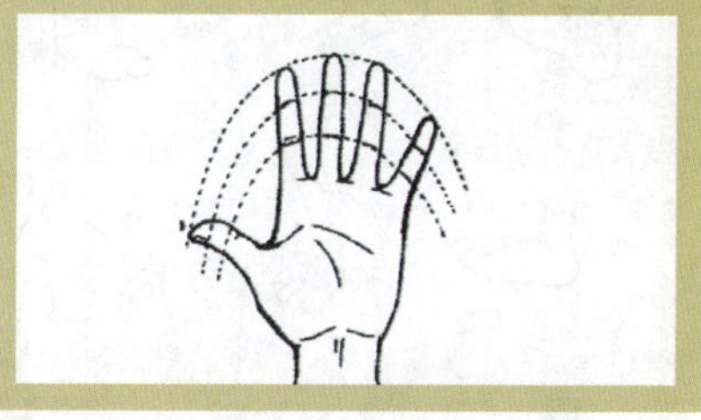

小知识 Knowledge

俗话说“画人难画手”，这说明画手是比较难的。应先了解手的结构，手的结构可分为手掌和手腕两部分，要将手掌看成一个不规则的五边形，作画时，要将这两部分看成一个整体，画出手的边线，在确定大拇指的位置，要明确每个手指的位置是各不相同的，手指的关节部位要适当弯曲。在特写画面中，要画出手指的两个关节，特别要强调拇指和小拇指的外轮廓线，这样会更有立体感。画手的背面一侧要以硬线勾出，以表现骨骼的硬度，手掌一面要以软线来画，以表现柔软的质感。手指是很灵活的，所以，五个手指不要分开来观察，随着手的动作，角度的不同。形状也不一样。女性的手指比较纤细，骨节不突出，指甲较长，为了表现女性手的细腻、柔软的感觉，所以用线要平滑、有弹性。男性手掌较宽厚，手指粗壮，关节明显，多以硬线来表现。

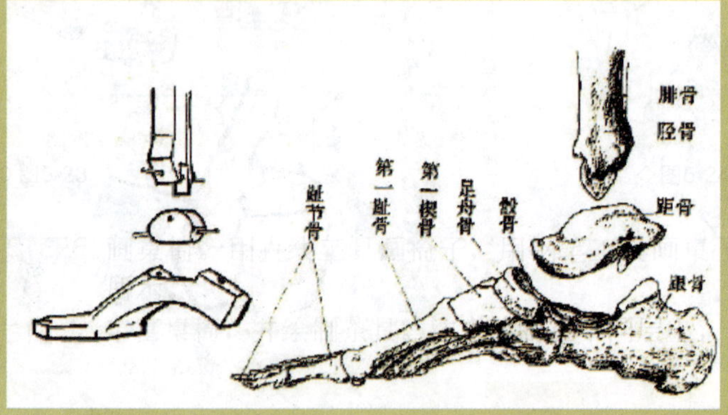

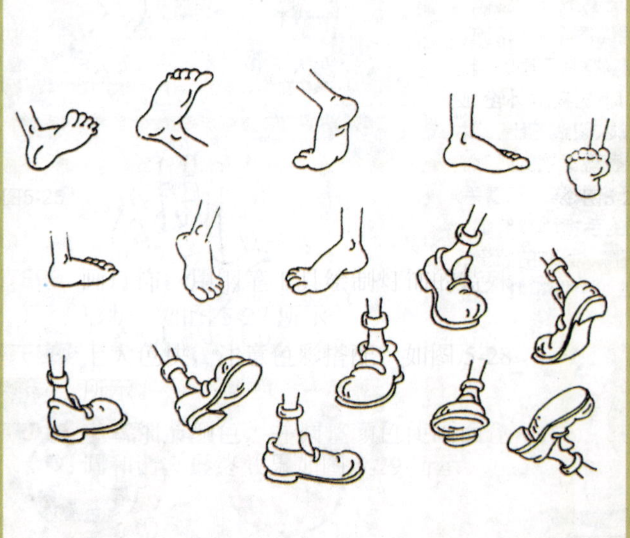

六、脚

手和脚关系密切，不论走跑、起身、趴下，上下肢都会连带有动作，在我国文字中又常用到“手足无措”、“手舞足蹈”、“蹑手蹑脚”、“拳打脚踢”、“手足相残”、“手脚并用”和“亲如手足”等，都说明手和脚关系不可分。

就像人体语言的所有其他信号一样，脚的习惯动作也有着自己的语言。譬如行走的徘徊、蹒跚、踉跄、溜达、信步、趑趄、稳步、踟蹰、漫步、大摇大摆、蹑手蹑脚、龙行虎步、步履匆匆等，这些形容语句都是对脚步的轻重缓急、沉稳错乱等的描述，也是对人的内心或稳重或失衡，或恬静或急躁，或安详或失措的写照。人的心情不同，走路的姿势也就不同。人的秉性各异，走起路来也会有不同的风采，请仔细观察，男人与女人、老人与孩子、膀子和瘦子、醉酒者与病人、习武者与舞蹈演员等行走时一定会各有特点，脚语都会不同。

人体是一个统一的有机体，各个器官并非孤立存在，而且是彼此牵制相互影响的。俗语说“牵一发而动全身”。

4.4.2 表情设计解析

在动画片中，原画要塑造一个成功的角色，除了设计好生动的形体动作之外，角色面部表情的刻画、讲话时的神态及嘴巴的口形变化都是不可忽略的重要方面。面部表情是角色的心理活动、内在情感在脸上的流露和反映。

不要把画面停留在普通表情上，一个动画形象夸张的面部表情可以给观众留下深刻的印象。

动画片里的角色造型一般都是经过夸张、概括、性格化了的形象，外形特征比较鲜明。原画刻画角色面部表情时，必须从人物性格出发，抓住特定情景下人物的典型表情。所以，在日常生活中，应当注意观察、在研究人们在不同情绪下的表情变化，积累一定的素材。实际工作中，也可以自己对着镜子做一做戏中角色所需的神态表情，仔细揣摩，勾画出表情草图，然后加以概括和夸张。原画要想准确画好角色的表情，首先要了解产生面部表情变化主要的 3 个区域及 3 个部位。3 个区域是指脸部的额头，脸颊和下颌肌肉的变化，3 个部位是指脸上的眉毛、眼睛和嘴巴外形的变化，下面我们来具体分析。

1. 微笑

微笑是愉快的表情，它的基本特征是：头部略微上仰，额头微有皱纹，眉毛上扬，眼睛几乎闭合成下弧形，脸颊肌肉向上提起，脸形变宽，嘴巴张开露齿，嘴角向上挑起，鼻唇沟线加深上抬成内弧形，下颌拉紧，这是笑的基本表情。笑有微笑、大笑、狂笑，在形态变化的幅度上也会产生差异。眼部收缩变细，眼下肌肉隆起，接近弓形，上唇与嘴角拉向后方，两嘴角上斜。在设计卡通角色的身体时，常用到压扁和拉长原理。表情设计同样运用这一原理。皱眉与微笑会使脸呈压缩状，而惊讶和恐惧则使脸呈伸长状。角色的脸并不是一直处于压扁或拉长的状态，压扁或拉长只是瞬间的动作，随即就该恢复到正常形态。

大笑时，眼部收缩很细，眼下肌肉堆起，眼呈弯弓形，眯成缝，上唇与嘴角拉向上后方，两嘴角深拉向后。在漫画里“快乐”是最常

见的情绪之一，而大大的眼睛，高扬的眉毛和一张微笑的大嘴通常最能表现欢快和兴奋的心情。

2. 愤怒

表达愤怒的皱纹是从下眼角至鼻梁，并被眉毛紧压着。眉毛压低，眉间有竖皱纹相靠，上唇收紧、提起，嘴呈金字形，下唇紧张、下颚僵硬。眉毛明显地弯下来，嘴巴看起来像在喊叫，两者都表明他处于疯狂状态，嘴角也明显地向下弯。双眼睛很窄，而且眼珠非常小，这会让他的神情看起来更生气。

3. 咆哮

咆哮是一个很重要的面部表情，它总是让人们容易联想到愤怒与烦恼，但是善意的咆哮同样用以表达强调的意思。对人类，尤其是对动物来说，咆哮起始于嘴部周围的皱纹，并在鼻梁处环绕几圈。动画片角色造型的面部形象一般是由几根简练的线条所组成，要画好面部表情，主要靠脸部外形轮廓和五官形态上的变化。同时，还可以根据需要适当增加几根表情辅助线，增强面部表情的特征。

4.4.3 表情表现技巧

一、常见的表情

简单的事物往往容易切入本质，无论是人物还是动物，一般我们可以识别的表情都可以抽象到一个圆圈脸蛋上。现在就从圆圈上的小表情入手，省略了头发、耳朵、肌肉组织，只留下最能传达情绪的眉毛、眼睛、嘴巴。角色表情可以抽象为圆圈上的表情。

常见表情哪些呢？联系我们日常生活里的观察，把这些表情简单地动画化一般来说只要两帧就够了。例如，“乐”仅需要通过上下抖动就可以做出效果，因为人在高兴地笑时一般会伴随身体的抖动。又如“惊”，人被吓到时眼睛会不由自主地睁大，嘴角也会往两边拉，这些特征在第二帧里稍加区别就可以实现出来。

二、制作夸张连贯的表情

动画是一门艺术，它源于生活，但又必须高于生活。仅仅把表情做到与生活完全一样是不够的，表现不出动画的特色。为了得到令人印象更深刻、更加生动的效果，需要把表情夸张和强化。想把表情做得更“动画化”，之前的原理同样通用，我们可以适当深入一些，同样是“乐”和“惊”，把它做成了3帧以上的动画：在高兴时表示满意和赞同，点起了头，所以在之前上下抖动的基础上加上脸部的一点透视；而受惊时则让两只眼睛一大一小，另外嘴巴拉长的的程度更大了。

三、深入刻画

深入刻画是把草图深入刻画成更详细、可爱的脸。

要想画出夸张的人物表情，除了了解表情规律外，也要增加一些符合角色性格的内容以及角色的习惯性动作。

四、小表情之间的切换

单个孤立的表情是不够的，我们在上一刻还很快乐，下一刻可能显得很悲伤，这就涉及到表情的一种状态过渡到另一种状态。

下面以“乐”过渡到“哀”为例进行讲解。首先，我们不能从“乐”直接跳转到“哀”的表情，因为动画也要讲求“合理性”。所以，在“乐”与“哀”之间，要让它们的转变合理，最常见的可能性是插入一个“惊”，这样一来就解释通了。本来正高兴着呢，突然听到一件很糟糕的事，于是变得很悲伤。除了用“惊”，中间还可插入“疑”、“呆”等表情，不过“惊”表现得足够夸张。

我们先把最关键的乐、惊、哀 3 个表情画出来，这 3 个最重要、最关键的状态就是关键帧，或称之为原画，它们界定了动作和情绪的主要方向，是这段动画表演的灵魂所在。

意识问题解决了，其次才到这段动画究竟怎样做的问题。

1. 时间长度

一定要让观众充分留意到各个表情，所以为它们分别留出的表演时间一定要足够。我们假定第一个表情“乐”为 1 秒钟，然后用 1 秒时间表演“惊”，最后用 1 秒时间表演“哀”；再加上中间的反应时间，整个动画长度在 4 秒左右。

2. 表情的停留

既然 3 个表情分别有 1 秒钟停留时间，它们在停留时就应该各有所表演。原理仍然与圆圈上的简易表情相同：“乐”的时候人笑得抖动，现在把它深入一点，在上下抖动的同时，让脸部整个仰起，加入透视的变化。

3. 关于辅助线

大家可能注意到了，我们的表情制作例图里面都会加入两条辅助线，这是制作任何动画都需要养成的一个好习惯，辅助线会帮助你直观和精确的定位形象位置，以免制作一个动画时因为记不清前面的动

作而手忙脚乱，以至于浪费时间，降低效率。

五、表情的切换

前面说到怎样不生硬地让一个表情过渡到另一个表情，下面，我们来看看如何让这种过渡更顺畅。

我们需要在“乐”与“惊”之间补帧，也就是补上它们二者的中间状态，使动画看上去更流畅。那么，这里要注意一个动画基本原理，它叫做“预备与残留”。

一个击球手要挥棒将球击出去，在击打之前得将球棒向上、向后蓄力，打出去力量才够。这个向反方向蓄力、做准备的过程，就叫做“动作的预备”，颇有点欲前先后、欲扬先抑的意思。已经把球打出去了，但因为力量太大一时刹不住，会有一个逐步减慢动作，直到停止

小知识 Knowledge

可以借助几何图形（球形，椭圆形等各种形状）这个简单方法，勾画出角色形体的结构框架，就比较容易掌握。

的过程，这叫做“动作的残留”。同理，在要向前、向上的“惊”之前，反其道行之，为了让“惊”更明显，可以加上先向下、向内的动作，再根据播放节奏，把帧补全，直到感觉满意为止。

六、动作配合表情

仅仅是表情不够的，身体配合表情做出相应的动作，就越发生动了许多，在背景和人物周围加上一些效果，就更完整了。

以上的例子是偏向日式的简化卡通，其他风格的制作思路也和上面的例子相似。以美式风格的表情制作为例，美式动画弹性更足，表情更夸张，动作的预备和残留更加突出，也更容易理解。

下图是一个简单的例子，其中的表情过渡核心原理是一样的。

分析：一个小孩儿发现了个小布娃娃，他非常喜欢，于是抱在怀里，这表现了孩子特有的天性：纯真、善良、可爱。但他一不小心把布娃娃的头弄掉了，于是面部表情由高兴转为悲伤，身体向后倒在地上大哭，四肢也随之乱舞，充分表现孩子伤心时的心理状态，此时的表情与动作都非常夸张。小孩儿哭着哭着从他的周围伸出很多只手，每只手里都拿着同样的布娃娃。小孩儿高兴得直拍手，由悲到喜反差极大。这场戏要遵循孩子的天性，站在一个孩子的角度去理解并加以表现。

4.4.4 口型设计

角色对白镜头的设计，尤其是近景或特写镜头，口型动作的变化是十分重要的。人说话的声音必须通过嘴唇的张合运动才能传达出来。在一部动画片后期配音时，演员必须按照片子里角色的口型动作进行对白配音。因此，口型动作的设计、口型变化的速度和节奏应该准确，不能随意。

原画绘制口型动作，应当注意以下几点：

- 口型动作的变化要与脸部肌肉、眼神变化相互配合。例如，讲“啊”字音时，脸形适当拉长；讲“衣”字音时，脸形略微放宽；讲“喔”字音时，脸形就应稍微变窄等。
- 口型变化时，不可忘记应以角色嘴巴造型结构为基础，动作时才会不失原来形象的特点。
- 口型与发音是密切相关的。有些是发一个音为一个口型，有些发一个音就有一张一合两个口型动作，而又有些发第一个音到发第二个音，口型变化甚微，

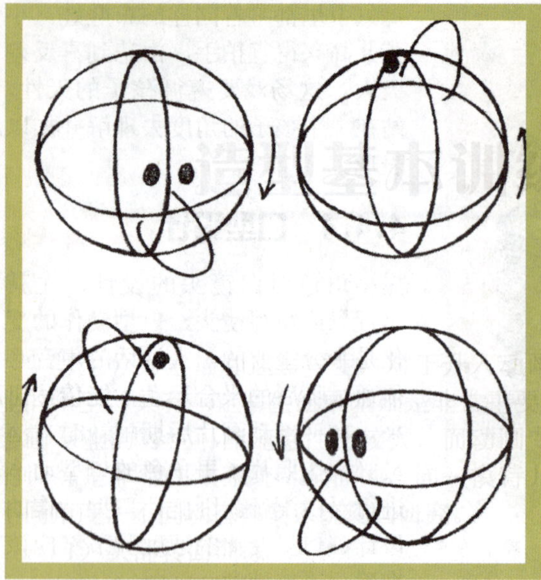

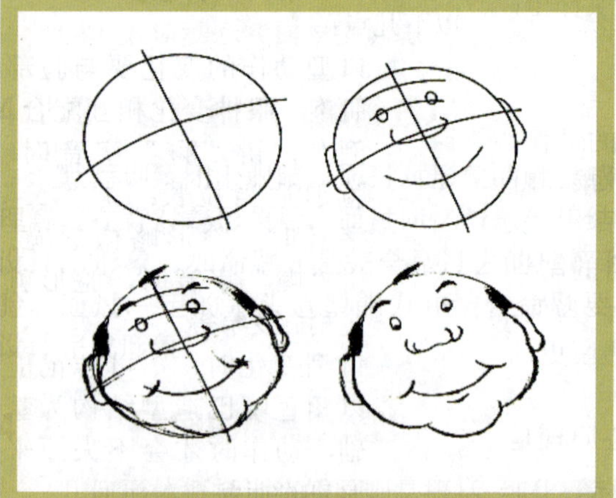

只是口腔里舌尖或牙齿的运动。所以，不能简单地理解为，发一个音就必须或只能画一个口型动作。

- 动画片中角色的口型动作也必须概括提炼、抓住重点，突出一句话中最有代表性的几个口型动作。切勿搞得繁杂琐碎，那样效果就适得其反。

4.4.5 表情动画制作

以口型动画为例，目前，动画片都已采用规范化的口型动作，基本上分为 A、O、I、E、U 6 种类型，也有采用 9 个口型或 18 个口型。

如果做短片时不想在口型动画上作太大的功夫，可以这样做：

（1）做两张动画或 3 张动画，包括一张闭嘴和一张张嘴的，如下图。

（2）准备一段声音文件，如 WAV、MP3 等。

（3）没有说话时，用闭嘴的一张，在有说话声音时就让这两或三张反复动就可以了。

随便一个软件都可以完成这个制作。 其他的动态（笑、哭、眨眼、头发飘起）动画制作采用同样的制作手法。

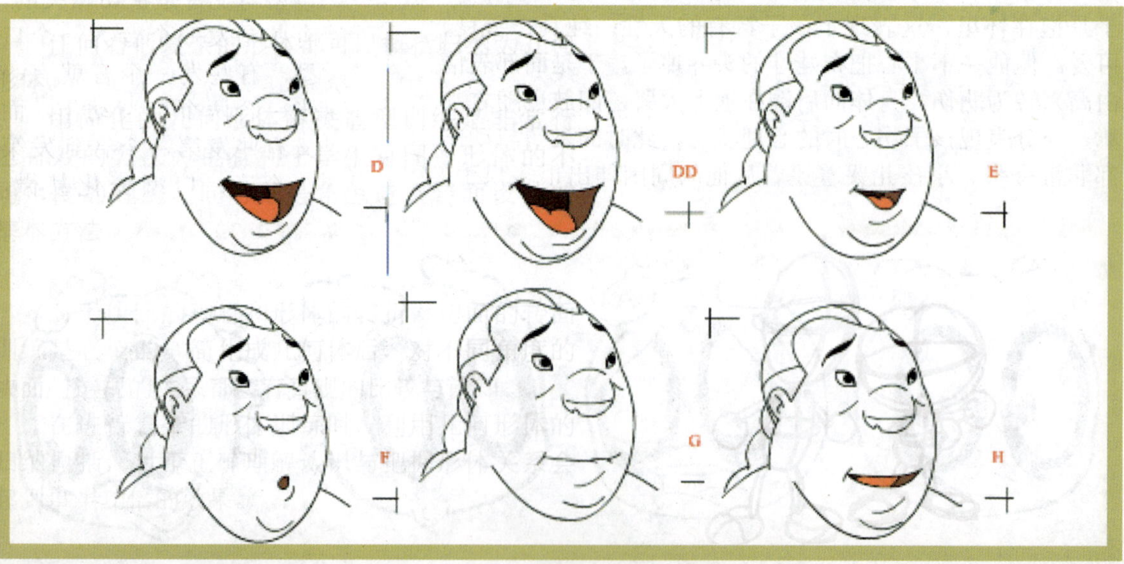

Flash人物造型绘制实例解析（1）

卡通老人绘制实例

卡通老人绘制实例步骤

在绘制 Flash 卡通老人之前，我们首先要了解老人的身体特征：老人的眼睛比年轻人的要细小，位于脸部上方，在细长形眼眶中眼白略多，眉毛略微上扬，嘴形清晰而且较长。而且老年男性脸部的骨骼最为凸出，他们的口、眼、鼻四周都有很明显的皱纹，一般眼睛都是细细的。鼻梁上方和眼睛高度差不多高，下巴应该画得方些，脖子要画得略粗，富有立体感，注意下巴和脖子相接处与女性的位置不同，效果如图 4-1 所示。

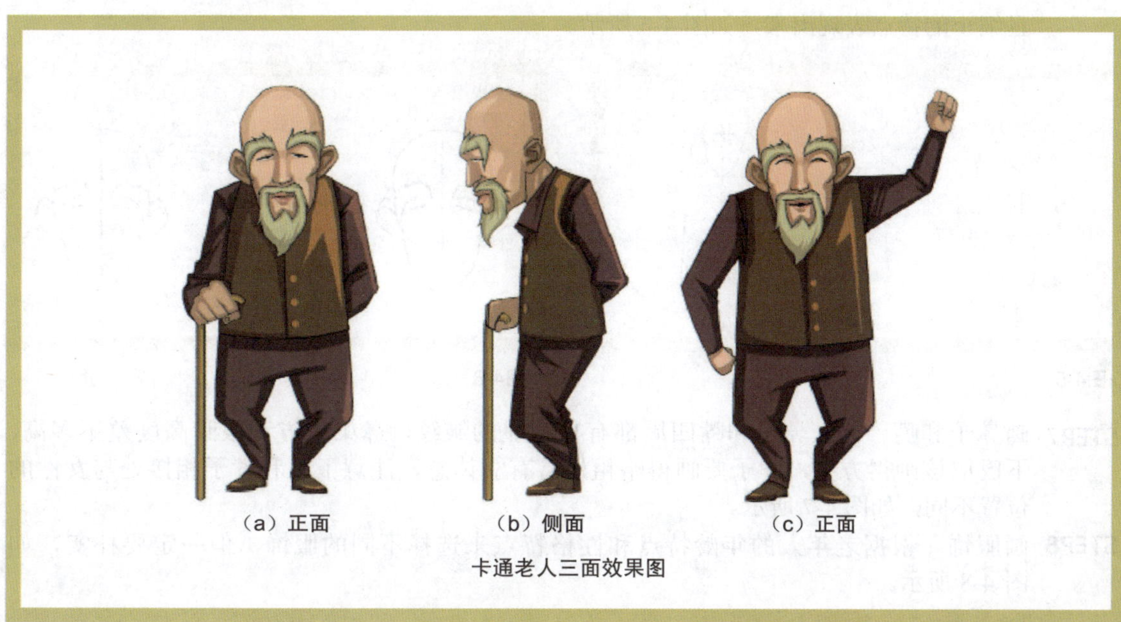

卡通老人三面效果图

◇图4-1

STEP1 画头部的基本形状。新建一个 Flash 文档并保存。选择椭圆绘制工具，在舞台上画一个圆或椭圆，作为头部的基本形状；然后选择直线工具画中间线并用选择工具调整其弯曲度，确定头部的轴线及脸部的方向。若绘制正侧面则不需要画中轴线，因为脸部的方向已经确定，如图 4-2 所示。

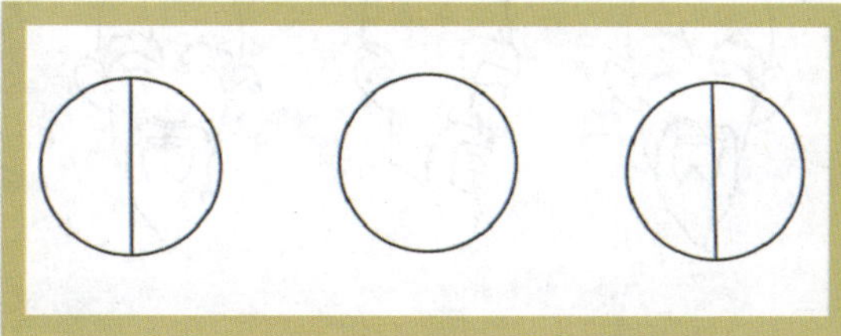

◇图4-2

STEP2 画脸型。在定好方向的基本形上画出脸颊、下巴和耳朵。这里与儿童、青年的绘制方法有所区别。老人的皮肤会有很明显的皱纹，骨骼也比较突出，尤其是在脸部绘制时更应该把握住这些特点，如图 4-3 所示。

STEP3 定五官的位置。画出五官的定位线，确定五官的比例位置，如图 4-4 所示。

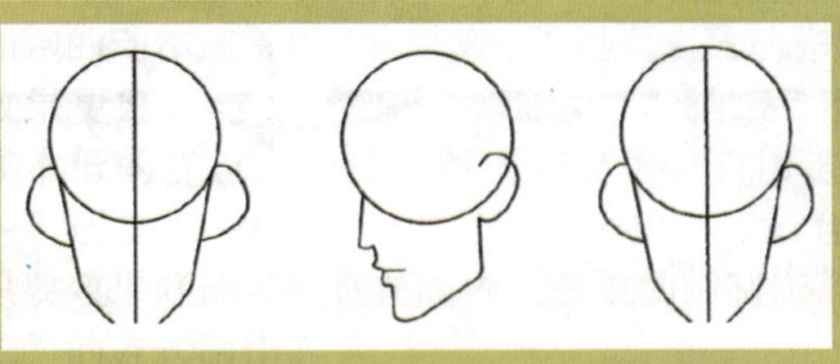

◇图4-3

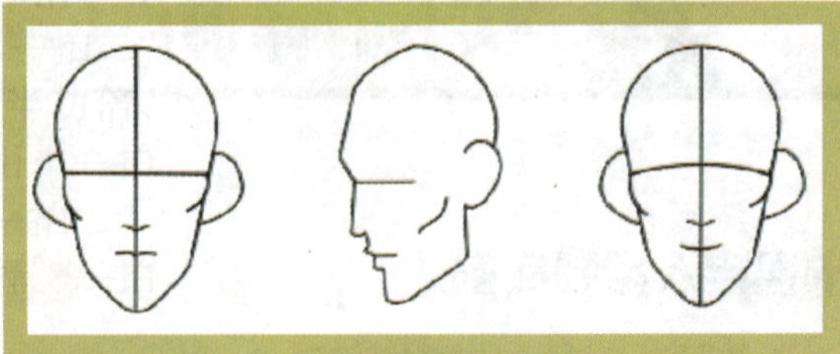

◇图4-4

STEP4 画身体结构草图。在明确老人身体的动作、表情的基础上画出身体的结构草图，如图 4-5 所示。

STEP5 修整草图。对身体的草图进行修改和整理，规范身体的线条，如图 4-6 所示。

STEP6 画眼睛和眉毛。这里要明确老人的眼睛比年轻人的要细小，位于脸部上，在细长形眼眶中眼白略多，眉毛略微上扬，嘴形清晰而且较长等特点。绘制时应把老人眼皮下垂且细小的特点表现出来，如图 4-6 所示。

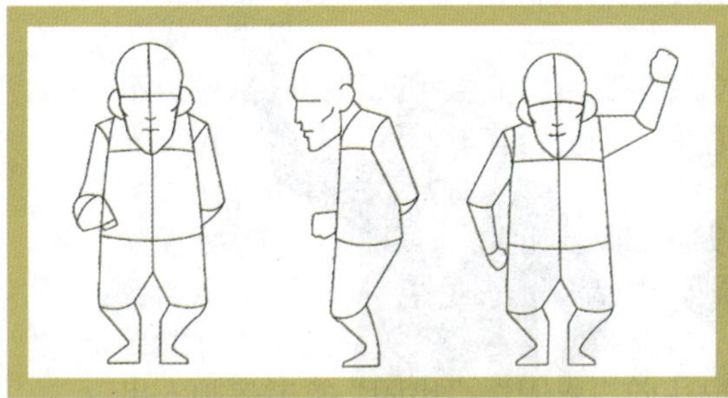

◇图4-5

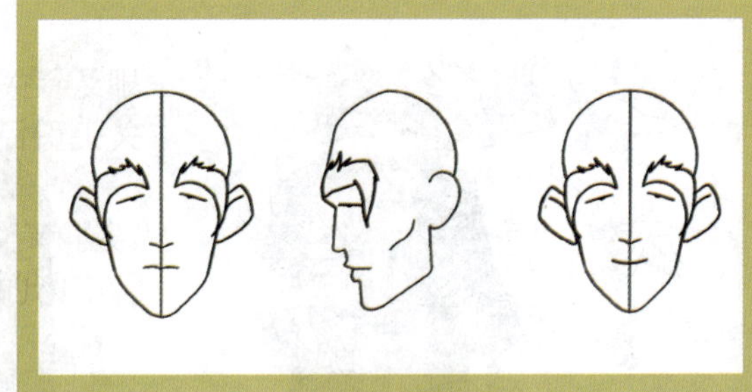

◇图4-6

STEP7 画鼻子和嘴。老人鼻子和嘴四周都有很明显的皱纹，鼻梁上方和眼睛高度差不多高，下巴应该画得方些，脖子要画得略粗，富有立体感，注意下巴和脖子相接处与女性的位置不同，如图 4-7 所示。

STEP8 画服饰。根据老年人的年龄特点和性格特点来选择不同的服饰，但一定要朴实，如图 4-8 所示。

◇图4-7

◇图4-8

STEP9 上基本色。上基本色同样要根据老年人的年龄特点和性格特点来设置，不能太鲜艳，注意配色，如图 4-9 所示。

◇图4-9

STEP10 添加阴影和高光。按照老人的形体和动作来添加阴影和高光，选择所有线条，将线条的颜色调整到 50%。保存文件，最终效果如图 4-10 所示。

◇图4-10

Flash人物造型绘制实例解析（2）

卡通女子绘制实例

卡通女子绘制实例步骤

在制作 Flash 动画时，动画设计师首先要根据剧本设计出人物角色的标准造型三视图，然后再进行下面的工作。为了帮助读者更好地掌握人物正面、正侧面和 3/4 侧面的画法，本节将同时讲解卡通少女的三面画法，效果如图 4-11 所示。

◇ 图4-11

在绘制的过程中应该始终把握住年轻女性线条比较细腻、肩部略斜、整体成曲线形、腰部很细、胸部隆起，臀部较大，脚踝较细的基本特征。女孩子的脸关键之处是要圆润、可爱，大眼睛，眼珠儿又黑又大，鼻子小巧玲珑，嘴巴娇小可爱，眉毛柔软弯曲，略微向下，从脸蛋到下巴的线条要有弧度，柔美、流畅。

STEP1 画头部的基本形状。卡通人物的绘画过程与 Q 版人物相似，也是从头开始。新建一个 Flash 文档，并保存文件。在舞台上画一个圆或椭圆，作为头部的基本形状。然后画中间线，确定脸部的方向，如图 4-12 所示。

STEP2 画脸型。在定好方向的基本形上画出脸颊、下巴和耳朵，卡通人物的脸比较圆一些，如图 4-13 所示。

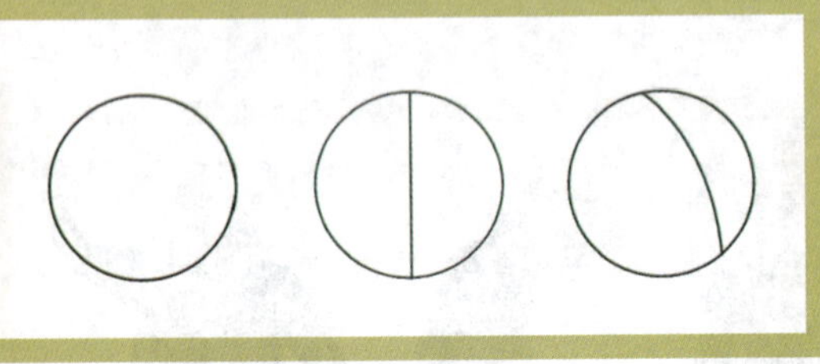

◇图4-12

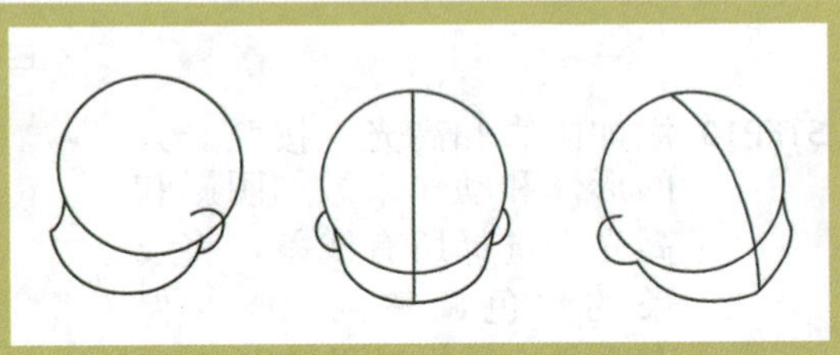

◇图4-13

STEP3 定位五官的位置。画出五官的定位线，确定五官的位置。女性的眼睛大致在脸部 1/2 的位置。眼睛大大的，唇、眉、下巴的线条要柔和一些，如图 4-14 所示。

STEP4 画身体草图。在脸下方画出身体的草图，确定身体的动作，如图 4-15 所示。

小知识 Knowledge

卡通人物的身体比 Q 版人物要长很多，四肢也比较细，画时还要注意女性的身体特征。

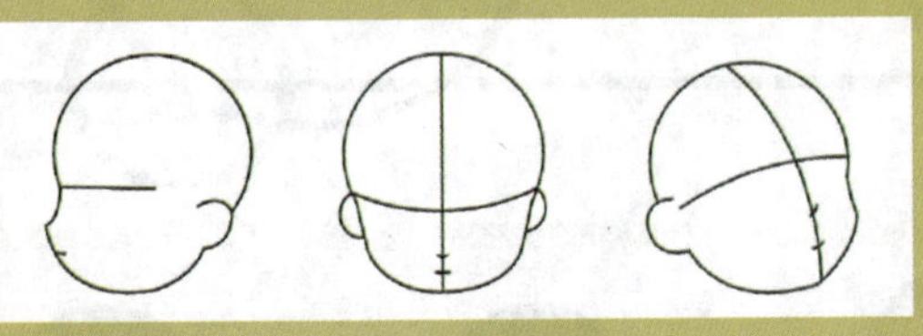

◇图4-14

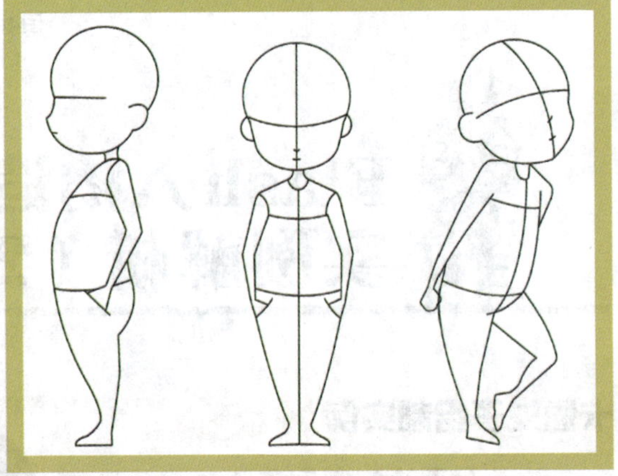

◇图4-15

STEP5 修整草图。对身体的草图进行修改和整理，规范身体的线条。如图 4-16 所示。

STEP6 画眼睛和眉毛。卡通人物的五官与 Q 版不同，卡通人物的眼睛较为简单，为椭圆形，眼珠很圆；眉毛是短小的弧线，画在眼睛的上方，如图 4-17 所示。

STEP7 画鼻子和嘴。鼻子与 Q 版一样为小的弧线形，嘴巴多以一条线表示，如图 4-18 所示。

◇图4-16

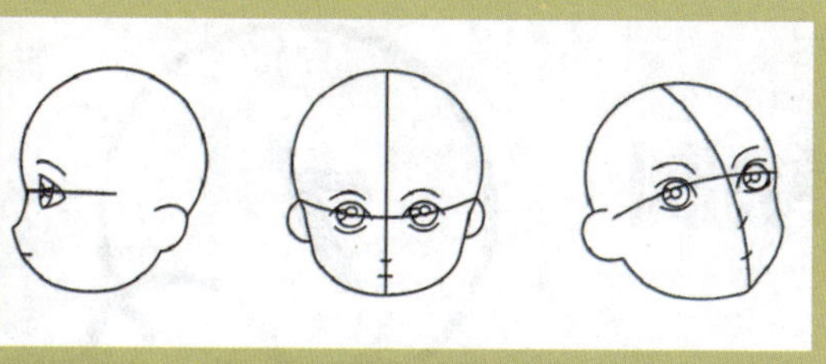

◇图4-17

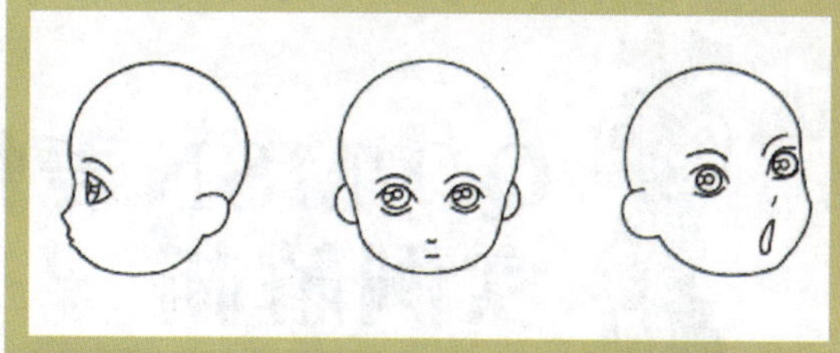

◇图4-18

STEP8 画头发。头发的画法与 Q 版相同，同样要注意发型与头发方向，线条要平滑，如图 4-19 所示。

STEP9 画服饰。给画好的人物添加服饰，先画上衣和裙子，后画皮靴。绘画的顺序跟穿衣服的顺序一样，如图 4-20 所示。

◇图4-19

◇图4-20

STEP10 上基本色。定出人物的基本颜色，如图 4-21 所示。现代女性一般喜欢穿颜色纯净、柔和的衣服，如果实在想不出可以参考时尚杂志。

STEP11 添加阴影和高光。按照人物的形体和动作来添加阴影和高光，如图 4-22 所示。

◇图4-21

◇图4-22

STEP12 选择所有线条，将线条的颜色调整到 50%，保存文件，最终效果，如图 4-11 所示。

QQ/MSN表情绘制实例解析

目前，大部分网络聊天工具都提供了各种各样的“魔法表情”，如QQ、MSN。使用“魔法表情”不仅可以增加聊天的情趣，还可以充分表达用户的内心情感。网络聊天表情如图4-23所示。

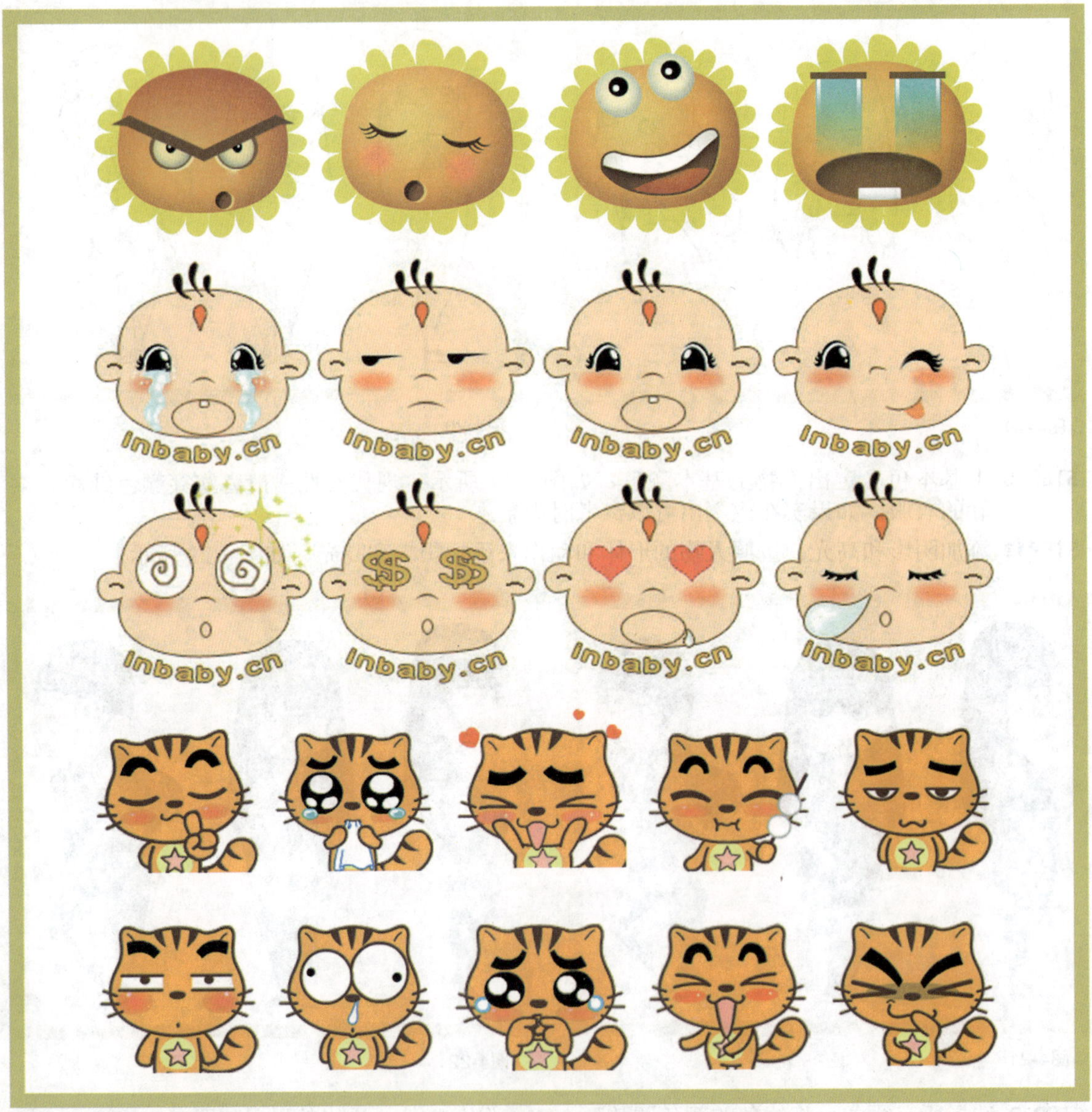

◇图4-23

本节将介绍如何使用 Flash 技术，结合传统动画运动的基本规律来创建魔法表情。为满足初学者的要求，将采取详细图解的方式仔细讲述每一步的绘制过程。

4.7.1 简单的表情绘制

一、网络表情实例一

STEP1 新建一个 Flash 文档并且保存文件，按 Ctrl+J 组合键修改文档属性，设置宽高均为 550 像素，背景颜色为白色，其他设置保持默认，如图 4-24 所示。

STEP2 选择【插入】/【新建元件】命令（快捷键为 Ctrl+F8），插入一个名为“头”的图形元件，在该元件里绘制脸和五官。

STEP3 利用椭圆工具绘制不同大小的圆，设置笔触色与填充色分别为 #000000、#FF0000，眼睛颜色为 #D6D6D6，如图 4-25 所示。

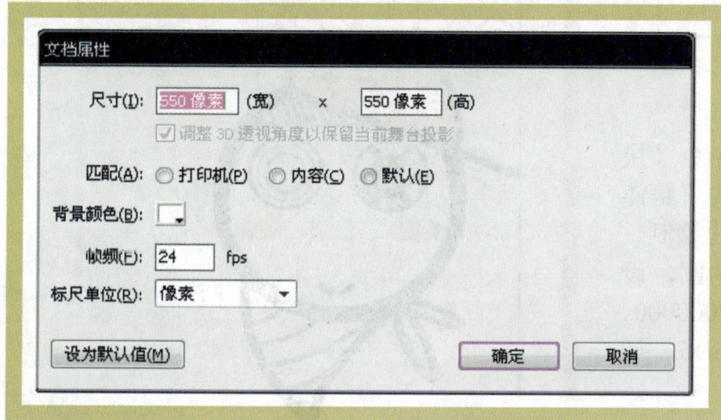

◇图4-24

◇图4-25

STEP4 新建两个图层分别名为“下摆”和“头发嘴”，两个无变化图层。

STEP5 第一帧到第 4 帧为“头”元件，第 5 帧绘制头发变化、右眼睛大小变化、做眼睛下面摆动变化和脸变化，如图 4-26 所示。

STEP6 保存 Flash 文件后按 Ctrl+Enter 组合键进行测试，会在 Flash 源文件根目录看到测试动画，最后直接双击生成的 .swf 文件测试其动画播放完毕后自动关闭的效果，如图 4-27 所示。

◇图4-26

◇图4-27

二、网络表情实例二

STEP1 新建一个 Flash 文档并且保存文件，按 Ctrl+J 组合键修改文档属性，设置宽高均为 550 像素，背景颜色为白色，其他设置保持默认，如图 4-28 所示。

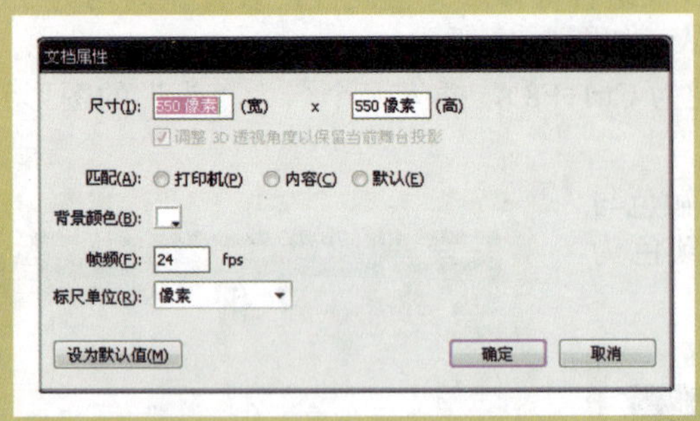

◇图4-28

STEP2 选择【插入】/【新建元件】命令（快捷键为 Ctrl+F8），插入一个名为“整体头部”的图形元件，在该元件里绘制。

STEP3 利用椭圆工具绘制不同大小的圆，设置笔触色与填充色分别为 #000000、#FF0000，眼睛颜色为 #D6D6D6，如图 4-29 所示。

◇图4-29

STEP4 新建一个图层名为“红脸蛋”，使用椭圆工具绘制红色椭圆，在使用复制和水平翻转功能，制作对称红色脸蛋，并转换为元件。

STEP5 分别在第 1、4、9、14、19 帧进行放大缩小，在第 70、75、85、95 帧进行放大、缩小，如图 4-30 所示。

◇图4-30

STEP6 保存 Flash 文件后按 Ctrl+Enter 组合键进行测试，会在 Flash 源文件根目录看到测试动画，最后直接双击生成的 .swf 文件测试动画播放完毕后自动关闭的效果，如图 4-31 所示。

◇图4-31

4.7.2 魔法表情绘制

一、绘制步骤提纲

首先要确定人物的哪些元件可以重复使用，不需重新绘制。

- 身体部分：手臂有变化，其他部分没变化。
- 脸部：除嘴有变化外，其他部分没变化。

二、具体绘制过程

1. 身体部分的绘制

（1）创建文件

STEP1 打开 Flash 软件，新建一个文档，按下 Ctrl+J 组合键修改文档属性，设置宽高均为 400 像素，背景颜色为白色（#FFFFFF），其他设置保持默认，如图 4-32 所示。

STEP2 选择【插入】/【新建元件】命令（快捷键为 Ctrl+F8），插入一个名为“身体”的图形元件，如图 4-33 所示。

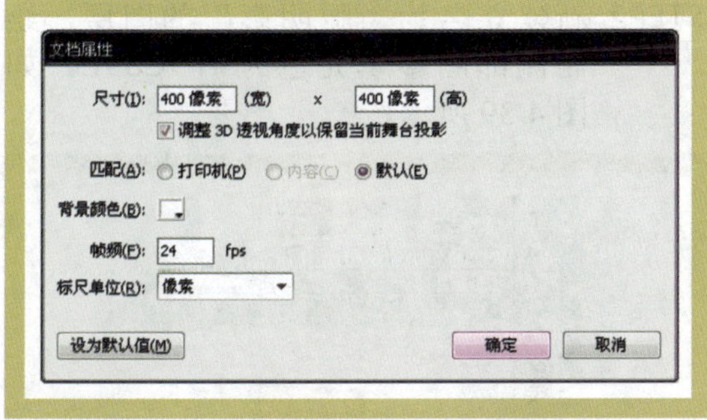

◇图4-32

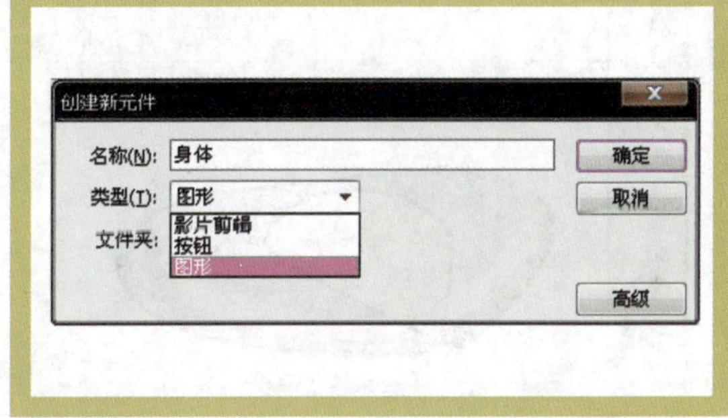

◇图4-33

（2）脖子及衣领的绘制

STEP1 单击“确定”按钮进入此元件中，双击“图层 1”的图层名称，将其更名为“脖子”，如图 4-34 所示。

STEP2 在工具栏中选择钢笔工具，然后在颜色选项框中设置“笔触颜色”为 #1E1E26，在“属性”面板中设置“笔触”为 1，绘制脖子的形状，并用部分选取工具进行节点调整，使用颜料桶工具填充颜色为 #FEC397，如图 4-35 所示。

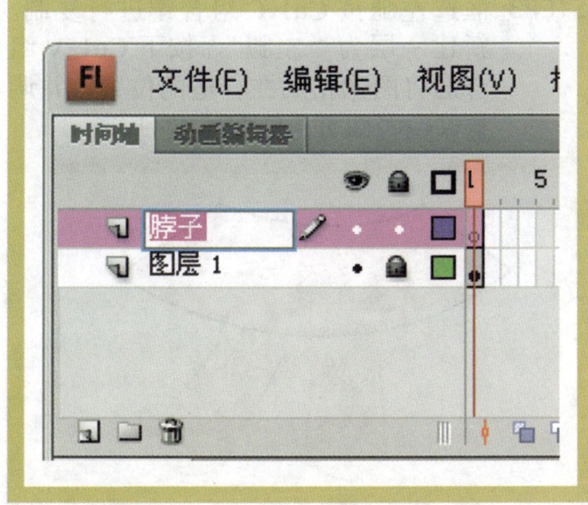

◇图4-34

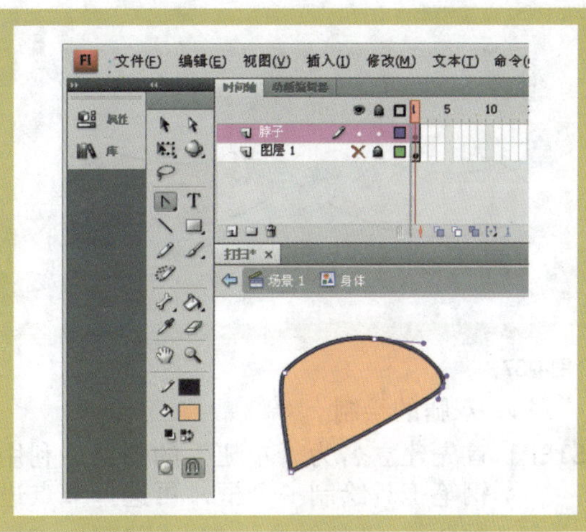

◇图4-35

小知识 Knowledge

为各层、各元件起特征名是为了方便动画的制作与编辑，以免混淆。

STEP3 再新建“领子”图层，设置“笔触色”为 #1E1E26，“填充色”为 #A60272，在脖子下方绘制领子，如图 4-36 所示。

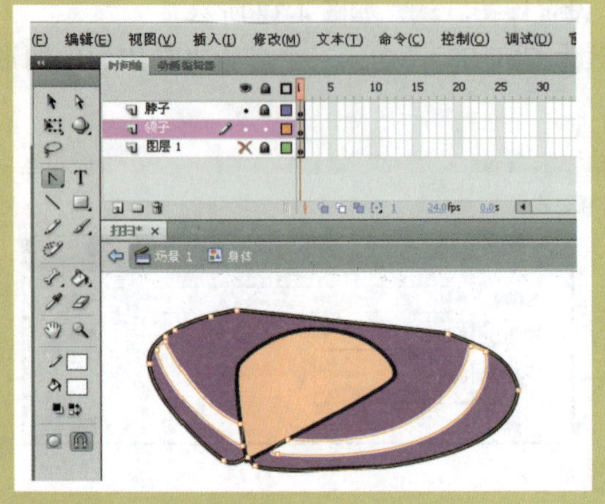

◇图4-36

（3）裙子及裙饰的绘制

裙身的“笔触颜色”为 #9E9993，“填充色”为 #FFFFFF，裙摆的“笔触颜色”为 #1E1E26，“填充颜色”为 #EF047D，裙饰的“笔触颜色”为 #A0D9C6，“填充颜色”为 #FFFFFF。裙身、裙摆及最后的合成图如图 4-37 所示。

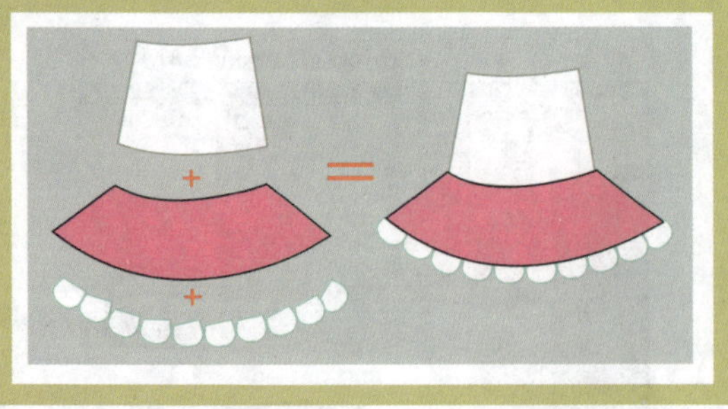

◇图4-37

（4）双腿的绘制

STEP1 首先建立名为“左腿”的图层，利用钢笔工具绘制一个框，再选择节点进行调整。“笔触色”为 #AE3E18，“填充色”为 #FDE4BC，如图 4-38 所示。

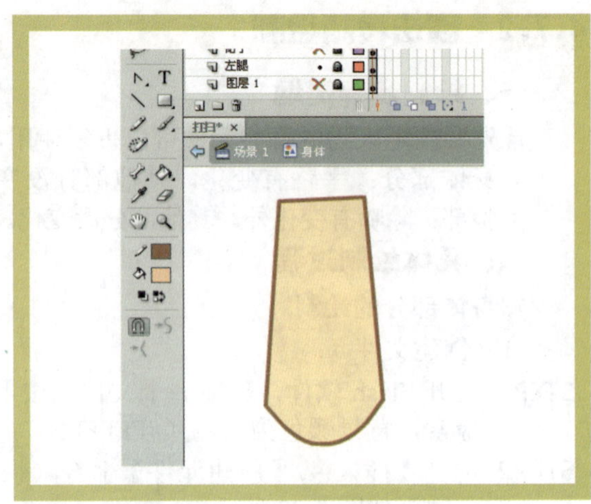

◇图4-38

STEP2 新建立名为“腿阴影”的图层，绘制侧部阴影填充色为 #F9C59E，如图 4-39 所示。

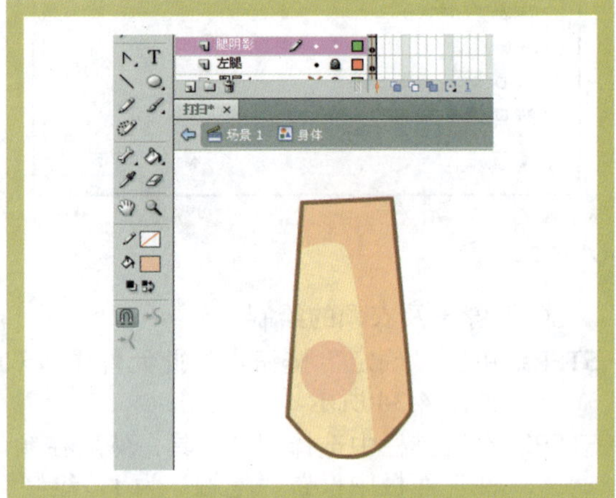

◇图4-39

STEP3 框选左腿按 Ctrl+C 组合键进行复制，新建一层为“左腿”，按下 Ctrl+V 组合键将图像粘贴在合适的位置，并调整好位置即可，如图 4-40 所示。

◇图4-40

（5）鞋子的绘制

STEP1 新建图层名为“袜子”，利用钢笔工具及部分选取工具绘制调节出袜子的形状。笔触颜色为 #BCDECE，填充颜色为 #FFFFFF，再建图层绘制阴影，颜色为 #DCE0E3，如图 4-41 所示。

STEP2 创建名为鞋子的图层，用钢笔工具绘制形状，斜面笔触颜色为 #7F2A3D，填充颜色为 #F20480。创建“鞋子阴影”图层，绘制并调节成阴影的形状，因为有“袜子”笔触线的遮挡，所以靠边的一侧就不用过于仔细，阴影填充为 #A2006C。创建鞋头图层，填充颜色为 #FFFFFF，鞋头阴影为 #DEDEE0。

STEP3 创建新图层，名为“鞋底”，笔触颜色为 #9B9B9B，前段填充颜色为 EIDFD3，后段填充颜色 #BFB9AB，如图 4-42 所示。绘制完成的身体部分如图 4-43 所示。

◇图4-41

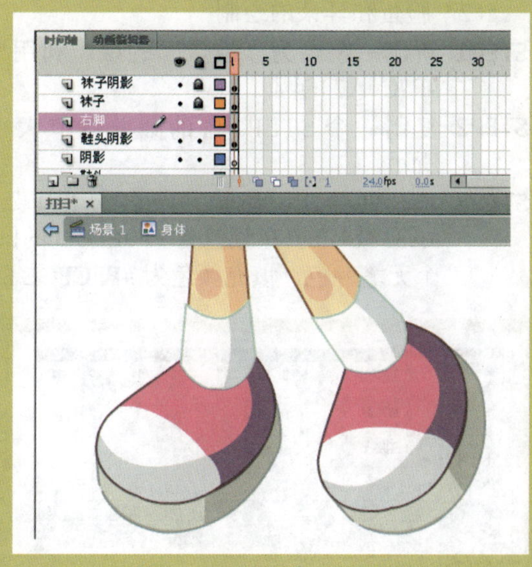

◇图4-42

◇图4-43

2. 头部绘制

（1）脸型绘制

STEP1 选择【插入】/【新建元件】命令（快捷键为 Ctrl+F8），插入一个名为“头部”的图形元件。元件创建完后，会自动进入“头部”元件中，双击“图层 1”的图层名称，将其更名为“脸”。

STEP2 在工具栏中选择钢笔工具，然后在颜色选项栏中设置笔触颜色为 #A33814，填充颜色为 #F9E8BD，在“属性”面板中设置“笔触”为 1。

STEP3 选择工具栏中的部分选取工具，选中脸蛋部分的线条，稍做一些修改。

STEP4 新建图层名为脸阴影，阴影填充颜色为 #FAC69F，如图 4-44 所示。

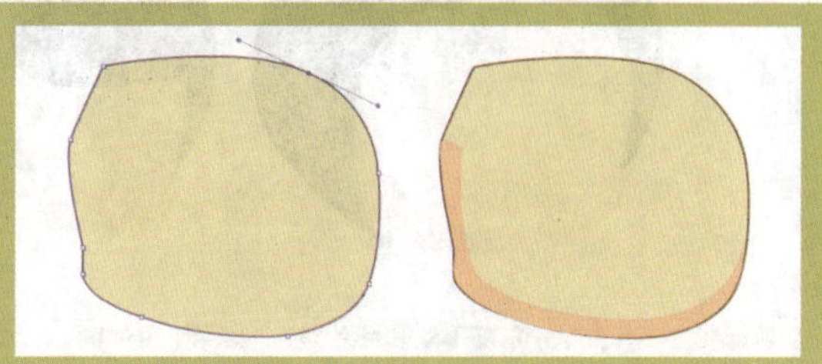

◇图4-44

（2）脸蛋和耳朵的绘制

STEP1 新建一个名为“脸蛋”的层。利用椭圆工具绘制一个“无笔触”（即外框）、颜色为#F7C1A7 的圆。

STEP2 复制一个 STEP1 中的圆并调节大小，设置其中一个颜色为 #FFC7DE，如图 4-45 所示。

STEP3 耳朵的绘制，新建一个名为“耳朵”的图层，利用椭圆工具绘制一个笔触颜色为#A33814，填充颜色为 #F9E8BD 的圆作为耳朵，为了表现出耳朵的层次感，再绘制一个无笔触色，填充颜色为 #FFCFCE 的内耳，如图 4-46 所示。

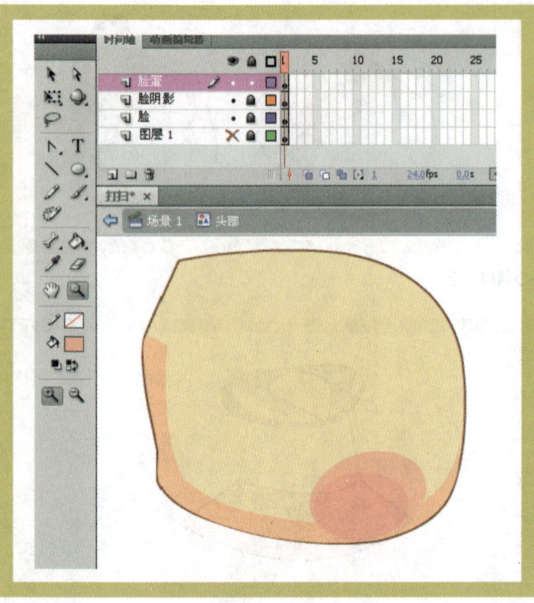

◇图4-45

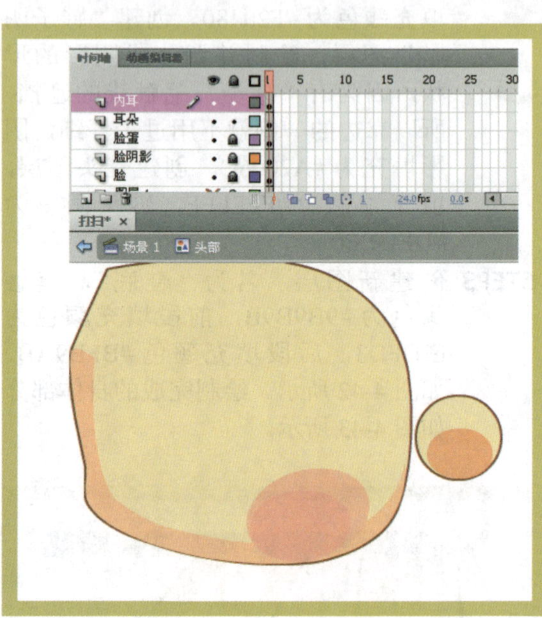

◇图4-46

（3）头发的绘制

STEP1 将其他层锁定，新建 3 个层，分别命名为“中发”、“流海”和“左右发”，选择椭圆工具绘制“中发”层，设置笔触色为 #000000，填充色为 #1A1A1A，再利用钢笔工具绘制出两边头发。

STEP2 中发阴影填充色为 #111111，高光填充色为 #333333。

STEP3 利用钢笔工具绘制流海。（提示：笔触色，填充色与中发的颜色一样）。

STEP4 左右头发绘制（提示：笔触色、填充色与中发的颜色一样），如图 4-47 所示。

◇图4-47

（4）蝴蝶结绘制

STEP1 利用椭圆工具绘制一个圆，设置笔触色与填充色分别为 #A33814，#FF00CE。阴影填充色为 #C3156C，高光颜色为 #F98183。

STEP2 用钢笔工具绘制两边蝴蝶结，颜色与圆颜色一样。利用复制和水平翻转的方法制作另一边的蝴蝶结。

STEP3 三角颜色与蝴蝶结颜色一样，利用复制和水平翻转制作出另一边。

STEP4 复制整个蝴蝶结并利用水平翻转进行调整。将两只个蝴蝶结放在合适的位置上即完成了绘制。

小知识 Knowledge

复制的方法有两种，一种是利用 Ctrl+C（复制）和 Ctrl+V（粘贴）组合键；另一种就是利用选择工具选中对象后拖动时按 Alt 键。

蝴蝶结最后的合成图，如图 4-48 所示。头部绘制完成，如图 4-49 所示。

◇图4-48

◇图4-49

3. 手、眉毛、嘴、眼睛的绘制

（1）微抬双手的绘制

选择【插入】/【新建元件】命令（快捷键为 Ctrl+F8），插入一个名为“左手”的图形元件。

STEP1 新建名为“左手”的图层，利用钢笔工具绘制左边的手，设置笔触颜色为 #A33814，填充颜色为 #F9E8BD。

STEP2 绘制手臂，阴影笔触颜色为 #A33814，填充颜色为 #FBC49D。

STEP3 右手绘制同左手绘制方法一样，如图 4-50 所示。

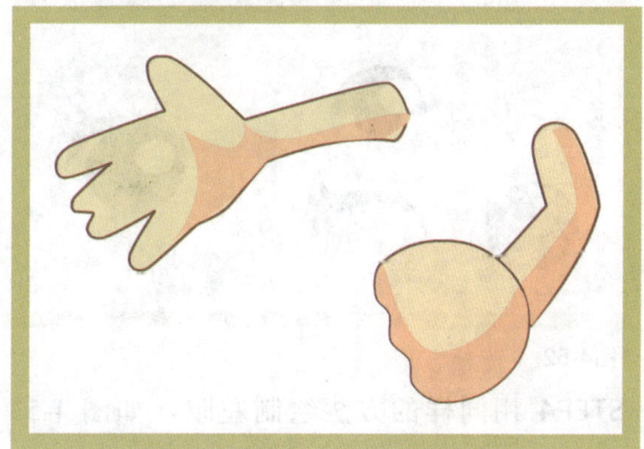

◇图4-50

（2）眉毛的绘制

在头部元件中，新建一个名为“眉毛”的图层，设置笔触颜色为 #A33814，填充颜色为 #A33814。

（3）绘制嘴型元件，如图 4-51 所示。

◇图4-51

(4) 眼睛的绘制

STEP1 锁定其他层后，新建一图层并命名为"右眼睛"。选择椭圆工具后，绘制白色眼底。

STEP2 再新建一图层并命名为"眼睛 2"，绘制眼球和高光。利用椭圆工具和任意变形工具进行调整，再制作紫色眼球，颜色为 #660F5E，高光为 #BA1283。

STEP3 新建一层命名为"眼睫毛"，利用椭圆工具和任意变形工具进行绘制，设置笔触颜色 #501205，填充颜色为 #5E150C，图 4-52 为眼睛最后的合成图。

◇图4-52

STEP4 用同样的方法绘制左眼，如图 4-53 所示。

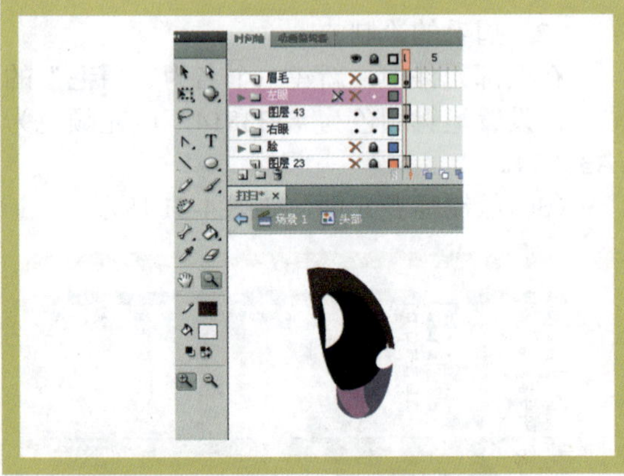

◇图4-53

至此，五官绘制完成，如图 4-54 所示。

◇图4-54

4. 道具扫帚绘制

STEP1 选择【插入】/【新建元件】命令（快捷键为 Ctrl+F8），插入一个名为"扫帚"的图形元件。

STEP2 绘制扫帚头。设置笔触颜色 #745502，填充颜色为 #F2C200，阴影填充颜色为 #E79E03，高光颜色为 #FAE300。

STEP3 绘制扫帚中段。设置笔触颜色为 #870205，填充颜色为 #F03000，花饰颜色为 #F7AF02。

STEP4 绘制扫帚棍子。设置笔触颜色为 #7B2800，填充颜色为 #CB6300，阴影为 #7D4102。

至此，扫帚绘制完成，如图 4-55 所示。

◇图4-55

三、动画的制作

动画分为小女孩空手和变扫帚两部分，在这个动画中大部分是利用"逐帧动画"制作的。小女孩空手是 1～15 帧，变扫帚是 16～30 帧，在前面的部分我们已经制作完成了各个元件，下面动手进入动画的后期制作。

STEP1 首先按 Ctrl+F8 组合键创建一个名为"打扫"的影片剪辑，把动画制作在这个影片剪辑中，如图 4-56 所示。

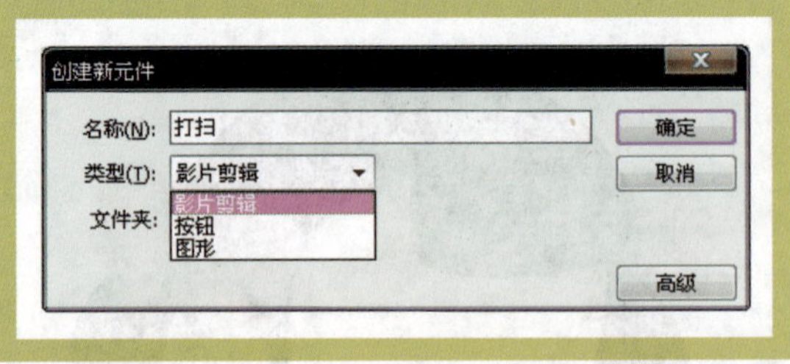

◇图4-56

STEP2 将库中的各元件拖进来，放在合适的位置，图层顺序依次为左手、身体、右臂、扫帚、右手、头部和嘴。

STEP3 利用垂下“左手”元件在变扫帚前上下移动制作成逐帧动画，如图 4-57 所示。利用“嘴”元件上下移动制作逐帧的动画，打扫前的动画就制作完毕了，如图 4-57 所示。

STEP4 在左手图层第 15 帧前放置向下左手，第 16 帧到第 30 帧将左手抬起。在嘴图层第 1 帧放置嘴 1 元件，在第 15 帧插入关键帧，在第 30 帧插入空白关键帧，放置嘴 2 元件。再在“扫帚”图层第 30 帧放置扫帚，如图 4-58 所示。

◇图4-57

◇图4-58

四、动画发布

最后回到主场景中，将这个名为“打扫”的影片元件拖到合适的位置，保存 Flash 文件后按 Ctrl+Enter 组合键进行测试，会在 Flash 源文件根目录看到测试动画，最后直接双击生成的 .swf 文件测试动画播放完毕后自动关闭的效果，如图 4-59 所示。

◇图4-59

Flash动物造型绘制实例解析

哺乳类动物在动画短片中应用得很多，如《猫和老鼠》、《兔八哥》《黑猫警长》等都深受大家喜爱并使人印象深刻。下面就以小狗为例，介绍哺乳类动物的画法。

4.8.1 绘制可爱的小狗实例解析

下面绘制如图 4-60 所示的小狗。

◇图4-60

学习目的：了解 Q 版小狗的结构与绘制方法。

案例展示：本实例将绘制一只可爱的小狗。

造型特点：夸大小狗的头部比例，让小狗显得更可爱。着重刻画小狗的五官，让小狗的形象使人印象深刻；整体色调选择欢快的黄色调。

使用工具：椭圆工具、线条工具、选择工具、铅笔工具和颜料桶工具等。

STEP1 新建一个 Flash 文档，保存文件为“可爱小狗”。新建一个图形元件，命名为“小狗”，如图 4-61 所示，进入该元件的编辑界面。

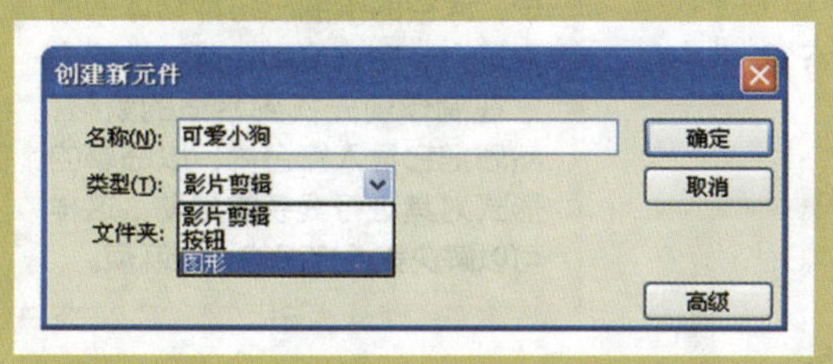

◇图4-61

STEP2 新建图层，命名为“头”。在“时间轴”面板第一帧单击鼠标右键，在弹出的快捷菜单中选择【插入关键帧】命令，然后使用椭圆工具绘制出小狗头部的基本形状。设置填充颜色为无，线条颜色随意，然后使用选择工具做调整，让它看起更生动自然。这样，小狗头部的造型就完成了，具体过程如图 4-62 所示。

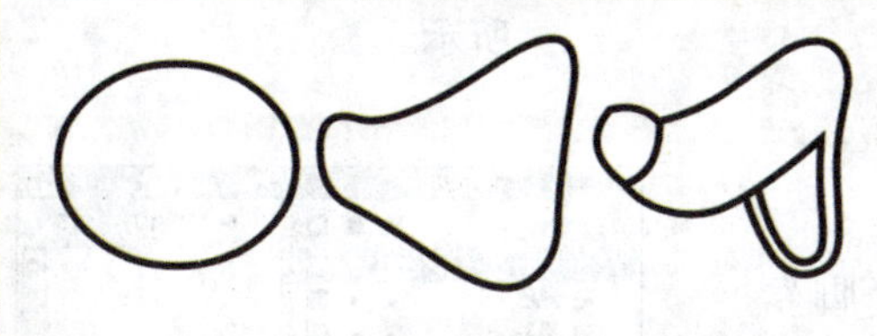

◇图4-62

STEP3 绘制小狗的耳朵。新建图层，命名为“耳朵”，并将该层移至图层“头”的下方。使用线条工具绘制出小狗耳朵的基本形状，再使用选择工具拖出直线的弧度并删去多余的线条。绘制过程如图 4-63 所示。

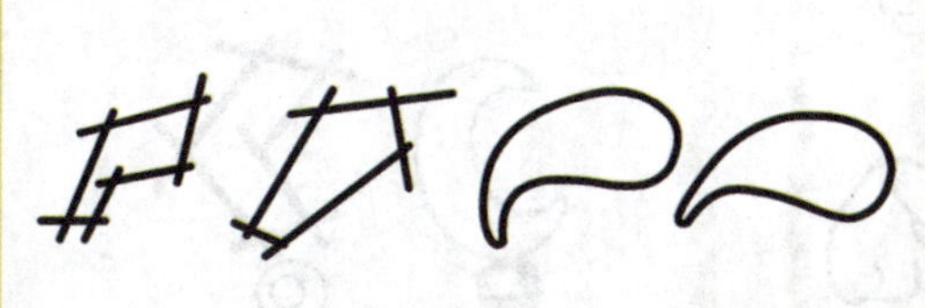

◇图4-63

STEP4 绘制小狗的身体。新建图层，命名为“身体”，根据头部的位置和大小，使用选择工具绘制出狗身体的基本形状，并使用选择工具进行调整，使身体与头部协调，保持圆滑的效果，如图 4-64 所示。

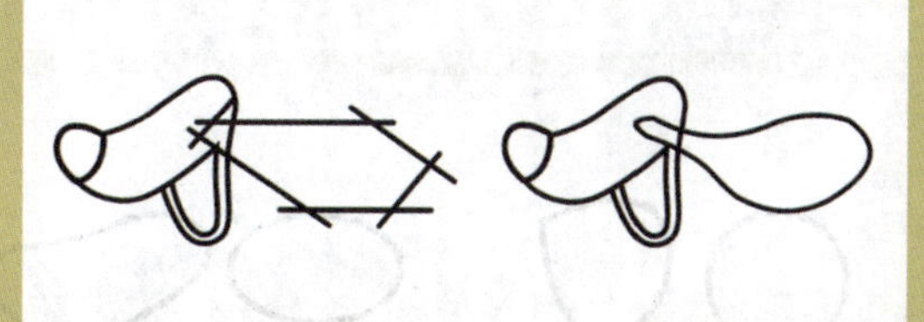

◇图4-64

STEP5 新建图层，命名为“五官”。首先画眼睛与眉毛。使用椭圆工具画眼睛，并用选择工具进行调整。用线条工具绘制一条直线，用选择工具拖出一定弧度。接下来，保持该线条为被选中状态，按住 Alt 键，向下拖动该弧线，即可复制出一条弧线。使用选择工具拖动下方弧线的两个端点，使它们与上方弧线对应的端点重合，再做两条线之间宽度调整。绘制过程如图 4-65 所示。

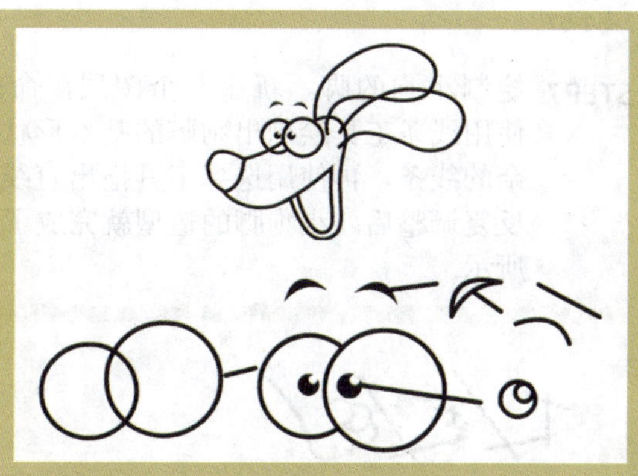

◇图4-65

小知识 Knowledge

除了用线条工具来绘制图形外，还可以用钢笔工具来绘制出大致的雏形，然后使用选择工具对其进行拖动修改来绘制图形。

STEP6 绘制小狗的舌头。新建一个图层，命名为“舌头”。使用线条工具绘制出小狗舌头的基本形状，并删除多余的线条。再使用选择工具拖出直线的弧度。在反复调整后，小狗舌头的造型就完成了，如图 4-66 所示。再对小狗耳朵、脸部、嘴进行调整并调整五官的位置使五官的位置更自然合理，如图 4-67 所示。

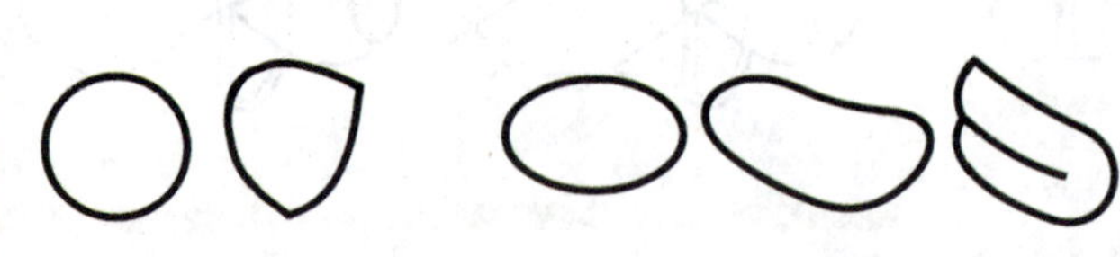

◇图4-66

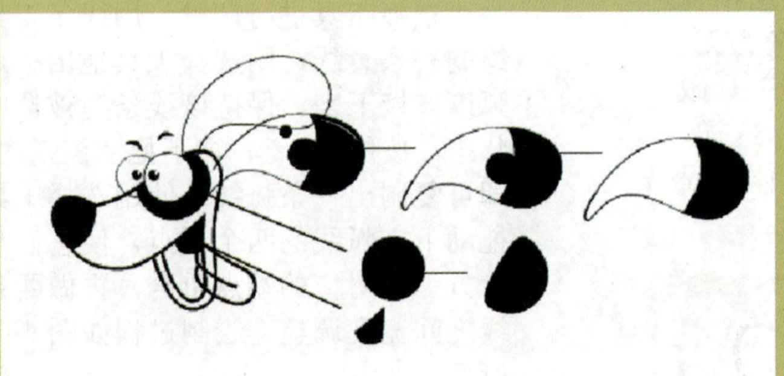

◇图4-67

STEP7 绘制小狗的脚。新建一个图层，命名为“脚”。使用线条工具绘制出狗脚的基本形状，并删除多余的线条。再使用选择工具拖出直线的弧度。在反复调整后，小狗脚的造型就完成了，如图 4-68 所示。

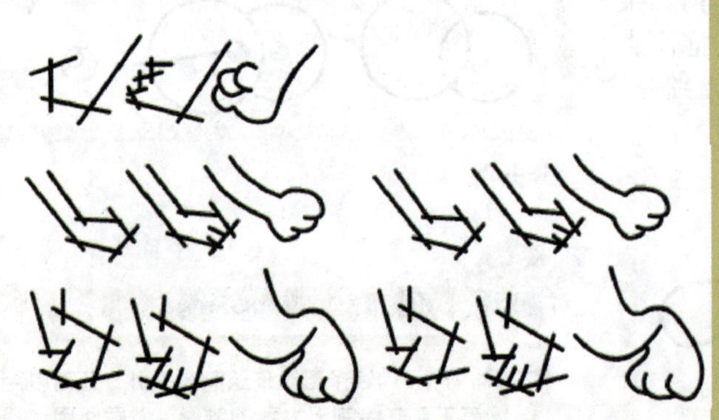

◇图4-68

小知识 Knowledge

对于手绘不熟练的读者来说，凭空的绘制出各种物体的图形是有一定难度的，所以推荐大家在制作前先找到合适的素材，然后把它导入舞台内，以临摹的形式对其进行线条的勾勒，这样可以解决美术方面的一些麻烦。

STEP8 绘制小狗的尾巴和项圈。新建两个图层，分别命名为“尾巴”和“项圈”。如图 4-69 所示。使用线条工具绘制出小狗尾巴的基本形状，并删除多余的线条。再使用选择工具拖出直线的弧度，反复调整。采用同样的方法，绘制出小狗的尾巴，并运用“任意变形工具”对尾巴进行旋转处理，具体过程如图 4-70 所示。

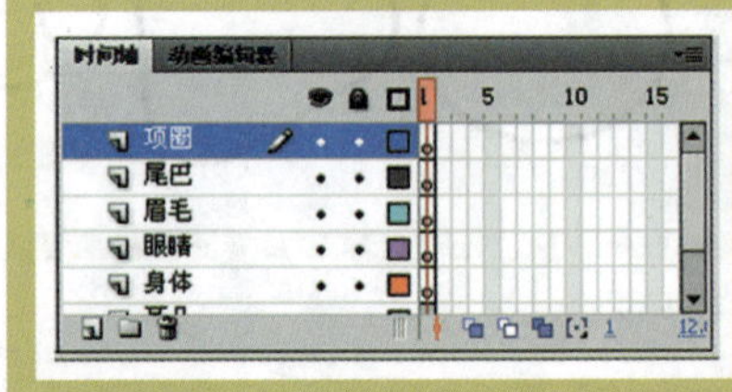

◇图4-69

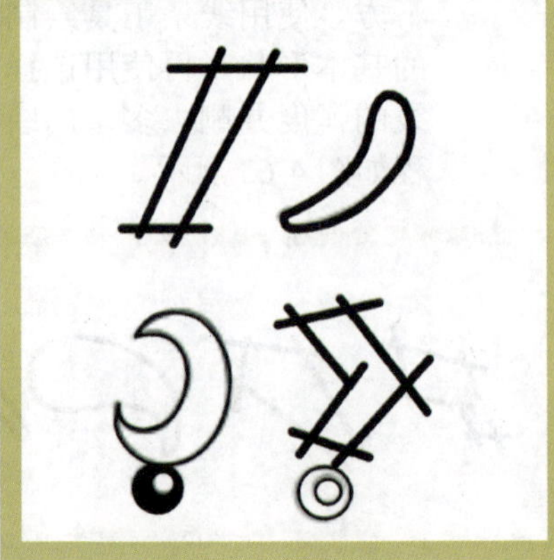

◇图4-70

小知识 Knowledge

在进行旋转之前请读者一定要将中心圆点进行设置，因为不管是缩放还是角度旋转，都是以它为参考标准的。

STEP9 选择舞台上的所有对象，调整线条的颜色为黑色。至此，小狗的线稿就完成了，效果如图 4-71 所示，图层结构如图 4-72 所示。

◇图4-71

时间轴 动画编辑器
项圈
尾巴
四肢
舌头
眉毛
眼睛
身体
耳朵
头

◇图4-72

小知识 Knowledge

绘制轮廓的同时使用选择工具和部分选取工具进行辅助修改，可以很方便地得到我们需要的线条形状。

STEP10 选择适当的颜色，为小狗身体的各部分平涂基本色，然后删除小狗脚上与身体连接部分的线条，效果如图 4-73 所示。

◇图4-73

STEP11 使用铅笔工具分别在小狗身体的各部分画出明暗交界线；然后在暗面填上较暗的颜色，分出层次，如图 4-74 所示。颜色指定可参考图 4-75 所示。

◇图4-74

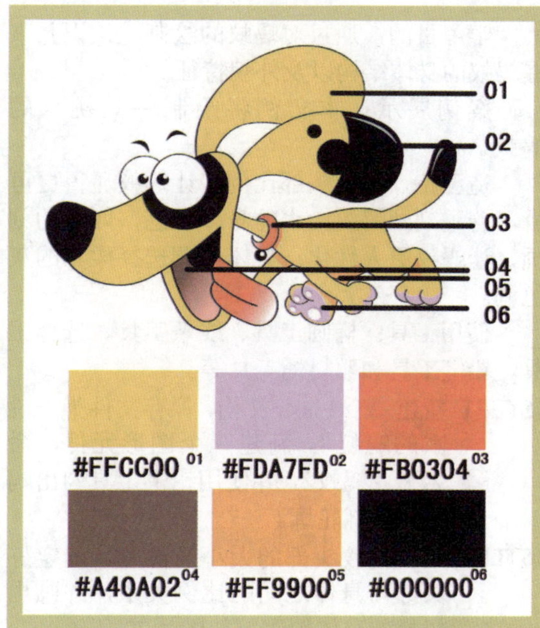

◇图4-75

4.8.2 绘制爬行类动物实例解析

下面介绍爬行类动物“挑水的蚂蚁”的画法，最终效果如图 4-76 所示。

◇图4-76

学习目的：通过对蚂蚁的绘制，认识并掌握蚂蚁的身体结构以及外貌特征。

案例展示：本实例将绘制一只挑水的蚂蚁。

造型特点：大头部比例，让蚂蚁显得更可爱。着重刻画蚂蚁抬水的身体状态，四肢的刻画，让蚂蚁更人性化；整体色调选择柔和的灰色调。

使用工具：椭圆工具、线条工具、选择工具、铅笔工具和颜料桶工具等。

STEP1 新建一个 Flash 文档，保存文件为“挑水的蚂蚁”。新建一个图形元件，命名为“蚂蚁”，并使用铅笔工具勾出蚂蚁的头部轮廓。

STEP2 根据蚂蚁头部的大小及位置，确定好头部与身体之间的比例关系，并画出蚂蚁的身体轮廓，如图 4-77 所示。

◇图4-77

STEP3 新建图层，命名为“四肢”。使用线条工具绘制出蚂蚁手和脚的基本形状，并删除多余的线条。再使用选择工具拖出直线的弧度。在反复调整后，蚂蚁手和脚的造型就完成了，如图 4-78 所示。

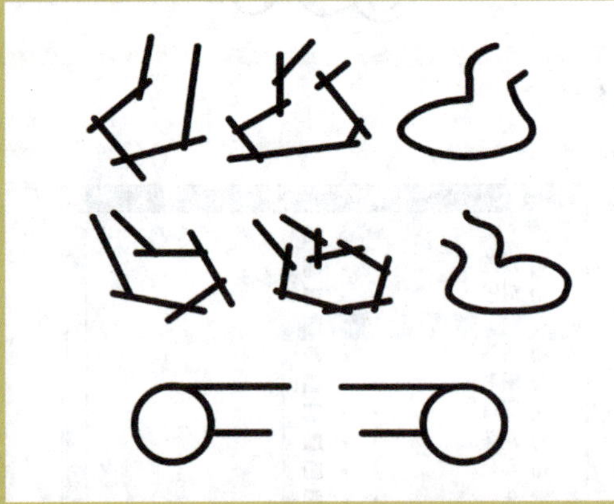

◇图4-78

STEP4 接下来画蚂蚁拎的两只水桶。新建图层，命名为“水桶”。首先使用线条工具绘制水桶的基本形状，使用选择工具拖出一定弧度。接下来使用椭圆工具绘制水滴，并用选择工具进行调整。绘制过程如图 4-79 所示。

◇图4-79

小知识 Knowledge

使用随圆工具绘制时按住 Shift 键可以得到正圆。同样，使用矩形工具进行绘制时按住 Shift 键可以得到正方形。

STEP5 选择舞台上的所有对象，并对蚂蚁各个结构进行调整，并使线条的颜色为黑色。为蚂蚁添加反光效果，如图 4-80 所示。

◇图4-80

小知识 Knowledge

使用线条工具或套索工具将填充区域选择，然后将被选择的区域进行高光或阴影修改，使用这样的方法可以很简单地绘制出我们想要的效果。

STEP6 选择适当的颜色，为蚂蚁身体的各部分平涂基本色，然后删除蚂蚁脚上与身体连接部分的线条，效果如图 4-81 所示。

◇图4-81

STEP7 绘制蚂蚁脸部的效果。新建图层，命名为“脸部效果”，选择填充工具，在“颜色”画板中选择适当的颜色添充一个椭圆，如图 4-82 所示。

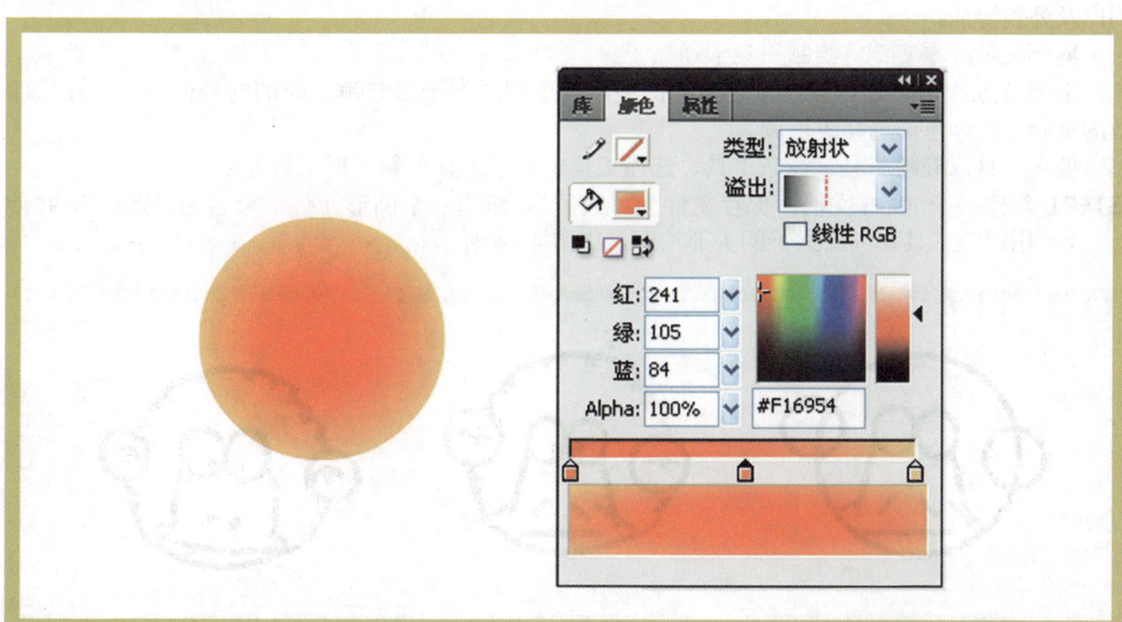

◇图4-82

4.8.3 绘制卡通猴实例解析

下面介绍卡通猴子的画法，最终效果如图 4-83 所示。

◇图4-83

学习目的：通过对卡通猴子的绘画，准确掌握各物体间的比例；认识并掌握猴子的身体结构以及外貌特征。

案例展示：本实例将绘制一只卡通猴子。

造型特点：正确处理各物体之间的比例，着重刻画猴子举起锤子时的的身体状态，注重四肢的刻画，整体色调选择暖色调。

使用工具：椭圆工具、线条工具、选择工具、铅笔工具和颜料桶工具等。

STEP1 新建一个 Flash 文档，保存文件为“猴子”。新建一个图形元件，命名为“猴子”，并使用铅笔工具勾画出猴子的头部轮廓，如图 4-84 所示。

◇图4-84

STEP2 根据猴子头部的大小及位置，确定好头部与身体之间的比例关系，并画出猴子的身体轮廓，如图 4-85 所示。

◇图4-85

STEP3 绘制猴子的手。新建一个图层，命名为“手”。使用线条工具绘制出猴子手的基本形状，并删除多余的线条。再使用选择工具拖出直线的弧度，再反复调整。用同样的方法绘制出锤子的造型，如图 4-86 所示。

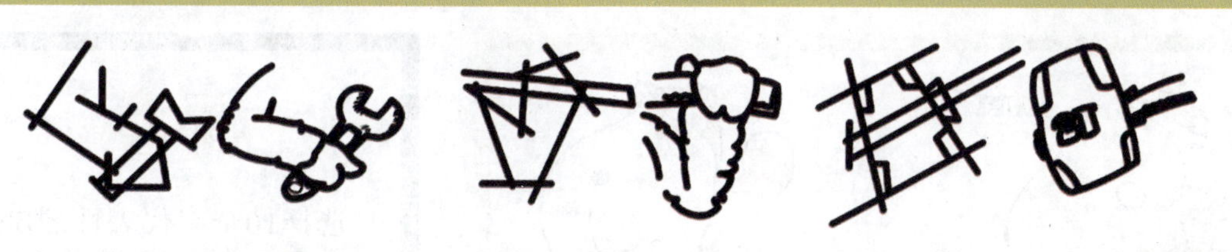

◇图4-86

STEP4 选择舞台上的所有对象，并对猴子的各个结构进行调整并使线条的颜色为黑色，如图 4-87 所示。

◇图4-87

STEP5 选择适当的颜色，为猴子身体的各部分平涂基本色，然后删除猴子脚上与身体连接部分的线条。

STEP6 使用铅笔工具，分别在猴子身体的各部分画出明暗交界线，然后在暗面填上较暗的颜色，分出层次，如图 4-88 所示。

◇图4-88

还有很多猴子的形态，如图 4-89 所示，大家可以尝试进行绘制。

◇图4-89

第 4 章 思考与练习

1. 选择10个有代表性的Flash动画形象，以几何形构成法分析它们的造型特点。
2. 选择身边的5件绘画工具，观察它们的结构特点并运用拟人化的处理手法设计出他们的形象。
3. 设计两个QQ形象，并绘制每个形象的5种表情（嬉笑、哭泣、愤怒、哀愁、沉思）。

CARTOON

第 5 章

Flash动画场景设计

本章内容

场景设计原则

5.1.1 动画场景设计要素和原则

一、场景设计的概念

学习场景设计，首先要理解“场景”这个词是什么意思？“场景”往往被简单误解为“背景”，其实它们有着本质区别。说来也不复杂，只要我们翻阅一下词典就可以得到答案：背景是指图画上衬托的景物；而场景是指戏剧、电影中的场面。

再进一步的分析，背景中“背”是背后的意思，是空间的概念，“景”是景物的意思，也是空间的概念；场景中“场”是戏剧电影中较小的段落，故事中一个片段的意思，是时间的概念，所以“背景”指的是后面的空间，而“场景”则指的是时间中的空间。影视艺术本身就是时空的艺术，所以我们在学习场景时，就是要用时间意识思考空间的形式。

动画场景设计就是指动画影片中除角色造型以外的随着时间改变而变化的一切物的造型设计。

动画影片的主体是动画角色，场景就是随着故事的展开围绕在角色周围，与角色发生关系的所有景物，即角色所处的生活场所、陈设道具、社会环境、自然环境以及历史环境，甚至包括作为社会背景出现的群众角色，都是场景设计的范围，都是场景设计要完成的设计任务。

动画影片的场景是展开剧情、刻画人物的特定空间环境。影片的环境划分为数量不等的单元场景进行绘制，设计师在影片总体空间造型的统一构思下对每一个单元场景进行设计。场景设计既要有高度的创造性，又要有很强的艺术性。一方面要进行艺术创作，另一方面要通过绘画手段进行绘制。

内景

外景

二、动画场景要素与分类

1. 场景的组成要素

（1）物质要素：景观、建筑、道具、人物和装饰等。

（2）效果要素：外形、颜色和光影等。

（3）文字符号：如麦当劳的 M 标志。

2. 场景空间的分类

动画场景一般分为内景、外景和内外结合景 3 种。

（1）内景：在场景结构形体中，被封闭在形体内部的空间。如房间内、山洞内和隧道内等。内景较小、较封闭。

（2）外景：在场景结构形体中，被隔离在形体外部的一切宇宙空间。外景较大、较开阔。

（3）内外结合景：内景和外景综合运用。

3. 动画场景设计的内容

场景设计要完成的常规设计图包括场景效果图（或称气氛图），场景平面图、立面图、场景细部图和场景结构鸟瞰图，需要的话可制作场景模型。

（1）室外背景设计

一般把背景分为两类，一类是天然形成的宇宙万物，如天空、海洋、土地、山川、树木和花草等自然景观；另一类是人造世界，包括楼宇、桥梁、公路和隧道等人造景观。二者都受到春夏秋冬这些季节变化带来的影响，甚至一天中的白昼、黑夜的交替也会令其光影、冷暖产生丰富的变化。

作为室外背景，其范围可能是很广的，包括自然环境、人为建筑等，大到楼宇工事、峻峰险谷，小到一隅一角、一草一木，

室外背景设计（1）

室外背景设计（2）

这些在远景、全景、近景中都可能用到。不仅向观看者展现了整个故事发生所在的一个比较大的环境面貌，还体现了作品的时代特征。

在具体设计时，首先要根据剧本内容提示看故事所处的时代是古代、现代还是未来；地域是本国（具有民族特色）还是外国（带有异国情调）；地区是森林、乡村还是城市；风格是现实主义的还是虚幻的超现实主义等。在把握了这个大的环境范围，确定了故事发生的具体时代背景后，再深入到一个街区、一条河谷或一片树林的设计。

地点或称背景不仅是为了说明故事发生的位置与环境，更主要的是它是故事内容非常重要的组成部分，对于主题的表达会起到积极的阐述烘托作用。在动漫作品的开篇，我们一般总是从远景开始，先全面地介绍一下将在这里发生的某个故事的大环境；然后随着故事情节的发展，要将镜头聚焦到某个更具体的地点，与开头相比较，其背景展现的面积不断缩小，渐渐成为了中景人物背后的环境；最后成为近景人物的一个背景。可见，地点的功能随着故事情节发展的需要而变化，从“空镜”时的重点介绍到全景、近景的背景衬托，这就容易使人们忽视了背景的意义，甚至有人把背景简单地理解为主体形象之外画面的“填充物”，忘记了背景本身所具有的不可替代的作用——对于表现故事情节内容、对事件中人物形象的说明、烘托、补充等作用。而实际上，动漫作品中背景和道具的设计不仅令画面更完整，还带有某种象征意义。

总之，背景设计是美术设计中的一项重要工作，我们要意识到背景在作品内容表达中所起的重要作用，应使背景与主要表现对象（人物）之间相得益彰、相映生辉。

（2）室内背景设计

室内背景设计与室外背景设计相比，虽然是一个小范围的环境设计，但是由于它与生活中的人物的活动密切相关，因此，这种带有目的指向性的表现更为细致。居住环境或干净整洁或一片狼藉，或富丽堂皇或绳床瓦灶，更倾向于从一个侧面反映人物的精神面貌，不仅能体现出人物的情趣爱好、性格习惯等细节，而且反映了其家庭背景及经济情况，还能够暗示故事发生的场所及当时的氛围。

在这一设计中，我们要注意作为整个故事大环境的一部分，室内环境的设计应该与室外背景的风格一致。

（3）道具设计

①场景中陈设道具的基本概念

场景中的陈设就是指场景中陈列摆设的物件，如桌椅、窗帘和壁挂等。道具是指演员表演用的物件，如烟斗、钢笔、皮包等。

②陈设道具在影片中的作用

陈设道具除了叙事需要和辅助表演之外，还有许多特殊的作用，那就是刻画人物角色的身份、心理、性格和情绪等。

室外背景设计（3）

室内背景设计

道具设计

交代人物的身份是场景陈设道具的基本功能，通过场景我们可以了解人物的基本情况。道具是指演剧或摄制影视作品时表演用的器物，如桌椅等叫大道具，纸烟、茶杯等叫小道具。而这里的道具是指动漫作品中人物经常使用的器物，如长矛、手枪、手机和摩托车等。

在动漫作品中，由于其绘画

性，我们能表现日常生活中的各种物品，即使是生活中没有的，也能把想象虚构出来的物品表现出来。总之，不管如何设计，道具都要符合剧本的内容限定与时代特征，并且应将其各个方向的视图与细节都描绘出来，为最后的绘制工作打好基础。

三、动画场景设计的原则

在动漫作品的绘制中，对于主要表现物（人物），我们通常称之为“图”，而对主要人物形象以外的周围空间则称为“地”。“地”也就是背景（环境）了，我们不能因为背景是对主体形象的衬托，就忽视它。相反，这个“次要部分”对于动漫家来说是必须予以高度重视的。因为，背景对于“图”来讲，具有其独特的意义，它为了凸显“图”的存在，是必要组成部分，是不可或缺的。背景提供了更多的画面信息，它不只是表面的“明显内容”，还是“一种潜在内容”，不仅起到了补充作用，使“图”更具体，而且更深刻地揭示了人物的性格，启发观看者看到比明显看到的还要多的内容，同时还具有暗示情节发展、渲染画面效果和烘托气氛的作用。

1. 场景设计中重要环节的划分

在开始进行设计场景时，首先应该对剧本提供的线索信息及未来的银幕形象等重要的环节进行划分。例如，主要角色及其不同生活区域的分类、地理位置、自然景观分类和光线色彩分类（白天、夜晚）及道具的配置分类等。

2. 分区设计展示角色特征

每一个角色都拥有自己的生活环境和生活空间，在生活中不难发现他（她）们，都有一个表现自我和展示自我的生活空间，这为我们分区设计提供了线索。分区设计的特点是通过场景巧妙的分区，陈设布局所营造的气氛，充分展示角色的特征，真实表现角色的思想情感、生命历程及命运的变化。通过使用不同的道具组合成能够显示角色特征、环境气氛及文化特征，充分表现角色内心世界，使角色更具魅力。

3. 对比设计产生艺术效果

对比设计的特点是把角色的不同思想、情感、言行的两种或两种以上的场景并置或连接在一起，通过形、光、色等因素，使之产生对比强烈的艺术效果。在表现形态上，有封闭与开放的大空间结构对比、场景空间的色彩对比、场景的光影对比等。

5.1.2 场景设计流程

一、动画场景设计流程

1. 准备阶段

在这一阶段首先要仔细阅读剧本，分析场景与角色之间的关系，分析道具与角色戏剧动作之间的关系，列出场景的设计清单草稿。在阅读剧本的过程中要尽可能多地从剧本中找出有关角色的细节信息，从而丰富自己对该角色的全面认识，如角色的性别、年龄、性格、职业，以及角色平常是怎样消磨时间的、生活在一个什么样的环境中等。

研究一些相关的文字资料、背景资料和影视资料，同一时代的小说、文章、新闻报道等，形成对于整个历史时期和社会风貌的综合印象。

研究剧情发展所需要的动画场景空间，形成基本的设计构思，制作阅读笔记，捕捉角色的感觉及其情境。

2. 搜集素材

搜集素材包含两方面的工作。

一方面是查阅相关的图书资

料、绘画资料和影视资料，搜集有关历史考古、规划建筑、家具器物、地理地貌、风土人情、生活习俗、树木花草和气候特征等方面的视觉资料，这些资料能够启示设计构思和灵感。

如《埃及王子》中的一幕动画场景，描写主人公在壁画前发现自己的身世之谜，这个动画场景的设计灵感来源于对古埃及壁画的研究。

另一方面则如中国古代画师所说“搜尽奇峰打草稿”，即到故事发生的背景地进行写生考察。写生的目的是搜集视觉化的素材，并探索一些不同的表现形式。鲁道夫•阿恩海姆曾经说过：“再现永远不能实现对一件物体的复制，而只能运用一定的媒介复制与这个物体的结构相同的结构同等物。”所以任何写生形象都是知觉进行过积极组织和建构的结果，这个过程是翻阅资料、拍摄照片等素材采集方式所不能替代的。

为了制作动画片《花木兰》，迪斯尼专门成立了一个艺术小组到中国采风3周，他们的行程包括美术馆、博物馆、名胜古迹、历史建筑、八达岭长城和嘉峪关。为了制作动画片《狮子王》，迪斯尼专门组织主创人员到非洲大草原写生采风。写生不仅仅是对景物的描绘，还是敏锐地观察生活、深入地认识生活、艺术地表现生活的过程。

写生与动画场景创作之间的关系正如弗里伯格所说——电影具有戏剧的效果，同时也具有绘画的效果，它既打动人的感情和理性，同时也直接感动人的眼睛。

随着素材的不断丰富，场景的设计构思、场景所要传达的戏剧目标就会逐渐清晰起来。在这个过程中要注意随手画一些设计速写，记录在采风过程中的感受、设计构思以及一些需要特别关注的造型细节。

3. 构思阶段

与导演、制片和角色设计师等进行设计前的讨论，确定动画构思；进行场景细分，确定场景制作的任务量、工艺设备要求和时间上的要求；确定形式上的风格特征，确保动画场景设计风格与角色设计风格相互匹配。讨论的过程本身就是一个不断揭示的过程，在讨论过程中，各种构思、联想和冲动会源源而至，每一名成员都会贡献出自己的理解和诠释。导演必须从一开始就清晰地表达自己在视觉方面的想法，而好的场景设计师会补充导演的构想，使该动画片在视觉方面得到发展。

在充分讨论之后就要进行设计构思，场景设计师不仅要有能将文字转化为三维空间表现形式的良好视觉思维能力、表现能力，还要能协调好自己的创造力和制作要求之间的关系，协调好设计质量和制作周期的关系，协调好表现形式与制作手段之间的关系。

在设计过程中一定要注意，动画角色始终是画面主体，景物是次要的，景物在造型、色彩和光影处理上都只能起从属和衬托的作用。

4. 定稿阶段

在定稿阶段要对构思阶段的方案进行评价、选择、综合后，依据分镜头稿和修改后的场景设计清单进行设计。动画场景设计师要具有基里连科所说的“把一切东西溶化于一个不可分离的有机整体”的能力。

在设计过程中要依据一定的动画场景设计规范创建完整的设计图纸。

5. 制作阶段

依据不同的场景类型和工艺要求，或手工绘制，或利用图形图像软件绘制，或用三维动画软件制作，或亲手搭建和塑造偶动画的场景。恰当的表现手段可以将无形的、甚至于抽象的、概念的思维活动转化为视觉形象。

在这个阶段，技术和设备往往具有决定性的作用，某一项技术上的突破，往往都会带来视觉表现上的飞跃。例如，没有新开发的Houdini软件，就没有《埃及王子》中分开红海水路的壮观场景，这个镜头共耗费了30万个小时的计算机成像时间。

二、动画场景设计要点

动画场景具有多样化的表现形式，如写实、装饰和抽象等。中国经典动画《大闹天宫》的场景设计采用了民族化、装饰化的场景设计风格。还可以有灵活的处理手法，如场景层的划分、场景特效（景深、烟雾、水波）的制作、三维动画场景与二维角色的配合等。场景设计的结果体现了设计师对动画的理解。

设计动画场景要创造出适宜各种动画角色表演的环境。要想成为动画场景设计艺术家，必须具备绘画能力，要具有透视、构图设计、绘画技法、动画制作及摄影等方面的综合知识。

在动画场景的设计过程中，应注意以下设计要点。

1. 符合剧情发展的需要

动画的场景首先要符合地理环境、气候、季节和时间等因素真实性的需要。如季节因素，秋天的树叶呈深绿、暖绿或橙黄色，春天的树叶呈嫩绿或翠绿色；其次，动画的场景要符合动画角色的性格、爱好、行为、年龄、性别和职业等特征。

巴赞曾经说过："真实性当然不是题材的真实性，或表现的真实性，而是空间的真实性，否则活动的画面就不能够构成电影。"

2. 符合透视原理

正确的透视关系为在二维平面中表达三维空间提供了保证，并使想象中的空间更为可信。另外，在某些情况下，基于动画表现的需要，还可以对一些透视关系进行调整。

3. 设计风格统一

动画场景的设计要与动画角色设计风格相匹配，不同场景之间的风格特征也要统一。

4. 具有正确的比例尺度

动画场景中建筑、汽车和家具等的比例能够对动画角色主观镜头起参照作用。所以场景的空间尺度与比例关系要与动画角色相匹配，当尺度和比例关系控制恰当时，被表现的空间主体突出，呈现出视觉上的完整性。

5. 具有恰当的画面构图形式

清代沈宗骞曾就画面构图作过精彩表述——凡作一图，若不先立主见，漫为填补，东添西凑，使一局物色，各不相顾，最是大病。先要将疏密虚实，大意早定，洒然落墨，彼此相生而相应，浓淡相间而相成，拆开则逐物有致，合拢则通体联络，自顶及踵，其烟岚云树，村落平远，曲折可通，总有一气贯注之势。密，不嫌迫塞；疏，

场景时空的统一

不嫌空松，增之不得，减之不能，如天成，如铸就，方合古人布局之法。可见构图首先要立意，然后正确选择视点、视角，正确把握动态平衡关系、动态构图关系，做到主次分明、动静结合、疏密相关、层次清晰。

6. 具有可信的光影属性

光源的类型、高度，与景物的距离、照射角度及所投射的影子，都应当符合戏剧空间的真实感。

7. 符合特定历史和时代背景

动画场景中的建筑、交通工具、家具、器物等要符合特定的历史和时代背景。

8. 正确处理场景的色彩基调

色彩基调包括时间色彩基调、气氛色彩基调、事件色彩基调和地点色彩基调。

景物的材质肌理表现要真实而准确，但同时要注意不能一味追求景物自身的固有色彩和纹理，而忽略画面整体效果及表现的主次关系。

9. 保证场景时空统一

在动画场景的设计过程中，要保证场景之间的器物摆放位置、空间结构、色彩基调、装饰、时间和光影等造型因素的一致性。

另外，在动画场景设计过程中还要注意研究目标观众特别是儿童的视觉生理特性和认知心理特性。

在剧本的文字表述中，为了能够清晰地表达动漫作品的故事主题，我们主要是通过对人物的外貌言行与事件发生始末的描述来表现的，为了达到“如闻其声、如见其人、如临其境”的效果，不只要交代故事情节的发展过程，还要将人物、事件、环境（即故事的时间、地点等）都写具体，才能充分有力地表现主题。因而，在将文字形式转换为画面形式时，我们也要重视作为场景环境的背景与道具的设计。

三、场景空间构成

1. 单一空间

最简单的结构空间可以是两面墙、三面墙甚至四面墙。可利用的角度很少，但可以造成一种压抑、封闭的空间感，但如果面积很大，也可以产生空旷、宏伟的感觉，如大殿、厂房。

2. 纵向多层次空间

纵深方向多层次的场景主要为适应推拉移动镜头的需要而设计。

3. 横向排列空间

横向排列空间是若干并列空间相连接、排列而形成的直线形或曲线形的组合。镜头沿着线形轨迹移动，形成摇移运动效果。

4. 垂直组合空间

垂直组合空间是多层的、上下若干空间相连的空间组合。

5. 综合式组合空间

综合式组合空间是一种最复杂的组合形式，兼有纵深、横向以及连接上下的综合式组合。它可以最大程度的实现丰富的场面调度，完成角色动作。

单一空间

纵向多层次空间

5.1.3 场景中空间的表现

在进行正式创作设计之前，设计者对空间造型要素的了解也是非常重要的，主要有自然要素（山川、河流、花草树木、广阔天地、风雨雷电和日出日落等）、人造要素（包括典型建筑（桥梁道路、机关学校等）、幻想空间（天宫龙宫、未来世界、时间隧道等）和气氛要素（季节、时间、气候等）、在生活道具中的要素（床、柜、机器、广告、商标和生活用品等）；在社会文化中的要素（人物服装、民风民俗以及先进与落后、战争与和平等）。

一、空间的概念

空间是由形与形之间所包围的空气形成空间的“形”。如果与实体的形态比较，很难明确地界定这种“形”的形态。空间是相对于实体形态的虚形，尽管它是摸不到、抓不到的，但作为一个形，它在视觉上是可以肯定的。在动画影片中三维空间最终都必须表现在二维平面上，这是所有的立体空间与平面绘画表现所具有的先天矛盾。

二、空间形态的心理感受

空间的形态又可以称为空间形状。不同的空间形状会使人产生不同的心理反应。

高而宽的空间有稳定、敞阔、博大的感觉，如大殿；高而直的空间有向上延伸、升腾、神圣的感觉，如教堂、塔；圆形的空间会令人产生圆滑、柔顺之感；也有向内收缩的凝聚力，如洞穴；三角形空间有倾斜、压迫的感觉。四方形空间给人以凝重、安定、坚固的感觉。

三、塑造场景空间的方法

空间大致可分为两类，即物理空间和心理空间。物理空间是实体所限定的空间，包括前面所提到的物质空间和社会空间。心理空间是实际不存在但能感受到的空间，其本质是实体向周围的扩张，这是人类知觉的实际效果。也就是我们常说的空间张力，空间张力就是空间的本质。

举一个例子可以说明空间感的存在：在一个阅览室内，第一个进入阅览室的人，他将找到一个最佳的位子坐下，而第二个进入的人一定选择距第一个人较远的地方坐下，直到最后进阅览室的人在没有恰当的位子可选择时，才会挨着别人坐下。究其原因，是因为每个人都有私人空间场的存在。

所以塑造适宜的空间感，就必须利用人类自身的空间场性来创造空间感，下面介绍具体的方法：

1. 利用引力感

当两个以上的形体同时存在时，其相互间会产生关联并产生作用力。准确的利用引力感可以产生不同的空间效果。

一个人在一个房间内，当这个人的身高与这个人到房顶的距离比是 6:4，即黄金分割比时，引力感适宜，使人感到亲切、和谐。当比例大于了黄金分割点，就是一个高个子的人进入了这个房间内，引力感加强，使人感到压抑、堵塞、拥挤。当比例小于黄金分割点，就是一个小个子进入了房间，引力感减弱，使人感到虚幻、松散、零乱。

2. 强化景深

景深就是指场景前后的距离，加强场景的深度感，可以有效扩大场景的空间感。

- 直线透视：同一或同样大小的物体在不同距离上投影在视网膜上的影像大小不同，距离远的小，距离近的大。
- 利用遮挡（前景的应用）：物体的相互遮挡是单眼或双眼判断物体前后关系的重要条件，如果一个物体部分地被另一个物体遮盖了，那么，前面的物体被知觉认定为近些。当镜头在运动时或对象在运动时，遮挡的改变使我们更容易判断物体的前后关系。
- 利用光影：阴影不但是塑造距离和深度感觉的手段，也是构成立体感的重要手段。场景中的明暗、光亮或阴影的分布是产生空间感的一个重要因素。例如，塑造一个山洞隧道的空间，如果洞口处理得明亮，里面处理得黑暗，就会让人产生一种封闭、拥堵、恐怖而压抑的感觉，令人驻足不敢轻易进入。相反，如果是洞口暗，洞里亮，隧道空间就会显得很通透，有深远的感觉，而且有一种引导感，让视线有进入的欲望。这时由于近大远小的透视关系的存在，所以明亮的区域越小，就会显得越远，隧道越长，空间越大。

3. 利用角色调度

为避免场景封闭造成的拥堵感，所以应有意识地增加主场景中的多方向的、通透空间效果，使主场景空间产生向四面八方的扩张感，让观众产生主场景空间之外还有空间的暗示，从而强化场景层次感和运动感。

4. 多层次综合设置

增加场景垂直结构的层次，产生结构上的落差感，丰富场景的变化。

5. 利用空间的融合

将完全不相关的空间结合在一起，彼此融合，相互交织，就会产生新的空间融合效果。

6. 利用镜头组接

利用镜头组接的方法塑造立体空间效果，实际上是一种导演手法。这是一种充分利用影视视听语言的特性来塑造空间的方法。在宫崎骏的影片中，经常会看到这种方法的应用，我们可以称它为宫崎骏的“三镜头式”。所谓“三镜头”就是利用连续组接的 3 个镜头画面，表现出同一场面空间的三维立体的空间感。要注意，这里我们说的是“场面”而不是“场景”，因为这种方法比较适合展现由许多单元场景组合在一起的，不是一目了然的，更复杂、更多变的大范围空间，如城市、战场等。

类似的运用在宫崎骏的其他影片中十分常见，成为了宫崎骏的标志性镜头语言，这是利用二维手段表现三维空间和运动的成功典范。

四、水平垂直方向的构图方法

动画场景设计效果图的构图要考虑的是动画场景自身的构图平衡。也就是首先要确定一个视觉中心、重点，然后要达到视觉的平衡，这样使整个画面的内容既不太大也不太小，不偏左不偏右，不居高不靠下。构图的方法很多，最基本的规律有以下几种：

1. 分割构图

将画面进行不同比例的水平或垂直的分割，这是影视画面构图最常用的方法之一。

不同的分割比例所产生的艺术效果是完全不同的。例如，用黄金分割的方法分割天与地，观众的视觉中心正好在地平线上，所以在地平线上的人就成为了主体，所以画面强调的是人。但换成低视点构图，地少天多，强调的是天的高远；换成高视点构图，地多天少，强调的是地的博大，总之都是在赞美自然的伟大，人在其中变得很渺小。

分割构图

对角线构图

2. 轴线构图

以画面中心的轴线形成等分的构图形式，使画面达到均衡和对称的美感。与这一中轴平行的是一系列垂直面，这些垂直面重复会有力的形成一种节奏感，从而将目光引导向上方。

3. 对角线构图

对角线是结构景物空间的最基本的构图方法之一。对角线可以有效地引导目光，从画面的四周向视觉中心聚拢。这就可以让观者很容易产生一种径直通过场景空间的感觉。对角线也可以用假想的线条，借助植物丛或建筑体加以强化。

4. 三角构图

三角形的构图是以一个中心轴为基础的稳定的三角形结构。它拥有两条边向一个角汇聚的运动，所以方向性更强。因三角形的方向不同，所以视线会被引导向上或向下。三角形构图象征着稳定和崇高。

5. 环形构图

与三角形构图一样，环形构图也显示出一种稳定感。环形构图是一种封闭形的构图形式，可以有方形、圆形等几种，都会将视线引导向封闭形的中心。

轴线构图

三角构图

环行构图

室外背景设计实例解析

5.2.1 背景设计常用工具

设计背景最常用的工具软件有 Flash、Photoshop 和 Painter。

Flash 是一款非常优秀的交互式矢量动画制作软件，为用户提供了非常丰富的用于图形绘制和编辑的各种工具，使用这些工具可以绘制出各种风格的矢量图形。

由于使用的是矢量图，具有文件小、传输速度快的特点。但矢量图形过渡色比较生硬单一，较难表现出色彩丰富、自然的图像效果。因此，有时候动画设计人员会使用Photoshop或Painter来绘制色彩更为丰富的位图作为动画背景。和矢量图相比，位图的特点是可以表现出更丰富的层次及色阶，但是文件体积比较大。

Photoshop是Adobe公司出品的一款功能十分强大、适用范围广泛的优秀图像处理软件，一直占据着图像处理软件的领袖地位，在某种程度上可以说是图像工具的标准。很多Photoshop用户只熟悉它的图像处理功能，其实Photoshop的绘画功能同样强大无比，很多世界级的电脑绘画大师都喜欢用Photoshop作为创作工具。

由Corel公司出品的软件Painter是目前世界上最为完善的电脑美术绘图软件，它以其特有的仿天然绘画技术为代表，在电脑上首次将传统的绘画方法和电脑设计完整地结合起来，形成了其独特的绘画和造型效果。Painter软件最为重要的特点就是它能够模拟各种画笔效果，因而在绘图时最好能够结合数位板一起使用，从而轻松地模拟出各种真实的艺术笔触。

鉴于矢量图形和位图图像各自的优劣，在制作Flash动画片时，可以综合利用这3种软件绘制图形，以增强影片的美感和表现力，达到更为完美的动画效果。

5.2.2 现代建筑绘制实例

下面讲用两点透视法来绘制现代建筑，完成后效果如图5-1所示。

STEP1 绘制建筑物。新建一个Flash文档，并保存文件。将图层1命名为“建筑”，运用两点透视法在舞台上绘制街道，如图5-2所示。

STEP2 在建筑物的3个棱角处，分别画出4个立方体，如图5-3所示。

STEP3 采用同样的方法在远处画上建筑楼群，如5-4所示。

◇图5-1

◇图5-2

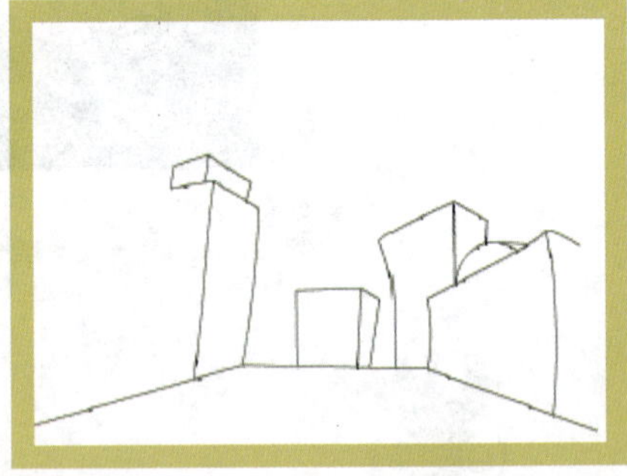

◇图5-3

◇图5-4

STEP4 使用钢笔工具，在建筑物的周围画上大树，如图 5-5 所示。

STEP5 使用直线工具在建筑物上画出窗户和门，如图 5-6 所示。

STEP6 刻画细节。进一步完善细节部分，如图 5-7 所示。

STEP7 上基本色及代表灯光的窗户和房子的基本色，如图 5-8 所示。

STEP8 绘制夜空。绘制一个正圆，作为月亮，填充为黄色到蓝色的放射性渐变，再将房子的亮面画出来，填充浅蓝色，如图 5-9 所示。

◇图5-5

◇图5-6

◇图5-7

STEP9 调整画面细节部分，最后在建筑物和街道上加上高光，显示所有图层，最终效果如图 5-10 所示。

◇图5-8

◇图5-9

◇图5-10

5.2.3 古代建筑绘制实例

下面介绍一下古代建筑绘制实例。

STEP1 画正面的房子。新建一个 Flash 文档，并保存文件，然后画出房子的大概形状，如图 5-11 所示。

STEP2 再接着把旁边的小房子用钢笔工具画出来，如图 5-12 所示。

◇图5-11

◇图5-12

STEP3 为了看清前后图的的轮廓，先把画好的图都填充为白色，如图 5-13 所示。

STEP4 根据剪纸的镂空效果，使用有方有圆的图形勾勒出来镂空的装饰效果的形状，如图 5-14 所示。

◇图5-13

◇图5-14

STEP5 画树。新建层并命名为“大树”，在舞台上画出大树的大体轮廓，如图 5-15 所示。

STEP6 刻画细节。进一步完善细节部分，如图 5-16 所示。

◇图5-15

◇图5-16

STEP7 上色。房子和所有实物以红色为主，并且添加很有名族气息的红灯笼，如图 5-17 所示。

STEP8 将背景颜色填充为淡淡的黄色，最终效果如图 5-18 所示。

◇图5-17

◇图5-18

室内背景设计实例解析

两点透视画法常用于室内布局的绘制，下面就采用两点透视画法，绘制客厅，如图 5-19 所示。

STEP1 绘制客厅的窗户截面和两面墙壁。新建一个 Flash 文档，并保存文件，使用直线工具在舞台上画出左右两个梯形，作为客厅的两面墙壁和中间的柱子，并画出窗户的截面，如图 5-20 所示。

◇图5-19

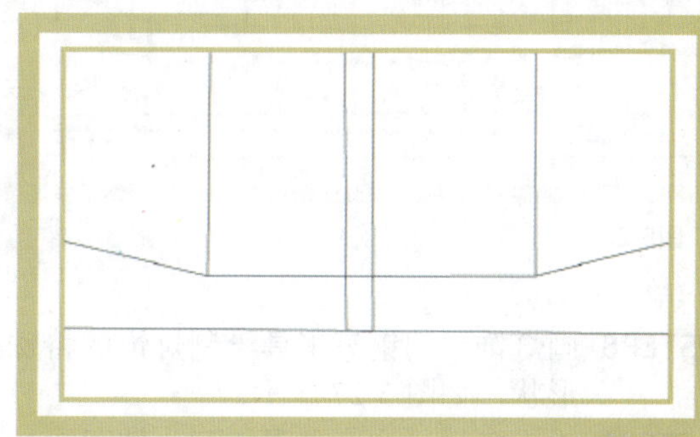

◇图5-20

STEP2 画出窗户的结构，注意透视关系，如图 5-21 所示。

STEP3 画出窗户的竖状结构，注意透视关系，如图 5-22 所示。

STEP4 画出地面地板，注意透视关系，如图 5-23 所示。

STEP5 画窗帘和地毯。新建层并命名为“窗帘”，使用钢笔工具绘制窗帘。画窗帘时要注意窗帘的质感形状，如图 5-24 所示。

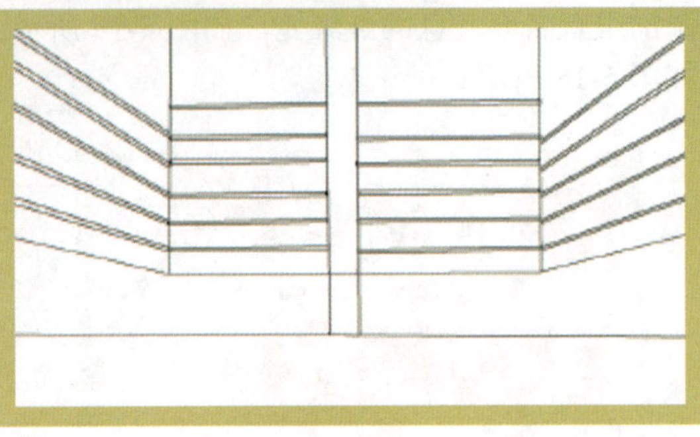
◇图5-21

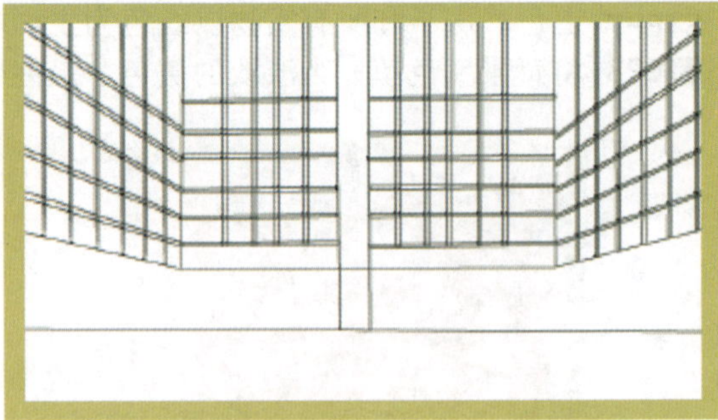
◇图5-22

◇图5-23

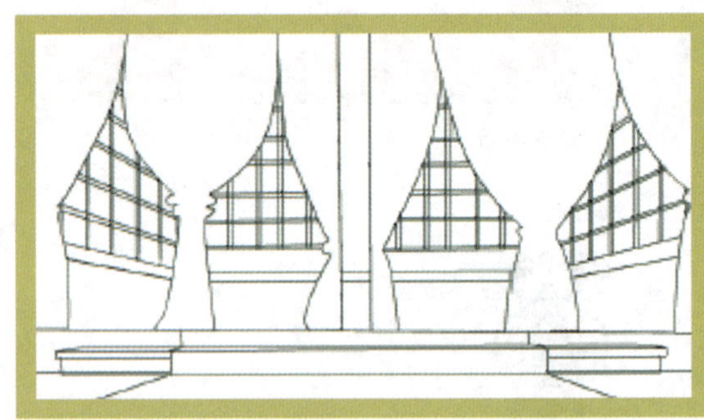
◇图5-24

STEP6 画桌椅。用直线工具画椅子，用钢笔工具画桌子，注意绘制在不再同层上，如图 5-25 所示。

STEP7 丰富桌椅，并绘制茶具。注意绘制在不同层上，如图 5-26 所示。

◇图5-25

◇图5-26

STEP8 画灯饰。用钢笔工具绘制灯饰的特殊形状，如图 5-27 所示。

STEP9 上大色块，注意色彩搭配，如图 5-28 所示。

STEP10 丰富细节颜色，并调整颜色使画面色调和谐，最终效果如图 5-29 所示。

◇图5-27

◇图5-28

◇图5-29

循环背景设计实例解析

在动画中，如果需要表现一个物体的循环运动，则可以采用循环背景动画来实现。这样既能够节省工作量，也可以达到一定的动画效果。

循环背景的最大特点就是要求背景图案在循环开始与结束时的画面是相同的。如图 5-30 所示，这张图片两边对齐是无缝的，能够连接上的，为左右镜像后拼合。

◇图5-30

背景循环一般需要两张原画，用两组动画相连接才能组成。

在 Flash 中使用“补间动画”创建循环背景时更加简单，只需要两个关键帧，第一个关键帧为开始，最后一个为结束，然后再添加补间即可。

STEP1 绘制循环背景。新建一个 Flash 文档，并保存文件。设置宽和高分别为 600 和 230 像素，其他设置保持默认。

STEP2 创建两个图层，分别将制作完成的背景放置在图层中。图层 1 背景图片放置在舞台中央与舞台全部对齐，如图 5-31 所示。

◇图5-31

STEP3 在图层 2 中，将背景图片放置在舞台外边，并与舞台的左边和图层 1 左边对齐，注意：两张图片一定要无缝对齐，如图 5-32 所示。

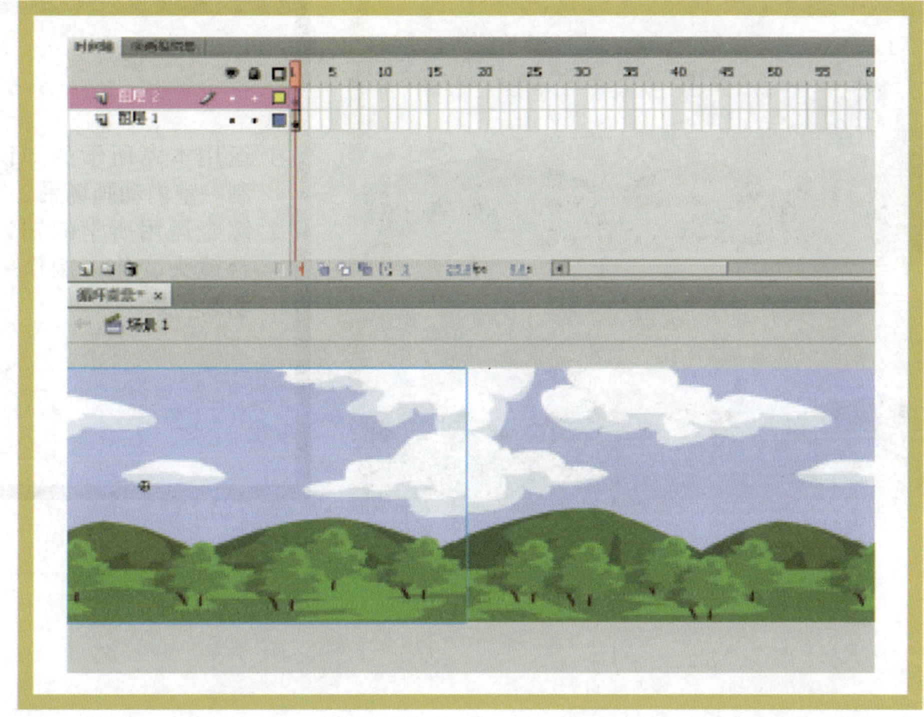

◇图5-32

STEP4 在图层 1 的第 160 帧创建关键帧，将背景图片挪至舞台中间，再添加传统补间。在图层 2 的第 160 帧创建关键帧，将背景图挪出舞台并与舞台左边和图层 1 左边对齐，再添加传统补间，如图 5-33 所示。

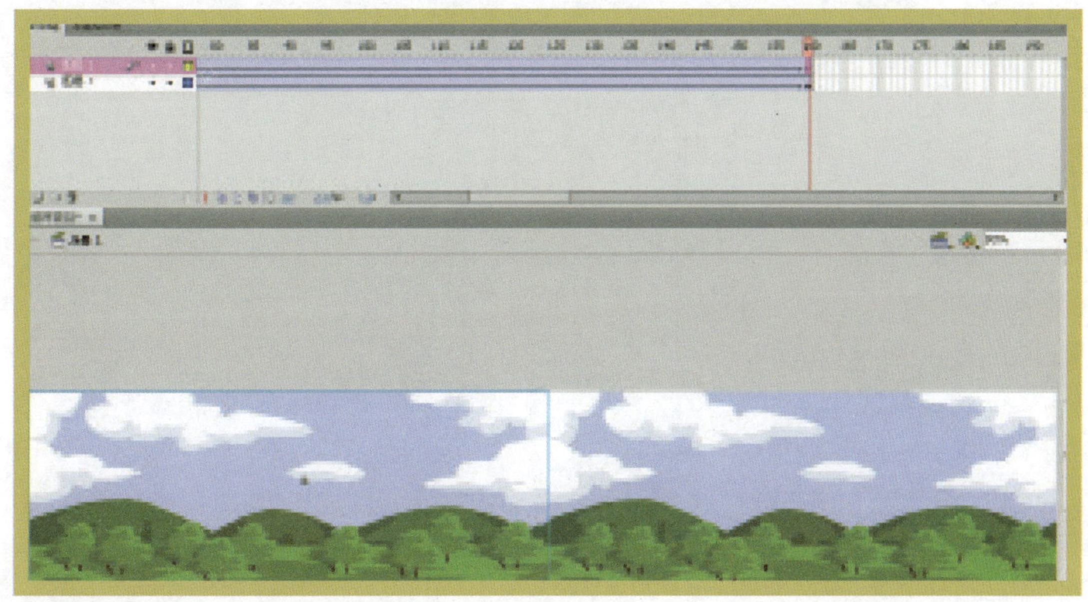

◇图5-33

STEP5 至此，循环背景的动画即制作完成，保存文件，按 Ctrl+Enter 组合键测试影片，效果如图 5-34 所示。

◇图5-34

第 5 章 思考与练习

1. 运用本章所学的知识，绘制一室内动画场景。
2. 综合运用所学的知识，结合镜头变化，制作一室外动画场景。

第 6 章

Flash 动画的创建

CARTOON

本章内容

原画与动画

6.1.1 原画和动画的概念

设计稿中的角色部分要求根据原画构图上所示的人物姿势、表情、位置等进行动作设计。需要强调的是影像画面设计稿内的两部分内容（背景与活动主体）要分开制作，背景铅笔稿要交给绘景艺术家画成彩色稿；而活动角色部分则由原画师设计动作。原画就是一个完整动作过程的若干关键瞬间，要将动画角色的性格特点表现出来，但原画不需要把每一张过程动画都画出来，只需画出能够描述动作过程特征的关键瞬间即可，其余的工作交给动画师去画。原画首先把设计稿中的关键动作分离出来，包括动作的起止和动作的转折，主体动作与追随动作的先后关系。

原画在动画绘制中，是指运动形体关键动态的画。原画设计在动画制作中非常重要，是因为动画片中的所有角色及其一举一动，都是由原画设计人员画出来的，原画师才是动画片中的真正演员。但作为动画演员的原画师，又有别于真人影片中的演员，虽然在外形上对原画师本人无须要求，也不要像一般演员那样善于通过自己的形体进行表演，但原画师是运用思想和双手通过画笔表演的，这就需要他们对角色有更深入的体验和感受，因此懂得表演是必不可少的。有时原画师为了设计好一个动作，往往还按照剧情要求，对着镜子通过亲自表演，观察和体验动作的形体变化。由于原画师的工作特点，养成计算时间的习惯很为重要。因为动画中的动作快慢，取决于表现这一动作的画面幅数和媒体播放的速度。例如，电影是以每秒 24 格展现在银幕上的，原画师在表现一个动作之前，必须计算出在这一秒钟内所包含的 24 幅画面中，有几幅关键动态的画面以及如何处理，只有计算精确，才能取得理想的效果。在原画草稿完成之后，可以将所画的一组画稿叠在一起，通过用手快速翻动，反复检查是否达到预期的效果。

在一部动画影片中，片中的某个角色，往往不是由一个原画师“表演”的，它可能是由许多原画设计者在不同的时间、地点完成的，但观众在欣赏动画片时，从头到尾都看不出银幕中的这个角色在服装、外形、表情动作和个性等方面产生破绽。这就要求原画设计者必须娴熟地掌握动画技能、表演分析技能和运动节奏技能，否则是很难做到的。

因此，在动画行业中，有一名具有丰富想象力、长期创作经验和熟练的动画式表演分析能力的好原画师，是很可贵的。

动画又称中间画，是原画的助手和合作者。动画绘制者的职责和任务，是在表现关键动态的原画之间，按照原画所规定的动作、幅数以及运动规律，逐张画出动作的变化过程。作为一个动画绘制工作人员，若不能在动画制作中，分毫不差地画出设定的人物造型，就不是一个合格的动画工作者。较强的临摹能力、特别是根据造型进行动态分析的临摹能力，对一个动画工作者来说，是从事该行业工作的基础。只有熟练地掌握了这一技能，才可能使所画的动画生动而具有神韵。

在原画草稿完成之后，要由有丰富动画经验的人员，对原画师画稿中的动作以及画幅与摄影表的排序，进行仔细检查和核对，以检验整个动作是否符合和充分表达了镜头的要求，其中动作的速度、节奏是否达到预想的效果。如有不足，就需将原画稿及摄影表，送交有扎实美术和动画基础、能够准确地分析透视与结构、抓型能力强的修形人员加以修正，为下一步动画绘制定稿。在动画片制作过程中，动检与修形还是整体把握和统一所有角色造型、比例、透视以及保证画稿张张准确无误的十分复杂而重要的工作环节，它不仅要求工作人员有较高的技术水平，还要有细致的工作态度和很强的责任心。

在传统的动画片中，所有运动中的人与物，大多是由单线绘制的。对于这种把形简化到最精炼状态的线条，若不能熟练掌握其特性和绘描技法，就不能从动画审美的角度理解与分析所画的形体结构和动态，即使只是复制一张原画，也会品质大大下降，更谈不上临摹与动态分析临摹了。动画的线条要求准、挺、均、活。“准”是要求线条准确；“挺”是要求线条必须有力、一气贯通不抖动；“均”是要求在画线条时要用力均匀，粗细一致；“活”是要求线条流畅、生动，表现出所画形象的神韵与美感。

6.1.2 动画长度

在漫画中，是用纸面来表达各个分割后的画面剧情的，而在动画中，则是在镜头中通过各个画面的连续运动来达到表演的效果。漫画是由多个的画页组成，读者可以自行安排阅读的速率，而动画则是由多个时间长度相等的组合画面来表达剧情的。因此，动画制作者必须精确地计算出每一个场景的时间长度，以此来将剧情传达给观众。

将一个场景分割为几个分镜头作为参考，这几个分镜头的组合就构成了一个场景。可以将一个场景分为数目不等的多个分镜头。在一个分镜头中，可以将一个动作或者变化根据细微的差别来分成多个画面。

用于动画摄影的胶片大约每秒钟分为 24 帧（磁性胶片每秒钟大约有 30 帧）。在实际影像中，其实每帧画面都有一些细微的不同，但由于动画片是一种消耗大量时间，而且每一帧都用手绘的方法完成的工作，所以在制作电视动画片时，将每一个画面都占用 3 帧也是很普遍的事情。这样做的结果是既大大地节省了工作时间，又能够使动作连贯地表现出一种相当独特的麻利感。而这种独特的麻利感，也可以说是日本动画片的特征之一。

6.1.3 一拍一、一拍二与动作幅度

“一拍一”和“一拍二”是针对每秒 24 格的速度播放来说的。“一拍一”是指每一格拍摄一张画面，一秒钟播放 24 帧；“一拍二”是指一次拍双格，即一帧画面拍摄两次，电脑动画中直接用程序命令把画面乘以二，12 帧变成 24 帧。现在电视动画大多用“一拍二”的方式进行制作。银幕上的动作无论在什么情绪或节奏下，不管它是一个疯狂的追逐场景，还是一个浪漫

的爱情场景，都必须根据每秒 24 格来计算。那么如何把握 1/24 秒的银幕上的感觉，则是我们需要学习和掌握的一个重要技巧。

什么时候用“一拍一”，什么时候用“一拍二”呢？一般原则是正常动作用“一拍二”，快速动作用“一拍一”，如跑的动作通常用“一拍一”，但大多数动作用“一拍二”效果更好。与“一拍一”相比，“一拍二”有事半功倍、成本低的优点。当然，根据需要可以自由选择用“一拍一”还是“一拍二”，也可以“一拍一”结合“一拍二”，只要效果好即可。现在国内大多数动画制作都选择“一拍二”的方式制作。

6.1.4 原画工作技巧

- 设计动作要做一做，或先做动作分析，明确角色性格、所处情景以及动作目的要求。
- 要做到对动作的三知（即始、中、终）、起止的距离远近大小和中间的位置形状，特别要注意中间状态。
- 设计动作一定要两头全，在入画出画前后的形象要画全。不可忽略画外的那部分，如半身走路不注意下半身步伐。
- 不可忽略分层后人物之间比例变化、位置关系及眼光交流，尤其前后动作有变化时，注意前后镜头关系、前后道具的一致性。
- 避免形象有多余的线条，尤其是琐碎的线和交叉的线。
- 要注意动作到位，特别是快速动作和强烈的动作。
- 要注意上下镜头关系，注意动接动。
- 出入画要注意“闪出”、“闪入”的毛病。
- 动作与对白要一致，不可只嘴动，要使“对话动作化”，这样以弥补口型毛病，而且生动自然。这种“态势言语”除手势动外，还有颈、眉、下巴、眨眼等动作。
- 俗话说“编筐织篓全在收口”，最后一个镜头一定要画好。
- 在动作过程中应该注意要有主次，不可因为次要动作影响主要的动作。在一系列动作中，最好完成一个动作后，再做另外一个动作（交搭动作除外）。
- 人物与人物行走的透视路线要协调一致，但又要防止成齐步走。
- 复杂的动作轨目都应标在实际路线上，否则会成为脱离路线的轨目。
- 画动作往往位置比形象重要，但不等于形可以不画准，有时一张动作画差一点，会立即被看出来。
- 画动作容易忽略停顿的时间长度。
- 施工时要按相同镜头、相同景别的镜头去画，这样有利于照顾形象、比例等构图，易于提高工作效率。要多懂些拍摄技巧或科教片的线画技巧。

6.1.5 原画创作 26 条口诀

1. 画前思考，用笔标明；	2. 蓝色铅笔，先画动态；
3. 侧面画形，正面画神；	4. 注意纵深，球形运动；
5. 观察整体，强调重心；	6. 肉要画松，骨要画紧；
7. 主动被动，一样认真；	8. 重点画头，手脚紧跟；
9. 对位色线，牢记心头；	10. 直线曲线，配合运用；
11. 前景后层，胸有成竹；	12. 动作节奏，成功保证；
13. 人物性格，必须画明；	14. 光影变化，情绪气氛；
15. 移动镜头，画时小心；	16. 草图画法，一气呵成；
17. 遇左先右，遇前先后；	18. 预备延伸，极限复位；
19. 弹性惯性，动作体现；	20. 填写速度，注意节奏；
21. 口形画法，对镜完成；	22. 主体运动，副体随动；
23. 速度表现，虚实标明；	24. 原画动画，别过分明；
25. 平时积累，心比镜明；	26. 二次曝光，原画常用。

Flash动画的创建

6.2.1 动作补间动画

一、动作补间动画的概念

在一个关键帧上放置一个元件，然后在另一个关键帧改变这个元件的大小、颜色、位置和透明度等，Flash 根据二者之间的帧创建的动画即被称为动作补间动画。

二、构成动作补间动画的元素

构成动作补间动画的元素是元件，包括影片剪辑、图形元件、按钮、文字、位图、组合等，但不能是形状，只有把形状“组合”或者转换成“元件”后才可以做“动作补间动画”。

三、动作补间动画在时间帧面板上的表现

动作补间动画建立后，时间帧面板的背景色变为淡紫色，在起始帧和结束帧之间有一个长长的箭头，如图 6-1 所示。

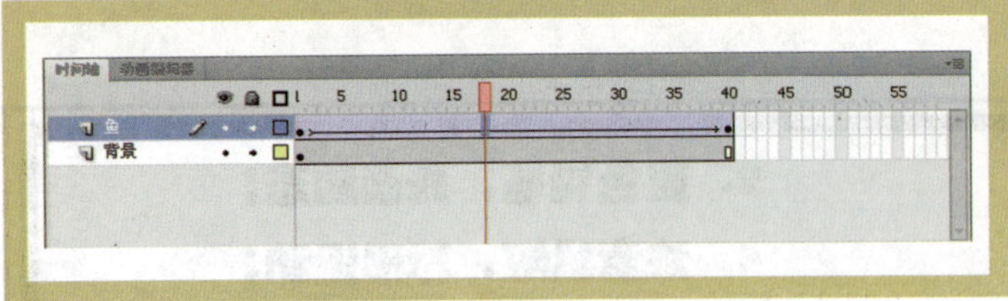

◇图6-1

四、形状补间动画和动作补间动画的区别

形状补间动画和动作补间动画都属于补间动画，前后都各有一个起始帧和结束帧，但二者之间也有区别，如图 6-2 所示。

对比对象	动作补间动画	形状补间动画
在时间轴上	淡黄色背景加黄箭头	淡绿色背景加长箭头
组成元素	影片剪辑、图形元件、按钮、文字位图等	使用分散的图形元件、按钮、文字等
完成的作用	元件的大小、位置、颜色、透明度等变化	两个形状间的变化或一个形状大小、位置、颜色等变化

◇图6-2

五、动作补间动画实例

下面根据本章学习的知识，来制作文字滚屏动画。

制作过程：先导入背景图片，然后制作“文字”图形元件，再在场景中新建一个图层制作片头文字。

具体操作步骤如下：

STEP1 新建一个 Flash 文档并将默认图层 1 命名为 Background，选择【文件】/【导入】/【导入到舞台】命令，将背景图形导入到场景中，如图 6-3 所示。

◇图6-3

◇图6-4

STEP2 新建图层 2～4，命名为 Wenben。新建图形元件“文字”，在其中输入如图 6-4 所示的文字，并将字体格式设置为“隶书”、“4”、“白色”。

STEP3 在 Background 图层和 Wenben 图层的第 40 帧处按下 F5 键插入帧，如图 6-5 左图所示。在 Wenben 图层的第 40 帧处单击鼠标右键并选择【创建传统补间】命令，按下 F6 键，如图 6-5 所示右图所示。分别调整第 1 帧和第 40 帧处文本的位置。

STEP4 按 Ctrl+Enter 组合键播放动画，即可看到制作好的动画。

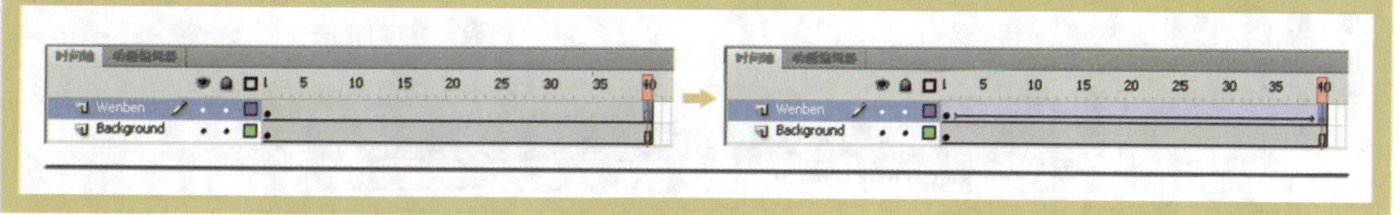

◇图6-5

6.2.2 形状补间动画

一、形状补间动画的概念

在一个关键帧中绘制一个形状，然后在另一个关键帧中更改该形状或绘制另一个形状，Flash 根据二者之间的形状来创建的动画即被称为“形状补间动画”。

二、构成形状补间动画的元素

形状补间动画可以实现两个图形之间颜色、形状、大小、位置的相互变化，其变形的灵活性介于逐帧动画和动作补间动画二者之间，使用的元素多为用鼠标或压感笔绘制出的形状，如果使用图形元件、按钮或文字，则必须先“打散”后才能创建变形动画。

三、形状补间动画实例

在了解了形状补间动画之后，下面就来完成一个形状补间动画实例。具体制作步骤如下：

STEP1 新建一个文件。

STEP2 利用刷子工具绘制如图 6-6 所示的两个人物的剪影并分别将它们转变为元件。

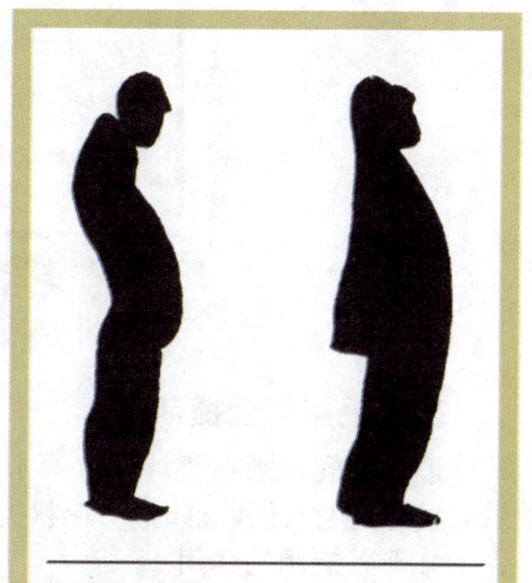

◇图6-6

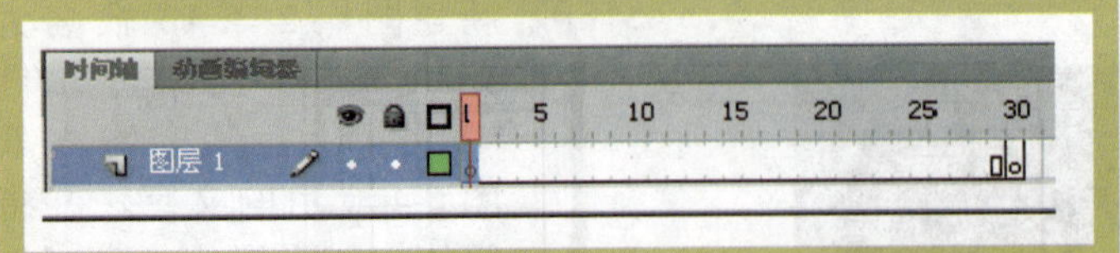

◇图6-7

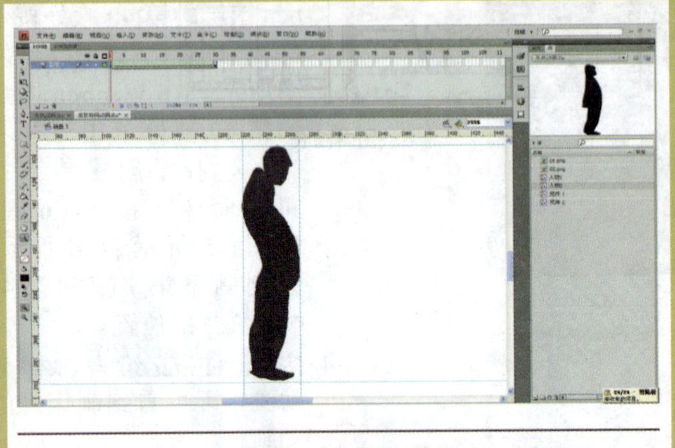
◇图6-8

STEP3 在图层 1 的第一帧和第 30 帧处插入空白关键帧，如图 6-7 所示。

STEP4 分别在第一帧和第 30 帧，将人物 1 和人物 2 元件拖入舞台并适当调整大小（借助标尺将这两个图形对其），如图 6-8 所示。

STEP5 用鼠标选中第一帧和第 30 帧的图形，按 Ctrl+B 组合键将其分离。在第一帧处右击并选择【创建补间形状】命令，这样第一帧到第 40 帧之间就会变成绿色，并且会出现一个箭头，如图 6-8 所示。

STEP6 该形状补间动画制作完毕，按 Ctrl+Enter 组合键播放动画，即可看到制作好的动画，效果如图 6-9 所示。

◇图6-9

四、使用形状提示

形状补间动画在“计算”两个关键帧中图形的差异时，尤其前后图形差异较大时，变形结果会显得乱七八糟，这时，“形状提示”功能会大大改善这一情况。

1. 形状提示的作用

在“起始形状”和“结束形状”中添加相对应的“参考点”，使 Flash 在计算变形过渡时按照一定的规则进行，从而较有效地控制变形过程。

2. 添加形状提示的方法

先在形状补间动画的开始帧上单击一下，再执行【修改】/【形状】/【添加形状提示】命令，该帧的形状上就会增加一个带字母的红色圆圈，相应地，在结束帧形状中也会出现一个“提示圆圈”，用鼠标单击并分别按住这两个“提示圆圈”，放置在适当位置，安放成功后开始帧上的“提示圆圈”变为黄色，结束帧上的“提示圆圈”变为绿色，安放不成功或不在一条曲线上时，“提示圆圈”颜色不变，如图 6-10 和图 6-11 所示。

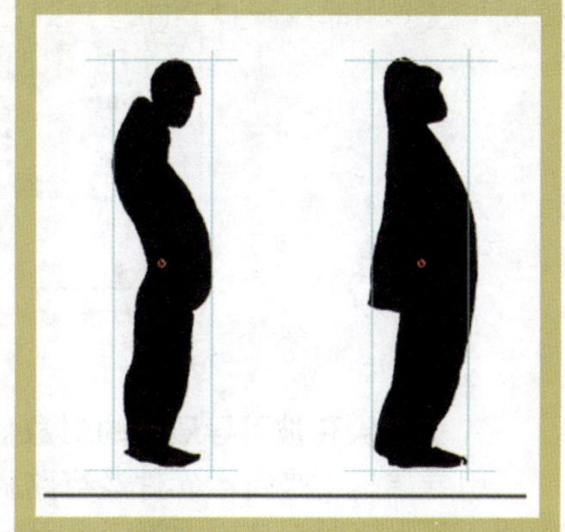

◇图6-10

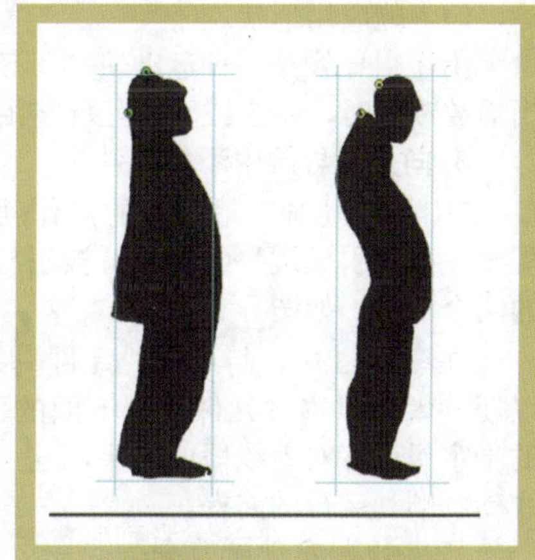

◇图6-11

3. 添加形状提示的技巧

“形状提示”可以连续添加，最多能添加 26 个。

将形状提示从形状的左上角开始按逆时针顺序摆放，将使变形提示工作得更有效。

形状提示要在形状的边缘才能起作用，在调整形状提示位置前，要按下工具箱【选项】下面的按钮，这样会自动把“形状提示”吸附到边缘上，如果发觉“形状提示”仍然无效，则可以用“缩放工具”单击形状，将其放大到足够大，以确保“形状提示”位于图形边缘上。

另外，要删除所有的形状提示，可执行【修改】/【形状】/【删除所有提示】命令。要删除单个形状提示，可用鼠标右击该提示，在弹出的菜单中选择【删除提示】命令即可。

添加补间形状后，不一定就能达到需要的效果，如果想达到比较满意的效果，还需注意以下 3 个事项。

（1）在复杂的形状补间动画中，需要创建中间形状，然后再创建补间动画，而不要只定义起始和结束的形状。

（2）添加形状提示时，要保证其变化过程是符合逻辑的。如在一个五角形中使用 5 个形状提示，则在原始五角形和要补间的五角形中，它们的顺序必须是一致的，如它们的顺序不能在第一个关键帧中是 abcde，而在第二个关键帧中是 acebd。

（3）按逆时针顺序从形状的左上角开始放置形状提示效果最好。

6.2.3 引导线动画

前面已经介绍了一些动画效果，但是这些动画的运动轨迹都是直线的，在生活中，有很多运动是弧线或不规则的，如月亮围绕地球旋转、鱼儿在大海里遨游等，在 Flash 中能不能做出这种效果呢？

答案是肯定的，这就是“引导线动画”。

将一个或多个层链接到一个运动引导层，使一个或多个对象沿同一条路径运动的动画形式即被称为“引导线动画”，这种动画可以使一个或多个元件完成曲线或不规则运动。

一、创建引导路径动画的方法

1. 创建引导层和被引导层

一个最基本的“引导线动画”由两个图层组成，上面一层是“引导层”，下面一层是“被引导层”，图标同普通图层一样。

在普通图层上单击时间轴面板中的“添加运动引导层”按钮，该层的上面就会添加一个引导层，同时该普通层缩进成为“被引导层”，如图 6-12 所示。

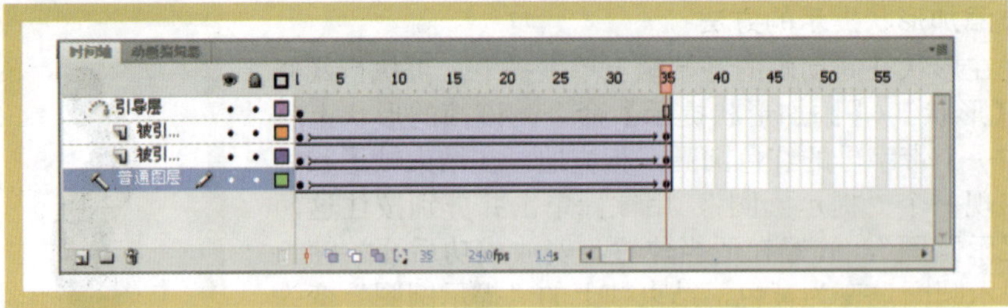

◇图6-12

2. 引导层和被引导层中的对象

引导层是用来指示元件运行路径的，所以“引导层”中的内容可以是用钢笔、铅笔、线条、椭圆工具、矩形工具或画笔工具等绘制出的线段。

而“被引导层”中的对象是跟着引导线走的，可以使用影片剪辑、图形元件、按钮和文字等，但不能应用形状。

由于引导线是一种运动轨迹，不难想象，“被引导层”中最常用的动画形式是动作补间动画，当播放动画时，一个或数个元件将沿着运动路径移动。

3. 向被引导层中添加元件

“引导线动画”最基本的操作就是使一个运动动画“附着”在“引导线”上。所以操作时需要注意“引导线”的两端，被引导的对象起始、终点的两个“中心点”一定要对准“引导线”的两个端头，如图 6-13 所示。

在图 6-13 中，特地把“元件”的透明度设为了 50%，以使读者可以透过元件看到下面的引导线，“元件”中心的十字星正好对着线段的端头，这一点非常重要，是引导线动画顺利运行的前提。

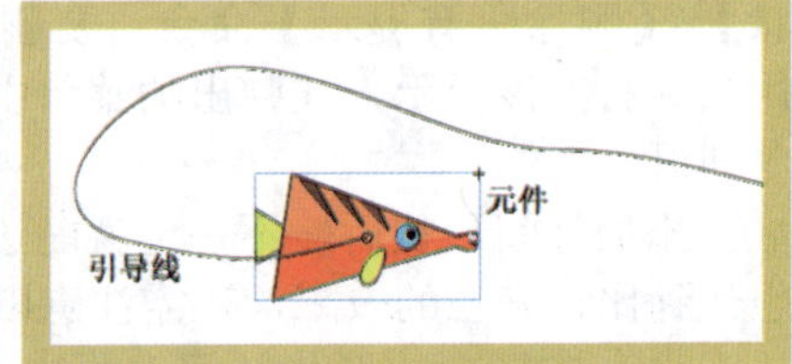

◇图6-13

二、引导线动画实例

下面就来完成一个引导线动画实例。

制作步骤：

（1）绘制一只蝴蝶

（2）将蝴蝶转化为影片剪辑

（3）在蝴蝶的影片剪辑中制作蝴蝶扇动翅膀的动画

（4）绘制背景

（5）在场景中插入关键帧创建补间动画

（6）添加运动引导层

（7）调整蝴蝶的位置

（8）测试动画

具体的制作过程如下：

◇图6-14

STEP1 新建文件。

STEP2 用刷子工具绘制蝴蝶与简单场景，最终效果如图 6-14 所示。绘制步骤如下：

在场景 1 中，把图层 1 重命名为 Butterfly，然后在 Butterfly 层上绘制蝴蝶翅膀上面的图形，画完后选取蝴蝶图形形状，按 F8 键将其转换为影片剪辑元件，并命名为 Butterfly，打开库面板，双击 Butterfly 旁边的小图标，进入影片剪辑编辑模式，如图 6-15 所示。

◇图6-15

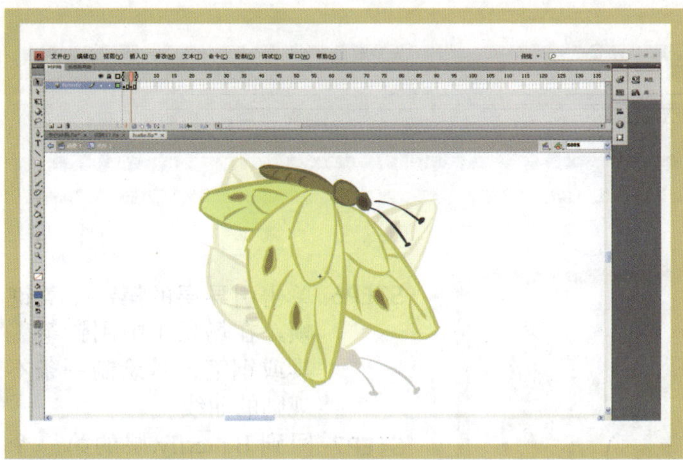

◇图6-16

按 F7 键插入空白关键帧（如果是插入关键帧的话，会复制前一帧的内容，而现在要绘制一张新的图形，那么当插入新的关键帧后，还要删除新的关键帧中的图形，然后才能绘制新的图形），按下“绘图纸外观”按钮，再绘制蝴蝶翅膀在下面的图形，如图 6-16 所示。

单击编辑栏中的场景 1 或单击“后退”按钮回到场景 1 编辑模式，在场景 1 中新建一个图层并命名为 Plant，然后绘制树木，如图 6-17 所示。

STEP3 进行舞台布局，使用选择工具选取背景树木，并将其拖到舞台左边，然后选取蝴蝶，将其拖到舞台右边，如图 6-18 所示。

◇图6-17

◇图6-18

◇图6-19

STEP4 按住 Shift 键单击 Butterfly 层和 Plant 层的第 60 帧处，按 F5 键插入帧，再回到 Butterfly 层单击第 40 帧处，按 F6 键插入关键帧，然后在 Butterfly 层的第一个关键帧和第二个关键帧区间创建补间动画，如图 6-19 所示。

STEP5 确定现在还在 Butterfly 层上，然后单击图层下面的“添加引导层”按钮，创建引导层，如图 6-20 所示。

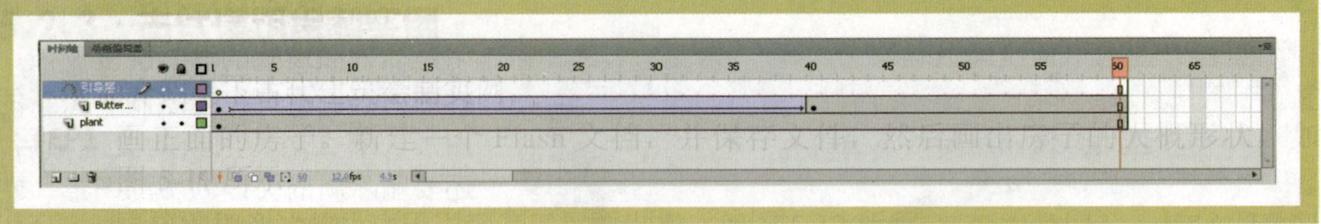

◇图6-20

◇图6-21

◇图6-22

STEP6 单击引导层的第一个关键帧，在场景 1 中用铅笔工具或钢笔工具绘制一条不规则的曲线。

STEP7 回到 Butterfly 层的第一个关键帧，单击 Butterfly 影片剪辑实例，调整变形点与引导线起点对准，单击第二个关键帧，选取 Butterfly 影片剪辑实例，移动到引导线终点处，并调整变形点与引导线终点对准，至少要保证变形点在引导线上（如果不是，最后这个按路径运动的动画就会失败，因为按路径运动的动画是要求实例的变形点必须与引导线位置保持一致），如图 6-21 所示。

STEP8 按 Ctrl+Enter 组合键测试动画，如图 6-22 所示。

三、应用引导线动画的技巧

- “被引导层”中的对象在被引导运动时，还可作更细致的设置，如运动方向，在“属性”面板上，选中“路径调整”复选框，对象的基线就会调整到运动路径，选中“对齐”复选框，元件的注册点就会与运动路径对齐。
- “引导层”中的内容在播放时是看不见的，利用这一特点，可以单独定义一个不含“被引导层”的引导层，该引导层中可以放置一些文字说明和元件位置参考等。
- 在做引导线动画时，按下工具箱中的“对齐对象”按钮，可以使“对象附着于引导线”的操作更容易成功，拖动对象时，对象的中心会自动吸附到路径端点上。
- 过于陡峭的引导线可能使引导动画失败，而平滑圆润的线段有利于引导线动画成功制作。
- 向被引导层中放入元件时，在动画开始和结束的关键帧上，一定要让元件的注册点对准线段的开始和结束端点，否则无法引导，如果元件为不规则形，可以单击工具箱中的任意变形工具，调整注册点。

- 如果想解除引导，可以把被引导层拖离“引导层”，或在图层区的引导层上单击鼠标右键，在弹出的快捷菜单中选择【属性】命令，在弹出的对话框中“一般”复选框，即可将其作为正常图层类型，如图 6-23 所示。
- 如果想让对象作圆周运动，可以在“引导层”画一根圆形线条，再用“橡皮擦工具”擦去一小段，使圆形线段出现两个端点，再把对象的起始和终点分别对准端点即可。
- 引导线允许重叠，比如螺旋状引导线，但在重叠处的线段必须保持圆润，以使 Flash 能辨认出线段走向，否则会使引导失败。

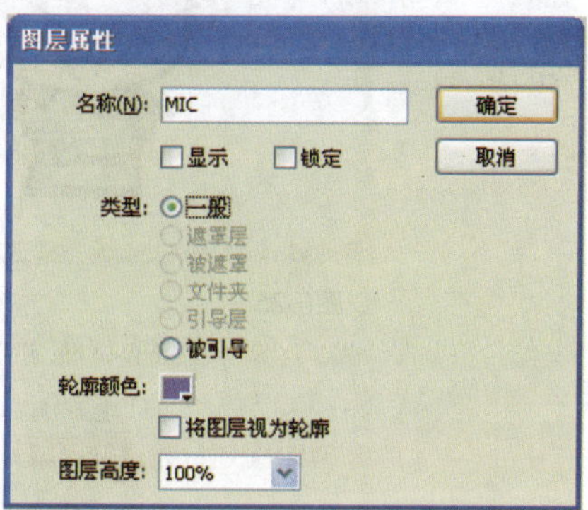

◇图6-23

6.2.4 遮罩动画

一、遮罩动画的概念

1. 什么是遮罩

遮罩动画是 Flash 中一个很重要的动画类型，很多效果丰富的动画都是通过遮罩动画来完成的。在 Flash 的图层中有一个遮罩图层类型，为了得到特殊的显示效果，可以在遮罩层上创建一个任意形状的“视窗”，遮罩层下方的对象可以通过该“视窗”显示出来，而“视窗”之外的对象将不会显示。

2. 遮罩有什么用

在 Flash 动画中，“遮罩”主要有两种用途，一个是用在整个场景或一个特定区域，使场景外的对象或特定区域外的对象不可见，另一个是用来遮罩住某一元件的一部分，从而实现一些特殊的效果。

二、创建遮罩的方法

1. 创建遮罩

在 Flash 中没有一个专门的按钮来创建遮罩层，它是由普通图层转化的。用户只要在某个图层上单击鼠标右键，在弹出的快捷菜单中选择【遮罩层】命令，使该命令的左侧出现一个小勾，该图层即成为遮罩层，层图标就会从普通层图标变为遮罩层图标，并且系统会自动把遮罩层下面的一层关联为“被遮罩层”，在缩进的同时图标变化，如果想关联更多层被遮罩，只要把这些层拖到被遮罩层下面即可，如图 6-24 所示。

2. 构成遮罩和被遮罩层的元素

遮罩层中的图形对象在播放时是看不到的。遮罩层中的内容可以是按钮、影片剪辑、图形、位图或文字等，但不能使用线条，如果一定要用线条，可以将线条转化为“填充”。

被遮罩层中的对象只能透过遮罩层中的对象被看到。在被遮罩层中，可以使用按钮、影片剪辑、图形、位图、文字和线条。

3. 遮罩中可以使用的动画形式

可以在遮罩层、被遮罩层中分别或同时使用形状补间动画、动作补间动画、引导线动画等动画手段，从而使遮罩动画变成一个可以施展无限想象力的创作空间。

三、遮罩动画实例

接下来要做的舞台灯光效果动画就是一个典型的遮罩动画案例。

制作遮罩效果的动画步骤：

（1）绘制一个招财童子。

（2）绘制一个麦克风。

（3）绘制一个背景。

（4）绘制一个遮罩用的灯光。

（5）创建动画。

（6）创建遮罩层。

（7）测试动画。

具体的制作过程如下：

STEP1 新建文件。

STEP2 修改图层 1 的名字为“招财童子”，然后用绘制工具绘制招财童子。

STEP3 在舞台中，用椭圆工具绘制招财童子的身体、眼睛、嘴和脚，用直线工具绘制招财童子的手和衣服。最终效果如图 6-25 所示。

STEP4 新建一个图层，并命名为 Mic，将 Mic 层放到“招财童子”图层上面，用直线工具和矩形工具绘制麦克风，最终效果如图 6-26 所示。

STEP5 新建一个图层，命名为 Screen，用直线工具和矩形工具绘制幕布。

STEP6 绘制步骤如下：

在舞台中，用直线工具绘制一个矩形，然后在底部用选择工具拖拉出曲线，再用颜料桶工具填充颜色。

用直线工具绘制幕布褶皱曲线。

用颜料桶工具填充阴影色，选择比幕布较暗一点的颜色，如图 6-27 所示。

STEP7 新建一个图层，命名为 Mask，把 Mask 图层放置到最上层，选择椭圆工具，在颜色栏中，设置笔触没有颜色，按住 Shift 键在舞台上绘制正圆，

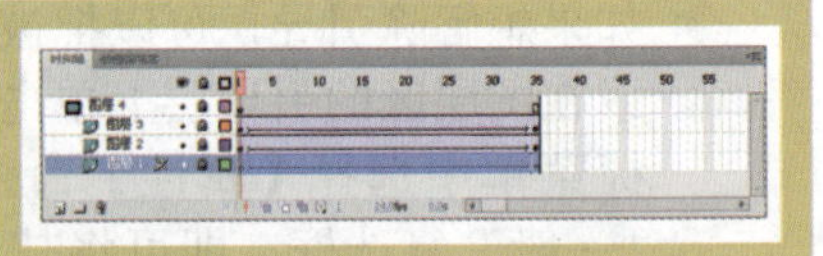

◇图6-24

◇图6-25

◇图6-26

◇图6-27

选取该圆，按 F8 键将其转换为图形元件，并命名为 Light，如图 6-28 所示。

STEP8 新建一个图层，命名为 Shadow，绘制阴影，选择椭圆工具，按住 Shift 键绘制一个正圆，并用选择工具选取该圆，打开混色器面板，选择“填充样式”为“放射状”，调整渐变定义栏中的指针，左边为红色，右边为白色，如图 6-29 所示。

◇图6-28

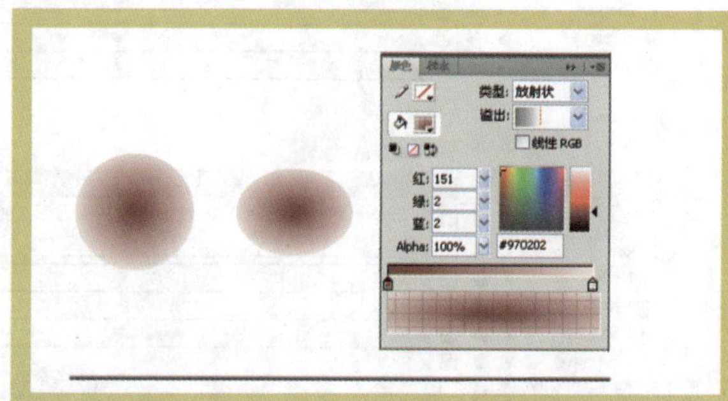

◇图6-29

STEP9 选择任意变形工具，按住 Alt 键上下对称挤压，然后选取该圆，按 Ctrl+D 组合键复制一个圆，然后分别把它们放置到卡通小人下方和麦克风下方，如图 6-30 所示。

STEP10 新建一个图层，命名为 Background，绘制背景，用矩形工具，在颜色栏中，设置笔触没有颜色，设置填充色，在舞台上拖拉一个矩形，足以覆盖舞台宽度大小。最后设置舞台背景色为黑红色。舞台布局如图 6-31 所示。

◇图6-30

◇图6-31

◇图6-32

STEP11 单击 Mask 层，在第 40 帧处按 F6 键插入关键帧，把 Light 实例拖到卡通小人处，适当调整大小并遮住卡通小人。回到第一帧和第 40 帧区间，然后单击鼠标右键，在弹出的快捷菜单中选择【创建传统补间动画】命令，如图 6-32 所示。

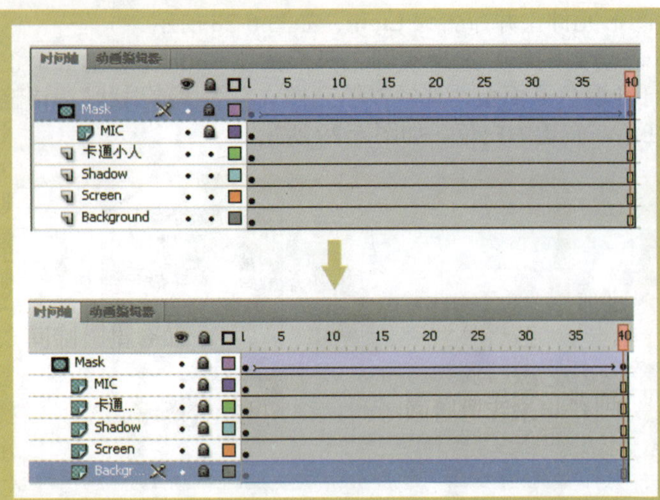

◇图6-33

◇图6-34

STEP 12 右击 Mask 层，在弹出的快捷菜单中选择【遮罩层】命令，然后会看到 Mask 层原先的图标变成了，而 Mic 层原先的图标变成了，表示 Mic 层被遮罩了，将其他图层拖到 Mic 前的图标下即可将其遮罩。然后把所有的图层都加上锁，最后如图 6-33 所示。

STEP 13 按 Ctrl+Enter 组合键测试动画，效果如图 6-34 所示。

四、应用遮罩时的技巧

遮罩层的基本原理是：能够透过该图层中的对象看到“被遮罩层”中的对象及其属性（包括它们的变形效果），但遮罩层中对象的许多属性，如渐变色、透明度、颜色和线条样式等却是被忽略的，如用户不能通过遮罩层的渐变色来实现被遮罩层的渐变色变化。

要在场景中显示遮罩效果，可以锁定遮罩层和被遮罩层。

不能用一个遮罩层试图遮蔽另一个遮罩层。

遮罩可以应用在 GIF 动画上。

在制作过程中，遮罩层经常挡住下层的元件，影响视线，无法编辑，可以按下“遮罩层显示图层轮廓”按钮，使遮罩层只显示边框形状，在这种情况下，还可以拖动边框调整遮罩图形的外形和位置。

在被遮罩层中不能放置动态文本。

6.2.5 色彩变化的动画

色彩变化是指在一个当前时间轴点定义一个对象的颜色，然后在另一个时间轴点改变这个对象的颜色。

下面做的圆脸颜色变化的动画就是一个典型的案例，这也是最基本的动画。

制作步骤如下：

（1）绘制图形并转换为元件。

（2）创建补间动画。

（3）设置关键帧的色调。

（4）测试动画。

具体的制作过程如下：

STEP1 新建文档。选择【文件】|【新建】命令，创建一个新文件。

STEP2 绘制花瓣图像。结合使用椭圆工具和直线工具绘制装饰花瓣图像，效果如图 6-35 所示。

STEP3 将花瓣转换为元件。单击图层 1，然后选择【修改】|【转换为元件】命令，在弹出的对话框中设置元件名称，并将元件类型设定为影片剪辑，单击“确定”按钮。然后按照此步骤依次将图层 2 ～ 7 的花瓣内容转换为影片剪辑元件，如图 6-36 所示。

STEP4 补间动画的创建。选中 8 个图层的第 20 帧，按 F5 键，然后右击鼠标在弹出的快捷菜单中选择【创建传统补间】命令并按下 F6 键。先后选中 8 个图层的第 40 和 60 帧并按下 F6 键，具体步骤如图 6-37（包含步骤 1、2、3、4、5）所示。

◇图6-35

◇图6-36

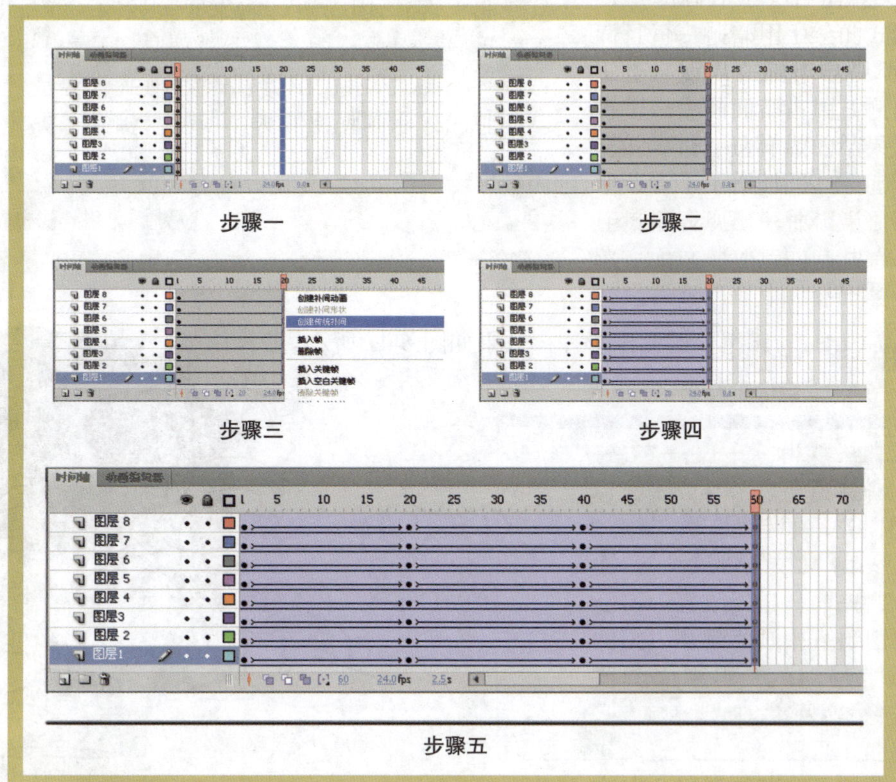

◇图6-37

STEP5 选择图层 1 第 20 帧处的花瓣图形，在右侧“属性”面板中的“色彩效果”栏中选择“样式”下拉列表中的“色调”选项并调整红、绿、蓝三种颜色的参数，如图 6-38 所示。

STEP6 选择图层 5 第 20 帧处的花瓣图形，在右侧“属性”面板中的“色彩效果”栏中选择“样式”下拉列表中的 Alpha 选项并拖动滑竿调节不透明度，如图 6-39 所示。

◇图6-38

◇图6-39

STEP7 按照步骤（5）～（6）的操作对第 40 和 60 帧处的花瓣图形进行色彩设置，如图 6-40 所示。

◇图6-40

STEP8 按 Ctrl+Enter 组合键测试影片，效果如图 6-41 所示。

◇图6-41

动画的优化与发布

随着 Flash 文件容量的增加，通过 Internet 上传、下载和回放影片的时间也会相应地增加。为了获得最佳的回放质量，可以对 Flash 文档、文档中的元素、文档中的文本、各个对象的颜色进行优化处理，以便减小文件的大小。

6.3.1 优化 Flash 文档

如果 Flash 动画的帧数较多，动画文件可能会较大，不适于在网络上传播。对此，Flash 提供了对动画进行优化的功能。其基本原理是将帧的图像分割为若干块，在帧之间变换时，相同的块将在第二个帧中被删除，从而减小文件大小。

Flash 文档的主要优化手段有以下几种：

- 创建动画序列时，尽可能使用补间动画。补间动画所占用的文件容量要小于一系列的关键帧。
- 对于动画序列，使用影片剪辑而不是图形元件，如图 6-42 所示。

◇图6-42

- 限制每个关键帧的改变区域，以使在尽可能小的区域内执行动作。
- 避免使用动画式的位图元素，避免使用位图图像作为背景或者使用静态元素。
- 对于声音，尽可能使用 MP3 这种占用空间最小的声音格式。
- 在制作动画时应尽量多使用渐变动画，少使用逐帧动画，因为制作相同的动画效果时，逐帧动画的体积比渐变动画大很多。
- 在调用素材时，尽量多使用矢量图，而少或不使用位图，因为位图比矢量图的体积大得多，很容易使 Flash 动画变得臃肿。
- 对于制作动画时将多次出现的元素，应尽量将其转换为元件，这样可以使多个相同内容的对象只保存一次，从而有效地减少作品的数据量。

6.3.2 优化动画元素和线条

动画元素和线条是 Flash 动画的基础，也是影响动画文件大小的重要因素，可以考虑用以下手段来优化动画元素和线条：

- 尽量不导入外部素材，特别是位图。
- 尽量使用矢量线条代替矢量色块，并且减少矢量图形的形状复杂程度。
- 导入音频文件时最好使用体积较小的声音格式。
- 动画中的各元素最好进行分层管理。
- 尽量组合各种相对位置不再改变的元素。
- 使用图层分隔动画过程中发生变化的元素与不变的元素。
- 使用【修改】/【曲线】/【优化】命令将描述形状的分隔线的数量减到最小。
- 限制特殊线条类型（如虚线、点线、锯齿状线等）的数量。实线所需的容量较少，而用铅笔工具绘制的线条比刷子笔触产生的线条所需的容量更少。

6.3.3 优化文本和字体

部分 Flash 动画中包含了大量的文本内容，也应注意对其进行优化，主要的优化手段有：

- 文字尽量不要打散使用。
- 要尽量限制字体和字体样式的数量，少使用嵌入字体。这种手段不但能减小作品的文件容量，也便于统一动画的风格。
- 对于“嵌入字体”选项，只选择需要的字符，而不要包括整个字体。

6.3.4 优化色彩

几乎所有的对象都有不同的色彩效果。因此，优化对象的色彩也能有效地减小文档容量。具体的优化手段有以下几种：

- 如果没有特殊表现需要，可以对一些元件使用单色填充，尽量减少渐变色的使用。使用渐变色填充区域比使用纯色填充大约多需要 50 个字节。
- 在元件的“属性”面板中使用“颜色”菜单，可为单个元件创建很多不同颜色的实例。
- 使用“混色器”面板，可以使文档的调色板与浏览器专用的调色板匹配。
- 尽量少用 Alpha 透明度，因为它会减慢回放速度。

动作设计

角色动作设计是指对动画中角色的运动状态进行设计，它包含角色的性格定位和动作特征定位。动作设计必须根据不同角色的运动过程，进行最具特征的动作设定，以使每一角色的性格得以充分合理的体现。动画片中的活动形象，不像其他影片那样，用胶片直接拍摄客观物体的运动，而是通过对客观物体运动的观察、分析、研究，用动画片的表现手法（主要是夸张、强调动作过程中的某些方面），一张张地画出来，一格格地拍出来，然后连续放映，使之在银幕上活动起来的。因此，动画片中表现的物体运动既要以客观物体的运动规律为基础，但又要有它自己的特点，而不是简单的模拟。

角色动作设计的基本原理得来不易。早期的动画工作者们总是把生活中的真实动作加以分解，描摹勾画出来，再进行加工改进，制成早期的动画片。随着动画艺术家们进一步的研究，总结出了动作设计的十几种技法，当熟练掌握这些基本技法后，设计的动作可以使角色的动感显得更清晰、更突出、更富有卡通韵味。

语言是一种声音符号，而动作是一种表意符号，并能超越语言功能，跨越国家与民族的界线进行交流，动画艺术主要是以动作来传情达意的。动作设计的首要目的是使大多数观众能够心领神会，使其具有普通意义的共性特征。同时，还必须从中寻找个性化的特殊动作符号，这种在共性中显出个性的动作设计是动作语言符号化表现的难点，也是关键点。需要设计者用心观察、揣摩、大胆取舍，才能将生活中常态动作提炼并创造出既能准确达意，又令人耳目一新的动作符号。动作的符号化并非模式化，每一部成功而有特色的动画片都在创造一种独特的动作语言符号，而观者对一个动画形象的价值判断并不单纯在造型的审美方面，同时也包括动作设计在内的多种构成要素来综合体现角色的性格魅力。

6.4.1 动作的时间与节奏

动画片里的动作，是经过分解后一张张画出来的，并通过一秒钟 24 格（电视为 25 帧）的速度，在银幕（荧屏）上不停地变换画面，把分解的动态又连贯起来，便产生了活动的视觉效果。

原画笔下的形象，就是未来动画片中的角色。所以，不仅形象要画得准确，姿态要画得生动，还必须精确地计算动作的时间，掌握动作的节奏。只有这样，在银幕上所看到的动作，才能是生动、完美的。

时间——动画片动作是以秒为基本单位来计算时间的。一秒钟为 24 格，在原画人员的头脑里，一定要养成这样一个明确的概念。

日常生活中，人们常常会用分钟或小时来表示时间概念。例如“请你等我五分钟”、“我过十分钟再来”、“过半小时再打电话”等。但在动画片里一个镜头的长度，最多也不过十几、二十秒，有些短镜头才一秒或不足一秒。因此，原画人员计算一个动作或一组动作的时间，经常是以走一步路约半秒钟（12 格）、喝一口茶约一秒半（36 格）、拳头砸一下桌子约三分之一秒（5～8 格）……都是以秒数或格数来测算的。

原画为了对所画的动作时间计算得比较精确，可以用秒表来测算；也可以自己边做示意性动作，边默算时间，计算出动作的大概时间为几秒。

节奏——自然界物体的运动是充满着节奏感的。动画片里的动作节奏，是指动作的幅度、力量的强弱、速度的快慢以及间歇和停顿等变化。

一部动画片，导演对剧情的发展和镜头的切换也是从序幕开始，从情节铺垫到展开，经过跌宕起伏，发展到高潮，最后到结局尾声。时缓时急，有节奏地进行，才能扣人心弦，使观众看得入味。

原画设计一个镜头或一组动作，同样应该对动作幅度、力量强弱、速度快慢、间歇停顿等妥善处理，形成有节奏的运动，才能使所画的动作达到生动、协调的良好效果。

一、掌握时间、节奏三要素

要准确掌握动作的时间和节奏，前提是不能脱离动作构思和关键动态的选定这个基点。掌握动作节奏的基本方法是：距离——时间——张数（摄影表上拍摄格数）3 个关系的正确处理。

距离——指的是动作幅度。也就是第一张原画到第二张原画，两张关键动作之间的距离。间距大，动作速度就快；间距小，动作速度就慢。

时间——指的是动作秒数。也就是第一张原画到第二张原画，两张关键动态之间所需的时间。秒数多，动作速度就慢；秒数少，动作速度就快。

张数——指的是画面数量。也

就是第一张原画到第二张原画，两张关键动作之间动画的数量。动画张数多，间距就密，动作就慢；动画张数少，间距就宽，动作就快。

动作的节奏是由动态距离、动作时间和画面张数这 3 个方面组成的。它们是相互关联的整体，其中以动态的距离（即关键动态的设定）为基础，加上准确计算时间，合理确定张数，才能使动作节奏取得满意的效果。

例如：下图图例 A，用 4 个圆圈 1、2、3、4 来表示 4 张原画的距离，是预想的动作节奏。即 1—2 为中速，2—3 为慢速，3—4 为快速。在确定张数时，如根据这个基本设想处理，那么，图例 B 就能体现或加强这一节奏感。假如处理不当，认为距离大就增加张数，距离小就减少张数，如图例 C 结果把原来设想的节奏给破坏了，变成平淡的机械运动了。

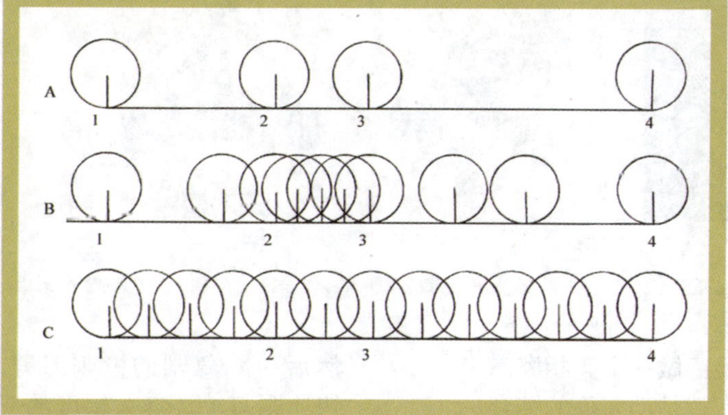

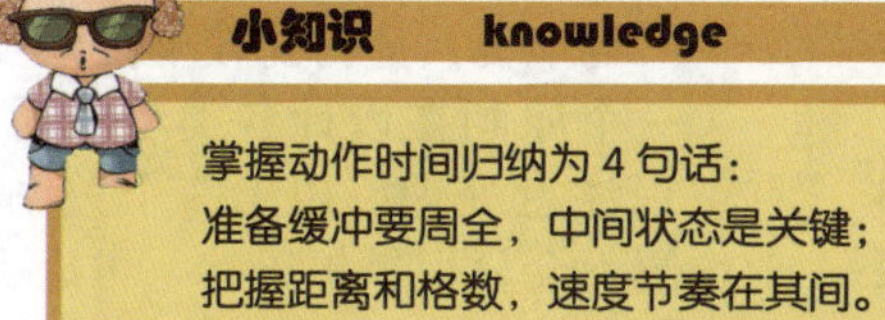

小知识 knowledge

掌握动作时间归纳为 4 句话：
准备缓冲要周全，中间状态是关键；
把握距离和格数，速度节奏在其间。

小知识前两句主要说设计动作，美国人画的动作活泼、夸张、张力大，形成视觉的冲击力，所以特别强调起幅要有准备动作，动作幅度越大，动作力度强烈则越要有准备动作，结果也就离不开缓冲过程。画动作只有开头结尾，一般简单的动作就可以，但很多动作有变化，要加中间关键张（或称“中参”，复杂的动作不只是一张中参）。第二句话讲的距离和格数。所指的距离，一是总长度（不同路线的总长度），一是每张动画之间的长度（每段的长度）。距离十分重要，反映了物体运动及其变化幅度，这和时间发生了密切关系。（在谈动作时讲到速度＝时间／距离）。

二、动作节奏的处理

明白了动作的节奏是由距离、时间、张数这 3 个基本要素的合理掌握和协调处理，才能取得较好的效果。这只是从技术角度讲的一种组合方法。原画设计动作，还包含着艺术创作的重要因素。要使一个镜头中的角色动作精彩、生动、使人难以忘怀，原画要不仅能够想动作，能够画好角色的动作姿态，还要懂得运用动作节奏上的变化。如静止——慢——快，或者快——慢——静止，这是比较柔和的节奏，它属于动作逐渐加快或逐渐变慢，顺序而进，造成一种动作平稳、稳定的效果；另一种是快——停或快——停——快，这是表现动作强烈的节奏，其速度是突然性的，以求引起人们的注意；还有一种是慢——快——突然静止，这是一种急骤的节奏，由于速度先是逐渐变化，发展下去突然终止，意味着将会发生意料不到的变化，其效果是从正常到反常。凡此种种节奏上的变化，掌握得恰当，就能增强动作的感染力。因此，原画在构思动作时，必须注意处理以下 3 个关系，即动与静、放与收、急与缓。掌握好这 3 个关系，对加强动作的深度和意韵会很有益处。

- 动与静——就是运用动作节奏上的强烈反差，引起人们对某个角色的形象或动作目的的关注。这就应该在设计整套动作时，安排好以动为铺垫，突出静的主题，或以静为预示，烘托动的急剧。例如《大闹天宫》中，孙悟空第一次出场亮相的一组动作，他从水帘洞内翻跳而出，当身体落到洞夕卜石梁上时，连续不停地打着旋转，突然停止转动，双手提着长袍遮住面孔，静止片刻，紧接着

大闹天宫

宝莲灯

双手迅速甩袍，露出美猴王的脸，做一个亮相姿态，并作较长时间的停顿。整套动作就是动与静的结合，运用了快——停——快——静止这一强烈反差的节奏。目的是吸引观众欲看出场的角色究竟是什么样子，而他又一直处于快速运动之中，直到甩开遮住脸的长袍时，才露真容，引起了观众的注意。

- 放与收——就是运用动作幅度上收紧与放开之间的明显对比，加强主体动作的力度，给人造成较深的印象。在动画片中，为了表现一个大动作的强烈效果，在设计动作时，必须对前一个动作在姿态和幅度上，给予紧缩或收拢，也可以说是力量的积聚和准备，然后突发性的扩张或展开。这样就充分表达了主体动作的力度。例如《宝莲灯》中，小沉香在山岗习武时的转身踢腿，跃起劈棍以及小猴子在树林里追扑萤火虫等动作，在节奏上就是运用了放与收的结合，取得了较好的效果。
- 急与缓——是运用动作速度上的急骤与舒缓、快速与优柔交错结合，表达节奏上的变化，能使动作不显平淡，而富有层次及动感。例如《大闹天宫》中练兵场上，一对猴兵操练武艺。一个持长枪、一个握短刀，先是围着慢悠悠地转圈对峙，寻找突破口，然后一阵急剧的枪刺刀劈，快速厮打，姿态大幅度的变化。以上这一组动作，就是运用了先松后紧、急缓交错的节奏，显得比较丰富。

一个原画在设计各类动作时，有意识注意处理好以上 3 个关系，动作便不会显得呆板乏味，可以更有节奏感，从而增加了动作的韵味。

三、把握动作的停格

把握好动作的停格，也是原画处理动作节奏不可忽视的一部分。有些初学者，在判断动作停格时，常常会发生困惑，不知何处该停，停多少格。处理动作的停格，在一般情况下有一个基本规律：在一个镜头中，起主导作用的关键动态原画画面，可以多停格；当动作目的改变时，可以适当停格；在同一目的的动作的进程中，产生动态更换、力量改变、重心转移等动作转折处，可以少停或者不停格；在一个动作的中间过程中，不应该有停格。

一般来讲，停 1 ～ 3 格不属于停格的范围，它仍是连续性效果；停 4 ～ 6 格（占六分之一秒或四分之一秒），其效果只是动作略有间歇，即前一个动作刚刚完成，后一个动作紧接着开始，动作与动作之间，仅仅是短暂的间歇，使人有动作的顿挫感；停 8 ～ 12 格（占三分之一秒或二分之一秒），其效果是动作上的适当停顿，常用于为了让人可以看清关键动作的姿态或表情；停 12 格（半秒）以上，这是较长时间的停顿，常常适用于一个秒数较长的动作，或一组连续性动作结束之后的休止状态。

原画画面的停格，就好比写文章时所用的标点符号。在一篇文章中，有顿号、逗号、句号、段落等，是为了让读者看起来流畅，或者便于朗读者念出文章句子的韵律。原画写摄影表处理动作停格时，就像讲话、做文章一样，有连续、间歇、停顿、休止等，2 ～ 3 格等于连续，4 ～ 6 格等于顿号，8 ～ 12 格等于逗号，12 格以上等于句号，18 ～ 24 格或者更多一点，就等于大的段落。当然，这只是一个比喻。为了便于理解停格的含义，有了这么一个概念，在处理停格时也就心中有数了。在实际工作中，还必须根据动作的具体情况而定。有些特殊要求的动作，在停格处理上还需灵活运用。

6.4.2 如何表现好动作

一、了解各种门类的动作及其基本原理

（1）从自然现象、动物动作和人物动作等三个方面分：对于有生命的物体讲，走和跑又是最主要的。而真正的物种我们只能学个皮毛，如：仅哺乳动物就有 18 个目 4000 ～ 6000 种，鸟类 27 目 9000 种（一说 8600 种）。由于过去讲解角度过于单纯、狭窄，所以遇到实际生产时，就用不上了，或感觉不知所措。

（2）从生理和动作形态上分：有两条腿的、四条腿的、六条腿的、八只、十四只（潮虫）多条腿和无腿的等，能伸展的、蠕动的、会游的、能爬的、走的、跑的、跳的、能飞能翔的等。

（3）从运动形式上分：有直线、曲线（抛物线、弧线、摆线、漩涡线、双曲线和自由曲线的）、旋转（台风、风扇等）、扩散、上升、下降、前进、后退、飘动（漂浮）、滚动、弹跳、晃动、摆动、扭动、振动、起伏、生长等运动形式。

（4）从人的动作分：

- 内心动作与外在动作。二者虽是统一，但有时内心动作是被掩饰的。
- 形体动作（亦称形体语言、举止形态学、行为科学、行为语言学）。这是近年新兴的一门学科，主要被运用于医学、人文交际、商业推销等方面。在研究行为语言方面，首先是查尔斯·罗伯特·达尔文，19 世纪出版《人与动物情绪表达》一书（1872）最具影响力。这种语言包括 3 方面，即语言动作、表情动作（情感形象）和形体动作。

- 情绪动作。在激烈时，动作的幅度大、速度快，牵扯到的身体部位就多，面部表情就变化突出；反之，则动作平缓、松弛、幅度小，牵扯面小；难于表现的是程度不同，如生气、怒、大怒、暴怒等。还有综合性的情绪，以笑为例，有冷笑、嘲笑、苦笑、皮笑肉不笑等；还有羞愧、嘲讽、困苦、尴尬、哭笑不得等都不易表现。
- 性格动作。以生理为基础，如老年人、孩子、青壮年、胖的、瘦的；有生理缺陷的瞎子、聋子、近视、瘸子、醉汉等；有人文静、有人活泼好动、有人粗俗、有人豪爽、有人奸猾……总之，这些不同个性类型都会在行动中有所表现。
- 动物拟人化的动作。总之都是以人的动作作为根本，但拟人化的程度要根据戏的风格变化程度有所不同，最好既有人物的特点又要保持其动物的本身动作特点。如影片《森林王子》第一集“小泰山”中，黑豹、灰熊、猩猩、蛇各有其特征，拟人化的程度不一，但又不失一部片子中的统一。
- 表情动作、动作要研究人体关节，骨骼是支架，筋骨呈外形，关节是动点，透视出变化。

二、设计动作时的具体操作步骤

设计动作时最重要的是先把多种角色造型画熟悉，能准确的画出多种转面形象，画出角色的多种动态姿势、表情，使自己融入角色，一个优秀的原画一接触到戏便能很快把角色画准画活（把平面画成立体的，把静止的画成活动的，把死的画成活的，把没有生命的画成神采飞扬、活灵活现的）。

设计动作时的具体操作步骤如下：

（1）根据镜头要求，先构思动作，不要忘记时间、距离。

（2）画出动作小稿，尽量做到动作形象都准确。

（3）有的动作要和语言、音乐协调，根据动作内容、节拍，做到一致，配合恰当，表现自然。

（4）在画准小稿的同时，还要初步考虑动作幅度，分割及大致的轨目和动作停格。

（5）注意动作要有大的动态线，特别是纵深动态及透视。

（6）不要忘记和前面镜头统一考虑。

（7）当小稿放大成设计稿、草稿图时，还需进一步推敲动作和轨目。

（8）基本完稿后要征求导演的意见，如有不同看法，还需进一步修正。

动作设计者一般都要经过这样的过程：

（1）不会动。本来动作是人的生命本质，但要一个人重新重复一个动作或再演示一次时，往往就不知所措了，就是做了也不是很自然。这样做有个锻炼过程，有个体验（再生活）、体会（研究）和体现（表演）的过程，有个再学习过程。

（2）不愿动。由于不懂动作，并且有迫切想掌握的心情，当看到日本动画简单、好学，便要取巧走捷径，尽学局部动，导致效果并不理想，因为人的身体是一个整体，俗话说“牵一发而动全身”，所以全动才往往不显示出拘谨，而活泼又自然。

（3）乱动。大胆的动是好的，但有的动作不从剧本内容要求、人物性格及表演出发，仅从个人喜好、经验出发，画出的动作不是“小题大做”就是“废画”。

（4）不敢动。经过一段工作后，懂得了一些动作要领后，画动作有了一定技法知识，但往往画新动作“不到位”，怕动作幅度太大，画的十分拘谨。

6.4.3 如何设计动作

- 要有一定的表演及动画技巧，掌握一些必要的动作规律。
- 透彻了解剧本剧情、人物特点及导演要求。
- 没有设定规律的动作，要认真做“动作分析”，做理性研究。
- 最好实际做一做，不会做的要多请教，求助明白人。
- 要对动作从正反两方面去考虑，如吃冰糕，不要一下子就吃光，要作出各种舔、吮、唆的动作，若几口吃光，就没有戏了，把戏做足了再吃。
- 从反复中完成动作。有些动作只做一次，不会给观众留下什么印象，所以要有重复，当然每次重复不要做的完全相同，要有变化，要大同小异。

- 要懂表演。画画是演技问题，美术片往往是要画很多角色，或大家画一个角色，因此对角色的掌握十分关键，既是技术问题又是艺术问题。
- 应从规定情景中去挖戏。从具体环境、道具、人物之间的关系上多动脑筋，看有什么戏可做。
- 对表演的戏要十分投入。做到身临其境，融入角色表演动作，能“入戏”。
- 还要做到“出戏”。除了自己就如同戏中的角色外，还要能从观众的角度去考虑自己演的角色，动作是否一般，怎么让观众看到新意，站到客观的位置去进一步的提高。

一、设计行走的动作

普通人走路的节奏是12帧迈一步，即每步半秒，1秒钟走两步。动画中的行走是16帧或8帧的节奏，因为这样的节奏容易均分安排帧数。

卡通式行走经常是用8帧的节奏。

行走的几个关键帧动画确定以后，根据不同的速度节奏要求来加画中间帧动画就可以达到要求。

动画中因人物造型和影片风格的不同，人物走的动作也有不同画法。要画好不同的行走动作，动画师必须多看、多学、多思考。

二、设计跑步运动

跑步是动画中常见的动作之一，人在行走时总是一只脚着地，另一只脚离地，而跑步时双脚会在某个动作中同时离地，这就是跑步与行走动作的基本区别。

任何一种人体运动，都有几个要素起着作用：重心、运动轨迹、动态线、人体各部分动作顺序和运动线轨迹，以及人体各方面之间的变化。

跑步的运动本质和行走非常相似，关键也是将身体前倾变化和转移身体重心来控制身体的不平衡。动画中的跑步运动，虽然进行了夸张，但还是基本遵循现实中人体运动的规律。

重点提示 Importance

动画中常用的行走动作节奏是:4帧——飞快地跑（每秒6步）；6帧——跑或快走（每秒4步）；8帧——走或慢跑（每秒3步）；12帧——轻快自然正统走（每秒2步）；16帧——悠闲地漫步（每步2/3秒）；20帧——年长者走或疲惫地走（每步差不多1秒）；24帧——很慢地走；32帧——老态龙钟，气喘嘘嘘地走。

下面是常规的侧面跑步动作绘制方法：

①跑步动作与走路运动类似，在跨步前有挤压动作及跨步伸展动作，但运动弧度及轨迹和走路比较都要大，有腾空的动画帧，动作幅度大，速度较快，中间帧张数一般较少。

②人奔跑的基本规律是：身体重心靠前，两只手自然握拳，手臂变曲；脚抬得较高，头高低起伏的波形运动轨迹线比走路明显。在奔跑时，有双脚几乎没有同时接触地面的时候，而是互相着依靠一只脚支撑身体的重量，有些快跑动作中可以有一到几帧是双脚同时离地的动作。

③跑步动作有以下几点需要注意：

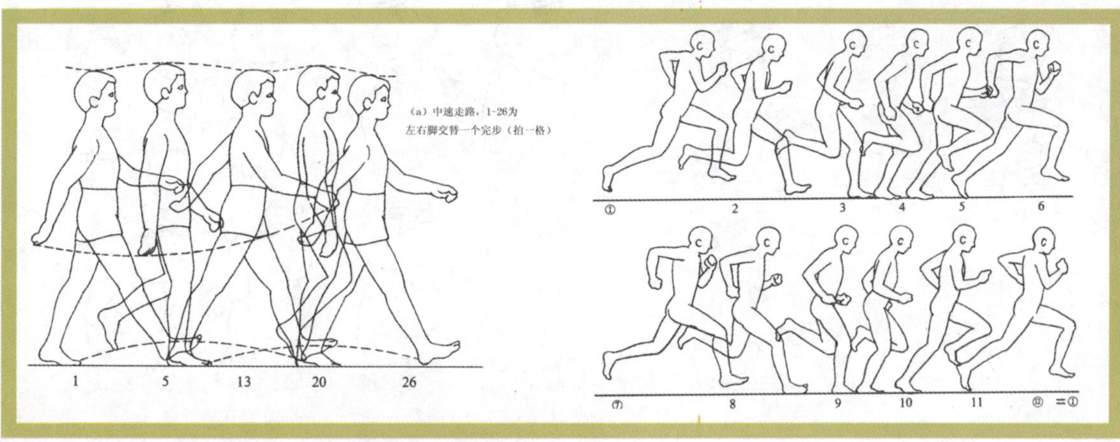

- 人物身体前倾的动作应前后基本保持一致。
- 原画和动画的中间帧上半身须保持前倾的姿势。

④屈伸、跨步和双臂前后摆动。

- 当双脚迈开时，头略低；当一只脚着地，另一只脚提起朝前屈伸时，头略高（相当于走路的原画原理），介于二者之间的动画，取它们之间的中间高度。
- 跨动步子的那只脚，从离开地面到弯曲向前，然后伸展落地，动作过程中脚踝在地面也形成弧形运动，弧形的大小与迈步的姿势、神情和情绪有很大的关系。
- 动作轨迹是呈弧形线的，人物在跑步时上下起伏时有一定规律可循。

在描绘奔跑的场面时，要观察手和脚的动作，这同时也是身体的上下运动。所以要考虑好身体和手脚各自的轨道。

6.4.4 设计好动作的标准

- 动作设计的准确。符合戏的要求及角色性格，动的不多不少，没有多余动作，最好的例子是在日本很写实的影片《萤火虫之墓》。
- 动作要充分。在准确的前提下，动作要做得淋漓尽致、细节丰富可信、不干巴生硬，很生活，如美国影片中某一角色在高兴的笑时，表现的前仰后合，甚至满地打滚。
- 舒展。动作不拘泥、挥洒自如、原画到位。
- 流畅。在一系列的动作中，每段动作之间很连贯。如在准备动作，过程及缓冲的多段动作速度贯穿如一，不停留在一段一段的时间计较上，能从整体把握。
- 节奏。在一系列的动作中，有快、有慢、有停顿，三者之间的呼应对照与时间长短、激励张数的调整有很大关系。在动画片中节奏除在动作上，还应在情节和音乐的配合上，表现出抑扬顿挫、跌宕起伏、紧张与舒缓。
- 夸张与幽默。这是有趣的动画片的共同特点之一，由于动画片是假定性的艺术，故事情节想入非非，创作上是“浪漫主义”的，动作的夸张幽默首先来自美术片的风格样式、变化程度，其次才是剧情、剧本中“规定情景”中的设计。

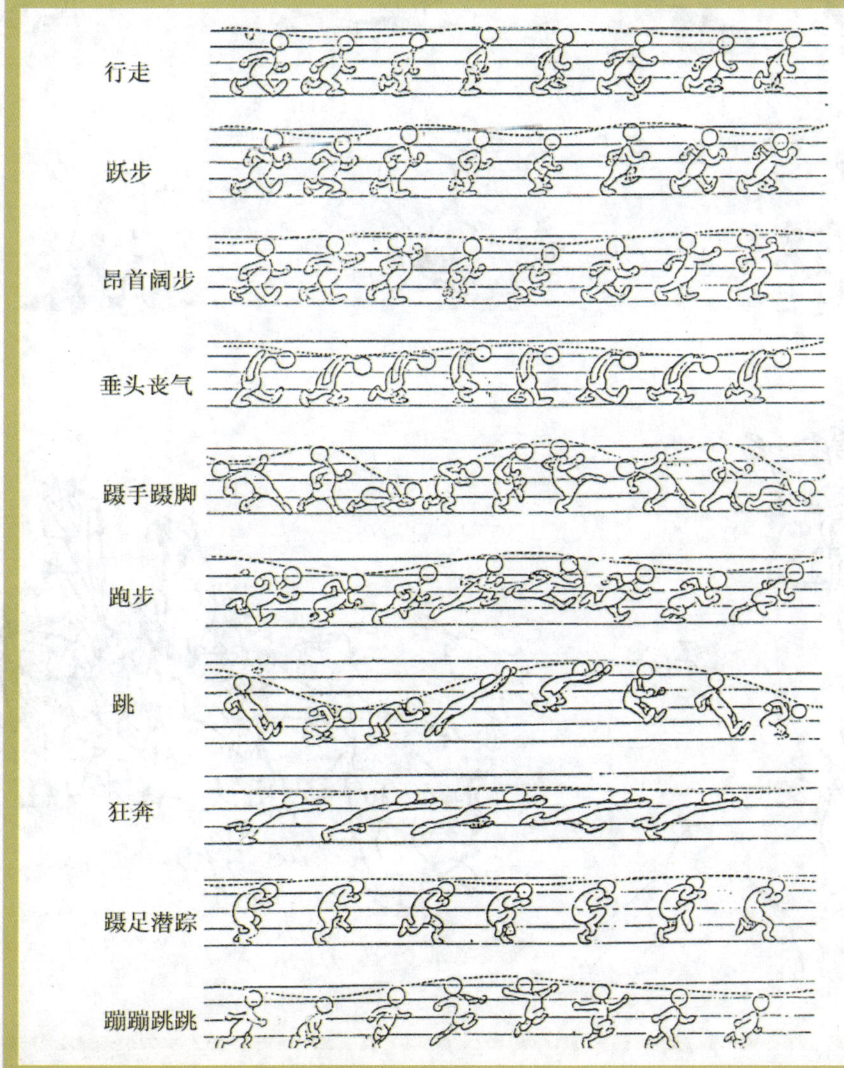

6.4.5 提高原画水平的辅助手段

原画是指物体在运动过程中的关键动作，在电脑设计中也称关键帧，它是相对于动画而言的。

在对原画的理解上大致分两大类，第一种以美国为代表，如图 6-43 所示，以迪斯尼公司为典型，在他们的片子中原、动画的张数较多，原画的概念较弱，一套动作是一气呵成的，原、动画不是特别分明；第二种以日本动画片为代表，片子以叙事为主，讲究情节，矛盾起伏，原画的概念较强，相对于美国而言，日本片的动作更重视运动的起因和结果。

◇图6-43

每摄制一部动画片，由于题材不同，故事情节中的角色也就不一样。另外，因为影片的艺术样式各异，造型的风格也就多种多样。因此，原画创作人员（包括动画人员）在前一部片子的绘制中，已经熟练掌握的角色造型，在另一部片子里就会完全用不上，需要重新开始熟悉。所以，掌握造型的方法，也就成为原动画人员的一项专门技巧，如图 6-44 所示。

◇图6-44

动手画原画之前，首先要先在头脑中整理出一个轮廓，要了解影片的风格，掌握理解导演的意图，熟练把握片中造型。动画片的制作是一个由众多艺术人员参与的过程，它所达到的是一种共性。每一位创作者都必须将自己的个性融于影片所追求的共性之中，达到高度的统一。这是在动手之前必须确立的一个概念。

然后，就要确定原画风格即动作特点。迪斯尼的原画观念要淡一些，如图 6-45 所示。日本动画片则较注重原画，如图 6-46 所示。国产动画片近期大部分风格介于二者之间且较为偏向于日式，进行原画设计也要看其风格而定，如果注重运动过程，设计动作时侧重其流畅性，原画、动画不要分得太明确，动作的流畅、连贯是第一位的，如果是注重对话、情节，那么就将原画的观念加强一些，并不是说原画张数要画很多，而是要将每一张原画设计得相当准确、到位，尤其是在它定格和亮相时，要特别注意细心刻画。

动手之前先动脑，当头脑中的准备工作已经很清楚了以后，下一步就可以起稿绘制了。准备好所需要的工具，包括铅笔、色铅笔、定位尺、拷贝纸，明确了设计稿的要求和上下镜头之间的关系，便可动笔。先用色铅笔轻轻打稿，用一根线确定出动态和重心。在动态重心线完成的基础上再画出骨骼、肌肉，最后是衣服。分轻主次，骨紧、

◇图6-45

◇图6-46

肉松、衣服更松。最后用铅笔将整体肯定下来，原画第一遍完成以后，最重要的一点是进行一下自检，在整个连续创作的过程中也是一个连续翻动的过程，复查一下看看是否到位，是否需要加上动作参考，动作参考指的是两张原画之间的一张动画，也叫小原画，在动画师没有

把握的情况下原画绘出的动画动作指定，用铅笔画出大体动态即可。动作是否符合设计稿的要求，养成自检的习惯是提高原画水平的一个重要学习方法。以上所讲的就是画原画最基本的完成过程，原画的要点不是怎么画，而是画什么。

当画原画时，经常会遇到有一个人或物体从画框外向内运动的镜头，这时原画设计要考虑入画、出画的问题，其出入方向包括上、下、左、右及中心画框外向中心画框的大纵深出入画，还包括多种带透视的出入画。要多观察人物的动作细节，动作节奏人物比例，才能画出好的原画作品。

小知识 Knowledge

制定<人物表>要点:

1. 年龄段：小学生、高中生、年轻人、中年人、老人等。
2. 性　别：男性、女性。
3. 性　格：开朗、忧郁、粗心、神经质等。
4. 特　征：外国人、乡下人、有钱人、时髦的人等。
5. 体　形：高个子、瘦弱、肌肉发达等。
6. 礼　装：礼服、便服、制服等。

6.4.6 动作设计欣赏

下面是影片《大嘴巴嘟嘟》中的一些影片剧照，可进行人物造型、动作设计欣赏。

CARTOON

Animation

DESIGN

第5节 人物动作绘制实例解析

◇图6-47

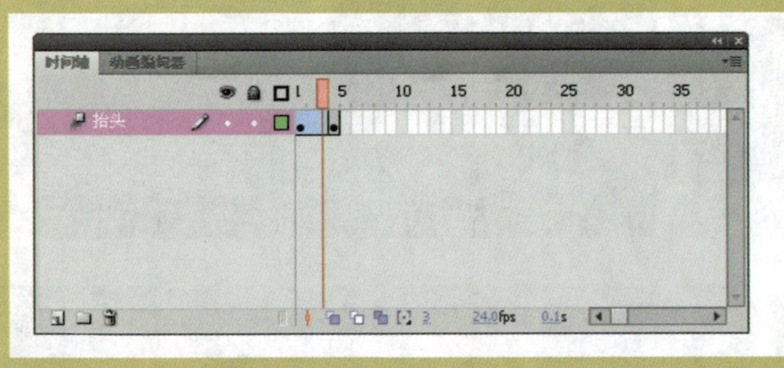

◇图6-48

6.5.1 人物头部动作

一、人物抬头动画

人物抬头动画常用的角度为3/4侧面与正侧面，当造型比较复杂时，则可以采用逐帧动画，其在制作时要注意把握好人物脸部结构的透视关系。下面来制作人物的抬头动画。

STEP1 新建一个Flash文档并保存文件，在舞台上画出卡通女孩的造型，即抬头动画的开始动作，如图6-47所示。

STEP2 在时间轴第4帧处插入关键帧，即画出中间画，注意眼睛要注视着下方，然后在介于第一帧与第4帧之间的第3帧中插入动画帧，即画出中间画，如图6-48所示。

STEP3 播放动画。保存文件，按Enter键播放动画，在舞台上即可观看动画效果。

二、人物转头动画

在Flash动画片中，如果要表现人物头部的转面，不能采用补间动画，而是采用先原画后中间画的方法进行逐帧绘制。这是因为角色的头是圆形的立体形象，五官是长在圆形立体面的不同部位上的，当头部转动时，脸的外形和五官也随着发生透视变化。

在绘画时，一般先画出侧面与正面两张原画，然后再添加中间画。在画中间画时，由于转面过程中的

重点提示　Importance

在绘制逐帧动画时，尤其是做转头、抬头之类特写动画时，一般采用中割的方法。这样做的优点是可以让动画更细腻，更具连贯性，此方法同样适合于慢动作的描绘。总之，要灵活掌握只能大量积累，熟能生巧，这是一个从量变到质变的过程。

透视变化，五官形成了一个弧形的运动，转面时的鼻子并不在中间的等分位置，由于近大远小的透视基本规律，靠近正面的一半距离大，靠近侧面的一半距离小。眉、眼、鼻、嘴、耳的变化也不是平行的直线运动，而是立体的弧线运动，如图 6-49 所示。

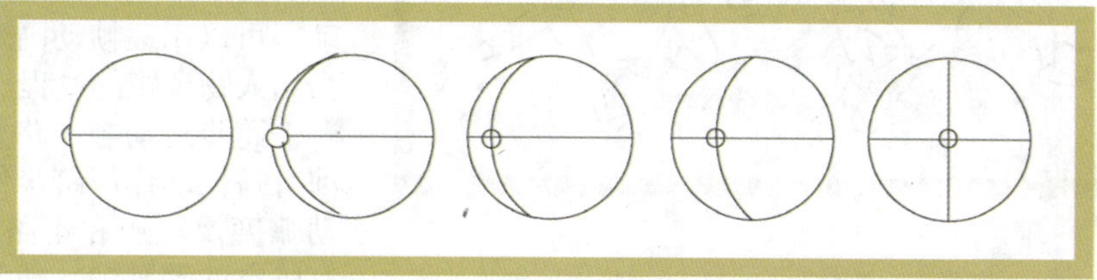

◇图6-49

明白这个基本概念之后，在动手画形象转面中间画时，可以先用一根弧形竖线确定鼻子的中心位置，再用几根弧形横线确定眉、眼、鼻、嘴、耳等的位置，认为准确无误后，便可正式勾画转面的中间画了。只要把握好透视关系，制作人物形象转面就不会太困难。

当人物造型比较复杂时，则需添加一些辅助性的东西，才能达到更自然、更逼真的效果。例如人物头发较多时，可以让头发做运动跟随。

三、实例绘制

下面采用逐帧动画绘制人物转头动画：

STEP1 绘制人物正面头部造型。新建一个 Flash 文档并保存文件，在舞台上画出卡通男孩正面的头部造型，然后使用辅助线将头部五官的位置标出来，这样在后面做动画时就有了位置的参考标准，如图 6-50 所示。

STEP2 绘制侧面。在时间轴第 5 帧处插入一个空白关键帧，画出男孩侧面的头部造型，注意把握好透视关系，如图 6-51 所示。

◇图6-50

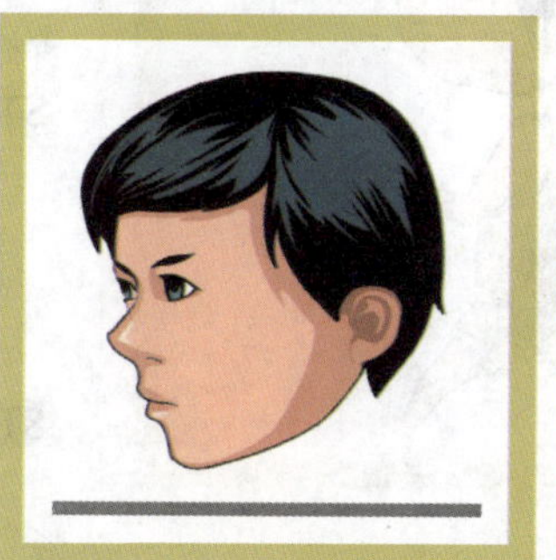

◇图6-51

STEP3 绘制中间画。参考第一帧与第 5 帧的原画，在第 2～4 帧处分别画出中间画，如图 6-52 所示。

这里要注意的是人物转头动画与抬头动画一样，在制作逐帧动画时一定要把握好人物的透视关系，否则就会出现人物变形的现象。

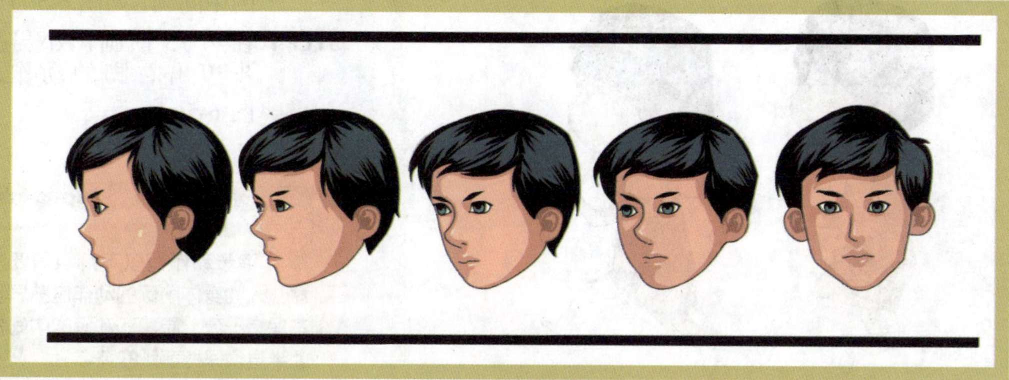

◇图6-52

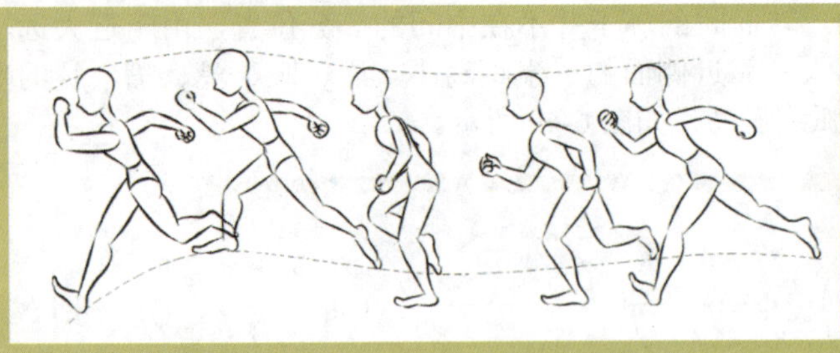

◇图6-53

◇图6-54

◇图6-55

◇图6-56

6.5.2 人物肢体动作

一、侧面跑步

由于人物奔跑是人物全身的运动，可以用逐帧动画来实现。下面介绍人物奔跑的过程。

跑步运动与走路类似，在跨步前有挤压动作即跨步伸展动作，运动弧度及轨迹和走路比较都要大，有腾空的动画帧，动作幅度大，速度较快，中间帧张数一般较少，如图 6-53 所示。

人物奔跑的基本规律是：身体重心靠前，两只手自然握拳，手臂变曲；脚抬的较高，头高低起伏的波形运动轨迹比走路明显。在奔跑时，有双脚几乎没有同时接触地面的时候，而是相互着依靠一只脚支撑身体的重量，有些快跑动作中可以有一到几帧是双脚同时离地的动作，如图 6-54 所示。

二、实例绘制

1. 侧面奔跑实例

下面就来绘制一个小男孩侧面奔跑的实例。

STEP1 绘制卡通小男孩。新建一个 Flash 文档并保存文件，在舞台上画出卡通小男孩的侧面造型，右脚尽量的伸展，如图 6-55 左图所示。

STEP2 在第 5 帧画出小男孩的奔跑抬腿动作，重心下移，如图 6-55 右图所示。

STEP3 在第 10 帧画出小男孩跑步的中间画，如图 6-56 所示。

STEP4 在第 15 帧画出小男孩跑步迈出右脚的动作，如图 6-56 所示。

重点提示 Importance

跑步动作有以下几点需要注意：人物身体前倾的动作应前后基本保持一致，原画和动画的中间帧上半身须保持前倾的姿态。

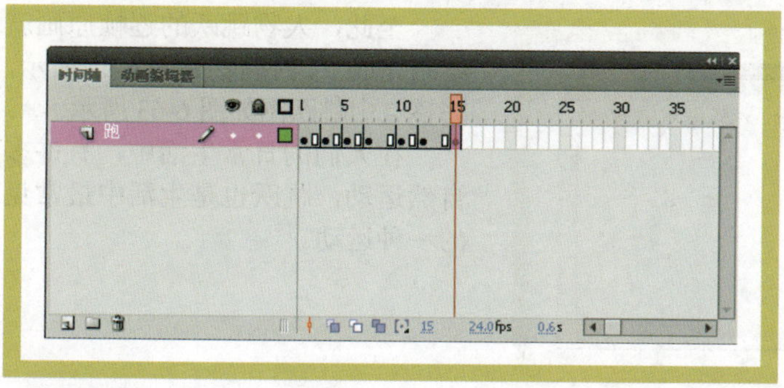

◇图6-57

◇图6-58

◇图6-59

至此，简单人物奔跑的逐帧动画就制作完成了。当然，要使转身动作更流畅，过渡更自然，就需要在原画中添加中间画，添加中间画后，时间轴如图 6-57 所示，完整运动如图 6-58 所示。

人物走路与奔跑属于最基本的动态，它是一个有规律的循环动画。掌握好人物的走路、奔跑后，就可以在拟人化的动物、机械等角色上套用了，非常方便。

2. 人物跳跃实例

STEP1 绘制男孩卡通造型。新建一个 Flash 文档并保存文件，在舞台上画出卡通男孩跳跃的预备动作，如图 6-59 左图所示。

STEP2 在第 3 帧画出小男孩的起跳上升动作，如图 6-59 右图所示。

STEP3 在第 5 帧画出小男孩腾空动作，如图 6-60 左图所示。在第 7 帧画出小男孩举起双臂腾空至最高点的动作，如图 6-60 中图所示。在第 9 帧画出小男孩下落的动作，手臂往后摆，身体后倾，如图 6-60 右图所示。

STEP4 在第 11 帧画出小男孩着地缓冲动作，重心在身体的前方，如图 6-61 所示。

◇图6-60

◇图6-61

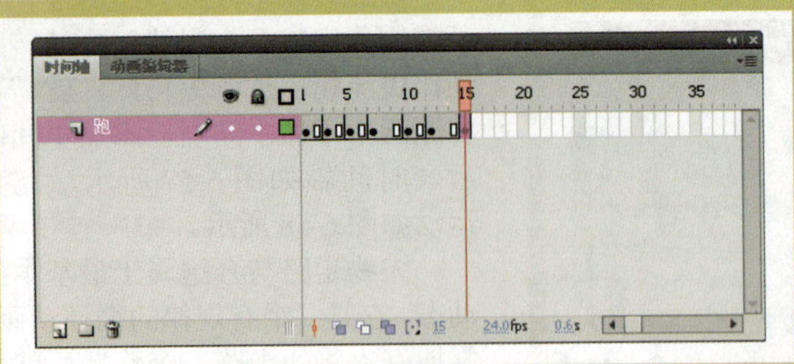

◇图6-62

至此，人物跳跃的逐帧原画就绘制完成了，时间轴如图 6-62 所示，完整空中跳跃图如图 6-63 所示。

在人们的日常生活中，有许多自然运动，跳跃也是生活中最常见的一种运动。

◇图6-63

第 6 章
思考与练习

1. 联合运用Flash色彩动画和动作补间动画技术，制作某动画片片尾字幕动画，时间15秒。
2. 设计制作一个胖子的走路影片剪辑元件。（参见影片《三个和尚》）

第 7 章

CARTOON

Flash 动画实战

本章内容

Animation

DESIGN

Q版动画《月照七夕》

7.1.1 作品策划

前期策划是一部动画片的理性的操作思路。前期准备的充分与否关系到整部动画片的成败。而创意则是一种灵感的爆发，是动画生命力的源泉。一部优秀的动画片在主题立意、角色设定、场景设计、原画创作、镜头组接和音效合成等方面都体现出了独创性。

Flash 动画作为新兴动画产业的重要代表，策划与创意毫无疑问成为其提升作品内涵、创造市场效应的最佳选择。

《月照七夕》这部作品定位爱情这一永恒的话题。它取材古代神话《牛郎织女》，在浪漫、神秘的基调的基础上进行现代版的演绎。效果如图 7-1 所示。

◇图7-1

重点提示 Importance

动画短片创意的技巧如下：
- 形式和内容的引人注目。
- 故事结构的简化。
- 故事主题内涵的挖掘。
- 影片的独特情感和韵味。

7.1.2 角色定位设计

角色是指在演艺作品中以生命形式进行活动的各种表演主体，其中不仅包括人物，有时也包括动物、幻想中的神怪精灵，甚至草木虫鱼，但人物是最重要、最基本的角色。动画造型是用形象的语言，将抽象的象征意义转化为具象并告诉人的视觉的艺术形式。

在了解了剧本中的剧情之后，随着对角色分析的展开，便可以开始进行角色造型设计。

一部优秀的影片之所以成功不外乎优秀的编剧、出色的人物造型设计、完美的叙事结构。一部动画片中，主角是全剧的线索，这是非常重要的一点。人物造型是关键。在整个动画片过程中，因主角出现的次数较多，因此细节的设计相当重要，主角的比例、与道具之间的关系、主角身上的某些特征，如脸部有个痣等之类的印迹，都应设计得非常详细和周道。

结合角色造型设计中的几大要素，《月照七夕》角色设定主要以 Q 版人物造型为主，如图 7-2 所示。

◇图7-2

- 体型：如图 7-2 所示的角色造型，体型的比例是以头、身比例相等为依据的。头大、身子小，四肢短，体现可爱的形象特征。具备典型的姿态、动作和非常夸张的形体语言。
- 面部：如牛郎面部五官简化，体现生动有趣。
- 服装：角色设定为古代样式衣服并且加入中国古典元素，色彩艳丽，与背景视觉效果统一。

主要角色是一部动画片中的灵魂人物，他（她）主导着整个动画片的情节、风格趋势等。在主要角色的造型设计上，务必要下最大的功夫才行。

重点提示 Importance

下面介绍短片创作手法。

（1）人物的创作

- 主要人物的出场。
- 主要人物的设定。
- 主要人物的塑造（习惯动作和口头禅）。

（2）重要的第一集

对于长篇电视动画，第一集十分重要，在这个段落中包含着几个重要因素，主要人物出场，要交代故事背景，还要把故事情节讲得生动有趣、结构完整，体现出影片的整体风格。

7.1.3 脚本与分镜

分镜头脚本不仅是整个动画制作过程中的创作蓝本，同时也是创作和制作过程中的工作准则和合作基础。分镜头脚本是镜头画面和文字描述的综合表现。画面内容包括故事情景、角色动作提示、镜头动作提示、影像结构层次及空间布局及明暗对比等，几乎涵盖了动画中所有的视听效果。中国动画表现手法独特多样，具有浓郁的中国传统和民族特色，表现形式丰富多样，有平涂勾线的、有水墨画形式的、有剪纸形式的、有木偶形式的等，它们均吸收了中国传统艺术和民间艺术的丰富养料，是我们创作中很好的研究借鉴的材料。

《月照七夕》分镜如下。部分镜头绘制如图 7-3 所示。

- 场景 1：全景近景。天庭（王母娘娘站着挥袖（破碎声））：胆大的七丫头，竟敢和那穷小子私奔，来人啊，给我去凡间把织女抓回来！事成之后，将军升到元帅！（气得暴跳如雷）找不到就将你二人流放到西伯利亚的冰雪荒原！（哼哈二将害怕状）
- 场景 2：近景。人间（牛郎家）哼哈二将破门而入（破门声音），来抓织女。牛郎织女在哄孩子，其中一个天

◇图7-3

◇图7-4

兵拽着织女就向天上飞去，另一个推着牛郎，把牛郎推到在地。牛郎拽着织女彩带飞向天空。

- 场景 3：近景。王母施法。王母娘娘在天空看见，拔头簪一划。
- 场景 4：大全景。牛郎织女隔河相望，银河很宽，波涛汹涌，（王母得意表情）牛郎飞不过去了。
- 场景 5：大全景。（走字幕）诗《迢迢牵牛星》。
- 场景 6：云消雾散乌云散去，月光照亮星星（逐渐变亮），两主角由星星变成人。
- 场景 7：全景特写。牛郎织女含情脉脉，两人眼睛水汪汪，深情望着对方（全景。突然织女先走出一步（脚下飘云带着喜鹊）（先织女镜头）牛郎抱着孩子走出第一步，踩空掉下去（织女惊讶的表情），被两只喜鹊叼起来。牛郎（一手抱一个小孩向织女飘去）：honey（手中孩子扔掉，眼冒红心）两人相互依偎，背景由蓝色变成粉色并出许多心形。镜头全景，结束。

7.1.4 场景的绘制

动画作品中场景设计的大致类型分为写意性、写真性、象征性及装饰性等。

《月照七夕》主要场景的设计风格以写实为主。写实风格的场景画面不仅效果细腻、丰富，具有质感，给人一种身临其境的感觉，而且具有强烈的真实感和亲和力，符合大多数观众的审美情趣和习惯。其中的部分场景如图 7-4 所示。

7.1.5 动画的后期合成

《月照七夕》在前期准备完成以后，可以进入到后期制作中，在 Flash 中首先把角色制作完成，然后加入音效和作品，最后输出。

动画音乐一直是动画影片吸引观众的重要因素。对于动画艺术家和编导来说，作品中音乐的合理安排和精心处理是动画制作的重要组成部分。添加音效时，要把握声音和画面的配合，做到声画统一。

7.1.6 作品赏析

剪纸动画《年》

7.2.1 作品策划

中国的几千年的传统文化是取之不尽的创作源泉，要使其与现代时尚元素相结合，能够被现代人接受和喜欢。美国迪斯尼动画大片的成功，在于它70多年来很好地把握了观众的品味，也来自于许多个小组长期在世界各地寻找创作题材，从中筛选优秀的题材。如《花木兰》取材于中国古诗《木兰辞》，但其中融入了西方的理念和价值观，赋予了时代的符号和精神。日本的漫画向来成本较低，但它的题材内容非常吸引观众，如宫崎骏的《风之谷》把战争和环保结合起来，强调人与自然的和谐发展主题；藤子不二雄的《多拉A梦》则以丰富的想象力，满足了人们对自身肢体和功能延伸及增强的愿望。

中国传统动画也有着悠久的传统和非常好的群众基础。《大闹天宫》、《哪吒闹海》等古代的故事影响了几代人，人物造型夸张、传神，形体优美，形式多样，艺术性强，现在也广为流传。还有现在的《虹猫蓝兔七侠传》在国内800家电视台同步热播，获得较好的收视率，但在制作方面和题材的挖掘深度上，还有待提高。还有《宝莲灯》中的“沉香”和我们常见的“哪吒”有多少相似呢？小糊涂神的一件件法宝的情节，跟机器猫的又有多少差别呢？

不同题材和内容的动画，其造型的风格是截然不同的。儿童题材需要活泼生动；科幻题材造型需要富有想象力，带有梦幻色彩；少男、少女类题材的造型要甜美、时尚、明快。

本着寻找中国传统文化的观念，我们选用制作的作品表现的就是浓浓的中国味。我们的剧本是来自中国古代传说中的《除夕的故事》，这是一个在中国广为流传，并家喻户晓的神话故事，我们在动画的剧本创作中也根据实际情况加以改编，制作成了现在的动画短片《年》。因为考虑到动画短片表现一种特殊的艺术，这种表现形式可以通过角色、场景的构图、色彩的填充、节奏的控制、运动镜头的实现，所以选用中国民间的传统工艺“民间剪纸”来表现作品。这样更加贴近主题表现，也更能原汁原味地表现出中国博大的民间文化艺术。

重点提示 Importance

下面介绍短片创作的技巧。

1. 4个要点

对观众的准确定位；以人物作为标签；主线索清晰；强调可拓展性。

2. 主要特点

未来观众群的预先设定：人物是影片的小标签；让故事清晰又有趣；让你的故事讲不完。

(1) 未来观众的预先设定：一部电视动画是针对哪部分的观众，创作者在最初构思的时候就应该心里有数，只有这样有的放矢地设计你的故事，塑造人物形象，才能牢牢抓住某一部分特定的观众群。

(2) 人物是影片的小标签：与影院片相比，电视动画片强调人物塑造，一部长篇电视动画片编出之后，给观众留下印象最深的就是其中的人物了，因为电视动画片的主人公几乎每天都能和观众见面。

(3)让故事清晰又有趣：首先，就是确定故事的目的。就是从故事创意的角度如何抓住故事的趣味重点，也就是说将观众的注意力放在哪个方面。其次，就是故事的风格化。就是将题材的特点和潜力挖掘极致。

(4) 故事的可拓展性：在统一的风格下故事的模式虽然已经被固定，但是不断有新鲜的有趣的素材插入进来。

◇图7-5

◇图7-6

在作品中，整体采用剪纸工艺单色红色和镂空结合，运动方式结合中国皮影戏表现，如图 7-5 所示，让作品的中国味更浓，让观看作品的人更赏心悦目，更易产生与中国传统艺术的共鸣。

7.2.2 角色定位与设计

在动画制作中，角色造型设计越复杂，制作的成本就越高，这就要求动画造型设计必须高度的概括提炼，去掉无关的细节，简洁地表现形象、结构、动态和特征。

在这部作品中主要出现 3 个角色，即村民、怪兽和神仙。经过查找大量民间剪纸相关资料，设计出 3 个角色形象。

结合角色造型设计中的几大要素，《年》角色设定主要以剪纸造型为主，角色造型也以镂空纹样为主要设计元素，如图 7-6 所示。

- 村民选用的是戴帽子、长胡子的老人。
- 怪兽设计为独角怪兽并借鉴了传统动画除夕故事中的怪兽形象。
- 神仙选用了贴在门上的威武门神形象。

重点提示 Importance

动画导演应具备的条件如下：

- 把握剧情结构。
- 确定人物造型。
- 人物与环境的关系。
- 熟悉电影手法。
  - 导演必须熟练地运用镜头的各种景别，掌握镜头景距的变化。
  - 必须熟练地掌握镜头运动的变化。
  - 必须掌握镜头速度的变化。
  - 必须掌握镜头技巧的变化。

7.2.3 脚本与分镜

脚本是动画的灵魂，写脚本在动画创作过程中是一项基本工作。所谓脚本就是动画内容的骨架，也就是整部作品的布局。几乎所有好的情节动画的结构都是由开端、发展、高潮和结局（也就是传统脚本的起、承、转、合）4个部分组成。

这一环节主要编写动画中的故事脚本，将剧本细化的工作具体到人物的对话、场景的切换、时间的分割。一般是请有经验的专业人士来写稿，脚本特殊的写作方式使一位作家有时并不能成为好的编剧。

《年》的脚本是由开始怪兽每年都来祸害百姓，发展到神仙来打怪兽，高潮部分是神仙成功收服怪兽，结局是百姓欢庆。

一部动画是由很多镜头组接而成的，一个好的分镜头脚本应该是文字脚本和画面分镜的结合。

一、文字分镜头

- 场景 1：全景——村庄全景。
- 场景 2：全景——镜头向左移动，村庄晃动。
- 场景 3：全景——村庄晃动，天上划过一条闪电。
- 场景 4：近景——惊恐的村民关上窗户。
- 场景 5：近景——镜头向窗户上的窗花推进。
- 场景 6：特写——整个窗花。
- 场景 7：特写——怪兽头部。
- 场景 8：特写——神仙上身和头部。
- 场景 9：中景——打斗场景。
- 场景 10：中景——场景框不变，神仙怪兽打斗变化。
- 场景 11：中景——村民打开窗子。
- 场景 12：全景——房子，村民庆祝。
- 场景 13：全景——整个村子，天空放烟花。

二、画面分镜头

画面部分分镜如图 7-7 所示。

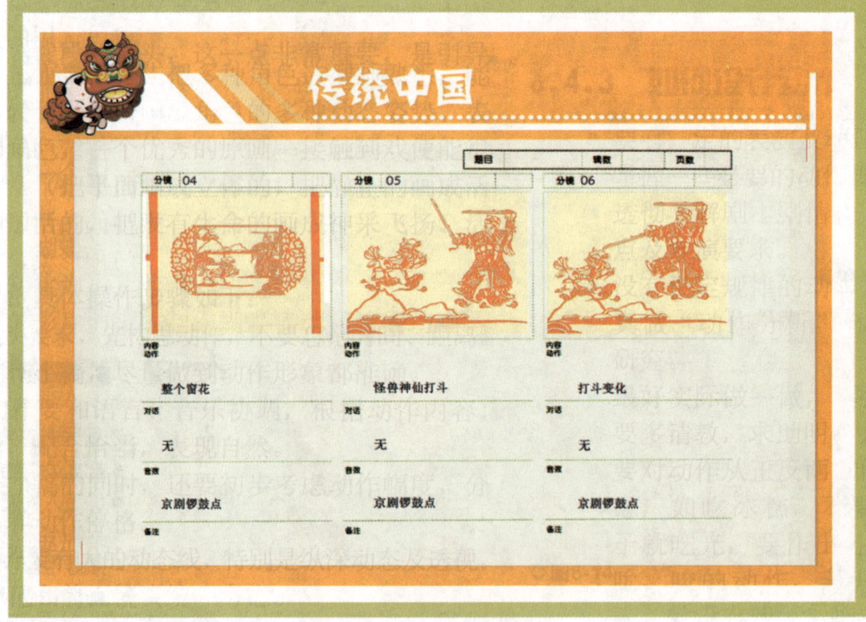

◇图7-7

7.2.4 场景绘制

动画作品中场景设计的大致类型分为写意性、写真性、象征性及装饰性等几类。

《年》主要场景的设计风格以装饰为主。剪纸风格的画面不仅具有传统感，让人能够感受到中国民间灿烂文化艺术，而且具有强烈的感染亲和力，符合观众的审美。

动画中主要场景分为 4 部分，如图 7-8 所示。

◇图7-8

7.2.5 添加声音和按钮

开篇叙事使用了古老暗哑的的音效和风声，以表现怪兽出现的恐怖氛围。打斗采用了中国国粹京剧的鼓点，更加生动地把这部作品的中国味加浓加重。庆祝和结尾字幕使用的是“丰收锣鼓”的民间乐曲，把战胜年兽、百姓庆祝的场面气氛烘托出来，更加表现了中国传统和中国年味。

为在表现传统的作品中增加作品的观赏性，采用加入多种元素的音效来增加作品的表现力。

开篇设置了由单击按钮进入动画播放，并配有趣味性的按钮声效，如图 7-9 所示。

◇图7-9

7.2.6 作品合成输出

作品合成输出的最终效果如图 7-10 所示。

◇图7-10

7.2.7 作品赏析

动画欣赏《影子》

第7章 思考与练习

1. 自选形象，设计制作一个礼貌用语影片剪辑元件：你好、谢谢你。
2. 联合创作：以团队合作的形式，从产业化观点出发，协作打造某一动画形象，并设计制作一个Flash短片精华片断。

附录A　动漫中常用的标识文字和符号

要完成一部动画片需要很多道工序，工序之间制作指令的传达除了用图画表示之外，还要用专用符号、文字和标识来传达。因此，熟悉常用的标识、文字和符号，对动画创作者来说比较重要。在国产动画片中，常用的标识、文字和符号包括如下内容：

一、标识、文字和符号

片名：片名在动画中用中文书写，如《花木兰》。

集号：集号用中文和阿拉伯数字书写，如 第N集 。

镜头号：镜头号用 SC 、 - 和阿拉伯数字书写，如 SC-2 表示 第2镜 。

集号和镜头号的连写：集号和镜头号通常会被写在每一幅动画稿的画框之外，定位孔之间，如 1 SC 2 表示 第1集中的第2镜 。

背景：离人视线最远的景，用 BG 表示，如 BG 1 表示第1镜中用到的背景。

中层景：中层景是在背景之上，离人视线次远的景，用 UL 表示。

前层景：前层景是离人视线最近的景，用 0L 来表示。当背景（BG）、中层景（UL）和前层景（0L）同时使用时，它们之间就可能有动画存在。

原画：原画用阿拉伯数字写在圆圈内表示，如①、③等。

中间画：中间画是用阿拉伯数字写在三角形内表示，如△4、△8、△9等。

动画：动画用阿拉伯数字直接书写，如1、3、4等。

层：根据剧情的需要，不同或相同的角色、景或物需要用分层来表现，在最下面靠近背景的那层动画是A层，A层上面是B层，然后是C层、D层、E层、F层等，以此类推。

速度标尺：速度标尺是由原画设计人员根据角色移动速度及幅度的需要设计，应标注在画框内右上或右下的地方。标注速度标尺时以图A-1所示的符号为原则依次划分，距离越长，表示速度越快，距离越短表示速度越慢。对于先慢后快或先快后慢、两头快中间慢或两头慢中间快等多种情况都可以用速度标尺标注出来。

ENO：一般标注在表示动作完成的各层最后一幅原画稿的速度标尺下方的数字后边。

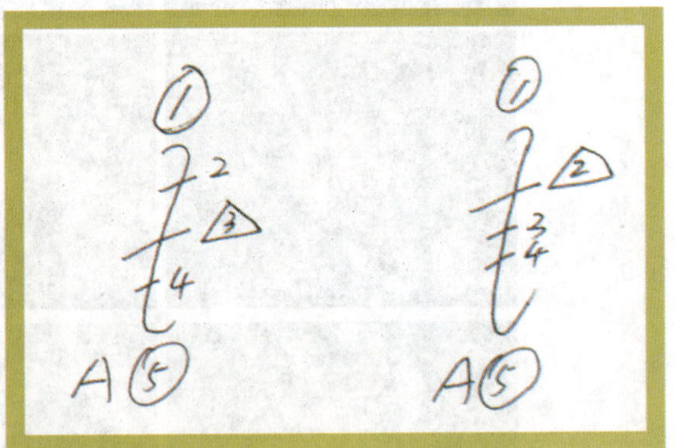

◇图A-1

二、常用标识举例

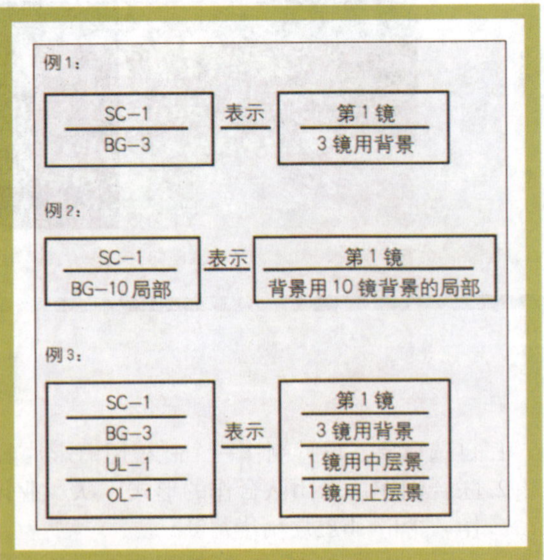

附录B　动画创作中容易出现的问题

B.1　设计稿中常出现的问题

1. 导演意图表现不明确。
2. 入画、出画提示不明确。
3. 移动镜头要求不明确。
4. 环境光源不明确。
5. 道具展现不明确。
6. 特技提示不明确。
7. 透视画法不明确。
8. 人景对位不准。
9. 物体运动轨迹提示不清。
10. 人物动作、表情不到位。

B.2　原画中常出现的问题

1. 人物造型不准。
2. 运动规律不好。
3. 原画动作不到位。
4. 加减速度不好。
5. 对设计稿表现不准确。
6. 人物性格、表情表现不准确。
7. 透视、镜头连接不好。
8. 口型设计不好。
9. 速度线、特技表现不好。
10. 摄影表写不清楚。

B.3　修型中常出现的问题

1. 五官不准。
2. 丢缺饰物。
3. 加减不明。
4. 手脚过松。
5. 结构不准。
6. 标记不清。

B.4　动画中常出现的问题

1. 中间位置不对。
2. 曲线运动不好。
3. 丢线缺线。
4. 走路、跑步时腿忽长忽短。
5. 手脚不准。
6. 线条不挺。
7. 出入画不对。
8. 对位不准确。
9. 口形缺乏变化。

附录C　30部影史最佳动画片完整名单

第1名~第10名

1.《玩具总动员》Toy Story，1995 年
2.《幻想曲》Fantasia，1940 年
3.《白雪公主》Snow White and the Seven Dwarfs，1937 年
4.《玩具总动员 2》Toy Story 2，1999 年
5.《钢铁巨人》The Iron Giant，1999 年
6.《美女与野兽》Beauty and the Beast，1991 年
7.《圣诞夜惊魂》The Nightmare Before Christmas，1993 年
8.《谁陷害了兔子罗杰》Who Framed Roger Rabbit，1988 年
9.《南方公园电影版》South Park: Bigger，1999 年
10.《千与千寻》Spirited Away，2002 年

第11名~第20名

11.《木偶奇遇记》Pinocchio，1940 年
12.《狮子王》The Lion King，1994 年
13.《小鸡快跑》Chicken Run，2000 年
14.《小鹿斑比》Bambi，1942 年
15.《怪物史莱克》Shrek，2001 年
16.《幽灵公主》Princess Mononoke，1999 年
17.《怪物公司》Monsters Inc.，2001 年
18.《黄色潜水艇》Yellow Submarine，1968 年
19.《阿拉丁》Aladdin，1992 年
20.《亚基拉》Akira，1989 年

第21名~第30名

21.《昆虫总动员》A Bug s Life，1998 年
22.《小美人鱼》The Little Mermaid，1989 年
23.《萤火虫之墓》Grave of the Fireflies，1988 年
24.《小飞象》Dumbo，1941 年
25.《梦醒人生》Waking Life，2001 年
26.《睡美人》Sleeping Beauty，1959 年
27.《森林王子》The Jungle Book，1967 年
28.《101 只斑点狗》101 Dalmatians，1961 年
29.《冰河世纪》Ice Age，2002 年
30.《龙猫》My Neighbor Totoro，1993 年

附录D Flash常用快捷键

新建空白帧【F5】
新建关键帧【F6】
转换为空白关键帧【F7】
转换为元件【F8】
新建 Flash 文件【Ctrl+N】
新建元件【Ctrl+F8】
组合【Ctrl+G】
打散分离对象【Ctrl+B】
播放 \\ 停止动画【Enter】
单步向前【>】
单步向后【<】
测试影片【Ctrl+Enter】
测试场景【Ctrl+Alt+Enter】
打开 FLA 文件【Ctrl+O】
保存【Ctrl+S】
发布【Shift+F12】
退出 Flash【Ctrl+Q】
撤销命令【Ctrl+Z】

剪切到剪贴板【Ctrl+X】
复制到剪贴板【Ctrl+C】
粘贴剪贴板内容【Ctrl+V】
复制所选内容【Ctrl+D】
全部选取【Ctrl+A】
剪切帧【Ctrl+Alt+X】
复制帧【Ctrl+Alt+C】
粘贴帧【Ctrl+Alt+V】
编辑元件【Ctrl+E】
转到第一个【HOME】
转到前一个【PGUP】
转到下一个【PGDN】
转到最后一个【END】
放大视图【Ctrl++】
缩小视图【Ctrl+-】
显示 / 隐藏边缘【Ctrl+H】
显示 / 隐藏面板【F4】

箭头工具【V】
部分选取工具【A】
线条工具【N】

铅笔工具【Y】
画笔工具【B】
任意变形工具【Q】
填充变形工具【F】

滴管工具【I】
橡皮擦工具【E】
手形工具【H】

参考文献

1．曹田泉．动漫概论．上海：上海人民出版社，2007
2．王礼艾．动画运动规律．湖南：湖南大学出版社，2007
3．肖文津．动画形象设计．北京：清华大学出版社，2007
4．乔东亮．动漫概论．北京：高等教育出版社，2007
5．重庆深蓝好望．现代动漫艺术造型宝典．北京：希望电子出版社，2002
6．董晓黎．民族文化　国产动画的灵魂．北京：动画新视窗，2009
7．常虹．动画片的前期制作．北京：中国美术学院出版社，2004
8．李广华．影视动画绘制技法．北京：海洋出版社，2006
9．刘小林．动画概论．武汉：武汉理工大学出版社，2004
10．黄兴芳．动画原理．上海：上海人民美术出版社，2004
11．张弓．动漫艺术教程．北京：清华大学出版社，2002
12．张慧临．20世纪中国动画艺术史．西安：陕西人民美术出版社，2002
13．陆舒敏．二维动画创作技法．北京：电子工业出版社，2003

后　记

Postscript

动漫作品在欣赏时令人轻松愉快，而它的制作过程却十分艰辛，需要动漫画家的耐心和不懈的努力，但通常这些辛劳在动漫爱好者的眼里却是工作的乐趣。

动画艺术作为一种独特的艺术形式，其艺术性、商业性的价值日益彰显。随着社会经济的迅猛发展，动画艺术的巨大魅力也逐步感染和影响着世界文化艺术，成为世界文化之林中的一朵奇葩。

近年来，随着经济全球化的到来，动画产业的全球化也悄然而至，从电视到电影、从漫画到广告、从网络到游戏、从玩具到服装……动画产业和市场的飞速发展使“动画”的外延不断扩大，全球化加速了动画高科技和创新理念的引进。交互式二维动画软件Flash在网页制作、多媒体、影视等领域都有着广泛应用，Flash在整个互联网中有着深远的影响，Flash动画必将对未来的电视甚至电影领域产生巨大影响。

本书通过7个章节较为详细地讲述了动画的原理和发展、泛动画产业发展之路、无纸动画及动画市场策划、动画创作等问题，并通过具体的设计案例讲述了Flash动画前期设计、Flash动画造型设计、Flash动画场景设计、Flash动画创建等内容，形成了一个较为完整的Flash动画设计的教学体系。

此书自执笔编著到付梓问世，得到了很多朋友的帮助，完成了许多繁杂琐碎的细节工作，在此向他们表示诚挚的谢意。在资料搜集整理过程中，王大印、李媛、徐文博、蒋丽君、冀柄旭参与了排版和校对工作，在本书编写过程中动画与数字媒体专业的学生徐文博、蒋丽君、丁思佳、连莲、董琳、邵灵阳、谢恺、徐平、易辉、张斯为、朱曼曼、牛美娜、冯广杰、何欢、李智聪、栾晓明、韩吉等为本书提供了作品，专业作者柳文龙专门为此书绘制了大量精美的插图，在此深表感谢！

吴乃群
2010年

课件下载与素材索取：http://www.tup.com.cn　http://www.thjd.com.cn
组　稿　编　辑：杜长清
投　稿　电　话：（010）62788951-217
投　稿　邮　箱：ducqing@163.com